"十二五"普通高等教育本科国家级规划教材 "互联网+"创新系列教材
本书荣获第四届中国大学出版社优秀教材一等奖

机械原理

JIXIE YUANLI

◎ 主 编：潘存云　　◎ 主 审：邓宗全

◎ 副主编：尹喜云　林国湘　丁敬平
　　　　　曾周亮　王　清　杨文敏

第 三 版

中南大学出版社
www.csupress.com.cn
·长沙·

内容简介

本书根据教育部高等学校教学指导委员会机械基础课程教学指导分委员会最新制定的《高等学校机械原理课程教学基本要求》，遵循"厚基础、宽口径、强能力、重应用"的原则编写。全书注重知识体系的系统性、创新性、基础性、科学性、先进性、综合性、实用性、实践性、趣味性、普适性，力求同时兼顾研究型和应用型两类高校人才培养模式的需求。全书共分 15章，内容包括：绪论，机构的结构分析，平面连杆机构分析与设计，凸轮机构及其设计，齿轮机构及其设计，齿轮系及其设计，间歇运动机构及其设计，其他常用机构，组合机构，开式链机构及工业机器人，平面机构的力分析，机械的效率和自锁，机械的平衡，机械的运转及其速度波动的调节，机械系统的方案设计。在各章后还附有一定数量的思考题与练习题，以利于学生学习。本书力求达到使学生初步具有机械系统方案创新设计能力的目的。附录中列举了世界机械发展史年鉴以及重要名词术语的中英文对照，以方便学习时查阅。为了便于教师课堂教学，本书采用"互联网＋"的形式出版，读者扫描书中二维码，即可阅读丰富的工程图片、演示动画、操作视频、三维模型、工程案例，本书配备了教学光盘及电子课件。

本书可作为高等学校工科机械类各专业的教学用书，也可供其他相关专业的师生及工程技术人员参考。

图书在版编目（ＣＩＰ）数据

机械原理／潘存云主编. --3 版. --长沙：中南大学出版社，2019.1

ISBN 978 - 7 - 5487 - 2916 - 7

Ⅰ.①机… Ⅱ.①潘… Ⅲ.①机械原理－高等学校－教材 Ⅳ.①TH111

中国版本图书馆 CIP 数据核字（2017）第 176246 号

机械原理
第三版

主　编　潘存云　主　审　邓宗全
副主编　尹喜云　林国湘　丁敬平
　　　　曾周亮　王　清　杨文敏

□责任编辑　谭　平
□责任印制　易建国
□出版发行　中南大学出版社
　　　　　　社址：长沙市麓山南路　　　　邮编：410083
　　　　　　发行科电话：0731 - 88876770　　传真：0731 - 88710482
□印　　装　长沙印通印刷有限公司

□开　　本　787 × 1092　1/16　□印张 20.75　□字数 498 千字
□互联网＋图书　二维码内容　字数 27.372 千字　图片 206 张　视频 111 分钟
□版　　次　2019 年 1 月第 1 版　□2019 年 1 月第 1 次印刷
□书　　号　ISBN 978 - 7 - 5487 - 2916 - 7
□定　　价　49.80 元

作者简介

潘存云，1955 年生，博士，原国防科技大学教授，博士生导师，现上海电力学院特聘教授。享受国务院特殊政府津贴、军队优秀专业技术人才一类岗位津贴，荣获全国模范教师、国防科技大学教学名师、军队院校育才奖金奖等荣誉称号。社会兼职有：教育部机械基础课程教学指导委员会副主任委员，中国机构学专业委员会委员、中国现代设计方法研究会理事、中国机械工业教育协会高等学校机电类学科教学委员会委员，全国高等教育机械原理课程研究会委员、中国电力行业反窃电技术组专家。在国防科技大学担任机械设计系列课程岗位责任教授期间，带领团队完成了"机械设计基础""工程制图基础"国家精品课程、国家精品资源共享课建设，主讲的"千年机械话创新"入选国家级精品视频公开课。主讲"机械原理""机械设计基础""机器人操作手""机械 CAD""工程设计基础"等课程。科研方向包括：机器人机构学、新型机械传动、数字化设计与制造、无人智能装备等理论研究与技术开发。负责完成科研项目 36 项，其中省部级和国家级项目 21 项，参与完成了 2008 年第 29 届北京奥运会和第 13 届残奥会开闭幕式舞台美术装备的研制工作。获国家技术发明 4 等奖 1 项，省部级科技进步一等奖 1 项、二等奖 2 项、三等奖 1 项，中国发明协会金奖 2 项、银奖 1 项，获发明专利授权 30 多项，发表论文 180 余篇。在学术研究方面取得了以"球齿轮机构""机器人柔性手腕机构""变异型剪叉式机构""新型活塞式发动机"为代表的若干原创发明成果。出版学术著作和教材 10 部，其中国家级规划教材 2 部，获国家级优秀教材二等奖 1 项，获军队级和省级教学成果一、二等奖 3 项。指导学生参加学科竞赛获全国一、二等奖 5 项，培养硕士和博士研究生 70 多名。因在工作中作出了突出贡献，十个月内两次受到习近平主席亲切接见。从国防科技大学退休后投身到创新创业大潮中，先后加盟上海圣享集团和深圳志合集团，担任集团副总裁兼 CTO，创办了湖南志合众信科技有限公司，率领技术团队完成了超大容量快件自助柜、无人智能售卖柜、智能信报箱等无人智能装备产品的研发生产和市场推广应用工作，顺利完成了从一位教育工作者到企业家的华丽转型。

普通高等教育机械工程学科"十三五"规划教材编委会
"互联网＋"创新系列教材

主 任

（以姓氏笔画为序）

王艾伦　刘　欢　刘舜尧　孙兴武　李孟仁

邵亘古　尚建忠　唐进元　潘存云　黄梅芳

委 员

（以姓氏笔画为序）

丁敬平	万贤杞	王剑彬	王菊槐	王湘江	尹喜云
龙春光	叶久新	母福生	朱石沙	伍利群	刘　滔
刘吉兆	刘忠伟	刘金华	安伟科	李　岚	李　岳
李必文	孙发智	杨舜洲	何国旗	何哲明	何竞飞
汪大鹏	张敬坚	陈召国	陈志刚	林国湘	罗烈雷
周里群	周知进	赵又红	胡成武	胡仲勋	胡争光
胡忠举	胡泽豪	钟丽萍	侯　苗	贺尚红	莫亚武
夏宏玉	夏卿坤	夏毅敏	高为国	高英武	郭克希
龚曙光	彭如恕	彭佑多	蒋寿生	蒋崇德	曾周亮
谭　蓬	谭援强	谭晶莹			

总序 F🅖REWORD.

　　机械工程学科作为连接自然科学与工程行为的桥梁，是支撑物质社会的重要基础，在国家经济发展与科学技术发展布局中占有重要的地位，21世纪的机械工程学科面临诸多重大挑战，其突破将催生社会重大经济变革。当前机械工程学科进入了一个全新的发展阶段，总的发展趋势是：以提升人类生活品质为目标，发展新概念产品、高效高功能制造技术、功能极端化装备设计制造理论与技术、制造过程智能化和精准化理论与技术、人造系统与自然世界和谐发展的可持续制造技术等。这对担负机械工程人才培养任务的高等学校提出了新挑战：高校必须突破传统思维束缚，培养能适应国家高速发展需求的具有机械学科新知识结构和创新能力的高素质人才。

　　为了顺应机械工程学科高等教育发展的新形势，湖南省机械工程学会、湖南省机械原理教学研究会、湖南省机械设计教学研究会、湖南省工程图学教学研究会、湖南省金工教学研究会与中南大学出版社一起积极组织了高等学校机械类专业系列教材的建设规划工作，成立了规划教材编委会。编委会由各高等学校机电学院院长及具有较高理论水平和教学经验的教授、学者和专家组成。编委会组织国内近20所高等学校长期在教学、教改第一线工作的骨干教师召开了多次教材建设研讨会和提纲讨论会，充分交流教学成果、教改经验、教材建设经验，把教学研究成果与教材建设结合起来，并对教材编写的指导思想、特色、内容等进行了充分的论证，统一认识，明确思路。在此基础上，经编委会推荐和遴选，近百名具有丰富教学实践经验的教师参加了这套教材的编写工作。历经两年多的努力，这套教材终于与读者见面了，它凝结了全体编写者与组织者的心血，是他们集体智慧的结晶，也是他们教学教改成果的总结，体现了编写者对教育部"质量工程"精神的深刻领悟和对本学科教育规律的把握。

　　这套教材包括了高等学校机械类专业的基础课和部分专业基础课教材。整体看来，这套教材具有以下特色。

（1）根据教育部高等学校教学指导委员会相关课程的教学基本要求编写。遵循"厚基础、宽口径、强能力、重应用"的原则，注重科学性、系统性、实践性。

（2）注重创新。本套教材不但反映了机械学科新知识、新技术、新方法的发展趋势和研究成果，还反映了其他相关学科在与机械学科的融合与渗透中产生的新前沿，体现了学科交叉对本学科的促进；教材与工程实践联系密切，应用实例丰富，体现了机械学科应用领域在不断扩大。

（3）注重质量。本套教材编写组对教材内容进行了严格的审定与把关，教材力求概念准确、叙述精练、案例典型、深入浅出、用词规范，采用最新国家标准及技术规范，确保了教材的高质量与权威性。

（4）教材体系立体化。为了方便教师教学与学生学习，本套教材还提供了电子课件、教学指导、教学大纲、考试大纲、题库、案例素材等教学资源支持服务平台。大部分教材采用"互联网＋"的形式出版，读者扫描书中"二维码"，即可阅读丰富的工程图片、演示动画、操作视频、三维模型、工程案例；部分教材采用了增强现实 AR 技术，扫描二维码可查看360°任意旋转、无限放大、缩小的三维模型。

教材要出精品，而精品不是一蹴而就的，我将这套书推荐给大家，请广大读者对它提出意见与建议，以便进一步提高。也希望教材编委会及出版社能做到与时俱进，根据高等教育改革发展形势、机械工程学科发展趋势和使用中的新体验，不断对教材进行修改、创新、完善，精益求精，使之更好地适应高等教育人才培养的需要。

衷心祝愿这套教材能在我国机械工程学科高等教育中充分发挥它的作用，也期待着这套教材能哺育新一代学子，使其茁壮成长。

中国工程院院士　钟　掘

第三版前言 PREFACE.

　　本书的第一版于 2011 年 11 月出版发行,第二版于 2013 年 11 月出版发行,经过全国 20 多所高等院校的使用,普遍反映特色明显,效果良好,深受广大读者欢迎。2015 年被评为"十二五"普通高等教育国家级规范教材。为了使本书的质量更加完善,更好地满足读者的要求,出版社组织使用教材学校的老师及编写组成员一起召开了第三版修订工作会议,充分听取了广大用户的反馈建议和对教材提出的新要求,统一了修订意见,布置了修订任务,明确了分工职责。本书是在第二版的基础上修订而成,修订工作如下:维持结构体系不变,根据教学反馈意见,适当增删部分内容,使之更加能够满足教学需求;增加新技术、新机构、新案例等内容,更新书中涉及的相关国家标准及规范;纠正第二版中存在的编校差错。

　　第三版教材采用"互联网+"的形式出版,书中包括近 100 个二维码,读者通过扫描书中二维码,即可阅读丰富的工程图片、演示动画、操作视频、三维模型、工程案例。二维码中包括了 255 种不同机构的三维动画,121 段工程应用案例的录像视频,300 多个工程图片,资源内容十分丰富,是目前国内同类教材中内容最全的机械原理多媒体教学资源库,必将对促进教学质量的提高有所帮助。为了便于教学,本书还配有多媒体电子课件及各章习题答案。

　　全书二维码内容由潘存云教授提供,参加本书第三版修订工作的有:潘存云、何竞飞、李国顺、杨文敏、高英武、丁敬平、郭克希、吴茵、林国湘、尹喜云、罗柏文、赵又红、伍利群、张湘、王清、何哲明、戴娟、刘兰、刘滔、曾周亮、莫爱贵。其中特别值得一提的是赵又红、林国湘、莫爱贵和潘存云等人指出和纠正了第二版出现的错误。全书最后由潘存云负责统稿。

　　由于作者水平和能力有限,不妥之处在所难免,敬请各位使用本书的从事机械原理课程教学的老师和广大读者提出宝贵意见。

作　者
2019 年 1 月

第二版前言 PREFACE.

　　本书的第一版于 2011 年 11 月出版发行后，经过 10 多所高等院校的使用，普遍反映特色明显，效果良好，深受广大读者欢迎。为了使本书的质量更加完善，更好地满足读者的要求，出版社组织使用教材学校的老师及编写组成员一起及时召开了修订工作会议，充分听取了广大用户的反馈建议和对教材提出的新要求，统一了修订意见，布置了修订任务，明确了分工职责。本书是在第一版的基础上修订而成，修订工作的指导思想是：维持结构体系不变，适当增删局部内容，完善辅助配套资源，修订纠正原版错误。

　　第二版的最大特色是进一步充实丰富了本教材的辅助教学资源，配套出版了多媒体课堂用教学课件。该课件由潘存云教授领衔制作，包括了由 255 种不同机构的三维动画，121 段工程应用案例的录像视频等教学资源组成的案例素材库，加上符合视觉美学和结构层次清晰的近 1000 个 PPT 页面等，资源内容十分丰富，是目前国内同类多媒体课件中内容最全的"机械原理"多媒体教学资源，必将对促进教学质量的提高有所帮助。为了便于教学，光盘中还提供了各章的习题解答。

　　参加本书修订工作的有：潘存云、何竞飞、李国顺、杨华、杨文敏、高英武 、丁敬平、郭克希、吴茵、林国湘、尹喜云、罗柏文、赵又红、伍利群、张湘、王清、何哲明、戴娟、刘兰、刘滔、曾周亮、莫爱贵。其中特别值得一提的是高英武、赵又红、林国湘、莫爱贵和潘存云等人指出并纠正了第一版出现的错误。全书最后由潘存云负责统稿。

　　由于作者水平和能力有限，不妥之处在所难免，敬请各位使用本书的从事机械原理课程教学的老师和广大读者提出宝贵意见。

作　者

2013 年 1 月

前 言 PREFACE.

21 世纪是知识经济发展的时代。创新成为这个时代我国国民经济可持续发展的基石，也是市场和企业的支撑点。一个国家，一个民族，乃至一个企业，若拥有可持续的创新能力和大量高素质的人力资源，那就意味着具有发展知识经济的深邃底蕴和巨大的潜能，就可以在激烈的竞争中抢占科技和产品的制高点。因此，创新教育成为高等教育中关注的热点问题之一。

机械创新设计作为激发大学生潜能、培养机械类大学生创新意识和创新能力的重要手段，是高校创新教育体系的重要组成部分，并且已经逐渐受到国家、高校和学者的重视，教育部确定每两年组织一次全国机械创新设计大赛。一些高校多年前就为本科生开设了机械创新设计课程，同时也为有兴趣并且有潜能的学生提供了创新实践的条件；众多学者对机械创新设计教育进行了探讨。本书将从培养大学生创新精神、提高大学生创新能力的角度出发，对现代机械创新教育的特点和模式进行探讨。

机械原理课程作为机械类专业的一门主干技术基础课，在培养学生综合设计能力的全局中，承担着培养学生机械系统方案创新设计能力的任务，在机械设计系列课程体系中占有十分重要的地位。本机械原理课程教材按教育部教学指导委员会最新制定的"教学基本要求"编写，遵循"厚基础、宽口径、强能力、重应用"的原则，在内容的取舍和编排组织方面，注重知识体系的系统性、创新性、基础性、科学性、先进性、综合性、实用性、实践性、趣味性、普适性。本教材兼顾研究型人才培养模式和应用型人才培养模式两类高等院校的需求，同时还同步进行多媒体助教课件、多媒体助学课件、案例教学素材库、网络教学支持平台、电子教案、自学指导书、习题指南、课程设计指导书等配套教学资源的建设工作，力争使本教材成为一套具有特色的、优质的机械类课程立体化教材，并在全国形成有一定影响力的品牌。

从工程的角度来看，一种新的机械从原理构思到产品实物，其设计过程主要包括三个阶段，即机械系统的方案设计、机械零部件的结构设计和零件加工的工艺设计，其中，机械原理课程肩负着培养学生机械系统方案创新设计能力的任务。也就是说，培养学生掌握机构设计的理论与方法，使其具备一定的机械系统方案设计能力是本课程追求的目标，而机械系统方案设计内容主要包括运动设计和动力设计，因此，本教材考虑按照"以设计为主线，分析服务于设计，立足点是机械系统方案设计"的思路安排内容体系结构。仔细分析现有的机械原理教材，不难发现，现有的机械原理教材多数是以机构分析为主线的知识和智能体系。因此，本教材体系结构将有别于传统教材，更符合人才培养的规律。

按以上思路，本教材的内容分成三大部分：第一部分为机构的运动设计，主要介绍机构的组成原理及各种机构的类型、运动特点、功能和设计方法；第二部分为机械的动力设计，主要介绍机械运转过程中的若干动力学问题，以及通过合理设计来改善机械动力性能的途径；第三部分为机械系统方案设计，主要介绍机械系统方案设计的内容、过程、设计思想及设计方法。通过这一新的体系，力求达到使学生初步具有机械系统方案创新设计能力的目的。

本书具有如下特色：

(1)体系结构科学合理，全书以设计为主线，符合新世纪人才培养规律。

(2)内容新颖，专门增加了一些新型机构的内容，对于传统机构增加一些新知识、新技术、新方法、新成果的介绍(例如球齿轮机构、余弦齿廓、广义机构、剪刀撑机构、活齿传动、挠性传动机构、液压机构、气动机构、组合机构、开式链机构等)，既开阔了学生的视野，又可激发学生的兴趣。

(3)每章开始列有概述，包括：本章内容要点、学习目的、学习基本要求；附录中增加了机械科学发展史年鉴的内容，使学生对人类历史上机械科学领域发生的重大事件有一个全面的了解；为便于读者阅读与机械原理相关的外文著作，本书的附录收集了常用的名词术语中英文对照表；某些章节后面及书末列有网络资料及参考文献，以便读者找到原始资料进行更深入的学习。

(4)与工程实际结合更密切，各章节增加了来源于工程实际的机构应用案例。书中涉及到的应用领域更加广泛。

(5)立体化教材建设内容更全面，包含多媒体助教课件、多媒体助学课件、案例教学素材库、网络教学支持平台、电子教案、自学指导书、习题指南、课程设计指导书等内容。

本书按60~70学时编写，教师使用时可根据各学校的具体情况对讲授内容进行取舍。

参加本书编写工作的有：国防科学技术大学潘存云(第1章，第2章，附录)、中南大学唐进元(第3章)、湖南大学杨华(第4章)、湖南农业大学高英武(第5章)、中南林业科技大学丁敬平(第6章)、南华大学林国湘(第7章)、湖南科技大学尹喜云(第8章)、湘潭大学赵又红(第9章)、湖南工学院伍利群(第10章)、国防科学技术大学张湘(第11章)、湖南理工大学王清(第12章)、湖南工程学院刘兰(第13章)、中南大学李国顺(第14章)、邵阳学院曾周亮(第15章);并由潘存云、唐进元担任主编,最后由潘存云负责统稿。

本书承蒙教育部机械基础课程教学指导分委员会主任委员、全国机械设计教学研究会副会长邓宗全教授担任主审,提出了许多宝贵意见,编者在此表示衷心的感谢。

由于作者水平和能力有限,不妥之处在所难免,敬请各位从事机械原理课程教学的老师和广大读者提出宝贵意见。

编　者

2011 年 11 月

CONTENTS. 目录

第1章
绪　论

【概述】

◎本章主要介绍本课程的研究对象——机械、机构和机器的基本概念，课程的主要内容、学习要点。

◎通过本章学习，达到了解机构组成原理、掌握简图绘制方法的目的。

1.1　机械原理研究的对象及内容

本课程名称为机械原理，其中包含两层含意：其一，本课程的研究对象是"机械"；其二，本课程的研究内容是机械之"原理"，如机械的组成原理、分析原理、设计原理等。

1.1.1　机械的概念

什么是机械呢？机械（machine，machinery），源自于希腊语之 mechine 及拉丁文 mechina，原意指"巧妙的设计"。传统的"机械"是一个古老的概念，可以追溯到古罗马时期，主要指人们为了满足人类社会自身生产和生活需求而发明的，较之手工工具更为复杂、能完成特定作业动作的一类实物装置。传统意义上的机械主要用来代替人类的手工劳动，可理解为是人之体力的延伸。经过了蒸汽时代和电气时代两次工业革命的洗礼，人类社会目前正快速进入以信息为标志的第三次工业革命时期，机械也正在经历从传统机械过渡到现代机械的转变。现代机械本质上是将其他相关学科领域不断出现的新技术与传统机械进行有效的融合，形成一个包含光、机、电、气、液、磁等功能部件，在控制器统一协调控制下，能灵活实现多种复杂动作，并完成物质流、能量流、信息流传递与转换任务的智能实物系统。现代机械不仅是人之体力的延伸，更是人脑智力的延伸。

从发展的眼光来看，任何机械产品都经历了由简单到复杂的演变过程。例如起重机就经历了以下发展阶段：斜面→杠杆→起重轱辘→滑轮组→手动葫芦→现代起重机（包括龙门吊、鹤式吊、汽车吊、卷扬机、叉车、电梯等）。只要人类社会不停止发展的进程，人们对各种原有机械产品的改进升级和各种新机械的创新设计活动就永远不会停顿下来。各种新机械的不断涌现，对人类社会的发展产生了极其巨大的推动作用。

从机械原理学科研究的内涵而言，一般认为机械包含机器与机构两部分。

典型机械

起重机演变

1.1.2 机器及其特征

对机器一词，人们几乎耳熟能详，在日常生活或工作中，我们会接触到许多不同种类的机器。例如，为各种装备提供动力来源的动力机器，如水轮机、蒸汽机、内燃机、风力发电机、磁力发电机等；为人类日常生活带来极大方便的各种家用电器，包括空调机、洗衣机、缝纫机、绞肉机、榨汁机，以及其他具有运动部件的各种小家电等；娱乐健身用的自动发牌机、麻将机、保龄球机、跑步机、发球机、多功能健身器等；在工业部门中广泛使用的各种金属切削机床，如车床、铣床、刨床、磨床、钻床等；各种农机设备，如拖拉机、播种机、耕作机、收割机等；各种运输设备，如汽车、火车、磁悬浮列车、船舶、起重机、电梯等；各种轻工设备，如包装机、吹瓶机、清洗机、灌装机等；各种化工设备，如蒸馏塔、反应釜、分离机、输送机等；各种食品机械，如脱水机、造粒机、烘干机、榨油机、脱粒机、磨粉机等；各种建筑设备，如打桩机、旋挖机、搅拌机、压路机、铺路机、盾构机等；各种矿山设备，如挖掘机、铲运机、装载机等；专门用来处理信息的机器，如数码摄像机、照相机、打印机、绘图机、复印机、刻录机、传真机、阅卷机等。本课程所指的机器，泛指人们根据某种作业要求而设计的实物系统，具有广义而抽象的含义，它既包含了世界上所有的机器，而又非特指某一种具体的机器。那么，这种抽象的机器具有哪些共有特征呢？下面分别以工程上广泛应用的内燃机和连接件冷镦机为对象进行剖析。

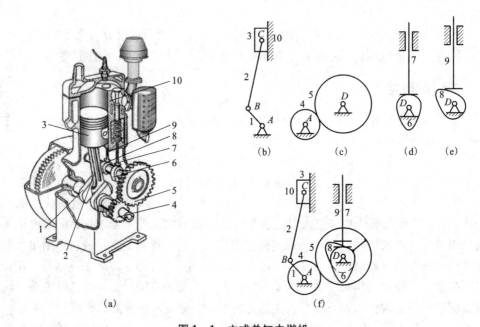

图 1-1 立式单缸内燃机

1—曲轴；2—连杆；3—活塞；4—齿轮；5—齿轮；6—凸轮；
7—排气阀顶杆；8—凸轮；9—进气阀顶杆；10—气缸体

图 1-1 为在工农业领域广泛使用的四冲程单缸内燃机，其组成包括：曲轴 1、连杆 2、活塞 3、齿轮 4、齿轮 5、凸轮 6、排气阀顶杆 7、凸轮 8、进气阀顶杆 9、气缸体 10 等主要部件。由物理学知识可知，四冲程单缸内燃机工作过程分

为进气、压缩、爆炸、排气四个阶段,在一个完整的运动循环中,曲轴旋转720°共两圈,对应各主要活动组件的运动如表1-1所示。各活动组件之间的运动关系必须严格协调一致,否则就不能完成正常的工作循环,也就不能实现将燃料中的化学能转换成曲轴输出的机械能的功用。

表1-1 四冲程单缸内燃机各主要活动组件的运动

工作循环	进气	压缩	爆炸	排气
曲轴转角	0°~180°	180°~360°	360°~540°	540°~720°
活塞	下行	上行	下行	上行
进气门	打开	关闭	关闭	关闭
排气门	关闭	关闭	关闭	打开
小齿轮	旋转两圈			
大齿轮	旋转一圈			

图1-2(a)是目前工程上应用最广泛的双击式冷镦机,这是一种高效率镦造螺母、螺钉头、铆钉等连接件的自动化生产机器,图(b)是其简化的传动机构示意图。双击式冷镦机的工艺过程包括:进料→切断→送坯→镦锻→顶出等五个动作。而这五个工艺动作分别由多种机构组成的五条传动路线来实现,该机器的工作原理分别描述如下:

螺栓冷镦机

(1)主传动系统完成镦制动作:电动机1的输出轴端带轮通过带传动2驱动飞轮3和曲轴4旋转,曲轴4通过连杆5带动滑块6做往复直线移动,从而实现大功率的镦制动作。

(2)送料系统完成工件原料的间歇式送进动作:安装在曲轴端部主动齿轮7驱动从动齿轮8旋转,并带动二轴18和送料偏心轮20一起转动,通过右侧连杆21带动棘爪摆杆24做往复摆动,棘爪25驱动棘轮26做间歇转动,驱动送料轮27带动原料棒28完成原料棒的送进动作。

(3)切料系统连续完成原料棒的切断动作:固联在齿轮8上的偏心轮通过左侧连杆9驱动移动凸轮10做往复移动,迫使切刀杆11做直线移动,完成对原料棒的切断动作。

(4)双工位控制系统完成初镦和精镦双工位切换动作:二轴18带动换模凸轮12连续旋转,驱动推杆13作直线移动,以及摆杆14做往复摆动,带动冲模架15、初冲头16、光冲头17做直线移动,完成初镦和精镦双工位模具切换动作。

(5)工件顶出系统将加工好的工件从模具顶出完成卸料动作:二轴18带动卸料凸轮19旋转,驱动推杆22做直线移动,带动摇杆23做摆动,然后再带动顶出器29做直线移动并将工件31顶出,从而完成工件卸料动作。

上述五个动作中,各部分必须相互配合与协调,对应各主要活动组件的运动时序,如表1-2所示。显然,各部件的运动必须严格协调一致;如果其中一个部分出现故障,就会发生模毁机损的安全事故。

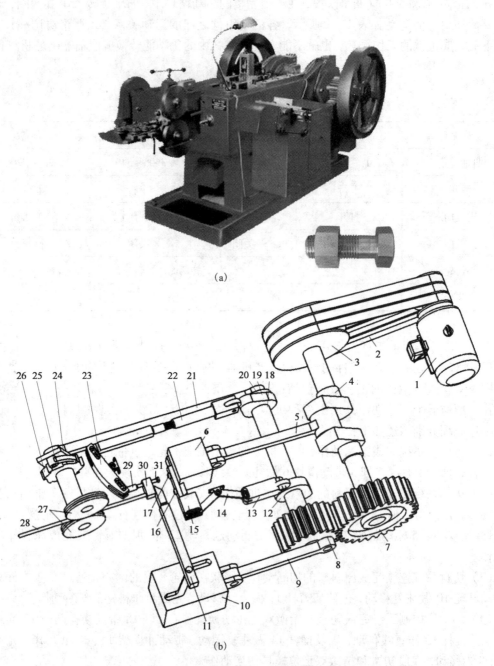

图 1-2 二模三冲多工位紧固件冷镦机

1—电机；2—带传动；3—飞轮；4—曲轴；5—连杆；6—滑块；7—主动齿轮；8—从动齿轮；9—左侧连杆；10—移动凸轮；11—切刀杆；12—换模凸轮；13—推杆；14—摆杆；15—冲模架；16—初冲头；17—光冲头；18—二轴；19—卸料凸轮；20—送料偏心轮；21—右侧连杆；22—推杆；23—摇杆；24—棘爪摆杆；25—棘爪；26—棘轮；27—送料轮；28—原料棒；29—顶出器；30—凹模；31—工件

表1-2　双击式冷镦机各主要活动组件的运动时序

主曲轴转角	0°	90°	180°	270°	360°
送料	送	静止			
切断		切断			
镦头滑块	前行		镦制	返回	
顶出器	静止			顶出	返回

　　从以上两种典型机器实例可以看出，尽管它们所具有的功能、结构、性能、用途等都不一样，但仍然具有以下共同的特征：

　　（1）机器是一种人造实物组合体，而非自然形成的物体。

　　（2）组成机器的各活动部分之间具有确定的相对运动关系。

　　（3）机器能够实现不同能量之间的转换，或代替人类完成特定的作业。

　　按机器所起作用的不同，可把机器分为原动机和工作机两类。其中原动机是用来实现能量转换的机器，如内燃机、外燃机、旋转电机、直线电机、超声波电机、压电陶瓷驱动器、超磁致微制动器、水轮机、风轮机、汽轮机、气动缸、液压缸等，其种类有限；而工作机则是用来完成某种特定作业的机器，如缝纫机、冷镦机、输送机、起重机、各种机床等，工作机的种类繁多，数不胜数。

全自动洗衣机

1.1.3　机构及其特征

　　从机器的构成要素来看，现代机器无论其结构和动作多么复杂，都可分解为若干组能实现简单动作的运动转换单元，把这种运动转换单元称为机构。换句话说，机器是由若干组机构按照一定规律组合而成的。根据机器复杂程度的不同，则组成机器的机构数目有多有少。例如，最简单的机器是电动机，它只包含了由定子和转子构成一个双杆回转机构。而如图1－1所示，内燃机中就包含了三种不同的机构，其中，如活塞－连杆－曲轴－气缸体组成了一种所谓的连杆机构，它的作用是把燃烧气体推动活塞产生的直线移动转换为曲轴部件的连续旋转运动，即把往复直线运动转换为连续旋转运动；又如凸轮－气阀顶杆－气缸体则组成了凸轮机构，其作用是用来精确控制进、排气阀的启闭时间，即把连续旋转运动转换为往复直线移动；而大小齿轮则组成了一种齿轮机构，它是用来将曲轴的旋转速度降低一倍后驱动凸轮轴旋转，且两者旋转方向正好相反，即实现变速及换向传动。再比如冷镦机中的摇杆－棘爪－棘轮组成了一种棘轮机构，用来控制螺栓棒料的间歇送进，即该机构能实现把摇杆的往复摆动转换为送料轮的间歇转动。此外，冷镦机还包括五组连杆机构、一组齿轮机构、三组凸轮机构等等。工程上诸如此类的情况还有很多，在此不一一列举。

　　以内燃机中的连杆机构为例，它就包括了曲柄、连杆、活塞三个活动实物体以及气缸体这一起固定支撑作用的实物体。而且活塞、连杆、曲轴三个活动实物体之间的运动位置关系是一一严格对应的。换句话说，连杆的空间位置和曲轴的转角位置完全由活塞的位置唯一确定。如果分析上述其他种类的机构，同样会发现其中的活动实物体之间运动关系也是唯一确定的。因此，不难归纳出机构具有如下共有特征：

　　（1）机构是一种人造实物组合体，而非自然形成的物体。

（2）组成机构的各活动部分之间具有确定的相对运动关系。

（3）机构能把一种运动形式转换成另外一种运动形式，或者实现力的传递。

按机构应用范围，可将机构分为通用机构和专用机构两大类。通用机构的用途广泛，如连杆机构、凸轮机构、齿轮机构等。而专用机构只能用于特定场合，如钟表的擒纵机构。本课程只研究通用机构。

如果把机器比作一座建筑物的话，那么机构就好比是其中的砖、瓦、门、窗、梁等基本建筑元素，建筑物的功能、形态可能千差万别，但基本建筑元素的种类却是极其有限的。机构亦是如此，其种类不多，但由它们构造出来机器种类却数不胜数。

比较机器与机构的特征，可知两者前两个特征是相同的，仅它们的作用不同而已。若从结构和运动的观点出发，两者并无实质性区别，因此，工程上常把机器与机构统称为机械。

由以上分析，可以给出机构和机器完整的定义如下：

机构——能实现预期运动或实现力传递的人为实物组合体。

机器——能实现预期运动并完成特定作业任务的机构系统。

如图 1 - 3 所示，按机械各部分所起的作用，工作机械一般划分成如下几个功能模块：

原始动作部分——为机械正常工作提供动力来源，最常见的原动机是电动机和内燃机。

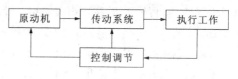

图 1 - 3　工作机械的功能模块划分

执行工作部分——完成预定的作业动作，一般位于传动路线的终点。

传递运动部分——将原动机和执行工作机构连接起来的中间部分，用来实现运动传递或变换。

控制调节部分——根据传感器监测到的机械运转状态和实际作业要求对机械适时发出启动、停止、变速、换向等控制指令，其操作方式可以是机械式、电子式、计算机控制等形式。

以全自动洗衣机为例，其中原动机为电动机，传动系统包括了带传动和减速器，波轮用来执行洗衣工作，单片机系统则用来实现对洗衣机的全自动控制。

1.2　机械原理学科的研究内容

本课程以机械为对象，对如下内容展开研究。

1. 机构的结构分析

首先要研究机构中的多件实物体是按何种方式组合在一起的，即机构的组成要素；其次要研究这些实物体组合在一起之后，是否还能运动，进而在什么条件能保证实物体之间具有确定的相对运动，即机构的可动性以及具有确定运动的条件；再次为了将机构从实际形态中抽象出来，必须研究如何用简单的图形符号表示实际结构复杂的机械，即机构运动简图的绘制方法；最后为便于设计新机构和建立通用的运动分析方法，就要研究机构的结构分类以及机构的组成规律。

2. 机构的运动分析

要了解所设计的机械是否满足预定的运动特性要求，就必须对机构进行运动分析，所以就要研究机构上某些特殊点的位置、速度、加速度,以及某些部件的角位置、角速度、角加速度等运动参数的基本求解原理和方法。这是改善原有机械性能和设计新机械的重要步骤之一。

3. 机构的运动设计

任何复杂的作业任务最终都可分解成一连串的简单动作,而这些简单动作的最终实现都是由机构来完成的,因此,探索常用机构的运动设计方法,以及如何根据具体的运动要求来设计常用机构是本课程的重要内容之一。

4. 机构组合成复杂机械系统的方法研究

一方面,任意复杂的机械系统都是由若干机构组合而成的;另一方面,每种常用机构都有自己特定的运动转换模式,因此,按照何种方法来选择若干种合适的机构并将它们进行有机组合,才能实现预定的作业要求,值得全面深入研究。这些方法包括:如何根据作业任务拟定机械的工作原理;根据工作原理的运动特点进行运动分解,并建立各分解运动之间的协调关系,即运动循环图;如何根据分解运动特点选择合适的机构类型,即机构类型综合;根据执行机构的运动特点选择合适的原动机;拟定运动传递路线,确定机构的组合方式;直至最后对机械系统运动方案进行评价,等等。

5. 机器动力学分析与设计

运动副中反力大小和方向是决定运动副元素摩擦磨损状态的重要因素,进而直接影响到机械效率的高低,因此,必须对各种运动副中的反力及其方向进行研究;惯性力和惯性力矩是机械变速运动产生的必然结果,它是影响机械运动状态、动力性能、甚至工艺过程的重要因素,因此,必须研究惯性力的产生原因、分布规律、计算方法,并研究对惯性力和惯性力矩进行平衡的方法;作用在机械上的力是影响机械运动性能的主要因素,有必要研究分析机械在外力作用下的真实运动规律和速度波动问题,并研究采取增加飞轮的方法对速度波动范围进行调节,以降低速度波动带来的不利影响。所有这些是保证所设计机械系统的动态工作特性能满足实际需求的重要理论基础。

1.3 本课程的地位、学习目的与学习要点

1.3.1 机械原理课程的地位

本课程是各高等院校机械类专业本科生必修的一门主干技术基础课。它在教学计划中起承上启下的作用,占有十分重要的地位。一方面,机械原理课程的知识体系是建立在高等数学、普通物理、机械制图和理论力学等先修课程的理论基础之上;另一方面,本课程的许多理论知识又直接为学习机械设计及有关专业课等后续课程打好理论基础,使学生受到必要的基本技能和创新思维的训练。研制一种新的机械设备,要经过工作原理的拟定、运动方案设计、本体结构设计、制造工艺编程、加工安装调试等诸多环节,涉及机械原理、机械设计、工程力学、材料学、制造工程学等多门学科理论知识的综合应用,其中工作原理的拟定和运动方案设计属于本课程需要解决的内容范畴,因此,机械原理课程的知识无疑是基本而重要的。

1.3.2 学习目的

本课程的总任务和目标是使学生掌握机构学和机械动力学的基本理论，基本知识和基本技能，并初步具有拟定机械运动方案，分析和设计机构的能力。学习本课程的目的主要体现在如下几个方面。

1. 便于认知世界上现有丰富多样的机械产品，为机械设计工作积累经验

有人说，机械设计工程师就像医生一样，越老越有价值。这种说法虽不一定科学，但从一个侧面反映了在机械设计过程中，个人的设计经验具有举足轻重的作用。当然，设计经验不可能从天上掉下来，也不可能自己跑到人们的头脑中去，靠的是平时的积累，除了要多参与机械设计工作之外，更多的经验来源于对世界上现有机械产品的认知过程。只要掌握了本课程有关机构分析的基本原理和方法，就可以对现有的各种具体机械展开深入研究，了解其工作原理，分析其结构特点，剖析其巧妙之处，学习他人的经验，服务于自己的设计工作。

2. 重点解决机械的共性问题，为后续学习专业机械课程奠定理论基础

世界上所有的机械产品都是人们为了满足社会和人类需求而创造出来的，它们种类繁多，功能各异，外观结构差异很大。因此，为了培养各机械行业的专门人才，在高校中设置了相应的专业课程，例如，为内燃机专业学生开设的《内燃机原理与构造》，为汽车专业学生开设的《车辆底盘结构》等课程。对某一种具体机械展开深入研究，一般可将其研究内容分解为该机械独有的特殊问题和与其他机械具有的共性问题两大部分，专业课程往往只研究该机械独有的特殊问题，而所有机械的共性问题则是机械原理课程的研究范畴。共性问题是研究专业问题的基础，不打牢理论基础，就不能顺利进入专业课程学习。

3. 培养学生的创新思维，激发机械创新设计灵感

胡锦涛总书记在全国科学大会上向全党和全国人民发出要将中国建设成一个创新型国家的伟大号召。创新型国家必然需要各类创新型人才，尤其需要大量的机械专业创新型人才。机械装备制造业是人类社会经济的支柱产业，2009年德国机械制造工程联合会在汉诺威工业博览会上提交的报告称中国已经取代德国成为世界机械制造业第一大国。创新型国家的重要标志之一就是包含机械制造业在内的各行各业，必然要涌现出大量的原创性新产品，才能更好地满足人类社会需求。而新产品的设计必然要依靠一大批具有创新思维和创新精神的工程技术人员去完成。机械原理课程围绕机械系统方案设计这一中心主题，通过介绍机械共性的基础理论知识、机构设计的基本原理与方法、机构变异演化与组合的创新设计规律等内容，达到培养学生的创新思维和能力，掌握机械系统方案设计技能的目的。

4. 为现有机械产品的合理使用和革新改造打基础

高校培养的机械专业创新型人才，除了一部分从事新产品的设计开发工作之外，相当一部分毕业生将从事与现有机械装备直接相关的诸如操作、使用、试验、维护保养等技术工作。具备了机械原理的知识，就可以快速了解机器的性能和特点，熟练正确地操作机器，使机器处于最佳工作状态，发挥出最大效益，并且避免事故的发生；试验过程中，可以快速准确获取机械装备的试验数据，通过分析对机械工作性能做出正确的评价；维护保养工作是确保机器在生命周期内正常工作必不可少的重要环节，机械原理课程知识将有利于对机器工作状态进行评估，及时找出故障部位和产生原因，制定维修方案，尽快恢复机器的正常工作；甚至在维修过程中会发现机器的设计缺陷，从而进行技术革新。另外在消化吸收国内外引进的先进技术时，为了规避全盘照抄、仿制可能带来的专利侵权纠纷，也需要对现有机械中的专利保护部分进行替代性设计。由此可知，机械原理的知识是非常重要的。

1.3.3　学习要点

机械原理课程是一门技术基础课程，与过去学过的基础理论课程的特点有所不同，因此在学习过程中应注意以下学习要点。

1. 通过了解机械学科发展史和发明家的趣闻轶事，培养学习本课程的兴趣

兴趣是一个人力求认识并趋向某种事物特有的意向，是个体主观能动性的一种体现。大教育家孔子认为："知之者，不如好知者；好知者，不如乐知者。"美国心理学家和教育家布鲁纳说："学习的最好刺激，乃是对所学材料的兴趣。"伟大的科学家爱因斯坦有句至理名言："兴趣是最好的老师。"心理学家的大量研究成果表明：一个人一旦对某事物产生了浓厚的兴趣，就会主动去求知、去探索、去实践，并在求知、探索、实践中产生愉快的情绪和体验，兴趣对于开发机械创新设计潜能具有极其重要的作用。机械学科是一门非常古老的学科，自从人类学会制造和使用工具起，它就伴随人类社会的前进步伐而不断向前发展。尤其是在近代历史上，以爱迪生为代表的一大批发明家为满足人类的需要完成了许许多多的伟大发明，他们的发明经历充满了许多生动而有趣的传奇故事，他们的精神无疑对后人具有强烈的激励作用，是后人学习的楷模。一件成功的机械创新设计作品虽然是多门课程知识综合运用的结果，但《机械原理》课程的知识在方案设计中无疑具有不可替代的重要作用。

2. 要有敢于超越前人的信心与勇气，增强学好本课程的信心

许多成功人士都有这样一种体会：在走向成功的路上，我们可以缺乏任何东西，但就是不能缺少一样东西，那就是——自信。发明大王爱迪生说："自信是成功的第一秘诀。"通过本课程的学习，达到培养学生初步具有机械创新设计能力的目标。机械创新设计作为工程领域从事发明创造的实践性活动之一，没有自信心是绝对不行的。机械学科本身的发展充满了曲折和艰辛，世界上永远不会有十全十美的机械产品，机构学理论也需要后人的不断完善和创新，这些都为广大从事机械创新设计的技术人员提供了施展才华的广阔舞台。作为一名现代大学生，要有超越前人的雄心壮志，肩负起改造世界，推动社会进步的历史责任。学好本课程，个人的自信心非常重要，在此奉献给读者三句话：

发明创新不仅是发明家的本事，人人都具有发明创新的潜能。

发明创新来源于生产生活实际，处处存在着发明创造的机遇。

发明创新不受时间与年龄限制，漫漫人生皆可完成发明创造。

3. 深入了解本课程特点，掌握科学的学习方法

要学好本课程，光有兴趣和信心是远不够的，还要掌握科学的学习方法。本课程具有三强四多的特点，三强是指实践性强、综合性强、独立性强；四多是指内容多、概念多、符号多、公式多。根据这些特点，学习时应重点把握以下几个方面。

(1)着重搞清楚基本概念，理解基本原理和掌握基本方法。基本原理如机构演化原理、功能转换原理、动力等效原理、相对运动不变性原理、共轭包络原理等。基本方法如杆组拆分法、机架转移法(反转法)、图解法、解析法、试验法等。这些原理和方法是机构分析与综合的有利工具。

(2)注意把一般性原理和方法与具体运用密切联系起来，从机构学的角度观察日常生活与生产遇到的各种机械，运用所学理论知识去分析和解决工程实际问题。

（3）学习本课程时，要综合运用其他课程已学过的知识，部分内容与理论力学直接有关，是理论力学的延续与扩展（指用理论力学的原理分析具体的机械）。因此，一定要复习理论力学中的有关内容，如运动学、摩擦学、力系分析、功能原理等。

（4）注意培养综合分析、全面考虑问题的能力。解决同一实际问题，往往有多种解决方案，不同的方案各有优缺点，要善于归纳总结各种方案的优缺点，通过分析、对比、判断和决策，做到反复斟酌，优中选优。

（5）注意培养科学严谨、一丝不苟的工作作风。当大学生完成学业，毕业之后走向工作岗位成为一名工程技术人员时，必然要参与机械装备的设计、使用、维护、试验等具体工作，稍有不慎，哪怕是一个微不足道的设计错误，都有可能造成重大损失，甚至要承担法律责任。

4. 参与实验和完成作业，加深理论知识的理解

开设本课程实验的目的是，培养大学生实事求是的科学态度，理论联系实际的工作作风，严谨认真的工程素养，视野开阔的创新思维，使大学生初步掌握应用书本理论指导解决工程实际问题的方法，强化动手实践能力。完成适量的作业习题是很有必要的，通过求解作业题可以加深理论知识的理解。值得注意的是，做作业前应重点复习有关例题，归纳总结解题思路与方法，从中得到启发，以达到举一反三的效果。

5. 充分利用网络教学资源，拓展个人知识面

在信息知识呈爆发式增长的今天，互联网已经成为影响社会的重要连接纽带。近年来，教育部实施了教育质量工程，以精品课程建设为目标的教学改革活动在国内各高校中开展得如火如荼，精品课程自然是课程中的精品，它凝聚了教学名师们几十年的教学智慧与经验。每门精品课程都建有自己的课程网站，其中包含了大量与课程学习密切相关的有用信息，诸如课程学习指南、课堂教学素材、虚拟模型动画、典型工程案例、典型例题详解、先进教学理念、学习心得体会等等。要学会如何利用网络教学资源为本课程学习服务。

6. 积极参加学科竞赛，全面培养机械创新设计的综合素质

行星轮式登月车

教育部主办的机械创新设计大赛是以提高大学生机械设计能力、实践操作能力、综合创新能力的竞赛活动，该活动已经成为每两年一度的全国大学生相互切磋技艺和学习观摩的盛会。举办全国大学生机械创新设计大赛活动的目的是引导高等学校在教学中注重培养大学生的创新设计能力、综合设计能力与团队协作精神；加强学生动手能力的培养和工程实践的训练，提高学生针对实际需求进行机械创新思维、设计、制作等实际工作能力，吸引、鼓励广大学生踊跃参加课外科技活动，为优秀人才脱颖而出创造条件。另外，由团中央主办的大学生课外科技活动竞赛（简称挑战杯）也成为大学生展现自我专业知识和创新思维能力的重要舞台。大量实例证明，参与学科竞赛对于激发大学生的创新思维、训练动手能力、锻炼科技报告的写作水平等综合素质具有不可替代的作用，获奖学生已成为企业争先录用的优秀人才。学科竞赛活动受到大学生们、高等院校、用人单位等社会各界的普遍欢迎，目前，高校大学生参加各类学科竞赛的积极性空前高涨。根据笔者指导学生参赛的经历，参加学科竞赛时要把握以下要点：激发兴趣，积极参与、明确方向、瞄准目标、制订方案，集思广益、强化技能，动手实践、善于总结、形成理论。

作为老一辈的科技和教育工作者，笔者再次奉献给读者六句话并与大家共勉：

人类社会的需求永无止境，需要我们勇于探索、不断创新。

世上万物不可能尽善尽美，需要我们不断完善、推陈出新。
历史发展永远都不会停止，需要跟上时代步伐、与时俱进。
身为技术人员的责任心，是驱使我们勤奋工作、永不停歇的动力。
怀有浓厚兴趣的好奇心，是吸引我们不断探索、勇于创新的源泉。
具备不断进取的好胜心，是鞭策我们精益求精、尽善尽美的关键。

1.4 机械科学史年鉴及发展趋势

1.4.1 机械学科发展史简介

对于机械工程学科专业的大学生来说，了解机械学科的发展历史对于今后从事的科学研究工作是很有帮助的。本书附录 1 罗列了人类社会几千年来在机械科学领域取得的标志性成果。

1.4.2 机械学科发展趋势简介

随着微电子技术、光技术、信息技术、自动控制技术、计算机技术、生物技术等新兴技术的崛起，人类社会正被快速推向一场以信息化为特征的新技术革命进程之中。作为向各行各业提供装备的机械工业也正在经历从传统机械过渡到现代机械的转变，伴随这种转变的不仅是机械学科与其他学科的交叉融合日益增强，同时机械学科各个专业领域也得到了迅猛发展。如图 1 - 4 所示为现代机械学科发展的一些主要方面，以下将就这些方面的发展趋势做一简单概述。

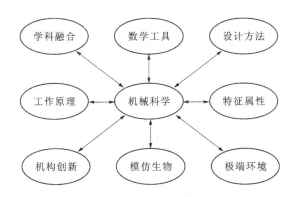

图 1 - 4 机械科学的发展方向

1. 与其他相关学科的交叉融合日益明显，形成了多个交叉边缘的新兴学科

人类社会正快速进入以信息为标志的第三次工业革命时期，现代机械的内涵也发生了相应的变化，传统意义上的纯机械产品越来越少，更多的是机械学与其他各种新兴学科结合的产物，由此诞生了一批新兴学科。例如，机械学与电子学的交叉融合形成了机械电子学；机械学与生物学和材料学的交叉融合，诞生了仿生机械学；机械学与信息科学和控制论的结合诞生了机器人机构学；机械学与计算机学科的融合诞生了 CAX（CAD/CAE/CAM/CAPP/

CAT)技术，括号中的英文简写分别为：CAD——计算机辅助设计、CAE——计算机辅助工程分析、CAM——计算机辅助制造、CAPP——计算机辅助工艺编程、CAT——计算机辅助试验。其中，CAD技术被评为人类20世纪最杰出的工程成就之一。

2. 各种新概念、新理论、新工具不断涌现，促进了机构学各专业领域的快速发展

机构学的理论研究从来就离不开各种数学工具作为基础。近年来，各种新的数学工具不断被应用于机构运动分析，尤其是空间机构的运动分析，例如矢量法、张量法、矩阵法、对偶数法、四元数法、旋量计算法等。另外在机构的结构理论方面利用：应用图论、网络理论、线形几何学、螺旋坐标等一些新的数学工具和计算技术来研究轮系的类型综合及运动分析和力分析问题也得到大力开展，并取得一些成绩。从机构学理论的发展历程来看，一种新的数学工具的诞生往往能促进机构学某一专业领域的快速发展。

3. 新的机械设计手段日新月异

伴随着计算机硬件技术、大规模并行算法、数值计算方法和计算机图形学等领域的快速发展，机械设计手段也取得了巨大进步。工程界从传统的手工绘图全面过渡到计算机辅助二维绘图和三维造型设计，另外一些新的设计理念和手段，如广义优化设计、概率设计、综合设计、三次设计、并行设计、智能设计、虚拟设计、网络设计、绿色设计、定制设计、非线性动力学设计、多变量多约束设计、机电耦合设计等正在逐步应用到机械产品的设计过程中。

4. 机械产品工作原理呈现多样化趋势

机械产品工作原理呈现多样化趋势主要体现在两个方面：一方面，完成相同功能的机械产品采用完全不同的工艺原理来实现；另一方面，同一种技术被应用到设计出不同功能的机机械产品。例如，切割机是一类工程上应用广泛的将物质材料从母体上分离出来的机器，针对不同材质的对象就相继出现了基于不同工艺原理的切割机器，如各类刃具切削机床、磨粒锯片切割机、激光气化切割机、水射流切割机、超声波切割机、等离子体切割机、电火花线切割机、气体火焰切割机、冷脆断切割机、柔带切割机等。再比如，随着超声波技术的发展，在不同的应用领域内陆续涌现了许多基于超声波原理的机电设备，不需要任何洗涤剂的超声波清洗机、超声波焊接机、超声波鱼群探测仪、超声波精密拉丝机、超声波金属熔化机、超声波研磨机、超声波医用诊断仪（B超机、彩超机）、超声波洁牙机、超声波钻孔机、超声波定位仪、超声波流体参数测量仪、超声波雾化加湿机、超声波声学透镜、超声波探伤仪、超声波震动时效机、超声波电机等。

5. 现代机械产品正朝着高速、重载、精密、微型化方向发展

机械案例

高效率的产品生产过程是人类永远追求的目标，高效率需要机器的高速运转来保证。目前，在工程界许多领域中应用的机械速度已达到了令人叹为观止的程度。例如，在交通领域，上海市投入运营的磁悬浮列车的设计时速高达550 km/h，被称为零高度飞行器，美国航天局研制的X-43A超音速实验飞机速度约为10马赫（即11260 km/h），按此速度，从长沙到北京仅需要大约8 min的飞行时间。在轻工机械领域，最早的卷烟机生产率只有60支/min，而现在的香烟卷接机组的生产效率高达16000支/min，烟丝运行线速度为20 m/s。目前国产齿轮线速度达到了180 m/s，转速高达67608 r/min。电子工业PCB板数控打孔机主轴转速高达200000 r/min。高速机械的出现极大地促进了机械动力学的发展。

目前，世界上最大的油轮载重量为 50 万 t；最大的游轮长 360 m，宽 65 m，高 72 m，2800 间客房，近 6000 个床位，5 个标准游泳池，4 个大型超市，15 个餐厅和酒吧，是一座名副其实的海上移动城市；最大的船用柴油机单机功率高达 108920 马力；最大的民航飞机 A380 载客人数高达 840 人，起飞重量达 560 t，机翼面积达 845 m²；最大的货运飞机是乌克兰的 AN－225，起飞重量可达 620 t，净载重量可达 250 t，一次可装载 80 辆轿车，全球仅此一架；张家界百龙天梯是目前世界上升程最高、运行速度最快、载客量最大的户外观光电梯，不到 2 min 即可将游客从山脚下输送到垂直高度达 380 m 的山顶，每小时载客量超过 3000 人；重载列车牵引吨位每列高达 20000 t；最大的矿山汽车载重量可达 250 t；最大的起重机起吊重量可达 20160 t；最大的油压机自身重达 3000 余 t，高度达到了 24 m，其中一个螺母的重量就达到了 6 t，它产生的压力吨位高达 16500 t，能把近 1000 t 重的钢锭像揉面团一样实现锻压加工。

机械产品的精密化主要体现在两方面：一是零件本身制造精度达到很高的精度等级；二是机械中执行机构能实现精密的运动定位。目前，超精密加工获得的零件尺寸和位置精度可达 0.01 ~ 0.3 μm，形状和轮廓精度可达 0.003 ~ 0.1 μm，表面粗糙度 $Ra < 0.01$ μm；高精度的数控机床可以保证零件的尺寸加工精度稳定达到 1 μm；齿轮的最高加工精度达到了 DIN 2 级标准；而采用压电陶瓷驱动器的执行机构直线定位精度可达纳米级，角度定位精度可达秒级；用于远程精确打击的武器命中精度已经达到米级范围。

随着光刻加工、电子束直写、电化学腐蚀加工、镀膜积层法等精密加工技术的成熟，机械装备的微型化趋势日益明显，并形成了一门新的机构学分支——微纳机械与制造技术 MEMS。目前，微纳技术的发展方向主要集中在纳米粒子获取和微纳结构与零部件制造两个方面。基于微纳技术制造获得的世界上最小电机直径只有 60 μm；最小的钟表齿轮直径为 0.2 mm，齿间距为 0.025 mm；最小的滚动轴承尺寸为 2 mm × 0.6 mm × 0.8 mm(外径 × 内径 × 宽度)；正在研制的"机器人医生"直径只有 1/4 mm(相当于 2 ~ 3 根头发直径)，可沿着血管逆流而上，既可发回血管内的清晰图像，又可以完成血管修复手术；最小的内燃式发动机尺寸仅为 6 mm × 4 mm × 3 mm；最小的直升机仅重 10 g；微型惯性陀螺尺寸和重量成几十至上百倍地减小。

6. 各种新机构和新型传动装置不断涌现

近年来，在机械工程各领域中，不断涌现出各种新机构和新型传动装置。如连杆机构中出现了变胞机构、可重构机构、柔顺铰链机构、折叠展开机构、变异型剪叉式机构等，其相关的理论研究也正在深入进行；凸轮机构中出现了高速分度凸轮机构、轴线正交摆动凸轮机构、空间凸轮活齿精密传动等；新型齿轮机构不断涌现，如离散齿球齿轮机构、渐开线环形齿球齿轮机构、抛物线齿廓的齿轮机构、余弦曲线齿廓的齿轮机构、弹性啮合齿轮机构、面齿轮机构等；间歇运动机构中出现了曲线槽轮机构、串联槽轮机构、星形轮机构、链条式槽轮机构、行星链轮式槽轮机构等；在轮系方面，涌现出一批新型大功率或精密传动装置，如平动齿轮减速器、活齿行星传动、行星摩擦传动、非圆齿轮周转轮系、锥齿轮谐波传动、摩擦式谐波传动、RV 传动、Dojen 传动、Twinspin 传动、双摆线钢球传动、零侧隙新型锥形摆线行星传动等；将连杆、凸轮和齿轮三大

新机构案例

常用基本机构进行复合而成的新型组合式机构在农业机械、轻工机械、纺织机械、冶金机械中的应用日益增多，其理论研究成果日趋成熟；螺旋传动出现了分离式存放动态组合螺旋，具有结构十分紧凑、总体质量轻、传动行程大、承载能力大等许多优点。

7. 仿生机械学取得了长足进步

仿生机械

自然界里所有的生物都是经过了千百万年长期进化的结果，其肢体或骨骼结构精巧，运动灵活，具有很强的自然环境适应能力。因此，研制具备生物功能或运动的仿生机械一直是工程技术人员追求的目标。目前，仿生机械的研究取得了巨大进展，例如仿人形机器人研究方兴未艾，已经研制成功能跳集体舞的机器人；具有128种面部表情的美女接待机器人；能骑自行车过独木桥的"木村顽童"机器人；能由人脑电波控制的用于残疾人功能恢复的机器手，仿生人工肌肉、能理解人类情绪作出数十种不同反映动作的仿生宠物狗、猫、兔等、能模仿长鳍魔鬼鱼波动推进的水下机器人仿生推进器、能模仿墨鱼实现裙边波动推进的水下机器人、仿生喷水推进器、能模仿摆尾推进的水下机器海豚、能调节水下载运器浮力大小的仿生鳔、惟妙惟肖足以乱真的多种仿生机器鱼，另外，还有仿生蚯蚓和仿生穿山甲的钻洞机器人、仿生机器蛇、仿生蜘蛛、仿生青蛙、仿鸟扑翼飞行器等。2008年美国公布了一种名为"big－dog"的仿生机器狗实验录像，代表了目前仿生机械的最高水平。该机器狗具有生物狗的大部分运动功能，能负载数十公斤在雪地、乱石堆、冰面上自由地快速行走，在平地上能实现四腿离地跳跃式行进，在受到侧向突然攻击而出现明显的滑倒趋势时，能快速自我调整姿态、恢复平衡状态，表现出极强的自我平衡能力和越野能力。

8. 应用领域不断扩大，并向极端应用环境进行渗透（上天入地、宇宙太空、深海探测、进入人体）

极端环境应用

目前，人类对自然界探索活动的足迹已经延伸到天上、地下、深海和宇宙，甚至研制的微小型机械装置进入了人体，完成医学监测和外科手术。在航空领域，自从1903年莱特兄弟驾驶自行研制的世界上第一架飞机试飞成功之后，各种航空器得到了快速发展，新概念航空器层出不穷。在航天领域，自从1957年前苏联成功发射世界上第一颗人造地球卫星以来，人类从此迈开了向外层空间进军的步伐。迄今为止，世界各国一共发射了各种应用人造地球卫星数千颗，人类的足迹已经登上了月球，研制的多种火星探测器已经成功登陆火星表面，发回了数十万张的高清晰图片。旅行者号宇宙探测器携带人类的信息经过了10多年飞行，已经脱离太阳系的束缚，正向茫茫宇宙飞去。我国的航天科技从20世纪70年代初开始起步，经过30多年的发展，航天事业取得了巨大的进步。迄今为止，我国已成功发射了通信、气象、遥感、导航、对地观测、科学实验、载人航天、月球探测等多种应用卫星或飞船，为我国的国民经济和国防建设奠定了坚实的基础。目前，我国已经成为世界上四大航天成员国之一，下一步发展目标是实现飞船交汇对接、筹建空间站、登陆月球。表1－3罗列了航空航天器的若干典型代表。

世界上绝大多数的矿产资源都蕴藏在地层深处，要想开发利用这些资源为人类社会服务，最直接和最有效的手段就是通过开凿地下巷道或者通过地层钻孔来实现的。这些需求极大地促进了地下作业机械装备的快速发展。在浅表地层的工作机械方面，目前，世界上最大的具有掘进、排土、支护和衬砌等多种功能于一体的泥水加压平衡盾构机隧道成孔直径已经达到了 16 m，钻进效率为 10 m/d。在深孔钻探方面，苏联用了 20 年的时间，完成一口深达 12260 m 世界上最深孔的钻探，获取了许多地下深层的宝贵地质资料。随着新型钻井工艺的出现，石油勘探钻井形式已开始从传统的垂直井向低成本、高产油率的水平井、丛式井和树杈井拓展。这些新型钻井工艺要求钻具能够根据需要自我调整钻进方向，即具有定向钻进的功能。此外，为了检测成孔质量，需要一种称之为拖拉器的检测设备载运装置。由于地层深处于高温高压的极端恶劣环境，工作机械的研制难度极大，成本很高。目前，租用一套国外的定向钻具，每天的租金高达数十万美元。我国在 863 计划资助下，已经研制成功了运动补偿式定向钻原理样机。

表 1 – 3　典型航空和航天飞行器

典型代表及特征	产地、型号	性能参数或时间
载客量最多的飞机	A380	840 人
飞行距离最远的飞机	波音梦幻 787	连续飞行 17750 km
最大的直升机	米格 – 26	起飞重量 56 t，净载 20 t
飞行速度最快的飞机	X – 43A	11260 km/h
最大的货运飞机	安 – 225	起飞重量 600 t，载重量 250 t
飞得最高的飞机	X – 15A	108000 m
最小的无人机		重量为 10 g
陆地空中两用飞行汽车	美国	2009 年 3 月 19 日试飞成功
第一颗人造地球卫星	苏联	1957 年 10 月 4 日发射升空
第一艘载人飞船	苏联人尤里·加加林	1961 年 4 月 12 日发射升空
第一颗金星探测器	美国水手 1 号	1962 年 8 月 27 日发射升空
第一艘登月飞船	美国	1969 年 7 月 16 日发射升空
第一颗飞离太阳系的星际飞行器	先驱者 10 号	1972 年 3 月 2 日发射升空，1983 年 6 月 13 日飞出海王星轨道进入茫茫太空，被称为第一个飞离太阳系的人造物体
第一座长期停留太空的空间站	苏联礼炮 1 号空间站	1971 年 4 月 9 日发射升空
第一个火星探测器	欧盟火星快车 - 猎兔犬 2 号	2003 年 6 月 2 日发射升空
第一个水星探测器	美国信使号探测器	2004 年 8 月 3 日发射升空
第一个土星探测器	欧盟卡西尼	2004 年 7 月 1 日发射升空
第一个彗星探测器	美国深度撞击号探测器	2005 年 1 月 12 日发射升空，同年 7 月 4 日释放撞击器命中坦普尔 1 号彗星

　　海洋是一切生命的摇篮，蕴藏了丰富的生物与矿产资源，是地球上取之不尽的自然资源宝库，是保障人类生存的食物、药物、矿物、能源的重要来源地。我国"十五"规划纲要明确提出：把实施可持续发展放在更突出的位置，要加强对海洋资源的综合开发利用和保护。海洋资源探测、开发和保护离不开各类复杂的机械装备，目前，我国已经研制出了能下潜 7000 m 的有人操作深海探测器、海底锰结核矿物采集输送作业一体化成套机械装置、高机动性水下螺旋桨矢量推进装置、水下可重构机器人概念样机、海洋石油勘探平台、多种水下作

业机器人、可实现全球洲际潜航的战略核潜艇等。

机械学科与医学及其他学科的有效结合，极大地推动了医疗专用机械装备的快速发展。典型装备有：计算机断层人体扫描仪（CT）、核磁共振（MRT）、心脏介入治疗仪、骨密度测试仪、四维彩色超声诊断仪、可实现远距离操作的精密定位的脑外科手术机器人、可完成生物基因片段剪切操作的机器人。近年来诞生的机器人胶囊是一种检测消化道疾病的现代化医学检查装置，外观与普通药物胶囊相当，内部安装具有无限发射功能的摄像机，被人从口中吞入之后，依靠其自身的蠕动能实现螺旋式缓慢前进，在依次通过食道、胃、肠道的过程中，无线发射装置将沿途拍摄的数千张消化道内壁图像照片传输给计算机，医生可以根据这些照片对消化道疾病进行准确的判断。再比如，对人体内脏进行修复的微创外科手术器械，实际上就是一种以机械为主，机电结合的高科技产品，在不需要切开人体内腔的情况下，手术器械通过一个小孔，外科医生就能在实时采集的计算机屏幕图像引导下，对人体内的病状器官实施修补或摘除等外科手术，大大减轻了手术器械对病员造成的二次创伤，缩短了病员的恢复周期。

机械产品无处不在，机械学科范围深广，以上仅仅是对机械学科宏观发展趋势的若干方面做一简单介绍。随着以微处理器普及应用为标志的第三次信息工业革命时期的到来，机械学科进入了一日千里、飞速发展的快车道。一方面，社会生产力的快速发展迫使机械产品朝着高速化、重载化、精密化、专用化、柔性化、综合化、集成化、模块化、大型化、微型化、自动化、智能化、数字化、网络化、绿色化等方向发展，生产的需要无疑成为推动学科发展的主要动力。另一方面，学科的发展丰富了基础理论、提出了新的研究方法、发明出新的机械产品，以满足社会生产力的不同需求；学科的发展反过来又促进了生产力的发展，提高了生产力的水平。可以预见，随着社会生产对技术现代化要求的不断提高，作为国民经济支柱产业的机械制造业将继续迎接各种挑战，机械学科必将迎来新一轮的快速发展时期。

参考网址：

1. 西北工业大学机械原理精品课程：http://jpkc. nwpu. edu. cn/jp2003/JXYL/
2. 清华大学机械原理精品课程：http://166. 111. 92. 21/jixieyuanli/
3. 重庆大学机械原理精品课程：http://jpkc. cqu. edu. cn/China_2004_jxsj/qinwei. htm
4. 哈尔滨工业大学机械原理精品课程：http://jxyl. hit. edu. cn/
5. 北京科技大学机械原理精品课程：http://teach. ustb. edu. cn/
6. 福州大学机械原理精品课程：http://met. fzu. edu. cn/eduonline/jxyl/jxdg. asp
7. 中国高等学校教学资源网：http://www. cctr. net. cn/
8. 大狗机器人：http://v. youku. com/v_show/id_co00XMjE0MTk3MTY = . html
9. 机械专家网：http://news. mechnet. com. cn/content/2007 – 07 – 04/12694. html

思考题与练习题

1. 机器、机构和机械三者有何联系与区别？
2. 原动机的作用是什么？常见的原动机有哪些？
3. 工作机的作用是什么？它由哪几部分组成？
4. 以家用洗衣机为例，说明其组成和功能。
5. 学好机械原理课程要注意哪些学习方法及要点？

第2章
机构的结构分析

【概述】

◎本章主要介绍构件、运动副、运动链、机构等基本概念，机构运动简图及其绘制方法，运动链成为机构的条件及其判定方法，机构的组成原理与结构分析方法。

◎通过本章学习，达到了解机构组成原理、掌握运动简图绘制方法的目的。

2.1　机构结构分析的任务与目的

机械组成案例

本章围绕机构结构主要解决以下问题：

（1）研究机构的组成要素及机构的符号表示方法

首先要了解机构是由哪些要素组合而成的，为方便研究，给各要素分别赋予一个恰当的名称。其次，为了对机构进行结构和运动分析，有必要研究如何把构成机构的要素抽象成一些规定的简单图形符号，那么机构就可用这些简单图形符号的集合来表示，这种用来表示机构的图形符号集被称为机构运动简图。

（2）研究机构的可动性以及具有确定运动的条件

如绪论所述，机构是人为地具有确定相对运动的实物组合体。那么，这些实物体组合在一起之后，是否还能运动？更进一步地说，各实物体彼此之间是否具有确定的相对运动？为此，就必须研究机构的可动性以及具有确定运动的条件。

机械运动

（3）研究机构的组成原理

机构有简有繁，构成机构的实物体数量有多有少，而运动是它们的共同特征。研究机构的组成原理，其目的是搞清楚构成机构的实物体是按何种规律彼此连接组合在一起才能形成机构。了解和掌握机构的组成原理对于机构的创新设计具有重要的理论指导意义。

（4）研究机构的结构分类

按结构特点对机构进行分类是机构结构分析的重要内容之一，其目的是针对不同结构类型的机构可以建立统一的运动分析与综合方法，为了解所设计机构是否满足预定的运动特性和动力特性要求提供分析手段，有利于设计机构和创造新机构。

2.2 机构的组成

2.2.1 构件

连杆的组成

因为机构是可动的,所以机构应是由两个以上实物体组合而成的,把那些构成一个独立运动单元的实物组合体称为构件,而把那些不能再分拆的单个实物体称为零件,零件是单独制造出来的,称为独立的制造单元。构件可以是单个零件(如齿轮),也有可能因为装配工艺的需要,而把若干个零件刚性连接成为一个运动整体。例如,如图2-1所示内燃机中的连杆就是由连杆体、连杆盖、轴瓦、螺栓、螺母、垫圈、套筒等零件组成。构件是组成机构的一个基本要素,是一个独立的运动单元。

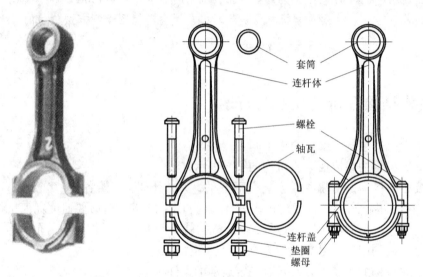

图 2-1　内燃机中连杆的零件组成

2.2.2 运动副

运动副

机构是由若干个构件组合而成的,而构件组合是通过一定的连接方式来实现的,无论是何种连接方式都必须保证被连接在一起的构件仍能实现彼此间做相对运动,即构件之间构成一种可动连接。这种由两个构件直接接触而又能实现相对运动的可动连接被称为运动副,而把两个构件直接接触的表面称为运动副元素。例如,如图2-2所示内燃机中曲轴与轴承之间的连接(a),活塞与气缸套之间的连接(b),凸轮与顶杆之间的连接(c),配气齿轮之间的连接(d)等都构成了运动副。它们的运动副元素分别为圆柱面、平面与曲面、两齿廓曲面。

如图2-3(a)所示,有两个构件1和构件2,其中构件2固定在坐标系 $Oxyz$ 中,当两个构件彼此未组成运动副之前,构件1相对于构件2可以分别沿 x、y、z 轴移动和绕 x、y、z 轴转动,即两个构件在空间中具有6个相对自由度。当该两个构件组成运动副之后,由于运动副

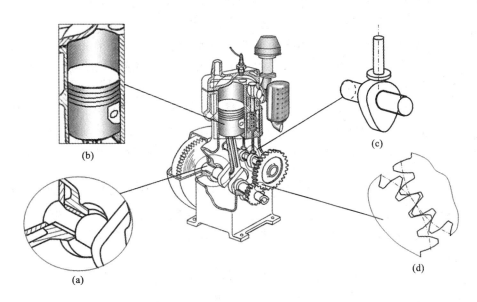

图 2 - 2　内燃机中各构件之间的运动副
(a)曲轴与轴承之间形成转动副；(b)活塞与气缸套之间形成移动副；
(c)凸轮与顶杆之间形成高副；(d)配气齿轮之间形成高副

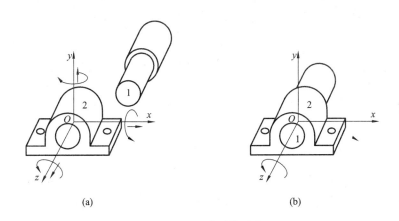

图 2 - 3　运动副的形成
(a)两个构件组成运动副之前具有 6 个相对自由度；(b)构成转动副之后只剩余 1 个转动自由度

元素始终要保持接触，必然使得两构件原有的相对运动受到限制，事实上，该两构件通过圆柱面接触之后，只剩下一个绕 z 轴的转动自由度，其余 5 个相对运动全被限制了，如图 2 - 3(b)所示。这种对运动的限制称为约束，每增加一个约束，构件便失去一个自由度，但剩下的自由度与约束数之和应该等于构件自由状态下的自由度数 6。由于两构件组成运动副之后还能做相对运动，因此，运动副产生的约束数最大为 5，而最少则只有一个约束，运动副产生约束的多少以及对运动的限制形式完全取决于运动副本身的类型。

工程上，一般按以下四种方法对运动副进行分类。

(1)按运动副产生的约束数目分类。把产生一个约束的运动副称为Ⅰ级副，

按约束分类

19

按接触形式分类

按相对运动分类

而产生两个约束的运动副称为Ⅱ级副。依此类推，分别还有Ⅲ、Ⅳ、Ⅴ级副。

（2）按运动副的接触形式分类。两个构件的直接接触形式不外乎是点接触、线接触和面接触，当运动副元素为点和线接触时，在载荷作用下，接触区域内单位面积内承载力较大，应力值高，称为高副。相对于高副而言，面与面接触的运动因为应力值较低，称为低副。

（3）按两构件相对运动形式分类。两构件组成运动副之后的相对运动若为平面运动，则称为平面运动副。平面运动副中最常见的两种形式分别是：

①转动副或回转副，俗称铰链，此时，两构件做相对转动［图2－2（a）］。

②移动副，相对运动为移动［图2－2（b）］。

两构件组成运动副之后的相对运动若为空间运动，则称为空间运动副。

（4）按运动副元素始终保持接触的方式分类。机构在运动过程中，两个构件上的运动副元素必须始终保持接触，不能脱离，这种状态称为运动副的封闭。按实现封闭的手段有以下形式的运动副：

①几何形状封闭运动副，通常是一个构件上的凹曲面包容另一个构件上的凸曲面，如图2－2（a）（b）中的轴承包容轴径、气缸套包容活塞等。

②力封闭运动副，依靠重力、弹簧力、气液压力等外力来维持两构件的接触，如图2－2（c）为依靠弹簧力使顶杆与凸轮始终保持接触。

为了便于技术交流，工程界常采用简单图形符号来表示运动副，国家标准GB4460—1984对各种类型的运动副及其表示符号作了相应的规定，如表2－1所示。

表2－1　常用运动副符号

名称代号	类型级别	3D模型	简图符号	自由度	约束转动	约束移动
转动副（R）	平面Ⅴ级低副		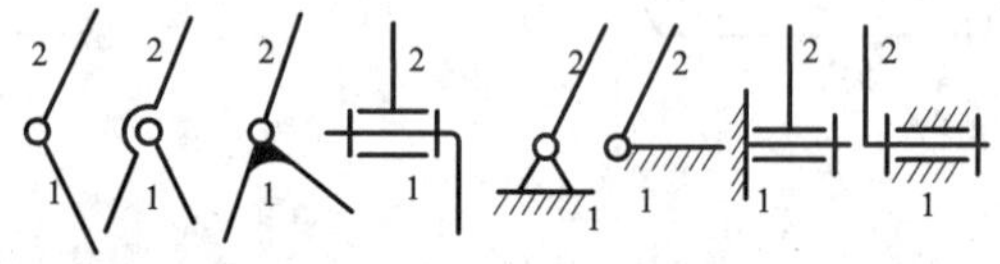	1	2	3
移动副（P）	平面Ⅴ级低副		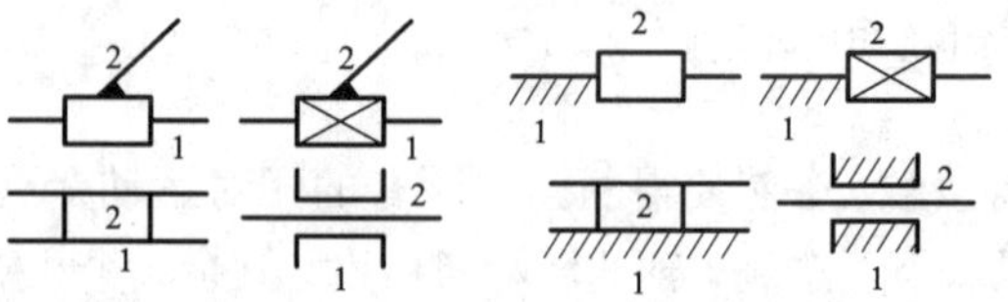	1	3	2
高副（RP）	平面Ⅳ级高副		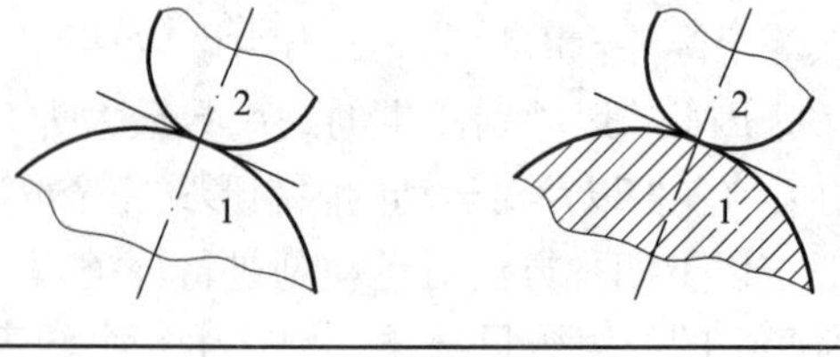	2	2	2

20

续表 2 - 1

名称代号	类型级别	3D 模型	简图符号	自由度	约束	
					转动	移动
平面副 (F)	平面Ⅲ级低副	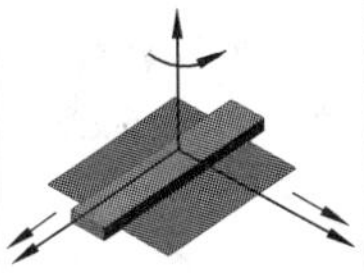		3	2	1
球面副 (S)	空间Ⅲ级低副		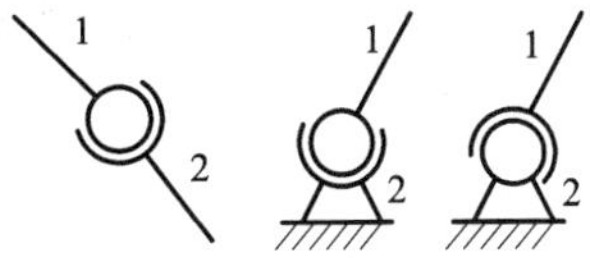	3	0	3
球销副 (S')	空间Ⅳ级低副		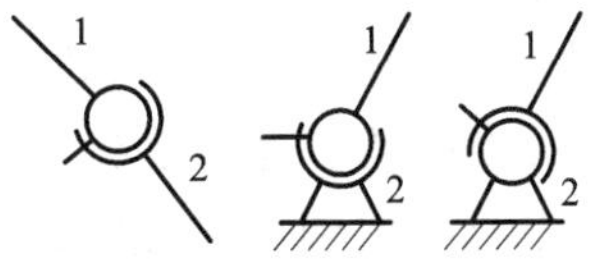	2	1	3
圆柱副 (C)	空间Ⅳ级低副		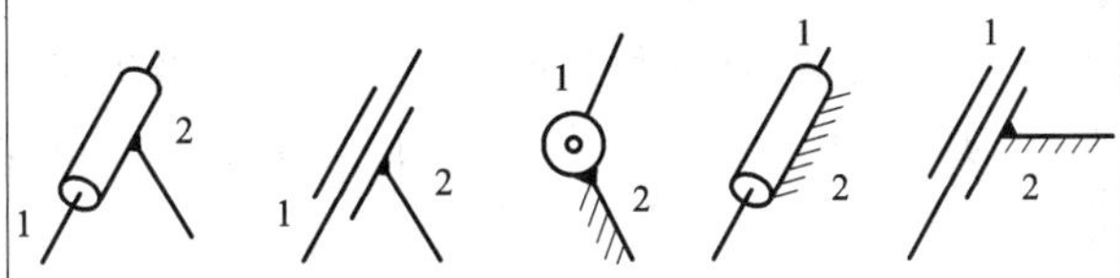	2	2	2
螺旋副 (H)	空间Ⅴ级低副		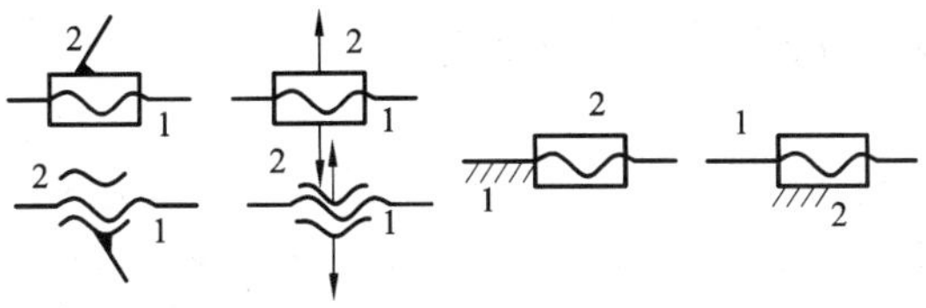	1	2 或 3	3 或 2

2.2.3　运动链

　　若干个构件经运动副连接而成的构件系统被称为运动链。如果组成运动链的所有构件依次连接，形成了首末封闭的系统[图 2 - 4(a)(b)]，则称之为闭式运动链，简称为闭链；否则，称之为开式运动链，简称为开链[图 2 - 4(c)]。相对而言，闭链的运动形式比较简单，工程上大多数机械均采用闭链机构。而开链可提供非常复杂的运动形式，在工业机械手中常采用开链机构[图 2 - 4(d)]。从机构学的观点来看，人类四肢骨骼构成了一个非常复杂的开链系统，其动作形式丰富多样，几乎无所不能，因此，研制模拟人手动作的万能型机械手是工程技术人员永远追求的目标。

运动链

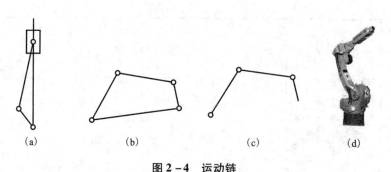

图 2 – 4　运动链

(a)闭式链；(b)闭式链；(c)开式链；(d)开式链应用实例

2.2.4　机构

在运动链中，将其中某一个构件相对固定作为运动参考系，另外一个(或几个)构件按预先给定的运动规律相对于参考系运动，若其余构件也能获得确定的相对运动，那么该运动链就成为机构。作为参考系的固定构件被称为机架，机架可以固定在地面不动，如机床的床身，也可以作为一个平台载体带动所有安装在其上的构件一起相对于地面运动，如车辆的底盘、飞机的机身等。按预先给定运动规律独立运动的构件被称为原动件，而其余的活动构件则被称为从动件。因此，机构的组成规律可以描述成：机构是由一个机架与一个或几个原动件，再加上若干从动件组合而成。

如果机构中所有的运动副均为平面运动副，则称该机构为平面机构；反之，若至少包含一个空间运动副，则称为空间机构。工程实际中大量应用的是平面机构，故本教程仅针对平面机构开展研究。

2.3　机构运动简图及其绘制

一般而言，对于一台实际的机械，其结构装配图是非常复杂的。因为机构的运动唯一取决于运动副的类型和构件的运动尺寸，而与运动副的实际形状、构件的外形、断面尺寸大小、组成构件的零件总数及零件之间的连接方式等大量结构信息无关。所以在对具体的机械进行组成原理、工作原理以及运动特性分析，或者在设计新机械的运动原理方案构思初始阶段的时候，完全可以忽略掉大量与运动无关的结构细节，只需要用一些简单抽象的图形符号来表示运动副和构件，并按正确位置摆放各运动副使其与真实机构成比例即可。根据运动相似性原理，所得简单图形与真实机构具有相同的运动特性。把这种表明机构的组成、运动传递过程以及各构件相对运动特征的简单图形称为机构运动简图。

工程上，有时候只需要说明机械的组成状况和结构特点，而不必严格按比例尺绘制简图，这种简图被称为机动示意图。

对于常用机构的简图表示方法，国家标准 GB4460—1984 已经作了明确的规定，表 2 – 2 为摘录其中部分常用机构示意图。表 2 – 3 则是常见构件的表示方法。

表 2－2　常用机构运动简图

机构名称	3D 模型或实物	简图	机构名称	3D 模型或实物	简图
电动机及安装支架		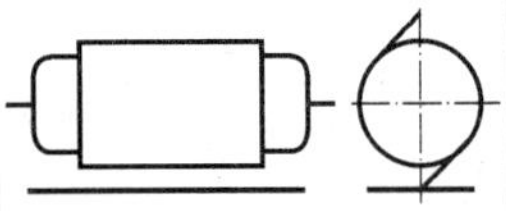	凸轮机构		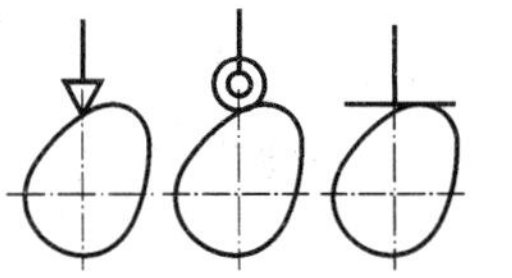
外啮合圆柱齿轮机构		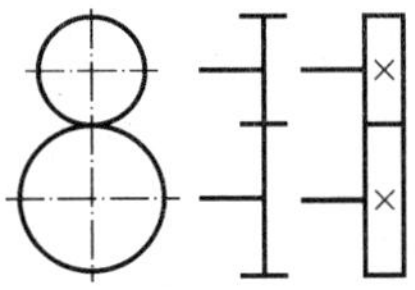	槽轮机构		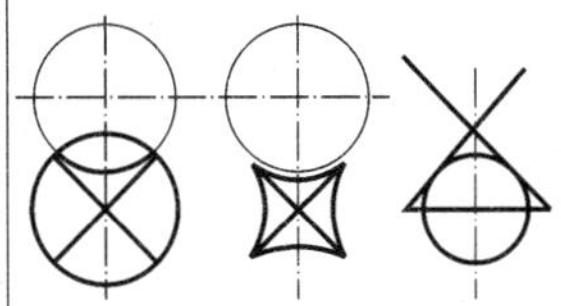
内啮合圆柱齿轮机构		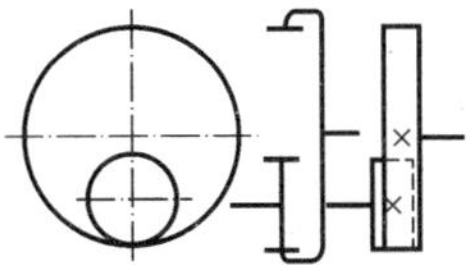	棘轮机构		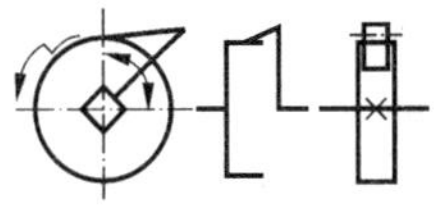
齿轮齿条机构		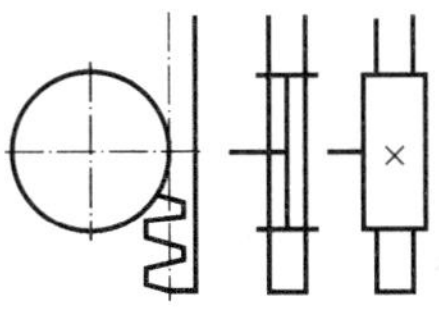	带传动		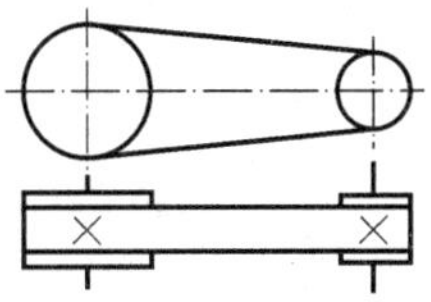
圆锥齿轮机构		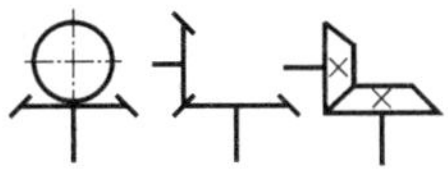	链传动	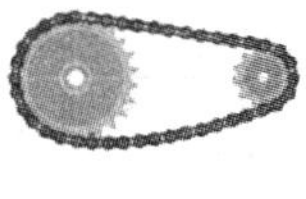	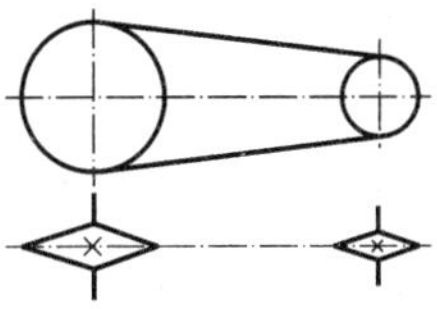
交错轴斜齿轮机构	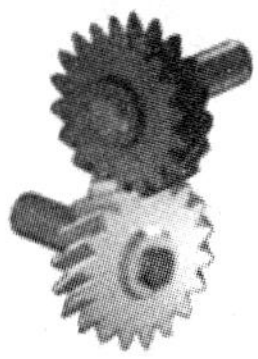	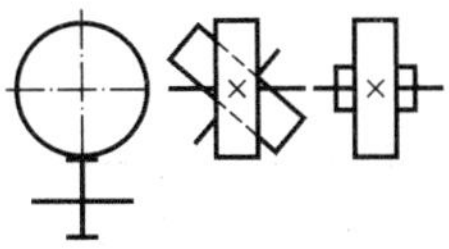	摩擦传动	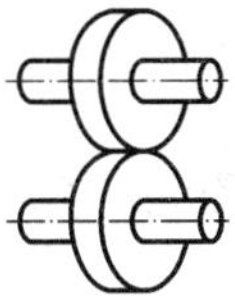	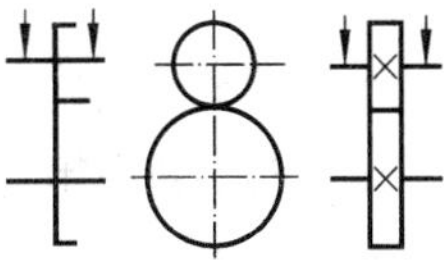
蜗轮蜗杆		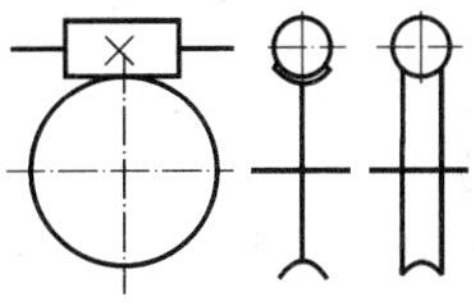			

23

表 2 - 3 常见构件的表示方法

机构名称	表示方法简图
杆状、轴类构件	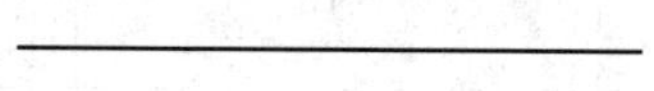
机架	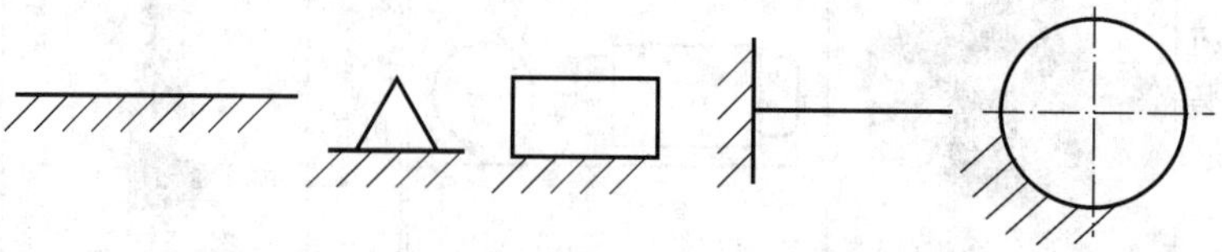
同一个构件	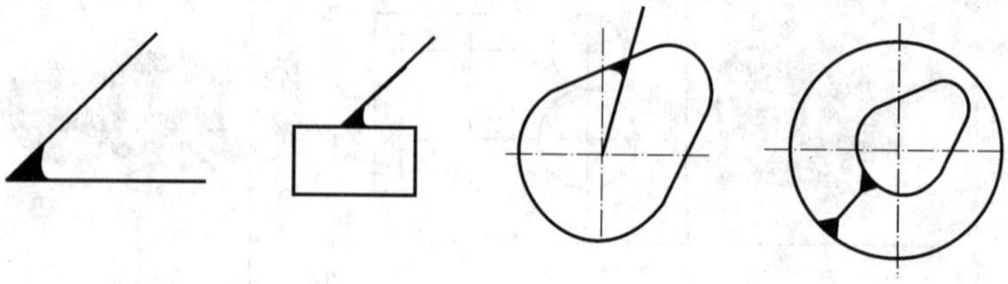
双副构件	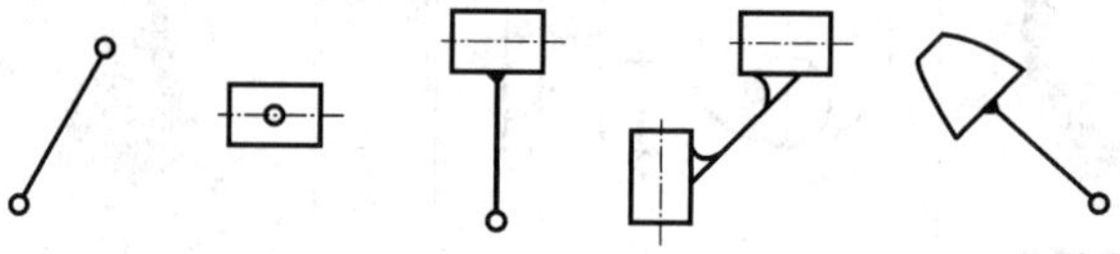
三副构件	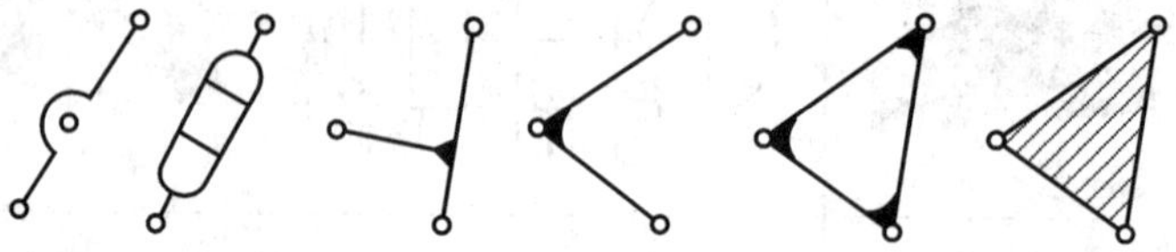

机构运动简图的绘制可按如下思路和步骤进行：

（1）首先要搞清楚该机械的功用，完成作业工艺过程需要实现哪些动作，这些动作具体由哪些构件来完成（执行动作的构件一般位于传动链的末端），提供动力来源的原动机是什么（大多数情况下是电动机，与电机输出轴相连的就是原动件），确定哪个构件是机架（多数情况下为固定不动的构件）。

（2）从原动件出发，顺着运动的传递路线，直到执行动作的最终构件，分析其运动的传递过程。尤其要注意，对于有多个工艺执行动作的机械，往往是一个动作对应有一条运动传递路线。

（3）针对一条确定的运动传递路线，弄清楚共有多少个活动构件，以及这些构件的依次连接方式，根据相邻构件的相对运动特点，确定运动副的类型和运动副的数目，并测量相邻两个运动副的相对位置尺寸。重复该过程直到处理完所有的运动传递路线。

（4）合理选择绘制简图的视图平面，一般选择与多数构件运动平面平行的平面作为绘制简图的视图平面，如果一个视图表达有困难时，也可以选择多个投影平面绘制简图，然后把它们展开放在一个视图中。

24

（5）根据纸面大小，选择适当的绘图比例尺 $\mu_l[\mu_l$ = 实际尺寸（m）/图上长度（mm）]，确定各运动副之间的相对位置，用国标规定的样式绘制运动副符号，然后用简单线条将同一个构件上的运动副符号连接起来，就得到了所测绘机械装备的机构运动简图。

（6）检验机构是否满足运动确定的条件。

例 2-1　试绘制立式单缸内燃机的机构运动简图。

解：如图 1-1（a）所示单缸内燃机，其组成包括曲轴 1、连杆 2、活塞 3、齿轮 4、齿轮 5、凸轮 6、排气阀顶杆 7、凸轮 8、进气阀顶杆 9、气缸体 10 等主要部件。其中曲轴两端通过轴承与气缸体（机架）连接，它们之间构成转动副 A，曲轴与连杆构成转动副 B，连杆与活塞通过转动副连接 C，而活塞与气缸体之间构成移动副，因此，气缸体 - 曲轴 - 连杆 - 活塞 - 气缸体形成一个闭式运动链，即平面连杆机构，其简图如图 1-1（b）所示。齿轮 4 固定在曲轴的一端，它与气缸体构成的转动副就是 A，齿轮 5 固定在凸轮轴上，它与气缸体组成转动副 D，而齿轮 4 与齿轮 5 之间构成一高副连接，该部分称为齿轮机构，其运动简图如图 1-1（c）所示。凸轮 6 与凸轮 8 以及齿轮 5 共一根轴，因此，凸轮 6 与气缸体构成转动副 D，通过高副与排气阀顶杆 7 连接，而顶杆与气缸体构成了移动副，该部分称为凸轮机构，其运动简图如图 1-1（d）所示。同理，凸轮 8 与进气阀顶杆 9 以及气缸体之间也为一凸轮机构，其运动简图如图 1-1（e）所示。由以上分析可知，立式单缸内燃机包含了（b）（c）（d）（e）所示四组机构，最后将它们合并，即得到立式单缸内燃机完整的机构运动简图，如图 1-1（f）所示。

单缸内燃机

例 2-2　试绘制偏心泵的机构运动简图。

解：如图 2-5（a）所示为用来输送流体的偏心泵，其组成包括偏心轮 1、外环 2、摆转轴 3、泵体 4。将各构件拆解后所得如图 2-5（b）~（e）所示，其中偏心轮 1 与泵体通过轴孔配合构成转动副，转动中心为 A；偏心轮 1 外轮廓与外环 2 的内孔配合构成转动副，相对转动中心为 B；摆转轴 3 与泵体 4 通过轴孔配合形成转动副，转动中心为 C；与外环固连的滑杆与摆转轴 3 的内孔配合形成移动副。由以上分析可知，该偏心泵有 4 个构件，三个转动副，一个移动副，选定比例尺后，不难绘出机构运动简图[图 2-5（f）]。

偏心泵

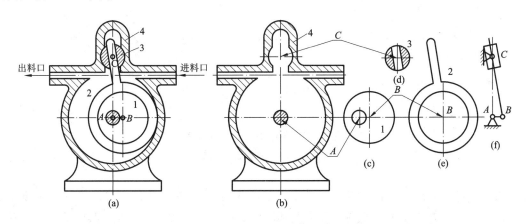

图 2-5　偏心泵运动简图绘制

（a）偏心泵；（b）泵体；（c）偏心轮；（d）摆转轴；（e）外环；（f）机构运动简图

1—偏心轮；2—外环；3—摆转轴；4—泵体

2.4 机构自由度的计算及机构具有确定运动的条件

2.4.1 机构自由度的计算

如图 2－6 所示的内燃机连杆机构中，活塞是原动件，当爆炸气体推动活塞从初始位移 S_{30} 经过时间 t 运动到 S_3' 时，对应的连杆到达虚线位置，而连杆将驱动曲柄转过角度 θ_1 也到达虚线位置。在任意时刻 $\theta_1(t)$ 与 $S_3(t)$ 之间都具有一一对应的关系，即该机构所有构件的运动唯一由原动件提供的独立运动参数 S_3 确定。把机构的这种维持确定运动所必需的独立运动参数称为机构的自由度。

因为机构是由若干个构件经运动副连接而成的，所以机构的自由度必定与构件的自由度以及运动副引入的约束数相关。对于平面机构而言，所有的构件均被限制在平面内运动，每个构件在未构成运动副之前只有 3 个自由度，而当构成运动副之后，由于引入了约束，其自由度还将进一步减少。如图 2－7(a) 所示，每个转动副产生 2 个约束，剩下 1 个转动自由度；每个移动副也产生 2 个约束，剩下 1 个移动自由度［图 2－7(b)］；而每个高副只产生 1 个约束，还剩下 2 个自由度［图 2－7(c)］。由此可知，构件剩余的自由度数目与运动副产生的约束数之和仍等于单个构件平面自由状态下的自由度

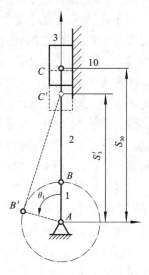

图 2－6 内燃机连杆机构

数 3，或者构件的自由度等于 3 减去运动副的约束数。将此重要结论推广到一般情况，便形成了机构自由度计算思路，即平面机构的自由度数等于机构中所有活动构件在平面自由状态下的自由度总数减去由运动副产生的约束总数。按此思路，可推导机构自由度计算公式如下。

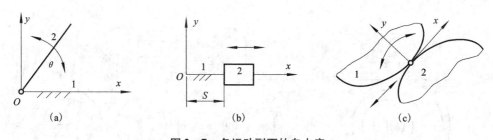

图 2－7 各运动副下的自由度

(a)转动副；(b)移动副；(c)高副

假设机构中共有 n 个活动构件，那么，未形成运动副之前所有活动构件的自由度数为 $3 \times n$ 个，若机构中共有 P_L 个低副，每个低副产生 2 个约束，共有 $2 \times P_L$ 个低副约束。若机构中共有 P_H 个高副，每个高副产生 1 个约束，共有 P_H 个高副约束，所有运动副产生的约束总数为 $(2 \times P_L + P_H)$。于是，平面机构的自由度 F 可按如下公式计算：

$$F = 3 \times n - (2 \times P_{\mathrm{L}} + P_{\mathrm{H}}) \qquad (2-1)$$

至于空间机构自由度计算公式，完全按照这一思路，很容易推出如下计算公式：

$$F = 6 \times n - (5 \times P_5 + 4 \times P_4 + 3 \times P_3 + 2 \times P_2 + P_1) \qquad (2-2)$$

其中，$6 \times n$ 为所有活动构件在空间自由状态下自由度总数，P_5 为机构中 V 级副的个数，而 $5 \times P_5$ 为 V 级副产生的约束数，其余依此类推，$(5 \times P_5 + 4 \times P_4 + 3 \times P_3 + 2 \times P_2 + P_1)$ 即为所有各级别运动副产生的约束总数。

2.4.2　机构具有确定运动的条件

对所设计的机构进行可动性和运动确定性评价，是工程技术人员进行机械系统创新设计过程中的重要环节。显然，只有当机构的自由度大于零时（$F>0$），机构才能运动。那么，机构满足什么条件，其运动才能确定而不至于乱动呢？以下通过两个实例进行分析。

如图 2-6 所示的内燃机连杆机构，其自由度 $F = 3 \times 3 - (2 \times 4 + 0) = 1$。如前所述，该机构只需要给定原动件活塞 3 的运动规律 $S_3(t)$，则机构中所有活动构件的运动都是确定的。由此可知，自由度为 1 的机构，运动确定的条件是需要一个原动件（因为一个原动件只能提供一个独立运动）。

如图 2-8 所示的五杆机构，其自由度 $F = 3 \times 4 - (2 \times 5 + 0) = 2$。若只给定一个原动件，即驱动构件 1 按给定的运动规律 $\theta_1(t)$ 运动，当构件 1 转过角度 θ_1 占据 AB 位置时，三个活动构件 2、3、4 既可以占据位置 $BCDE$，也可以占据位置 $BC'D'E$，甚至还可以占据位置 $BC''D''E$，可知，该机构运动不确定。倘若增加一个原动件，即驱动构件 4 按给定的运动规律 $\theta_4(t)$ 运动时，则构件 2、3 的位置就能唯一确定。若再增加一个原动件来驱动构件 2 独立运动，则会出现运动干涉而使构件 3 无法运动。由该例可知，自由度为 2 的机构，运动确定的条件是需要 2 个原动件。

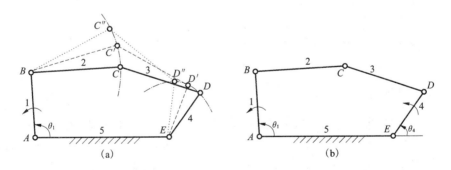

图 2-8　五杆机构

（a）运动不确定；（b）运动确定

对于自由度大于 2 的机构，分析后同样可以得到上述结论。推广到一般，可得机构具有确定运动的条件是机构的自由度等于原动件的数目。当原动件数目少于机构的自由度时，机构运动是不确定的；而当原动件数目大于机构的自由度时，机构将出现运动干涉而无法确定。

2.5　计算平面机构自由度的特殊情况

公式(2-1)是计算机构自由度的理论依据，但是针对工程上的一些特殊情况应用该公式时，可能会出现一些与实际结果不符的计算结果，因此必须关注以下特殊情况。

复合铰链

圆盘锯

2.5.1　复合铰链

在计算如图2-9所示圆盘锯机构的自由度时，特别容易将转动副的个数误判为6而导致自由度计算结果 $F = 3 \times 7 - 2 \times 6 = 9$ 的错误结论，但实际上该机构的转动副数目应为10，其自由度为1。出错的原因是在铰链点 B、C、D、E 各有两个转动副重叠在一起而漏数了4个转动副。如图2-10所示，把这种两个以上的构件因为转动轴线重合而叠加在一起的情形称为复合铰链(compound hinges)，由于每2个构件形成1个转动副，由 m 个构件组成的复合铰链将有 $(m-1)$ 个转动副。

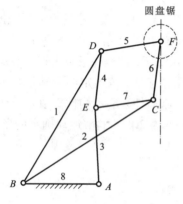

图2-9　圆盘锯机构

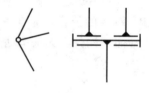

图2-10　复合铰链

2.5.2　局部自由度

局部自由度

如图2-11(a)所示的凸轮机构中，为了改善高副表面的摩擦，减缓磨损，而在凸轮和推杆之间安装有圆柱形滚子，很显然，加装滚子后并不影响从动件3的运动规律。但此时按自由度计算公式可得加装滚子后凸轮机构的自由度为 $F = 3 \times 3 - (2 \times 3 + 1) = 2$，这多出来的1个自由度就是滚子绕自身轴线的旋转运动，把这种不影响机构中其他构件运动的自由度称为局部自由度(passive degree of freedom)。在计算机构自由度时，应将局部自由度 F' 减去。具体处理时，可按如下两种方法处理，结论都一样。

(1)修正机构自由度计算公式(2-1)，即 $F = 3 \times n - (2 \times P_L + P_H) - F'$，其中 F' 为局部自由度数目。此例中，重新计算机构自由度可得：$F = 3 \times 3 - (2 \times 3 + 1) - 1 = 1$。

(2)如图2-11(b)所示，假想将滚子与支撑滚子的构件焊接在一起，此时，减少了1个构件和1个转动副，仍按公式(2-1)计算。重新计算机构自由度可得：$F = 3 \times 2 - (2 \times 2 + 1) = 1$。

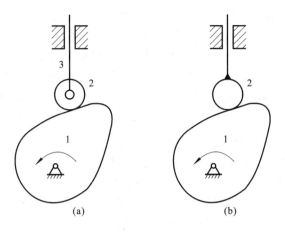

图 2－11 凸轮机构
（a）存在局部自由度；（b）消除局部自由度

2.5.3 虚约束

如图 2－12(a)所示为蒸汽机车的车轮驱动机构，按公式(2－1)计算得其自由度为：$F = 3 \times 4 - (2 \times 6) = 0$，计算结果表明该机构不能运动，但实际情况是该机构具有确定的相对运动。仔细分析发现该机构的结构特殊，可以认为是在平行四边形机构 $ABCD$ 的基础上，再增加一个中间构件 5 所得，而且满足 $EF = AB = CD$。首先，假设没有中间构件 5，则四铰链平行四边形机构的自由度为 $F = 3 \times 3 - (2 \times 4) = 1$，说明运动确定。依据平行四边形机构的特性，运动中相对边总是处于平行状态，即构件 2 作平动。由理论力学可知，平动刚体上所有点的运动轨迹形状相同，因此，构件 2 上 B、C、E 三点的轨迹都是圆弧[图 2－12(b)]，且圆弧半径相等，但圆心位置分别位于 A、D、F。接下来考虑把构件 5 添加到机构中，此时，增加了 1 个构件和 2 个回转副，自由度增加 3 个，但同时带来 4 个约束，所以整个机构自由度变成了零。显然，构件 5 作定轴转动，与构件 2 在 E 点构成回转副之后，其作用是约束限制构件 2 上的 E 点作圆弧运动。而以上分析表明，构件 2 上的轨迹本来就是一个圆。因此，铰链 E 产生的约束实际上是不起作用的虚假约束。工程上，把机构中不起实际作用的约束称为虚约束，在计算机构自由度时应去掉虚约束。参照处理局部自由度的做法，可以按以下两种方法处理：

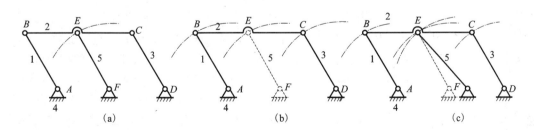

图 2－12 蒸汽机车的车轮驱动机构
（a）机构运动简图；（b）消除虚约束；（c）机构无法运动

（1）修正机构自由度计算公式(2-1)，即 $F = 3 \times n - (2 \times P_{\mathrm{L}} + P_{\mathrm{H}} - P')$，其中 P' 为虚约束数目。此例中，重新计算机构自由度可得：$F = 3 \times 4 - (2 \times 6 - 1) = 1$。

（2）如图 2-12(b)所示，去掉中间构件 5 及其关联的运动副 E、F，此时，减少了一个构件和两个转动副，仍按公式(2-1)计算。重新计算机构自由度可得：$F = 3 \times 3 - (2 \times 4) = 1$。

必须特别指出，上述机构中构件 5 引入的虚约束是有条件的，即 $EF = AB = CD$，如果不满足该条件，如图 2-12(c)所示，则构件 5 上的 E 点与构件 2 上的 E 点运动轨迹就不会重合，必然产生真实约束使其不能运动而成为桁架。

严格来讲，平面机构中是否存在虚约束，需要从理论上予以证明。但以下 6 种特殊情况存在虚约束，前人已经作过理论证明，本教程不妨直接引用。

轨迹重合

（1）两构件构成转动副前、后运动轨迹重合。如图 2-12 所示机构中构件 5 与构件 2 上的 E 点运动轨迹前后重合。又如图 2-13 所示椭圆仪机构中构件 1 上 B 点的轨迹与构件 2 上 B 点的轨迹重合。

距离不变

（2）两构件上两点之间的距离恒定，不随机构运动变化，当用一个构件通过转动副连接该两点时，会引入一个虚约束。如图 2-14 所示平行四边形机构中 E、F 两点距离始终不变，引入构件 5 后会产生一个虚约束 P'。对于这种特殊情况，此处引入构件 5 后实际上构成了两个平行四边形机构，这在工程上是非常有必要的，因为单个平行四边形机构，在四个构件处于共线位置时，会出现运动不确定的情况，而两套机构彼此错开一定角度后，当一套机构运动到共线位置而出现运动不确定时，另外一套机构能正常运动，从而彻底消除了平行四边形机构运动不确定的现象。

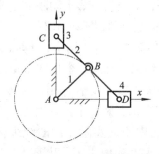

图 2-13　椭圆仪机构

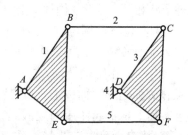

图 2-14　平行四边形机构

多转动副同轴

（3）两构件构成多个转动副，且所有转动副的轴线重合。如图 2-15 所示多缸内燃机中曲轴与箱体之间布列有 $N+1$ 个转动副，其中 N 是气缸数。这 $N+1$ 个转动副带来的约束作用效果是等同的，只要计算一次即可，不能重复计数。

（4）两构件构成多个移动副，且所有移动副的导路平行(图 2-16)机构。

（5）两构件在多处接触构成平面高副，且接触点处的公法线方向彼此重合。如图 2-17 所示构件 1、2 在 B、B' 两处接触，由于两处公法线重合而具有相同的约束特性，故其中一处实际不起约束作用而成为虚约束，只能按一个高副计数。

平行移动副

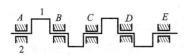

图 2 – 15　转动副构成的虚约束

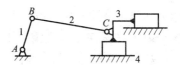

图 2 – 16　移动副构成的虚约束

两点接触高副

如果不满足多处接触公法线重合的条件，则约束会起作用而变成真实约束，如图 2 – 18 所示 V 形支撑块，会产生两个移动约束，而只剩下一个转动自由度。如图 2 – 19 所示高副也产生一个移动约束和一个转动约束，剩下 1 个移动自由度。

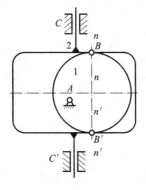

图 2 – 17　虚约束

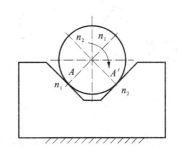

图 2 – 18　V 形支撑块

对称结构

（6）机构中存在对运动起重复约束作用的对称结构。如图 2 – 20 所示行星轮系，从传递运动而言，一个行星轮就足够了，此时每增加一个行星轮，会引入 2 个齿轮高副和 1 个转动副，共计 4 个约束，而行星轮本身就有 3 个自由度，因而多出 1 个约束，该约束实际上并不起作用而成为虚约束。如果有 N 个行星轮，则会产生 $N-1$ 个虚约束，即 $P'=N-1$。

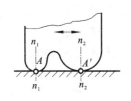

图 2 – 19　高副变成移动副

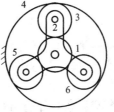

图 2 – 20　行星轮系中的虚约束

由上述分析，可归纳形成以下两种机构自由度的计算方法：

方法一　把机构中产生局部自由度和虚约束的构件及其运动副全部剔除，然后按公式（2 – 1）计算。

方法二　将所有的活动构件 n 和局部自由度 F' 以及虚约束 P' 一并考虑，对公式（2 – 1）作如下修正。

$$F = 3 \times n - (2 \times P_\text{L} + P_\text{H} - P') - F' \qquad (2-3)$$

应用上述修正公式时应特别注意以下两点：

①虚约束 P' 中只包括特殊情况①、②、⑥所产生的虚约束数目。

②低副数 P_L 和高副数 P_H 应剔除特殊情况③、④、⑤所产生虚约束的运动副数目。

虚约束的作用

增加虚约束虽然给自由度的计算带来麻烦，但是却可以带来以下好处：

①改善构件的受力情况，如多个行星轮。

②增加机构的刚度，如内燃机曲轴与箱体多处分布有轴承。

③使机构运动顺利，避免运动不确定，如火车轮驱动机构。

例 2-3 计算如图 2-21(a) 所示机构的自由度，已知其中构件 *EF*、*GH*、*IJ* 平行且相等。

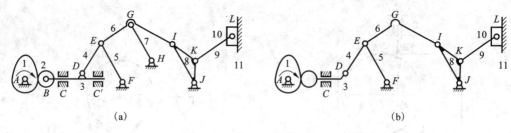

图 2-21 多杆机构

解： 分析如下：①滚子 2 绕自身轴线的转动为局部自由度 F'；②构件 3 与机架 11 在 *C*、*C'* 两处构成移动副，且导路平行，故存在一处虚约束，计数低副时只能算一个；③构件 4、5、6 在 *E* 处形成复合铰链；④因为构件 *EF*、*GH*、*IJ* 平行且相等，于是构件 7 引入的铰链 *G* 为虚约束 P'。

按方法一计算：

将滚子 2 与构件 3 固连，去掉构件 7，则得到如图 2-21(b) 所示机构，其中：$n=8$，$P_\text{L}=11$，$P_\text{H}=1$，代入公式 (2-1) 得：

$$F = 3 \times n - (2 \times P_\text{L} + P_\text{H}) = 3 \times 8 - (2 \times 11 + 1) = 1$$

按方法二计算：

此时有：$n=10$，$P_\text{L}=14$，$P_\text{H}=1$，$F'=1$，$P'=1$，代入公式 (2-3) 得：

$$F = 3 \times n - (2 \times P_\text{L} + P_\text{H} - P') - F' = 3 \times 10 - (2 \times 14 + 1 - 1) - 1 = 1$$

两种计算方法所得结果一致。因为该机构有一个原动件，故机构运动确定。

2.6 机构的组成原理、结构分类及结构分析

2.6.1 机构的组成原理

基本机构

如前所述，机构是由若干个构件经运动副连接组成而又具有确定相对运动的构件系统，其中包含了一个机架构件，一个或多个原动件，以及若干个从动件，而且机构具有确定运动的条件是机构的自由度数目与原动件的个数必须相等。因为机架固定不动，其自由度为零，又每个原动件的自由度为 1，因此，如

果设想把机架和原动件从机构中分离出来,那么可以肯定,剩余的由从动件构成的构件组其自由度必定为零。下面将对这个自由度为零的从动件组进行深入分析。

1. 杆组

对于工程上较为复杂的机构,上述由从动件组成的自由度为零的构件组还可以继续分解成为若干个结构更加简单且自由度为零的构件组,把这种最简单的构件组称为基本杆组,简称为杆组。对于仅包含低副的杆组而言,假设杆组中包含了 n 个活动构件和 P_L 个低副,由杆组的自由度为零可知有

$$3n - 2P_L = 0$$

由此可得

$$P_L = (3/2)n \qquad\qquad (2-4)$$

因为构件数和运动副数目均为整数,所以构件数 n 的数值必定只能取偶数。例如:$n = 2$,$P_L = 3$;$n = 4$,$P_L = 6$……其中,最简单的杆组只包含 2 个构件和 3 个低副,这种杆组被称为 Ⅱ 级杆组。Ⅱ 级杆组是工程上应用最多的杆组,它共有 5 种不同的类型,如图 2-22 所示。

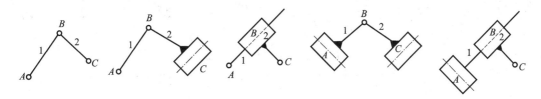

图 2-22　Ⅱ 级杆组

若 $n = 4$,$P_L = 6$,则有以下 3 种类型,如图 2-23 所示。这 3 种结构中都有一个包含 3 个低副的构件,此类基本杆组被称为 Ⅲ 级杆组。Ⅳ 级或跟更高级别的杆组在工程上很少出现,不必介绍了。

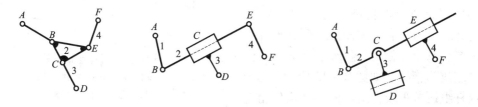

图 2-23　Ⅲ 级杆组

杆组中与其他杆组相连的运动副被称为外端副,而把内部彼此相连的运动副称为内端副。所有的从动件杆组就是由若干基本杆组通过外端副彼此依次连接而成。

根据机构复杂程度的不同,同一机构中可能包含 Ⅱ 级杆组、Ⅲ 级杆组或者两者都有。一般按机构中所含杆组的最高级别对机构命名,如 Ⅱ 级机构就是全部由 Ⅱ 级杆组构成的机构,至少含有一个 Ⅲ 级杆组的机构被称为 Ⅲ 级机构,而把仅由一个活动构件与机架组成的机构称之为 Ⅰ 级机构,如杠杆机构、斜面机构等。工程上绝大多数机械系统由 Ⅱ 级机构构成。

2. 机构的组成原理

由以上机构分解原理可知，机构可以分解成原动件、机架和基本杆组。反之，把若干基本杆组按顺序依次经由外端副连接到原动件和机架上即可形成一种新的机构，此机构的自由度就是所连接原动件的个数。可以认为，所有机构都是按照这种方法组合而成的，称为机构的组成原理。

例如，将如图 2－24 所示的Ⅱ级杆组［图(b)］与原动件［图(c)］和机架相连，即得到一个四杆机构 *ABCD*，然后将Ⅲ级杆组［图(a)］连接到构件 3 和机架上，即得到如图(d)所示的八杆机构。

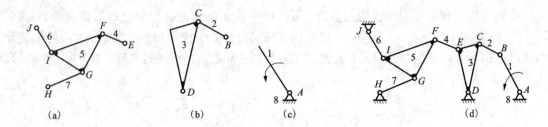

图 2－24　八杆机构的组成

(a)Ⅲ级杆组；(b)Ⅱ级杆组；(c)原动件；(d)八杆机构

机构的组成原理是创新设计复杂多杆机构的理论基础，从理论上讲，依据此原理可以构造出任意复杂的机构，但在运用该原理设计新机构时，必须注意以下两条原则：

（1）结构最简性原则。即在满足机构运动要求的前提下，所设计的机构结构越简单、杆组的级别越低、构件数和运动副数量越少越好。

（2）运动不干涉原则。添加杆组时，必须保证构件组中所有的构件仍能运动，为此，不能将杆组中的所有外端副连接到其他杆组的同一个构件上，否则，会产生运动干涉而使构件组成为桁架。如图 2－25 所示，无论是Ⅱ级杆组还是Ⅲ级杆组与同一个构件相连时，都变成了一个刚性桁架而成为一个构件。

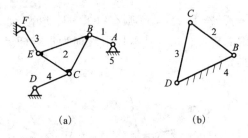

图 2－25　形成刚性桁架

(a)Ⅲ级杆组与同一构件相连；
(b)Ⅱ级杆组与同一构件相连

2.6.2　机构的结构分析

对现有机械设备进行技术革新改造是作为工程技术人员必备的基本素质之一。技术革新的首要任务是必须了解、剖析现有机械存在哪些缺陷与不足，才能采取措施，对症下药。为此，必须对机械进行机构结构分析、工作原理分析、运动分析与动力学分析等理论准备工作，其中的机构结构分析是所有分析工作的基础和前提。结构分析的主要目的是通过对机构的分拆达到了解机构组成并确定机构的级别的目的。不难看出，机构结构分析的过程正好与组成新机构的过程相反，即把机构分拆成原动件、机架、基本杆组。

对机构进行结构分析分拆杆组时可按以下步骤进行：

（1）依据机构运动简图，计算机构的自由度，并确定原动件。

（2）从远离原动件的构件开始，先尝试以Ⅱ级杆组进行拆解，如果不行再以Ⅲ级杆组进行拆解。此时应特别注意，每拆除一个杆组后，剩余的运动链仍应是一个具有与原机构自由度相同的机构，直到所有的杆组拆除只剩下原动件和机架为止。

（3）根据杆组最高级别数确定机构的级别。

如图 2-24（d）所示机构，先尝试按Ⅱ级杆组拆解，此时，无论是按 5-6、5-7、5-4Ⅱ级杆组中哪种组合方式分解，都得不到正确的结果；再尝试按Ⅲ级杆组拆解，可得如图 2-24（a）所示的 4-5-6-7 杆组，剩余部分为铰链四杆机构。继续拆解得如图 2-24（b）所示的 2-3 杆组成一个Ⅱ级杆组，剩下如图 2-24（c）所示原动件 1 和机架 8 组成的Ⅰ级机构。该机构杆组级别最高为Ⅲ级，故该机构是一个Ⅲ级机构。

应特别指出，对于由同一个运动链组成的机构，当选择的原动件不同时，机构的级别可能不同。例如图 2-26 和图 2-27 所示机构的运动链与图 2-24 相同，但原动件分别选择构件 6 和构件 7，分拆后所得的杆组全部为Ⅱ级杆组，故这两种机构均为Ⅱ级机构。

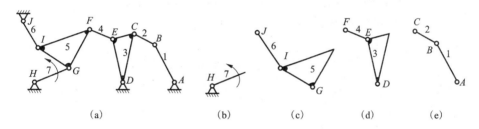

图 2-26　八杆机构的拆解（1）

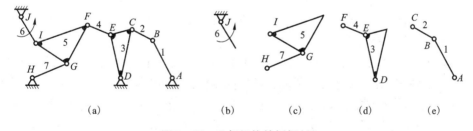

图 2-27　八杆机构的拆解（2）

上述结构分析方法和结论均以平面低副机构为研究对象所得，如果机构中存在高副时，则可以按下一小节介绍的方法先将高副机构转化为低副机构，然后直接引用低副机构的结构分析方法和结论。

2.6.3　用低副代替机构中高副的方法

工程上为了对含高副的机构也能像低副机构那样方便地进行结构分析，在保证机构运动状态不变的前提下，可设想将其中的高副按特定条件转化为低副，即把含高副机构虚拟地转化为全低副机构。这种将机构中的高副用虚拟低副代替的方法称为高副低代。

为了确保机构运动状态不变，进行高副低代应满足以下条件：

(1)虚拟转化所得全低副机构与原机构的自由度应一致。

(2)转化机构和原机构的瞬时速度和瞬时加速度也应完全相同。

由机构自由度计算公式(2-1)可知，含高副机构的自由度为：

$$F = 3 \times n - (2 \times P_L + P_H)$$

假设高副低代后所得全低副机构的构件数为 n^L，其低副数目为 P_L^L，那么，转化机构的自由度 F^L 为：

$$F^L = 3 \times n^L - 2 \times P_L^L \qquad\qquad (2-5)$$

根据高副低代条件1，两个机构的自由度不变，有 $F^L = F$，即

$$3 \times n - (2 \times P_L + P_H) = 3 \times n^L - 2 \times P_L^L$$

整理可得：

$$P_H = 2 \times (P_L^L - P_L) - 3 \times (n^L - n) \qquad\qquad (2-6)$$

式中：P_H 为原机构的高副数；$(P_L^L - P_L)$ 为转化机构低副较原机构低副的增加数；$(n^L - n)$ 为转化机构构件较原机构构件的增加数，式中所有参数取值均为整数。

由式(2-6)可得各参数取值，列入表2-4中。

表2-4 高副低代后构件数与低副数的变化

原机构高副数 P_H	转化机构的低副数增量 $(P_L^L - P_L)$	转化机构的构件数增量 $(n^L - n)$
1	2	1
2	4	2
…	…	…

由表2-4可得以下重要结论：为了保证替代前后机构的自由度不变，每个高副需用一个活动构件和两个低副来替代。

如何保证转化机构和原机构的瞬时速度和瞬时加速度完全一致呢？下面将通过机构实例来说明。如图2-28所示为一具有圆形轮廓的高副机构，其中构件1为原动件。该机构在运动过程中，两个圆形轮廓表面始终保持接触，显然，过接触点 P 的公法线必然经过两构件轮廓的圆心 B、C 点。可知，A、B、C、D 四点之间的距离 l_{AB}、l_{BC}、l_{CD}、l_{DA} 不随机构运动而变化，均为恒定数值，因此，可以设想在 B、C 两点处设置铰链，并用虚拟转化的四杆机构 ABCD 来替代原来的高副机构。不难理解，该转化机构具有与原高副机构完全相同的运动特性，从而满足高副低代的第二个条件。这种高副低代的机构转化方法可以推广到一般情况，以下通过三种实例来说明高副低代方法的具体应用。

如图2-29所示机构，两构件的外轮廓为任意非圆曲线，两构件轮廓接触点 P 的曲率中心分别为 B、C 点，因此，可用虚拟转化四杆机构 ABCD 来替代原来的高副机构。与图2-28机构的区别在于，此例中两构件轮廓上不同位置接触点的曲率中心和曲率半径总是在变化，故转化机构的构件长度也是变化的，但仍能保证转化机构的瞬时运动参数与原来机构相同。

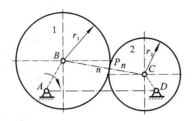

图 2 - 28　圆形轮廓的高副机构

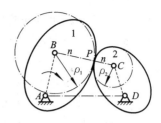

图 2 - 29　任意非圆曲线轮廓的高副机构

如图 2 - 30 所示机构中构件 1 在接触点处的曲率
中心位于公法线上的 B 点，而构件 2 在接触点处的曲
率中心位于公法线上的无穷远处，其曲率半径亦趋于
无穷大，此时，两构件在接触点处的相对运动为移
动，因此可用一移动副来代替，转化机构为 $ABPC$。

如图 2 - 31 所示为渐开线齿轮机构，在任意位置
接触时，在接触点 P 的公法线恒切于基圆，且两个切
点 N_1、N_2 分别是两轮廓在接触点处的曲率中心，因此，齿轮机构的转化机构为 $O_1N_1N_2O_2$。

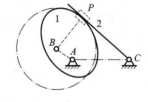

图 2 - 30　含平面接触构件的高副机构

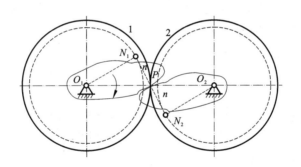

图 2 - 31　渐开线齿轮机构

由上述高副机构的转化实例可知，任何含有高副的平面机构都可以转化成全低副机构，
因而只需要对平面低副机构进行结构分析就可以了。

思考题与练习题

1. 什么是零件、构件、机构、机器、机械？它们有什么联系？又有什么区别？

2. 何谓运动副和运动副元素？运动副有哪些类型？各有几个自由度？用什么符号表示？

3. 机构是如何组成的？它必须具备什么条件？当原动件多于或少于机构的自由度时，机
构将发生什么情况？

4. 什么是机构的自由度？如何计算？

5. 什么是局部自由度？出现在哪些场合？什么是复合铰链？铰链数和构件数有何关系？
什么是虚约束？一般出现在哪些场合？具体计算机构自由度时如何正确去掉局部自由度和虚

约束?

6. 为什么要绘制机构运动简图? 它有何用处? 它能表示机构哪些方面的特征? 绘制运动简图的方法和步骤是怎样的?

7. 何谓机构的组成原理? 何谓基本杆组? 它具有什么特性? 如何确定基本杆组的级别和机构的级别?

8. 如题图2-1所示为一小型冲床, 试绘制其机构运动简图, 并计算机构自由度。

9. 如题图2-2所示为一齿轮齿条式活塞泵, 试绘制其机构运动简图, 并计算机构自由度。

10. 如题图2-3所示为一简易冲床的初步设计方案, 设计者的意图是电动机通过一级齿轮1和2减速后带动凸轮3旋转, 然后通过摆杆4带动冲头实现上下往复冲压运动。试根据机构自由度分析该方案的合理性, 并提出修改后的新方案。

11. 如题图2-4所示为一小型压力机, 试绘制其机构运动简图, 并计算机构自由度。

12. 如题图2-5所示为一人体义肢膝关节机构, 若以胫骨1为机架, 试绘制其机构运动简图, 并计算机构自由度。

13. 计算题图2-6所示压榨机机构的自由度。

14. 计算题图2-7所示测量仪表机构的自由度。

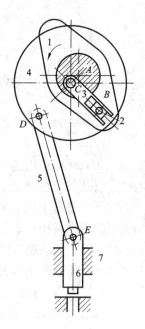

题图2-1 小型冲床

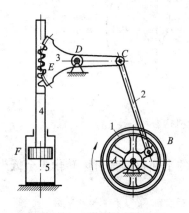

题图2-2 齿轮条式活塞泵

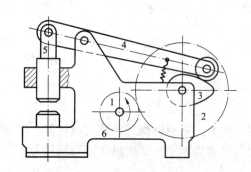

题图2-3 简易冲床的初步设计方案

15. 如题图2-8所示为一物料输送机构, 试绘制机构运动简图, 并计算机构的自由度。

16. 如题图2-9所示为一拟人食指机械手, 试绘制该机构的运动简图, 并计算机构的自由度。

17. 如题图2-10所示为某一机械中制动器的机构运动简图, 工作中当活塞杆1被向右拉时, 通过各构件传递运动迫使摆杆4、6作相向摆动, 制动块压紧制动轮实现制动; 当活塞杆1被向左拉时, 迫使构件4、6作反相摆动, 此时制动块与制动轮脱离接触, 不起制动作用。试分析该机构由不制动状态过渡到制动状态时机构自由度的变化情况。

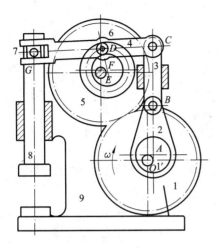

题图 2-4　小型压力机

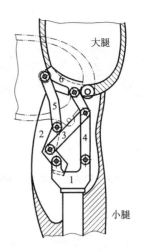

题图 2-5　人体义肢膝关节机构

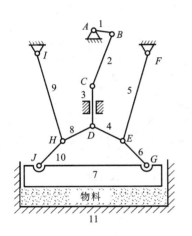

题图 2-6　压榨机机构

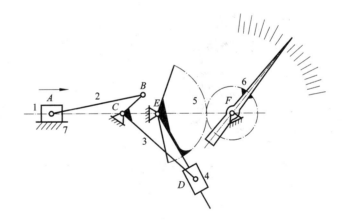

题图 2-7　测量仪表机构

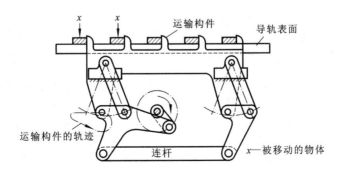

题图 2-8　物料输送机构

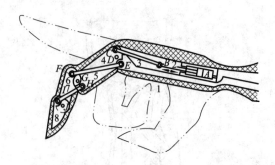

题图 2-9　拟人食指机械手机构

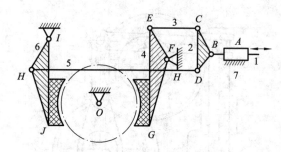

题图 2-10　制动器机构的运动简图

18. 如题图 2-11 所示为外科手术用剪刀。其中弹簧的作用是保持剪刀口张开，并且便于医生单手操作。忽略弹簧，并以构件 1 为机架，分析机构的工作原理，画出该机构的运动简图。

19. 如题图 2-12 所示为一内燃机简图，试计算该机构的自由度，并确定该机构的级别。若选构件 5 为原动件，那么该机构又是几级机构？

题图 2-11　外科手术用剪刀

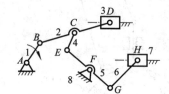

题图 2-12　内燃机简图

第 3 章
平面连杆机构分析与设计

【概述】

◎本章以平面四杆机构运动设计为主线，在简要阐明平面四杆机构基本类型及其演化，讨论平面四杆机构设计的共性问题之后，重点阐述平面四杆机构设计及其运动分析的几何法、解析法。对平面多杆机构的有关问题也作了简要介绍。要求重点掌握平面连杆机构设计中的共性问题及其基本原理和方法。

3.1　连杆机构及其传动特点

连杆机构是由若干构件通过低副(转动副、移动副、球面副、球销副、圆柱副及螺旋副等)连接而成的，故又称为低副机构。连杆机构可根据其构件之间的相对运动为平面运动或空间运动，分为平面连杆机构和空间连杆机构。

平面连杆机构是由若干构件通过低副(转动副和移动副)连接而成的平面机构。它是一种应用十分广泛的机构。其共同的结构特点是原动件的运动都要经过一个不直接与机架相连的中间构件才能传动到输出构件，该中间构件称为连杆。

平面连杆机构具有以下一些传动特点：

(1)平面连杆机构中运动副为低副。构成低副的两运动副为面接触，压强较小，故可承受较大的载荷；而且有利于润滑，磨损较小；此外，运动副的几何形状比较简单，便于加工制造。

(2)在平面连杆机构中，当原动件运动规律不变时，可通过改变各构件的相对长度来使从动件得到不同的运动规律，以满足预期的功能要求。

连杆机构的缺点是在连接处存在一定间隙，因而会降低运动精度；因为连杆作平面运动时所产生的惯性力不易平衡，故高速运动时，容易产生冲击、振动和噪声；构件数增多时，设计较困难。近年来，随着电子计算机应用的普及，设计方法的不断改进，平面连杆机构的应用范围还在进一步扩大。

在平面连杆机构中，其构件多呈杆状，故构件简称为杆。平面连杆机构常根据其所含杆之数目而命名，如四杆机构、六杆机构等。单闭环的空间连杆机构的构件数至少为 3，因而可由三个构件组成空间三杆机构，单闭环的平面连杆机构的构件数至少为 4，因而没有平面三杆机构。其中平面四杆机构不仅应用广泛，而且是常见的多杆机构的基础。本章着重讨论平面四杆机构的有关基本知识和设计问题。

3.2 平面四杆机构的类型

铰链四杆机构

若平面四杆机构中的各运动副都是转动副时，则称为铰链四杆机构，它是平面四杆机构的基本类型，其他类型的四杆机构都可看成是在它的基础上通过演变而成的。研究连杆机构时通常以铰链四杆机构为研究对象。如图3-1所示的铰链四杆机构中，固定不动的构件4称为机架，与机架用转动副相连接的构件1和构件3称为连架杆，不与机架直接相连的构件2称为连杆。在连架杆中能绕机架上的转动副作360°整周转动的连架杆称为曲柄；不能绕机架上的转动副作360°整周转动，而只能作一定角度往复摆动的连架杆称为摇杆。

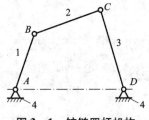

图3-1 铰链四杆机构

3.2.1 平面机构的基本类型

对于铰链四杆机构，机架和连杆总是存在的，故根据两连架杆是曲柄或摇杆，可将铰链四杆机构分为三种基本类型，即曲柄摇杆机构、双曲柄机构和双摇杆机构。

1.曲柄摇杆机构

铰链四杆机构的两个连架杆中，若一为曲柄，另一为摇杆，则称其为曲柄摇杆机构。当以曲柄为原动件时，曲柄摇杆机构可将曲柄的连续转动变为摇杆的往复摆动。其应用甚广，如图3-2所示的雷达天线俯仰机构即为一例。当以摇杆为原动件时，可将摇杆的往复摆动转变为曲柄的整周转动，此种机构在以人力为动力的机械中应用较多，如图3-3所示的缝纫机踏板机构即为一例。当人用脚踏动踏板1时，通过连杆，此机构可将踏板1的摆动转变为飞轮3的整周转动。

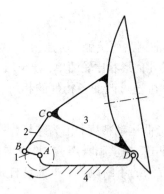

图3-2 雷达天线俯仰机构

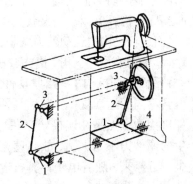

图3-3 缝纫机踏板机构

2.双曲柄机构

若铰链四杆机构中的两个连架杆均为曲柄，则称其为双曲柄机构。在一般形式的双曲柄机构中，如图3-4所示的冲床机构中的双曲柄机构ABCD，当主动曲柄AB做匀速转动时，从

动曲柄 CD 作变速转动,从而可使滑块 F 在冲压行程时慢速前进,而在空回行程中快速返回,以利于冲压工作的进行。

在双曲柄机构中,若相对的两杆平行且长度相等则称其为平行四边形机构(图 3-5)。它有两个显著特征:一是两曲柄以相同速度同向转动;另一个是连杆作平动。此两特征在机械工程上均已获得广泛应用。如图 3-6 所示的机车车轮的联动机构就利用了其第一个特征,而摄影平台升降机构则是利用了其第二个特征(图 3-7)。

如双曲柄机构中两相对杆的长度分别相等,但不平行,则称其为逆平行(或反平行)四边形机构。如图 3-8 所示的车门开闭机构就是一例,其运动特点是两连架杆的转动方向相反,它可使两扇车门同时敞开或关闭。

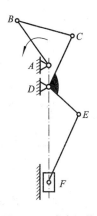

图 3-4 冲床机构

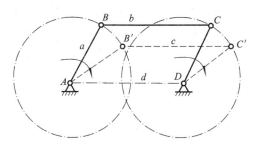

图 3-5 平行四边形机构

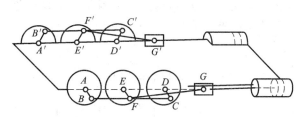

图 3-6 车轮联动机构

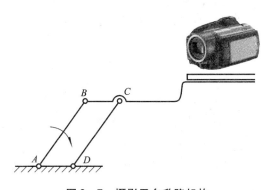

图 3-7 摄影平台升降机构

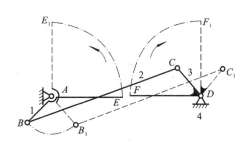

图 3-8 车门开闭机构

3. 双摇杆机构

若铰链四杆机构的两个连架杆都是摇杆,则称其为双摇杆机构。如图 3-9 所示的铸造用造型机的翻箱机构,就应用了双摇杆机构 $ABCD$。它可将固定在连杆 BC 上的砂箱在 BC 位置进行造型震实后,翻转 $180°$,转到 $B'C'$ 位置,以便进行拔模。

在双摇杆机构中,若两摇杆长度相等,则形成等腰梯形机构。如图 3-10 所示的汽车、拖拉机前轮的转向机构,即为其应用实例。

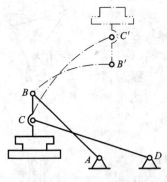

图 3 - 9 造型机的翻箱机构

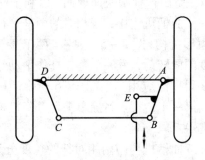

图 3 - 10 汽车转向机构

除上述三种类型的铰链四杆机构之外,在机械中还广泛采用其他类型的四杆机构。不过这些类型的四杆机构,可认为是由四杆机构的基本类型演化而来的。四杆机构的演化,不但是为了满足运动方面的要求,而且是为了改善受力状况以及满足结构设计上的需要等。各种演化机构的外形虽然各不相同,但它们的性质以及分析和设计的方法却常常是相同的或类似的。

3.2.2 平面四杆机构的演化

下面对各种演化方法及其应用举例加以介绍。

1. 改变构件的形状和运动尺寸

如图 3 - 11(a)所示的曲柄摇杆机构中,当曲柄 1 绕轴 A 回转时,铰链 C 将沿圆弧 $\beta\beta$ 往复运动。如图 3 - 11(b)所示,现将摇杆 3 做成滑块形式,使其沿圆弧导轨 $\beta\beta$ 往复滑动,显然其运动性质并未发生改变,但此时铰链四杆机构已演化为具有曲线导轨的曲柄滑块机构。

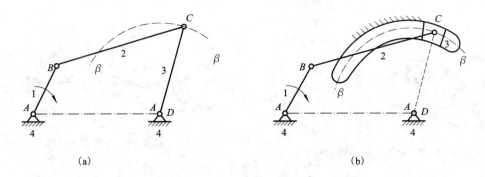

(a)   (b)

图 3 - 11 曲柄摇杆机构演化成曲柄滑块机构

又若将图 3 - 11(a)中摇杆 3 的长度增至无限大,则图 3 - 11(b)中的曲线导轨将变成直线导轨,于是铰链四杆机构就演化成为常见的曲柄滑块机构(图 3 - 12)。图 3 - 12(a)为具有偏距 e 的偏置曲柄滑块机构;图 3 - 12(b)则为无偏距的对心曲柄滑块机构。

44

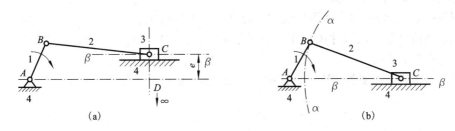

图 3 - 12 曲柄滑块机构

如图 3 - 12(b)所示的曲柄滑块机构还可以进一步演化为图 3 - 13 所示的双滑块四杆机构。在图 3 - 13(b)所示机构中，从动件 3 的位移与原动件 1 的转角的正弦成正比（$s = l_{AB}\sin\varphi$），故称为正弦机构。

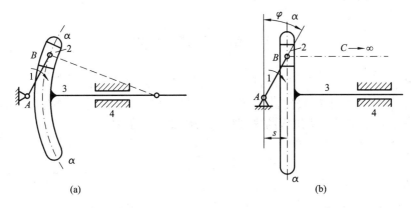

图 3 - 13 双滑块四杆机构

2. 改变运动副的尺寸

如图 3 - 14(a)所示的曲柄滑块机构中，当曲柄 AB 的尺寸较小时，由于结构的需要，常将曲柄改为如图 3 - 14(b)所示的偏心圆盘，其回转中心至几何中心的偏心距等于曲柄的长度，这种机构称为偏心轮机构。其运动特性与曲柄滑块机构完全相同。偏心轮机构可认为是将曲柄滑块机构中的转动副 B 的半径扩大，使之超过曲柄长度演化而成。偏心轮机构在锻压设备和柱塞泵中应用较广。

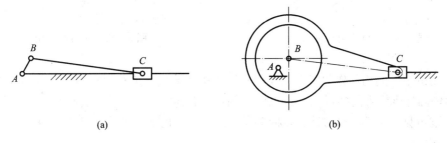

图 3 - 14 偏心轮机构

3. 选用不同的构件为机架

如图 3-15(a) 所示的曲柄滑块机构，若以构件 1 为机架[图 3-15(b)]，此时构件 4 绕轴 A 转动，而构件 3 则以构件 4 为导轨沿其相对移动，构件 4 称为导杆，该机构则称为导杆机构；若以构件 2 为机架[图 3-15(c)]，则演化成为曲柄摇块机构。其中构件 3 仅能绕点 C 摇摆；又若以滑块 3 为机架[图 3-15(d)]，则曲柄滑块机构演化成为直动导杆机构。

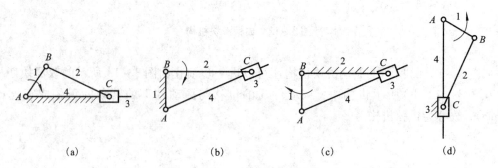

(a)   (b)   (c)   (d)

图 3-15　选择不同机架的演化方式

在导杆机构中，如果导杆能作整周转动，则称为回转导杆机构。如图 3-16 所示的小型刨床中的 ABC 部分即为回转导杆机构。如果导杆仅能在某一角度范围内摆动，则称为摆动导杆机构。如图 3-17 所示牛头刨床的导杆机构 ABC 即为一例。

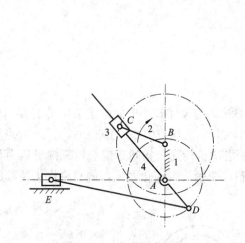

图 3-16　小型刨床机构

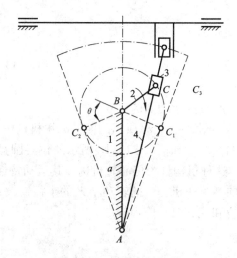

图 3-17　牛头刨床机构

选运动链中不同构件作为机架以获得不同机构的演化方法称为机构的倒置。铰链四杆机构、双滑块四杆机构等同样可以经过机构的倒置来获得不同形式的四杆机构。

由上述可见，四杆机构的类型多种多样，我们可根据演化的概念，研究设计出形式各异的四杆机构。

4. 平面连杆机构与平面凸轮机构的关联

当平面凸轮机构的凸轮副(高副)的两元素为圆、直线或点(圆半径为零的特例)时,可以用平面连杆机构替代平面凸轮机构,其运动特性与被替代的凸轮机构完全相同。如果不满足上述条件,即不是圆、直线和点,而是变曲率曲线,则这种替代只具有瞬时性,即两机构在该瞬时位置的运动(速度和加速度)相同。

(1)组成高副的元素均为圆

如图 3-18(a)所示的凸轮机构中,凸轮 1 与从动件 3 组成高副,两元素分别为圆心 A 和 B、半径 r_1 和 r_2 的圆。在机构运动过程中,A、B 两点间的距离 $r_1 + r_2$ 始终保持不变。若将一构件 2 分别与构件 1、3 在 A、B 点处铰接,从而形成铰链四杆机构 O_1ABO_3,如图 3-18(b)所示,两机构的运动特性完全一样。

(2)组成高副的两元素一为圆另一为点

如图 3-19(a)所示的凸轮机构中,凸轮 1 与从动件 3 组成高副,两元素分别为圆心 A、半径 r_1 的圆与 B 点接触。在机构运动过程中,A、B 两点间的距离 r_1 始终保持不变。若将构件 2 分别与构件 1、3 在 A、B 点处铰接,从而形成曲柄滑块机构 O_1AB,如图 3-19(b)所示,两机构的运动特性完全一样。

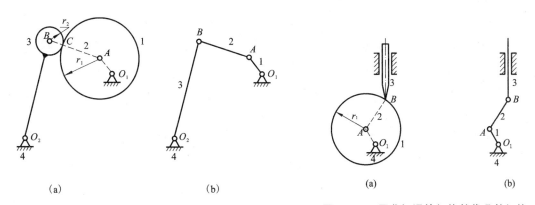

图 3-18　用铰链四杆机构替代凸轮机构　　　　图 3-19　用曲柄滑块机构替代凸轮机构

(3)组成高副的两元素一为圆另一为直线

如图 3-20(a)所示的凸轮机构中,凸轮 1 与从动件 3 组成高副,两元素为圆心 A、半径 r_1 的圆与直线 O_3B 接触。在机构运动过程中,A 点至直线 O_3B 垂直距离 AB(B 点为垂足)始终保持不变。若将一构件 2 与构件 1 在 A 点处铰接,而与构件 3 组成移动副,其导轨方向沿 O_3B,从而形成导杆机构 O_1ABO_3,如图 3-20(b)所示,两机构的运动特性完全一样。

平面连杆机构和平面凸轮机构是平面机构中用得最多的两种机构。掌握了这两种机构之间的关联,就可以用平面连杆机构的运动分析来研究平面凸轮机构,以简化平面凸轮机构的运动分析和设计思路,进而扩大了平面连杆机构分析方法的应用。

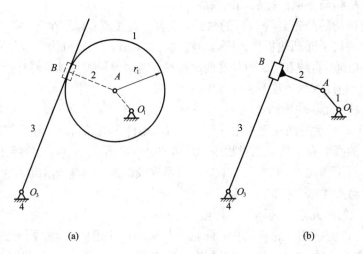

(a)   (b)

图 3 - 20　用导杆机构替代凸轮机构

3.3　平面四杆机构的基本知识

在具体讨论平面机构的有关设计问题之前，有必要先阐述设计中的一些共性问题。

3.3.1　铰链四杆机构有曲柄的条件

在铰链四杆机构中，各运动副都是转动副。如组成转动副的两构件能相对整周转动，则称其为周转副。下面在图 3 - 21 所示的四杆机构中，讨论转动副 A 成为周转副的条件。

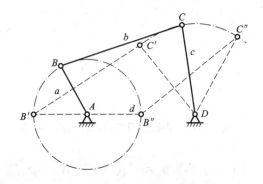

设图 3 - 21 所示四杆机构各杆的长度分别为 a、b、c、d。要转动副 A 成为周转副，AB 杆应能到达整周回转中的任何位置，由 AB 杆与机架 AD 两次共线的位置可分别得到 $\triangle DB'C'$ 和 $\triangle DB''C''$，由三角形边长公理可

图 3 - 21　曲柄摇杆机构

知：三角形中任意两边长度之和大于或等于第三边长度，由此可得以下关系式：

$$a + d \leqslant b + c$$
$$b \leqslant (d - a) + c，即 a + b \leqslant c + d$$
$$c \leqslant (d - a) + b，即 a + c \leqslant b + d$$

将上述三式分别两两相加，则得

$$a \leqslant b，a \leqslant c，a \leqslant d，即 AB 为最短杆。$$

分析上述各式，可得出转动副 A 成为周转副的必要条件是：①最短杆长度 + 最长杆长度 ≤其余两杆长度之和，此条件称为杆长条件；②组成该周转副的两杆中必有一杆为最短杆。

上述条件表明：当四杆机构各杆的长度满足杆长条件时，有最短杆参与构成的转动副都是周转副(图 3 - 21 中的 A、B 副),而其余的转动副(如 C,D 副)则不是整转副。

曲柄是连架杆,周转副处于机架上才能形成曲柄,于是,四杆机构有曲柄的条件是各杆的长度应满足杆长条件,且其最短杆为连架杆或机架。在满足杆长条件的四杆机构中,当以最短杆的相邻杆为机架时,机构为曲柄摇杆机构[图 3 - 22(a)和图 3 - 22(b)];当以最短杆为机架时则为双曲柄机构[见图 3 - 22(c)];如以最短杆的对边为机架,则机构为双摇杆机构[图 3 - 22(d)]。如果铰链四杆机构各杆的长度不满足杆长条件,则无周转副,此时不论以哪个构件为机架,均为双摇杆机构。

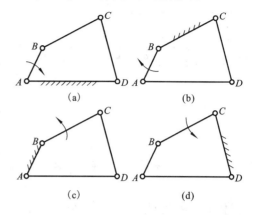

图 3 - 22　四杆机构类型与机架选择的关系

3.3.2　平面四杆机构输出件的急回特征

如图 3 - 23 所示为一曲柄摇杆机构,设曲柄 AB 为原动件,在其匀速转动一周的过程中,有两次与连杆 BC 共线,这时摇杆 CD 分别处于两个极限位置 C_1D 和 C_2D。机构所处的这两个位置称为极位。机构处在两个极位时,原动件 AB 所在的两个位置之间所夹的锐角 θ 称为极位夹角。

如图 3 - 23 所示,当曲柄以等角速度 ω_1 顺时针转过 $\alpha_1 = 180° + \theta$ 时,摇杆将由位置 C_1D 摆到 C_2D,其摆角为 ψ,设所需时间为 t_1,C 点的平均速度为 $v_1 = \widehat{C_1C_2}/t_1$。当曲柄继续转过 $\alpha_1 = 180° - \theta$ 时,此时摇杆从位置 C_2D 返回到 C_1D,摆角仍然为 ψ,设所需时间为 t_2,C 点的平均速度为 $v_2 = \widehat{C_1C_2}/t_2$。由于曲柄为等速转动,而 $\alpha_1 > \alpha_2$,所以有 $t_1 > t_2$,$v_1 < v_2$,摇杆的这种运动性质称为急回运动。为了表明急回运动的程度,可用行程速比系数(或行程速度变化系数)K 来衡量,即

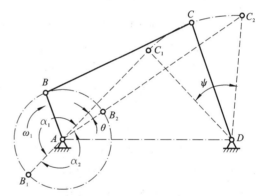

图 3 - 23　曲柄摇杆机构中的极位夹角

$$K = \frac{v_2}{v_1} = \frac{\widehat{C_1C_2}/t_2}{\widehat{C_1C_2}/t_1} = \frac{t_1}{t_2} = \frac{\alpha_1}{\alpha_2} = \frac{180° + \theta}{180° - \theta} \qquad (3 - 1)$$

式(3 - 1)表明,当机构存在极位夹角 θ 时,机构便具有急回运动特性。θ 角愈大,机构的急回特性也愈显著。如图 3 - 24(a)所示的对心曲柄滑块机构,由于其 θ = 0°,K = 1,故无急回作用;而图 3 - 24(b)所示的偏置曲柄滑块机构,因其 θ 不等于 0°,故有急回作用。在图 3 - 25 所示的摆动导杆机构中,当曲柄 AC 两次转到与导杆垂直时,导杆处于两个极限位置。由于其 θ 不等于 0°,故也有急回作用。

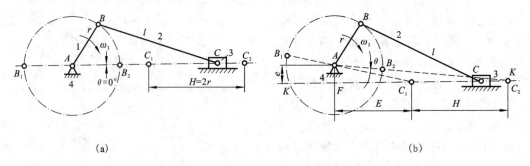

(a)   (b)

图 3－24　曲柄滑块机构中的极位夹角

　　机构的这种急回运动在机械中常被用来节省空回行程的时间，以提高劳动生产率。例如在牛头刨床中采用摆动导杆机构就是一例。对于一些要求具有急回运动性质的机械，如牛头刨床、往复式运输机等，在设计时，要根据所需要的行程速比系数 K 来设计，这时应先利用下式求出 θ 角，然后再设计各构件的尺寸。

$$\theta = 180° \times (K-1)/(K+1) \qquad (3-2)$$

3.3.3　平面四杆机构的传动角和压力角

　　如图 3－26 所示的四杆机构中，若不考虑各运动副中的摩擦力及重力，主动构件 AB 经连杆 BC 传递到从动件 CD 上点 C 的力 F，将沿 BC 方向，力 F 与点 C 速度方向之间所夹的锐角 α 称为机构在此位置时的压力角，而连杆 BC 和从动件 CD 之间所夹的锐角 γ 称为连杆机构在此位置时的传动角。γ 和 α 互为余角。因为驱动从动件 CD 转动的有效分力 $F_t = F \cdot \sin\gamma$，显然传动角 γ 愈大对机构的传力愈有利，所以在连杆机构中常用传动角的大小及其变化情况来衡量机构传力性能的好坏。

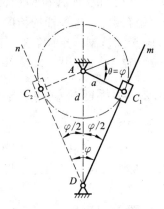

**图 3－25　摆动导杆机构
中的极位夹角**

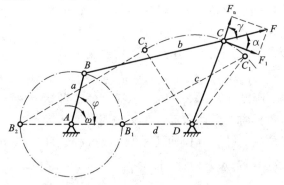

图 3－26　曲柄摇杆机构的压力角和传动角

　　在机构运动过程中，传动角 γ 的大小是变化的，为了保证机构传力性能良好，应使 $\gamma_{min} \geqslant 40° \sim 50°$；对于一些受力很小或不常使用的操纵机构，则可允许传动角小些。

　　出现最小传动角 γ_{min} 的位置分析如下：

$$\begin{cases} \gamma_1 = \angle BCD \quad (\angle BCD \leqslant 90° \text{时}) \\ \gamma_2 = 180° - \angle BCD \quad (\angle BCD > 90° \text{时}) \end{cases} \qquad (3-3)$$

　　对于曲柄摇杆机构 $r_{min} = \text{Min}\{r_1, r_2\}$，如图 3－26 所示 γ_{min} 出现在主动曲柄与机架共线的

两位置之一,这时传动角的大小与机构中各杆的长度有关,故可按给定的许用传动角来设计
四杆机构。

3.3.4 平面四杆机构的死点问题

如图 3-27 所示的曲柄摇杆机构中,设摇杆 CD 为主动件,则当连杆与从动曲柄共线时
(虚线位置),机构的传动角 $\gamma = 0°$,这时主动件 CD 通过连杆作用在从动件 AB 上的力恰好通
过其回转中心,致使构件 AB 不能转动而出现"顶死"的现象,机构的这种位置称为死点。同
样,对于曲柄滑块机构,当滑块为主动件时,若连杆与从动曲柄共线,机构也处于死点位置。

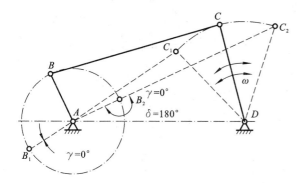

图 3-27 曲柄摇杆机构的死点位置

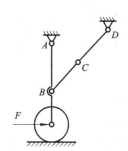

图 3-28 飞机起落架机构

机构的死点和极位实际上是机构的同一位置,所不同的仅是机构的原动件不同(当原动
件与连杆共线时为极位)。机构在死点时本不能运动,为了使机构能顺利地通过死点而正常
运转,必须采取适当的措施,如可采用将两组以上的同样机构组合使用,而使各组机构的死
点相互错开排列的方法,如图 3-6 所示的机车车轮联动机构,其两侧曲柄滑块机构的曲柄位
置相互错开了 90°;也可采用安装飞轮加大惯性的方法,借惯性作用使机构闯过死点,如图
3-3 所示的缝纫机踏板机构中的大带轮即兼有飞轮的作用等。

另一方面,在工程实践中,也常利用机构的死点来实现特定的工作要求。例如,图 3-28
所示的飞机起落架机构,在机轮放下时,杆 BC 和 CD 成一直线,此时机轮上虽受到很大的
力,但由于机构处于死点位置,起落架不会反转(折回),这可使飞机起落和停放更加可靠。

3.4 平面连杆机构的运动分析

机构运动分析的任务是在已知机构尺寸及原动件运动规律的情况下,确定机构中其他构
件上某些点的轨迹、位移、速度及加速度和构件的角位移、角速度及角加速度。通过对机构
进行位移和轨迹分析,可以了解机构能否满足预期的位置功能要求,以及各构件所需的空间
会不会发生干涉。通过对机构进行速度分析,可以了解从动件速度波动的变化规律,为速度
波动调节做准备,而且为进行加速度分析提供基础。对机构进行加速度分析,可以了解加速
度的大小及其变化规律,从而计算惯性力以及对机构进行进一步的分析、强度计算等。

运动分析的方法很多,主要有图解法、解析法和试验法等。本章主要介绍图解法和解析法。

3.4.1　矢量方程图解法作平面机构的运动分析

矢量方程图解法又称相对运动图解法，其所依据的基本原理是理论力学中的运动合成原理。

设有矢量方程：

$$D = A + B + C \qquad (3-4)$$

因每一个矢量具有大小和方向两个参数，根据已知条件的不同，上述方程有以下四种情况，其矢量方程图解法如图 3-29 所示：

$$D = A + B + C$$
大小：？　√　√　√
方向：？　√　√　√
如图 3-29(a)所示。

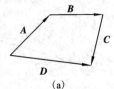

(a)

$$D = A + B + C$$
大小：√　？　？　√
方向：√　√　√　√
如图 3-29(b)所示。

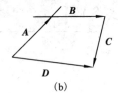

(b)

$$D = A + B + C$$
大小：√　√　√　√
方向：√　√　？　？
如图 3-29(c)所示。

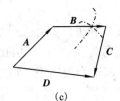

(c)

$$D = A + B + C$$
大小：√　？　√　√
方向：√　√　？　√
如图 3-29(d)所示。

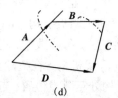

(d)

图 3-29　矢量方程图解法

根据不同的相对运动情况，机构的运动分析可按以下两类讨论。

1. 同一构件上两点间的速度和加速度关系

（1）速度之间的关系

如图 3-30(a)所示机构，

$$v_B = v_A + v_{BA}$$

大小：？　√　？
方向：√　√　⊥AB

如图 3-30(b)所示，选速度比例尺 μ_v(m/s/mm)，在任意点 p 作图使 $pa = v_a/\mu_v$，

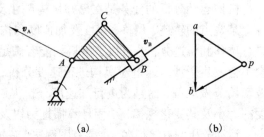

(a)　　　　　　(b)

图 3-30　同一构件上两点间的速度关系

画出 v_B 与 v_{AB} 矢量的方向线相交于 b 点，连接 pb，按图解法得：$v_B = \mu_v \cdot pb$，方向：$p \to b$。

相对速度为：$v_{BA} = \mu_v ab$　方向：$a \to b$

$\omega_{AB} = v_{BA}/l_{AB} = \mu_v ab/\mu_1 AB$

方向为顺时针方向。

（2）加速度之间的关系

如图 3-31（a）所示机构，设已知角速度 ω，A 点加速度和 α_B 的方向。

AB 两点间加速度之间的关系有：

$$\boldsymbol{a}_B = \boldsymbol{a}_A + \boldsymbol{a}_{BA}^n + \boldsymbol{a}_{BA}^t$$

大小：?　√　$\omega_{BA}^2 l_{AB}$　?

方向：√　√　$B \to A$　$\perp AB$

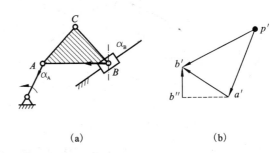

图 3-31　同一构件上两点之间的加速度关系

如图 3-31（b）所示，选加速度比例尺 μ_a（$\text{m/s}^2/\text{mm}$）。

在任意点 p' 作图使 $a_A = \mu_a p'a'$，$a_{BA}^n = \mu_a a'b'$ 画 a_B 与 a_{AB}^t 的方向线相交于 b' 点。

求得：$a_B = \mu_a p'b'$

$a_{BA}^t = \mu_a b''b'$

方向：$b'' \to b'$

a_{BA}

方向：$a' \to b'$

角加速度：$\alpha = a_{BA}^t/l_{AB} = \mu_a b''b'/\mu_1 AB$

方向为逆时针方向。

2. 两构件重合点的速度及加速度的关系

（1）速度之间的关系

如图 3-32（b）所示机构，构件2、构件3重合点 B_2、B_3 之间的速度关系为：

$$\boldsymbol{v}_{B3} = \boldsymbol{v}_{B2} + \boldsymbol{v}_{B3B2}$$

大小：?　√　?

方向：√　√　$//BC$

如图 3-32（b）所示，选取速度比例尺 $\mu_v \text{m/s/mm}$，在任意点 p 作图使 v_{B2}（$v_{B2} = v_{B1}$）$= \mu_v pb_2$，画 v_{B3} 与 v_{B3B2} 矢量的方向线，相交于 b_3 点。按图解法得：$v_{B3} = \mu_v pb_3$，$\omega_3 = \mu_v pb_3/l_{CB}$。

（2）加速度之间的关系

如图 3-33（b）所示机构，已知 ω_1，并由上述方法求得 ω_3、B_2、B_3 重合点之间的加速度关系有：

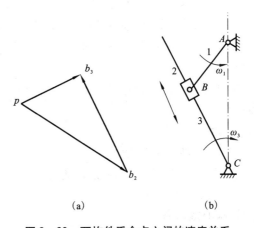

图 3-32　两构件重合点之间的速度关系

$$\boldsymbol{a}_{B3} = \boldsymbol{a}_{B3}^n + \boldsymbol{a}_{B3}^t = \boldsymbol{a}_{B2} + \boldsymbol{a}_{B3B2}^r + \boldsymbol{a}_{B3B2}^k$$

大小：?　$\omega_3^2 l_{CB}$　?　$l_{AB}\omega^2$　?　$2v_{B3B2}\omega_3$

方向：?　$B \to C$　√　$B \to A$　$//BC$　√

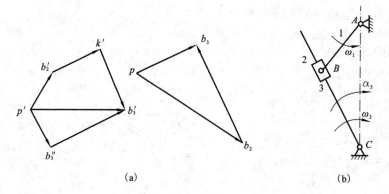

图 3 – 33 两构件重合点之间的加速度关系

如图 3 – 33(b)所示，选取加速度比例尺 μ_a，在任意点 p' 作图 a_{B2}、a_{B3B2}^K、a_{b3}^n，画 a_{B3}^r 与 a_{B3B2}^r 矢量的方向线，相交于 b'_3

（$a_{B3B2}^k = 2v_{B3B2}\omega_3$，$a_{B3B2}^k$ 的方向：v_{B3B2} 顺 ω_3 转过 $90°$）

由图解得：$a_{B3} = \mu_a p'b'_3$，$a_{B3B2} = \mu_a k'b'_3$，$B \rightarrow C$

$$a_3 = a_{B3}^t / l_{BC} = \mu_a b''_3 b'_3 / \mu_l BC$$

结论：当两构件构成移动副时，重合点的加速度不相等，且移动副有转动分量时，必然存在哥氏加速度分量。

3.4.2 速度瞬心法作平面机构的速度分析

1. 速度瞬心的定义

如图 3 – 34 所示，在某一瞬时，若两个作平面运动构件上存在绝对速度相同的一对重合点，两构件相对于该点作相对转动，该点称瞬时速度中心，即瞬心。

重合点绝对速度不为零，即 $v_{P2} = v_{P1} \neq 0$，该瞬心称为相对瞬心。

重合点绝对速度为零时，即 $v_{P2} = v_{P1} = 0$，该瞬心称为绝对瞬心。

速度瞬心的特点：

(1)该点涉及两个构件。

(2)绝对速度相同，相对速度为零。

(3)相对回转中心。

2. 瞬心数目 N

若机构中有 n 个构件，则

因为每两个构件就有一个瞬心

所以根据排列组合有：$N = n(n-1)/2$

3. 机构瞬心位置的确定

(1)直接观察法

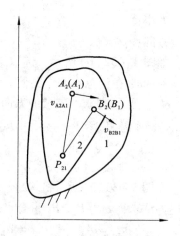

图 3 – 34　速度瞬心

直接观察法适用于求通过运动副直接相连的两构件瞬心位置。如图 3 - 35 所示,当两构

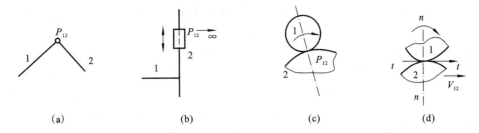

图 3 - 35 直接观察法求瞬心

件以转动副相连时,转动中心即为两构件的瞬心[图 3 - 35(a)];当两构件通过移动副相连时,两构件的瞬心位于垂直于导轨方向无穷远处[图 3 - 35(b)];当两构件以高副相连,且绕接触点作纯滚动时,接触点即为两构件的瞬心[图 3 - 35(c)];当两构件以高副相连,在接触点既有滚动又存在滑动时,其瞬心处于接触点的公法线上,具体位置尚须其他条件确定[图 3 - 35(d)]。

(2)三心定律

当求机构中没有通过运动副直接连接的各构件间的瞬心时,用上述方法往往不易求得,在这种情况时,可应用三心定理来求得。

三心定律:三个作平面运动的构件共有三个瞬心,且它们位于同一条直线上。

如图 3 - 36 所示,已知 v_{A2}、v_{B2} 和 v_{D3}、v_{E3} 可求出 P_{21} 和 P_{31},则有 P_{23} 必定在 P_{21} 与 P_{31} 的连线上,否则 P_{23} 重合点的绝对速度的方向不同。

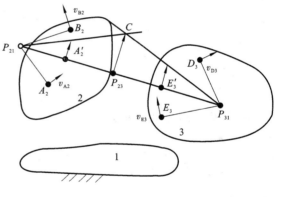

图 3 - 36 三心定理

在 P_{21} 与 P_{31} 的连线上作 A'_2、E'_2 使 $\overline{P_{21}A'_2} = \overline{P_{21}A_2}$、$\overline{P_{31}E'_3} = \overline{P_{31}E_3}$,作矢量 $v_{A'_2}$、$v_{E'_3}$ 垂直于 $\overline{P_{21}P_{31}}$ 连线,且有: $v_{A'_2} = v_{A2}$、$v_{E'_3} = v_{E3}$,连线 $\overline{P_{21}C}$、$\overline{P_{31}C}$ 分别过矢量 $v_{A'_2}$、$v_{E'_3}$ 的终点,相交于 C 点,过 C 点作 $\overline{P_{21}P_{31}}$ 连线的垂线,垂足 P_{23} 即为构件 2 与构件 3 的瞬心。

4. 速度瞬心在机构速度分析中的应用

(1)求线速度

如图 3 - 37 所示的平面凸轮机构,已知凸轮转速 ω_1,求推杆的速度 v_2。

问题的关键是要求出已知运动规律的构件 1 与待求运动规律的构件 2 之间的瞬心 P_{12} 及其速度。

解:①直接观察求瞬心 P_{13},$P_{23}(\rightarrow \infty)$,$P_{12}(n - n)$;②根据三心定律求得 P_{12};③求瞬心 P_{12} 的速度。

$$v_2 = v_{P1} = v_{P2} = \mu_l (P_{13}P_{12}) \cdot \omega_1$$

长度 $P_{13}P_{12}$ 直接从图上量取。

（2）求角速度

如图 3-38 所示的铰链四杆机构，已知构件 2 的转速 ω_2，求构件 4 的角速度 ω_4。

解：① 瞬心数为 6 个；

② 直接观察能求出 4 个，余下的 2 个用三心定律求出；

③ 求瞬心 P_{24} 的速度。

$$v_{P_{24}} = \mu_1(P_{24}P_{12}) \cdot \omega_2$$
$$v_{P_{24}} = \mu_1(P_{24}P_{14}) \cdot \omega_4$$
$$\omega_4 = \omega_2 \cdot (P_{24}P_{12})/(P_{24}P_{14})$$

方向：与 ω_2 相同。

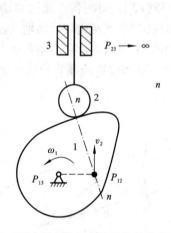

图 3-37 瞬心法作凸轮机构的速度分析

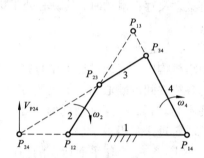

图 3-38 瞬心法作四杆机构的速度分析

3.4.3 平面机构运动分析

1. 问题描述

如图 3-39 所示四杆机构，已知各构件尺寸和 θ_1、ω_1（ω_1 为常数），求 θ_2、θ_3、ω_2、ω_3、α_2、α_3。

设四杆机构的坐标原点在 A 点，每一根连杆均可由一位移矢量表示，对图 3-39 中 C 点而言，可写出如下矢量方程：

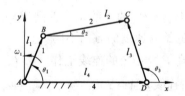

图 3-39 平面四杆机构的闭环矢量图

$$\boldsymbol{l}_1 + \boldsymbol{l}_2 = \boldsymbol{l}_3 + \boldsymbol{l}_4 \tag{3-5}$$

沿 x、y 坐标轴的分量方程为：

$$\begin{cases} l_1\cos\theta_1 + l_2\cos\theta_2 = l_3\cos\theta_3 + l_4\cos\theta_4 \\ l_1\sin\theta_1 + l_2\sin\theta_2 = l_3\sin\theta_3 + l_4\sin\theta_4 \end{cases} \tag{3-6}$$

对方程（3-6），由于 x 坐标轴与 $\boldsymbol{l}_4$ 重合，故 $\theta_4 = 0$。因此，基于计算方法的平面机构运动分析的首要任务就是已知 θ_1、l_1、l_2、l_3、l_4，由方程（3-6）求出 θ_2、θ_3，这是位置求解问题。位置问题求解有两种方法，即解析法与数值法。

2. 位置问题求解的解析方法

在 θ_4 为零时,式(3-6)可改写为:

$$\begin{cases} l_2\cos\theta_2 = l_3\cos\theta_3 + l_4 - l_1\cos\theta_1 \\ l_2\sin\theta_2 = l_3\sin\theta_3 - l_1\sin\theta_1 \end{cases} \quad (3-7)$$

由式(3-7)运算得:

$$l_2^2 = l_3^2 + l_4^2 + l_1^2 + 2l_3l_4\cos\theta_3 - 2l_1l_3(\cos\theta_3\cos\theta_1 + \sin\theta_3\sin\theta_1) - 2l_1l_4\cos\theta_1 \quad (3-8)$$

整理后得:

$$A\sin\theta_3 + B\cos\theta_3 + C = 0 \quad (3-9)$$

其中:

$$A = 2l_1l_3\sin\theta_1$$
$$B = 2l_3(l_1\cos\theta_1 - l_4)$$
$$C = l_2^2 - l_3^2 - l_4^2 - l_1^2 + 2l_1l_4\cos\theta_1$$

解三角方程得:

$$\tan(\theta_3/2) = \left[A \pm \mathrm{sqrt}(A^2 + B^2 - C^2)\right]/(B - C) \quad (3-10)$$

同理,为了求解 θ_2,式(3-6)可改写为:

$$\begin{cases} l_3\cos\theta_3 = l_1\cos\theta_1 + l_2\cos\theta_2 - l_4 \\ l_3\sin\theta_3 = l_1\sin\theta_1 + l_2\sin\theta_2 - 0 \end{cases} \quad (3-11)$$

由式(3-11)运算得:

$$l_3^2 = l_1^2 + l_2^2 + l_4^2 - 2l_1l_4\cos\theta_1 + 2l_1l_2(\cos\theta_1\cos\theta_2 + 2\sin\theta_1\sin\theta_2) - 2l_1l_4\cos\theta_2 \quad (3-12)$$

整理后得:

$$D\sin\theta_2 + E\cos\theta_2 + F = 0 \quad (3-13)$$

其中:

$$D = 2l_1l_2\sin\theta_1$$
$$E = 2l_2(l_1\cos\theta_1 - l_4)$$
$$F = l_1^2 + l_2^2 + l_4^2 - l_3^2 - 2l_1l_4\cos\theta_1$$

解三角方程得:

$$\tan(\theta_2/2) = \left[D \pm \mathrm{sqrt}(D^2 + E^2 - F^2)\right]/(E - F) \quad (3-14)$$

式(3-10)、式(3-14)即是 θ_2、θ_3 的解析解结果,其中的" $\pm$ "可根据机构的初始安装位置和机构运动的连续性来确定。

3. 位置问题求解的数值方法

方程(3-6)可改写为:

$$\begin{cases} f_1(\theta_2, \theta_3) = l_1\cos\theta_1 + l_2\cos\theta_2 - l_3\cos\theta_3 - l_4 = 0 \\ f_2(\theta_2, \theta_3) = l_1\sin\theta_1 + l_2\sin\theta_2 - l_3\sin\theta_3 = 0 \end{cases} \quad (3-15)$$

求解 θ_2、θ_3 的位置问题可表述为:对于给定的一组连杆长度和它的值 θ_1,寻求适当的 θ_2 和 θ_3,使得 f_1 和 f_2 等于零。由于 f_1、f_2 是非线性和超越的,需用解非线性方程组的数值方法求解,常用的方法是牛顿-辛普森法。

(1)求解非线性方程组的牛顿-辛普森法

牛顿-辛普森法式求解非线性方程的一种迭代方法,它从某一给定的初始值开始不断地用变量的旧值递推得到新值,直到所得的结果"足够接近"精确解。

给定非线性方程组

$$\begin{cases} F_1(x_1, x_2) = 0 \\ F_2(x_1, x_2) = 0 \end{cases} \qquad (3-16)$$

假设 $x^* = (x_1 x_2)^T$ 是方程组(3-16)的精确解，$F(x) = \{F_1(x), F_2(x)\}^T$ 在 x 邻域内对 x^* 任一分量的偏导数均存在，且 F' 非奇异，$x^{(1)}$ 是方程组的一个近似解，则

$$G(x) = F(x^{(1)}) + F'(x^{(1)})(x - x^{(1)}) \qquad (3-17)$$

上式是(3-16)的局部近似，用 $G(x) = 0$ 的解 $x^{(2)}$ 作为原方程组(3-16)的改进解：

$$x^{(2)} = x^{(1)} - [F'(x^{(1)})]^{-1} F(x^{(1)}) \qquad (3-18)$$

选取适当的 $x^{(1)}$，不断用上式进行改进，得到迭代公式

$$x^{(k+1)} = x^{(k)} - [F'(x^{(k)})]^{-1} F(x^{(k)}) \qquad (3-19)$$

这个公式就是牛顿－辛普森公式。求解非线性方程组的迭代过程框图如图3-40所示。

(2)四连杆机构位置求解

应用牛顿－辛普森法求解方程组(3-15)，可以推导出它的迭代公式：

$$\begin{pmatrix} \theta_2^{(k+1)} \\ \theta_3^{(k+1)} \end{pmatrix} = \begin{pmatrix} \theta_2^{(k)} \\ \theta_3^{(k)} \end{pmatrix} - \begin{pmatrix} -l_2\sin\theta_2^{(k)} & l_3\sin\theta_3^{(k)} \\ l_2\cos\theta_2^{(k)} & -l_3\cos\theta_3^{(k)} \end{pmatrix}^{-1} \begin{pmatrix} f_1(\theta_2^{(k)}, \theta_3^{(k)}) \\ f_2(\theta_2^{(k)}, \theta_3^{(k)}) \end{pmatrix} \qquad (3-20)$$

选取适当的初始值，利用 MATLAB 强大的运算功能，可以非常方便地求解上述位置问题。以下是求解方程组(3-15)所描述的位置问题的通用 MATLAB 程序。

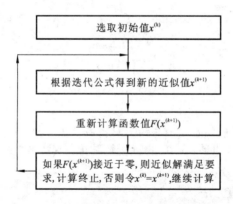

图3-40　牛顿－辛普森法求解非线性方程组的流程图

bar4. m

function [th2,th3] = bar4(th,r)

%

% 平面四杆机构位置问题的数值求解

%

% r(1)-L1,r(2)-L2,r(3)-L3, r(4)-L4

% th1-θ1, th2k-θ2, th3k-θ3

% 选取初始值

```
%
th1 = th(1);
th2k = th(2);
th3k = th(3);
%
% 设定数值解的精度
%
epsilon = 1e - 6;
f = [r(1) * cos(th1) + r(2) * cos(th2k) - r(3) * cos(th3k) - r(4);
r(1) * sin(th1) + r(2) * sin(th2k) - r(3) * sin(th3k)];
while norm(f) > epsilon
J = [ - r(2) * sin(th2k) r(3) * sin(th3k);
r(2) * cos(th2k) - r(3) * cos(th3k)];
dth = inv(J) * f;
th2k = th2k - dth(1);
th3k = th3k - dth(2);
f = [r(1) * cos(th1) + r(2) * cos(th2k) - r(3) * cos(th3k) - r(4);
r(1) * sin(th1) + r(2) * sin(th2k) - r(3) * sin(th3k)];
norm(f);
end
%
% 将弧度转换成角度,并输出 θ2 和 θ3 的结果
%
th2k = th2k * 180/pi;
th3k = th3k * 180/pi;
fprintf('θ2 的值为: %.5g°\n', th2k)
fprintf('θ3 的值为: %.5g°\n', th3k)
```

考虑图 3 – 39 所示四杆机构,以 $l_1 = 10$, $l_2 = 18$, $l_3 = 14$, $l_4 = 22$, $\theta_1 = 70°$为例,选取初始值 $\theta_2 = 10°$, $\theta_3 = 100°$,运行程序 bar4. m

```
> > r = [10 18 14 22];
> > th = [70 * pi/180 10 * pi/180 100 * pi/180];
> > bar4(th, r)
θ₂ 的值为: 14.657°
θ₃ 的值为: 94.776°
```

答案为 $\theta_2 = 14.657°$, $\theta_3 = 94.776°$。

在求出四杆机构的位置参数后,可方便地进行四杆机构的速度与加速度分析计算。

4. 速度计算

将式(3-7)对时间求导,并整理得:

$$\omega_3 = \omega_1 l_1 \sin(\theta_1 - \theta_2)/l_3 \sin(\theta_3 - \theta_2) \tag{3-21}$$

将式(3-11)对时间求导,并整理得:

$$\omega_2 = -\omega_1 l_1 \sin(\theta_1 - \theta_3)/l_2 \sin(\theta_2 - \theta_3) \tag{3-22}$$

5. 加速度计算

将式(3-21)、式(3-22)对时间求导,并整理得:

$$\begin{cases} \alpha_3 = \left[\omega_1^2 l_1 \cos(\theta_1 - \theta_2) + \omega_2^2 l_2 - \omega_3^2 l_3 \cos(\theta_3 - \theta_2) \right]/l_3 \sin(\theta_3 - \theta_2) \\ \alpha_2 = \left[-\omega_1^2 l_1 \cos(\theta_1 - \theta_3) + \omega_3^2 l_3 - \omega_2^2 l_2 \cos(\theta_2 - \theta_3) \right]/l_2 \sin(\theta_2 - \theta_3) \end{cases} \tag{3-23}$$

6. 平面机构的速度与加速度求解的矩阵法

如图3-41所示四杆机构,已知各构件尺寸和 ω_1,及对应的位置 θ_1、θ_2、θ_3,求:ω_2、ω_3、α_2、α_3、x_p、y_p、v_p、a_p。

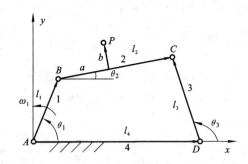

图3-41 矩阵法作铰链四杆机构的运动分析

(1)位置方程

$$\boldsymbol{l}_2 - \boldsymbol{l}_3 = \boldsymbol{l}_4 - \boldsymbol{l}_1 \tag{3-24}$$

改写成直角坐标的形式:

$$\begin{cases} l_2 \cos\theta_2 - l_3 \cos\theta_3 = l_4 - l_1 \cos\theta_1 \\ l_2 \sin\theta_2 - l_3 \sin\theta_3 = -l_1 \sin\theta_1 \end{cases} \tag{3-25}$$

连杆上 P 点的坐标:

$$\begin{cases} x_p = l_1 \cos\theta_1 + a\cos\theta_2 + b\cos(90° + \theta_2) \\ y_p = l_1 \sin\theta_1 + a\sin\theta_2 + b\sin(90° + \theta_2) \end{cases} \tag{3-26}$$

(2)速度方程

将式(3-25)对时间求导得速度方程:

$$\begin{cases} -l_2 \sin\theta_2 \omega_2 + l_3 \sin\theta_3 \omega_3 = \omega_1 l_1 \sin\theta_1 \\ l_2 \cos\theta_2 \omega_2 - l_3 \cos\theta_3 \omega_3 = -\omega_1 l_1 \cos\theta_1 \end{cases} \tag{3-27}$$

写成矩阵 $[A]\{\omega\} = \omega_1\{B\}$ 形式

$$\begin{bmatrix} -l_2 \sin\theta_2 & l_3 \sin\theta_3 \\ l_2 \cos\theta_2 & -l_3 \cos\theta_3 \end{bmatrix} \begin{bmatrix} \omega_2 \\ \omega_3 \end{bmatrix} = \omega_1 \begin{bmatrix} l_1 \sin\theta_1 \\ -l_1 \cos\theta_1 \end{bmatrix} \tag{3-28}$$

将式(3-26)对时间求导得 P 点的速度方程:

$$\begin{bmatrix} v_{px} \\ v_{py} \end{bmatrix} = \begin{bmatrix} \dot{x}_p \\ \dot{y}_p \end{bmatrix} = \begin{bmatrix} -l_1\sin\theta_1 & -a\sin\theta_2 - b\sin(90°+\theta_2) \\ l_1\cos\theta_1 & a\cos\theta_2 + b\cos(90°+\theta_2) \end{bmatrix} \begin{bmatrix} \omega_1 \\ \omega_2 \end{bmatrix} \quad (3-29)$$

速度合成：$\qquad v_p = \sqrt{v_{px}^2 + v_{py}^2} \quad \alpha_{pv} = \arctan(v_{py}/v_{px})$

（3）加速度方程

将式（3-27）对时间求导得形式为 $[A]\{\alpha\} = [\dot{A}]\{\omega\} + \omega_1[\dot{B}]$ 的矩阵方程：

$$\begin{bmatrix} -l_2\sin\theta_2 & l_3\sin\theta_3 \\ l_2\cos\theta_2 & -l_3\cos\theta_3 \end{bmatrix}\begin{bmatrix} \alpha_2 \\ \alpha_3 \end{bmatrix} = \begin{bmatrix} l_2\omega_2\cos\theta_2 & -l_3\omega_3\cos\theta_3 \\ l_2\omega_2\sin\theta_2 & -l_3\omega_3\sin\theta_3 \end{bmatrix}\begin{bmatrix} \omega_2 \\ \omega_3 \end{bmatrix} + \omega_1\begin{bmatrix} l_1\omega_1\cos\theta_1 \\ l_1\omega_1\sin\theta_1 \end{bmatrix} \quad (3-30)$$

将式（3-27）P 点的速度方程对时间求导得以下矩阵方程：

$$\begin{bmatrix} a_{px} \\ a_{py} \end{bmatrix} = \begin{bmatrix} \ddot{x}_p \\ \ddot{y}_p \end{bmatrix} = \begin{bmatrix} -l_1\sin\theta_1 & -a\sin\theta_2 - b\sin(90°+\theta_2) \\ l_1\cos\theta_1 & a\cos\theta_2 + b\cos(90°+\theta_2) \end{bmatrix}\begin{bmatrix} 0 \\ \alpha_2 \end{bmatrix} -$$
$$\begin{bmatrix} l_1\cos\theta_1 & a\cos\theta_2 + b\cos(90°+\theta_2) \\ l_1\sin\theta_1 & a\sin\theta_2 + b\sin(90°+\theta_2) \end{bmatrix}\begin{bmatrix} \omega_1^2 \\ \omega_2^2 \end{bmatrix} \quad (3-31)$$

加速度合成：$\qquad a_p = \sqrt{a_{px}^2 + a_{py}^2} \quad \alpha_{pa} = \arctan(a_{py}/a_{px})$

速度方程的一般表达式：$[A]\{\omega\} = \omega_1\{B\}$

其中：$[A]$——机构从动件的位置参数矩阵；

$\quad\{\omega\}$——机构从动件的角速度矩阵；

$\quad\omega_1$——机构原动件的角速度；

$\quad\{B\}$——机构原动件的位置参数矩阵。

解析法运动分析的关键在于正确建立机构的位置方程。

3.5 平面四杆机构的运动设计

平面四杆机构设计的基本内容：首先根据工作要求选择机构的类型，然后根据给定的运动条件和其他附加要求（如最小传动角 $\gamma_{\min}$ 等）确定机构的几何尺寸，并绘出机构的运动简图。

根据机械的用途和性能等不同要求，对连杆机构设计的要求是多种多样的，但这些设计要求，一般可归纳为如下两类问题：

（1）按照给定从动件（连杆或连架杆）的位置设计四杆机构，称为位置设计。

（2）按照给定点的轨迹设计四杆机构，称为轨迹设计。

设计四杆机构的方法有解析法、图解法和实验法。解析法精度高，但解题方程的建立和求解有时不易，随着数学手段的发展和电子计算机的普遍应用，求解变得迅速方便了，便于进行优选，该法的应用日趋广泛；图解法直观，易理解，但精度较低；实验法简易，但常需试凑，费时较多，精度亦不太高。设计时采用哪种方法，主要取决于所给定的条件和机构的实际工作要求。

3.5.1 按照给定行程速比系数设计四杆机构

在设计具有急回运动特性的四杆机构时，一般是根据工作要求，先给定行程速比系数 K 的数值，然后由机构在极限位置处的几何关系，结合其他辅助条件，确定机构运动简图的尺寸参数。

1. 曲柄摇杆机构的设计

如图 3-42 所示,已知摇杆长度 l_3、摆角 ψ 和行程速比系数 K,设计曲柄摇杆机构。

设计的实质是确定铰链中心 A 点的位置,并定出其他三杆的尺寸 l_1,l_2 和 l_4。具体设计步骤如下:

(1)由给定的行程速比系数 K,按式(3-1)计算极位夹角 θ:

$$\theta = 180° \cdot \frac{K-1}{K+1} \qquad (3-32)$$

(2)在图纸上,任选一点作为固定铰链中心 D 的位置,以此为顶点作等腰三角形,使两腰之长等于摇杆长 l_3 和 $\angle C_1 DC_2 = \psi$,作出摇杆的两个极限位置 $C_1 D$ 和 $C_2 D$。

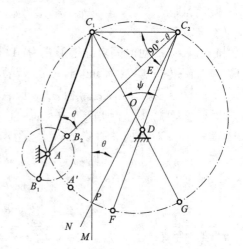

图 3-42　根据 K 设计曲柄摇杆机构

(3)过 C_1、C_2 作直角 $\triangle C_1 PC_2$,使 $\angle PC_1 C_2 = 90°$,$\angle C_1 C_2 P = 90° - \theta$,由三角形内角和等于 $180°$ 可知 $\angle C_1 PC_2 = \theta$。

(4)以 $C_2 P$ 为直径,作直角 $\triangle C_1 PC_2$ 的外接圆,在该圆周上取一点 A,并分别与 C_1、C_2 相连,则 $\angle C_1 AC_2 = \theta$(同一圆弧所对的圆周角相等),故 A 点即为曲柄与机架组成的固定铰链中心。

(5)确定 A 点后,以 A 点为圆心,AC_1 为半径作圆弧交 AC_2 线于 E 点;以 A 点为圆心,以 $EC_2/2$ 为半径作圆分别交 $C_1 A$ 和 AC_2 于 B_1 和 B_2 点,B_1 和 B_2 点即是曲柄与连杆共线时铰链 B 的所在位置。则该铰链四杆机构的曲柄长 $l_1 = AB_1 = AB_2$,连杆长 $l_2 = B_1 C_1 = B_2 C_2$,机架长 $l_4 = AD$。由于 A 点选取的任意性,故仅按行程速比系数 K 设计,则可得无穷多的铰链四杆机构。

关于曲柄与机架组成的固定铰链中心 A 的选取:曲柄的转动中心 A 不能选在 FG 弧段上,否则,机构将不满足运动的连续性要求,即此时机构的两个极限位置 $C_1 D$ 和 $C_2 D$ 将位于两个不连通的可行域内。若曲柄的转动中心 A 选在 $C_2 G$ 和 $C_1 F$ 两弧段上,当 A 向 $G(F)$ 靠近时,机构的最小传动角将随之减小,故从增大最小传动角 γ_{min} 出发,取点 A 作为曲柄的转动中心显然较点 A' 有利。如果还给出其他附加条件,如给定机架尺寸,则点 A 的位置也随之确定。

2. 偏置曲柄滑块机构的设计

如图 3-43 所示,已知滑块行程 H、偏心距 e 和行程速比系数 K,设计曲柄滑块机构。

设计的实质是确定铰链中心 A 点的位置,并定出曲柄和连杆的长度尺寸 l_1 和 l_2。具体设计时,可根据滑块行程 H 确定滑块的极限位置 C_1 和 C_2,类似摇杆的两个极限位置,参照上述曲柄摇杆机构的设计步骤进行设计即可。

3. 导杆机构的设计

如图 3-44 所示,已知导杆机构的机架长度 d 和行程速比系数 K,设计导杆机构。

设计的实质是确定曲柄的长度尺寸 a。具体设计时,先按行程速比系数 K 求出极位夹角 θ,由于导杆机构的极位夹角与导杆的摆角相等,故在图纸上任选一点 D 作为导杆的转动中心,作出导杆的摆角,再作其角平分线,在其角平分线上取 $DA = d$,即得曲柄的转动中心 A。

过点 A 作导杆任一极限位置 Am（或 An）的垂线 AB，则该线段长即为曲柄的长度 a，故 $a = d\sin(\theta/2)$。

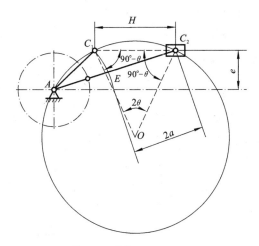

图 3-43　偏置曲柄滑块机构的设计

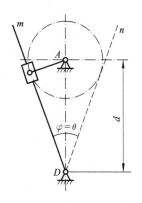

图 3-44　导杆机构的设计

3.5.2　按照给定连杆位置设计四杆机构

在生产实践中，常需要根据连杆的两个位置或三个位置来设计平面四杆机构。如图 3-45 所示为铸造厂的震实造型机的翻转机构，当翻台 2 处于位置 I 时，砂箱 1 和翻台 2 固连，在砂箱 7 内填砂造型，震实砂型后起模时，需要翻转砂箱，使翻台 2 转至位置 II，托台 10 上升，接触砂箱，解除砂箱和翻台间的连接并起模，即要求放置砂箱的翻台 2 实现翻转动作。因此，该机构的设计是属于实现连杆两个位置的设计问题。

1. 根据连杆的两个位置设计平面四杆机构

如图 3-45 所示，已知连杆长度 l_{BC} 及两个位置 B_1C_1 和 B_2C_2，设计的实质是确定连架杆

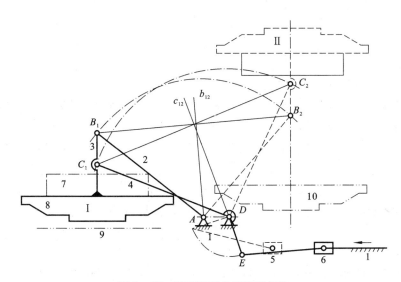

图 3-45　震实造型机的翻转机构

AB 和 *CD* 与机架组成的铰链中心 *A* 和 *D* 的位置，并由此求出两连架杆及机架的长度。具体设计步骤如下：

（1）由已知条件绘出连杆的两个位置 B_1C_1 和 B_2C_2。

（2）连接 B_1B_2 和 C_1C_2，并分别作它们的垂直平分线 b_{12} 和 c_{12}。

（3）由于连杆上的铰链中心 *B* 和 *C* 的运动轨迹分别是以 *A* 和 *D* 为圆心的圆弧，故可在 b_{12} 上任选一点 *A*，在 c_{12} 上任选一点 *D* 作为机架的两个铰链点，因而有无穷多解。在设计时，可考虑其他辅助条件，例如最小传动角、各杆尺寸所允许的范围或其他结构上的要求等。震实造型机要求 *A* 和 *D* 两点在同一水平线上，且 *AD* = *BC*，则可确定铰链中心 *A*、*D* 的位置。

（4）连接 AB_1 和 DC_1，则 AB_1C_1D 即为所求的铰链四杆机构，在图中即可量得各构件的长度。

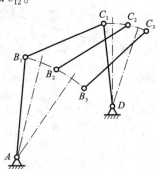

图 3 – 46　已知连杆的三个位置设计平面四杆机构

2. 根据连杆的三个位置设计平面四杆机构

设计步骤与上述步骤基本相同。如图 3 – 46 所示，由于连杆有三个确定位置，其铰链中心 B_1、B_2、B_3（或 C_1、C_2、C_3）三点确定的圆周只有一个，因此，机架铰链点 *A*（或 *D*）的位置只有一个确定解。

3.5.3　按照给定两连架杆对应位置设计四杆机构

1. 图解法

如图 3 – 47 所示，由固定铰链 *A*、*D* 和连架杆位置，确定活动铰链 *B*、*C* 的位置。

机构的转化原理：

对于上述问题，如果能将两连架杆 *AB*、*DC* 预定的对应位置转化为连杆的预定对应位置，再应用前面介绍的方法加以解决。如图 3 – 48 所示，如果将 *CD* 杆作为机架（而不是 *AD* 杆为机架），则 *AB* 杆转化为连杆[图 3 – 48（a）]。而机架不可能有三个位置，必须将 DC_1、*DC*、DC_2 作归一化处理，选定其中某一位置 *DC* 作为机架位置，其余位置回归该位置，即机架位置只能是一个确定的位置。于是，*AB*

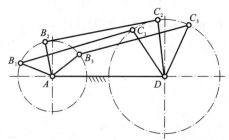

图 3 – 47　图解法设计四杆机构

杆（原连架杆）的三个位置，将转化为连杆 A_1B_1、*AB*、A_2B_2 的三个新的位置。由 B_1'、*B*、B_2' 点确定的圆心，即为 *C* 铰链的位置，同理，由 A_1、*A*、A_2 点确定的圆心，即为 *D* 铰链的位置[图 3 – 48（b）]。

如图 3 – 49 所示，按两连架杆三组对应位置设计四杆机构。已知：机架长度 *d* 和两连架杆三组对应位置。

设计步骤：选定 DE_1 为机架位置。

①任意选定构件 *AB* 的长度（不影响两连架杆对应的角度位置关系）。

②连接 B_2E_2、DB_2，得 $\triangle B_2E_2D$。

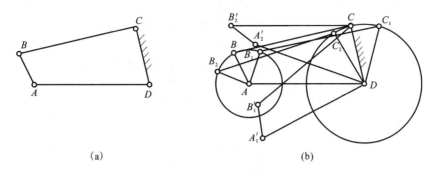

（a）　　　　　　　　　　　　　　（b）

图 3 - 48　机构转化原理

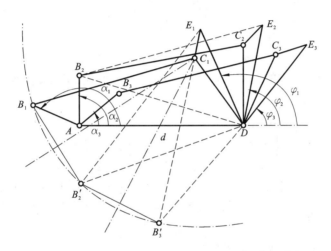

图 3 - 49　按两连架杆三组对应位置设计四杆机构

③绕 D 将 $\triangle B_2 E_2 D$ 旋转 $\varphi_1 - \varphi_2$，得 B_2' 点。

④连接 $B_3 E_3$、DB_3，得 $\triangle B_3 E_3 D$。

⑤将 $\triangle B_3 E_3 D$ 绕 D 旋转 $\varphi_1 - \varphi_3$，得 B_3' 点。

⑥由 B_1、B_2'、B_3' 三点，求圆心 C_1。

⑦连接 $AB_1 C_1 D$ 即为所要求的四杆机构。

2. 解析法求解

如图 3 - 50 所示的铰链四杆机构中，已知连架杆 AB 和 CD 的三对对应位置 φ_1、φ_1，φ_2 和 ψ_2、ψ_3、ψ_3，要求确定各杆的长度 l_1、l_2、l_3 和 l_4。由于机构中各杆长度按同一比例增减时，各杆对应转角间的关系不变，故只需确定各杆的相对长度即可。因此，可取 $l_1 = 1$，则该机构的待求参数只有三个。

该机构的四个构件组成封闭多边形，取各

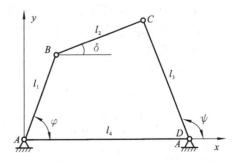

图 3 - 50　机构封闭多边形

杆在坐标轴 x 和 y 上的投影，可得以下关系式：

$$\begin{cases} \cos\varphi + l_2\cos\delta = l_4 + l_3\cos\psi \\ \sin\varphi + l_2\sin\delta = l_3\sin\psi \end{cases} \tag{3-33}$$

将 $\cos\delta$ 和 $\sin\delta$ 移到等式右边，再把等式两边平方相加，即可消去 δ，整理后得

$$\cos\varphi = \frac{l_4^2 + l_3^2 + 1 - l_2^2}{2l_4} + l_3\cos\psi - \frac{l_3}{l_4}\cos(\psi - \varphi) \tag{3-34}$$

为简化上式，令

$$\begin{cases} P_0 = l_3 \\ P_1 = \dfrac{l_3}{l_4} \\ P_2 = \dfrac{l_4^2 + l_3^2 + 1 - l_2^2}{2l_4} \end{cases} \tag{3-35}$$

则有

$$\cos\varphi = P_0\cos\psi + P_1\cos(\psi - \varphi) + P_2 \tag{3-36}$$

上式即为两连架杆转角之间的关系式。将已知的三对转角 φ_1、ψ_1，φ_2、ψ_2，φ_3、ψ_3 分别代入式(3-36)，可得方程组

$$\begin{cases} \cos\varphi = P_0\cos\psi_1 + P_1\cos(\psi_1 - \varphi_1) + P_2 \\ \cos\varphi_2 = P_0\cos\psi_2 + P_1\cos(\psi_2 - \varphi_2) + P_2 \\ \cos\varphi_3 = P_0\cos\psi_3 + P_1\cos(\psi_3 - \varphi_3) + P_2 \end{cases}$$

由方程组可以求出三个未知数 P_0，P_1 和 P_2。将它们代入式(3-35)，即可求得 l_2、l_3、l_4。以上求出的杆长 l_1、l_2、l_3、l_4 可同时乘以任意比例常数，所得的机构都能实现对应的转角。

若仅给定连架杆两组位置，则方程组中只能得到两个方程，P_0、P_1 和 P_2 三个参数中的一个可以任意取定，故有无穷组解。

若给定的连架杆位置超过三组，如图3-51所示，已知两连架杆1和3之间的四对对应转角为 φ_{12}、φ_{23}、φ_{34}、φ_{45} 和 ψ_{12}、

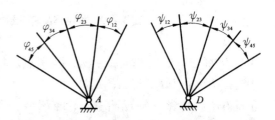

图 3-51　两连架杆的对应位置

ψ_{23}、ψ_{34}、ψ_{45}，则不可能有精确解，只能用优化或试凑的方法求其近似解。下面介绍一种近似设计用的几何实验法。

3. 实验法求解

具体设计步骤如下：

(1) 如图3-52(a)所示，在图纸上选取一点作为连架杆1的转动中心 A，并任选 AB_1 作为连架杆1的长度 l_1，根据给定的 φ_{12}、φ_{23}、φ_{34} 和 φ_{45} 作出 AB_2、AB_3、AB_4 和 AB_5。

(2) 选取连杆2的适当长度 l_2，以 B_1、B_2、B_3、B_4 和 B_5 各点为圆心，l_2 为半径，作圆弧 K_1、K_2、K_3、K_4 和 K_5。

(3) 另如图3-52(b)所示，在透明纸上选取一点作为连架杆3的转动中心 D，并任取

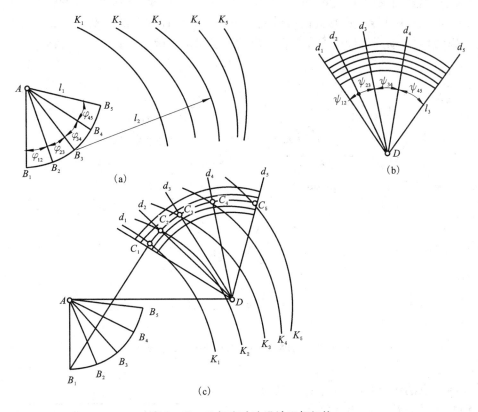

图 3 – 52　几何实验法设计四杆机构

Dd_1 作为连架杆 3 的第一位置，根据给定的 ψ_{12}、ψ_{23}、ψ_{34} 和 ψ_{45} 作出 Dd_2、Dd_3、Dd_4 和 Dd_5。再以 D 为圆心，用连架杆 3 可能的不同长度为半径作许多同心圆弧。

　　（4）将画在透明纸上的图 3 – 52（b）覆盖在图 3 – 52（a）上进行试凑，如图 3 – 52（c）所示。使圆弧 K_1、K_2、K_3、K_4、K_5 分别与连架杆 3 的对应位置 Dd_1、Dd_2、Dd_3、Dd_4、Dd_5 的交点 C_1、C_2、C_3、C_4、C_5 均落在以 D 为圆心的同一圆弧上，则图形 AB_1C_1D 即为所求的四杆机构。

　　如果移动透明纸，不能使交点 C_1，C_2，C_3，C_4，C_5 落在以 D 为圆心的同一圆弧中，那就需要改变连杆 2 的长度，然后重复以上步骤，直到这些交点正好落在或近似落在以 D 为圆心的同一圆弧上为止。

　　应当指出，由上述方法求出的图形 AB_1C_1D 只表达所求机构各杆的相对长度。各杆的实际尺寸只要与 AB_1C_1D 保持同样比例，都能满足设计要求。

　　这种几何实验法方便、实用，故在机械设计中常被采用。它同样适用于曲柄滑块机构的设计，使之实现曲柄与滑块的多组对应位置。

3.5.4　按照给定点的运动轨迹设计四杆机构

　　如图 3 – 53 所示，设给定原动件 AB 的长度及其转动中心 A 和连杆上一点 M。现要求设计一四杆机构，使其连杆上的点 M 沿着预期的运动轨迹运动。为解决此设计问题，可在连杆上另外固结若干杆件，则它们的端点 C，C'，C''，…在原动件运动过程中也将描绘出各自的连杆曲线架。在这些曲线中找出圆弧或近似圆弧的曲线，于是即可将描绘此曲线的点作为连杆与另一连杆的铰链中心 C，而将此曲线的曲率中心作为该连架杆的转动中心 D。因而 AD 即为机架，CD 即为从动连架杆。这样就设计出能够实现预期运动轨迹的四杆机构。

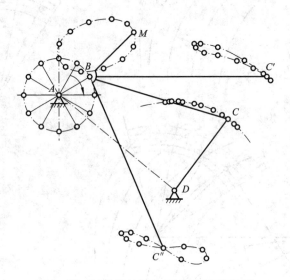

图 3-53　按给定的运动轨迹设计四杆机构

　　按照给定点的运动轨迹设计四杆机构的另一种简单的方法是利用连杆曲线图谱进行设计。图 3-54 所示为一描绘连杆曲线的仪器模型，这种装置的各杆长度可以调节，在连杆上固定一块不透明的多孔薄板，当机构运动时，板上的每个孔的运动轨迹就是一条连杆曲线，而为了把这些曲线记录下来，可利用光束照射的办法把这些曲线印在感光纸上，这样就得到了一组连杆曲线。然后，如果改变各杆的相对长度，就可以作出另外许多形状不同的连杆曲线，把记录下来的这些连杆曲线顺序整理汇编成册，即成连杆曲线图谱，图 3-55 即为《四杆机构分析图谱》中的一张图。图中取

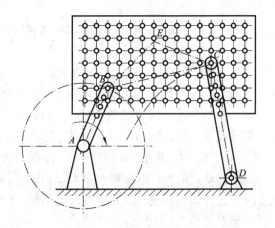

图 3-54　连杆曲线的绘制

原动曲柄 1 的长度等于 1，其他各杆的长度以相对于原动曲柄长度的比值表示。图中每一连杆曲线由 72 段长度不等的短线组成，每一短线的长度表示原动曲柄转过 5° 时连杆上该点的位移。

　　根据已知的运动轨迹设计四杆机构时，可从图谱中查出形状与要求实现的轨迹相似的连杆曲线及相应四杆机构中各构件的相对长度，然后用缩放仪求出图谱中的连杆曲线和所要求的轨迹之间相差的倍数，则可求得四杆机构各杆的实际尺寸。

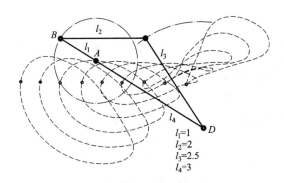

图 3－55　连杆曲线图谱

3.6　多杆机构及应用

3.6.1　多杆机构及作用

四杆机构虽然结构简单，设计也方便，但有时却难以满足现代机械所提出的多方面的复杂要求，这时就不得不借助于多杆机构。多杆机构的运动构件较四杆机构要多，因而采用多杆机构可满足更多的设计要求，以达到以下几个方面的要求。

1. 可改变从动件的运动特性

如图 3－56 所示为 Y52 插齿机的主传动机构，它采用的是一个六杆机构，使插刀在工作过程中得到近似的等速运动。弥补了一般四杆急回机构虽可满足急回要求，但其工作行程的等速性能往往不好的不足。

2. 取得有利的传动角

当从动件的摆角较大，机构的外廓尺寸或铰链位置的布置受到严格限制的地方，采用四杆机构往往不能获得有利的传动角，而采用多杆机构则可使传动角条件得到改善。如图3－57（a）所示为某型洗衣机的搅拌机构，图 3－57（b）为其

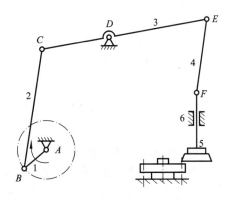

图 3－56　Y52 插齿机主传动机构

机构运动简图。图中用虚线示出了机构的两个极位，从图中可以看出，机构没有传动角过小（接近 0°）或过大（接近 180°）的情况。

3. 实现机构从动件带停歇的运动

某些机械有时要求在原动件连续运转的过程中，其从动件能作一段时间的停歇，而整个运动还应是连续平稳的。如图 3－58 所示连杆上 E 点的连杆曲线为腰子形，其 $\overline{\alpha\alpha}$ 和 $\overline{\beta\beta}$ 两段为近似圆弧（其半径相等），圆心分别在 F 和 F' 点。杆 4 的长度与圆弧的半径相等，当 E 点在 $\overline{\alpha\alpha}$ 或 $\overline{\beta\beta}$ 曲线段上运动时，从动件 5 将处于停歇状态。

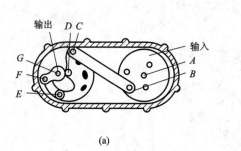
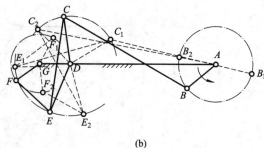

(a)　　　　　　　　　　　　　　　　(b)

图 3-57　洗衣机的搅拌机构

4. 扩大机构从动件的行程

图 3-59 为一种新型的电力机车受电弓升降机构运动简图,采用多杆机构可使从动件(受电弓)3 的行程扩大,而其所占用的面积变小。

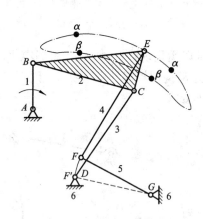
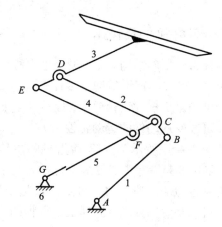

图 3-58　六杆机构实现停歇状态　　　　　　图 3-59　电力机车受电弓升降机构

5. 使机构从动件的行程可调

某些机械根据工作的需要,要求其从动件的行程(或摆角)可以调节。例如图 3-60 所示的机械式无级变速器主传动所用的多杆机构中,当构件 6 调到不同位置时,可使从动件 5 得到不同大小的摆角。

6. 可获得较大的机械利益

如图 3-61 所示为广泛应用于锻压设备中的肘杆机构。曲柄 1 为原动件,滑块 5 为从动件,当其接近下死点时,由于速比 v_B/v_5 很大,

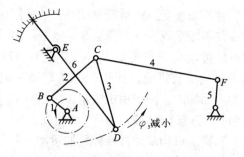

图 3-60　机械无级变速主传动机构

故可用较小的力 F 产生很大的锻压力 G,而获得很大的机械利益,以满足锻压工作的需要。

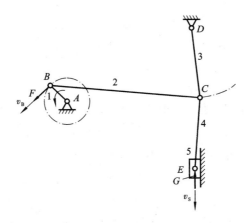

图 3 - 61　锻压机中的肘杆机构

3.6.2　多杆机构设计举例

如图 3 - 62 所示的六杆机构，是由铰链四杆机构 $ABCD$ 与滑块机构 DCE 串联而成。若已知 AB、CD 及滑块三个构件的三组对应位置 $\varphi_1 - \psi_1 - s_1$、$\varphi_2 - \psi_2 - s_2$、$\varphi_3 - \psi_3 - s_3$ 以及偏距 e，机架 l_{AD}，试用解析法设计此六杆机构。即要求：

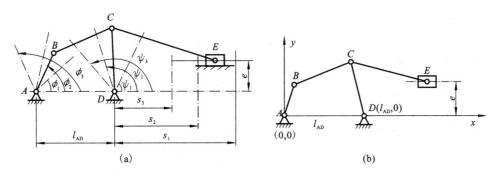

图 3 - 62　六杆机构的设计

（1）选定坐标系。

（2）求出有关刚体位移矩阵或平面相对位移矩阵。

（3）列出设计方程组。

（4）简述方程组的求解步骤。

（5）讨论解的存在性及解的组数。

解：刚体位移矩阵公式为：

$$D_{1i} = \begin{bmatrix} \cos\theta_{1i} & -\sin\theta_{1i} & y_{pi} - x_{p1}\cos\theta_{1i} + y_{p1}\sin\theta_{1i} \\ \sin\theta_{1i} & \cos\theta_{1i} & y_{pi} - x_{p1}\sin\theta_{1i} + y_{p1}\cos\theta_{1i} \\ 0 & 0 & 1 \end{bmatrix}$$

平面相对位移矩阵公式为:

$$D_{r1i} = \begin{bmatrix} \cos(\theta_{1i} - \psi_{1i}) & -\sin(\theta_{1i} - \psi_{1i}) & l_{AB}(1 - \cos\psi_{1i}) \\ \sin(\theta_{1i} - \psi_{1i}) & \cos(\theta_{1i} - \psi_{1i}) & l_{AB}(1 - \sin\psi_{1i}) \\ 0 & 0 & 1 \end{bmatrix}$$

(1)选定坐标系如图 3-62(b)所示;

(2)求出有关刚体位移矩阵或平面相对位移矩阵;

$$[D_{AB'}]_{12} = \begin{bmatrix} \cos(\phi_3 - \phi_1 - \psi_3 + \psi_1) & -\sin(\phi_3 - \phi_1 - \psi_3 + \psi_1) & l_{AD}(1 - \cos(\psi_2 - \psi_1)) \\ \sin(\phi_2 - \phi_1 - \psi_1 + \psi_1) & l_{AD}\sin(\psi_2 - \psi_1) & \\ 0 & 0 & 1 \end{bmatrix} \quad (a)$$

$$[D_{A'B'}]_{13} = \begin{bmatrix} \cos(\phi_3 - \phi_1 - \psi_3 + \psi_1) & -\sin(\phi_3 - \phi_1 - \psi_3 + \psi_1) & l_{AD}(1 - \cos(\psi_2 - \psi_1)) \\ \sin(\phi_2 - \phi_1 - \psi_2 + \psi_1) & \cos(\phi_2 - \phi_1 - \psi_2 - \psi_1) & l_{AD}\sin(\psi_2 - \psi_1) \\ 0 & 0 & 1 \end{bmatrix} \quad (b)$$

$$[D_{DC}]_{12} = \begin{bmatrix} \cos(\psi_2 - \psi_1) & -\sin(\psi_2 - \psi_1) & l_{AD} \\ \sin(\psi_2 - \psi_1) & \cos(\psi_2 - \psi_1) & 0 \\ 0 & 0 & 1 \end{bmatrix} \quad (c)$$

$$[D_{DC}]_{13} = \begin{bmatrix} \cos(\psi_3 - \psi_1) & -\sin(\psi_3 - \psi_1) & l_{AD} \\ \sin(\psi_3 - \psi_1) & \cos(\psi_3 - \psi_1) & 0 \\ 0 & 0 & 1 \end{bmatrix} \quad (d)$$

(3)由定长条件可得其设计方程组

$$\left. \begin{array}{l} (x'_{B2} - x_{C1})^2 + (y'_{B2} - y_{C1})^2 = (x_{B1} - x_{C1})^2 + (y_{B1} - y_{C1})^2 \\ (x'_{B3} - x_{C1})^2 + (y'_{B3} - y_{C1})^2 = (x_{B1} - x_{C1})^2 + (y_{B1} - y_{C1})^2 \\ (x'_{C2} - x_{E2})^2 + (y'_{C2} - y_{E2})^2 = (x_{C1} - x_{E1})^2 + (y_{C1} - y_{E1})^2 \\ (x'_{C3} - x_{E3})^2 + (y'_{C3} - y_{E3})^2 = (x_{C1} - x_{E1})^2 + (y_{C1} - y_{E1})^2 \end{array} \right\} \quad (e)$$

由以下各式,可分别求出 $(x'_{B2} \quad y'_{B2})$、$(x'_{B3} \quad y'_{B3})$、$(x_{C2} \quad y_{C2})$、$(x_{C3} \quad y_{C3})$ 和 $(x_{E1} \quad y_{E1})$、$(x_{E2} \quad y_{E2})$、$(x_{E3} \quad y_{E3})$,再代入设计方程组(e),即可求解。

$$\begin{bmatrix} x'_{B2} \\ y'_{B2} \\ 1 \end{bmatrix} = [D_{A'B'}]_{12} \begin{bmatrix} x_{B1} \\ y_{B1} \\ 1 \end{bmatrix}$$

$$\begin{bmatrix} x'_{B3} \\ y'_{B3} \\ 1 \end{bmatrix} = [D_{A'B'}]_{13} \begin{bmatrix} x_{B1} \\ y_{B1} \\ 1 \end{bmatrix}$$

$$\begin{bmatrix} x_{C2} \\ y_{C2} \\ 1 \end{bmatrix} = [D_{DC}]_{12} \begin{bmatrix} x_{C1} \\ y_{C1} \\ 1 \end{bmatrix}$$

$$\begin{bmatrix} x_{C3} \\ y_{C3} \\ 1 \end{bmatrix} = [D_{DC}]_{13} \begin{bmatrix} x_{C1} \\ y_{C1} \\ 1 \end{bmatrix}$$

由以上四式，即可求出 $(x'_{B2}\quad y'_{B2})$、$(x'_{B3}\quad y'_{B3})$、$(x_{C2}\quad y_{C2})$、$(x_{C3}\quad y_{C3})$ 关于 x_{B1}、y_{B1}、x_{C1}、y_{C1} 的表达式

$$\begin{cases} x_{E1} = l_{AD} + s_1 \\ y_{E1} = e \end{cases}$$

$$\begin{cases} x_{E2} = l_{AD} + s_2 \\ y_{E2} = e \end{cases}$$

$$\begin{cases} x_{E3} = l_{AD} + s_3 \\ y_{E3} = e \end{cases}$$

(4)由于所求的未知数 x_{B1}、y_{B1}、x_{C1}、y_{C1} 共 4 个，而设计方程有 4 个，因此只存在唯一一组解，即此六杆机构只存在一组方案满足设计条件。

思考题与练习题

1. 何谓连杆、连架杆和连杆机构？连杆机构有哪些优、缺点？

2. 何谓曲柄、摇杆？曲柄是否就是最短杆？四杆机构具有曲柄的条件是什么？

3. 何谓连杆机构的急回运动和行程速比系数？何谓四杆机构的极位和极位夹角？四者之间有何联系？

4. 何谓连杆机构的压力角和传动角？压力角和传动角的大小对连杆机构的传力性能有何影响？在连杆机构的设计中对传动角有何限制？四杆机构的最小传动角如何确定？

5. 何谓死点？死点与自锁有何区别？机构在什么情况下会出现死点？说明死点的危害及克服方法，以及死点在机械工程中的应用情况。

6. 在四杆机构中，死点和极位实际上是同一个位置，那么为何有时叫它死点，有时又叫它极位？它们的区别在哪？

7. 何谓速度瞬心？相对瞬心与绝对瞬心有何异同？利用瞬心作平面机构运动分析时，哪些瞬心为重要的瞬心？

8. 何谓三心定理？何种情况下的瞬心位置需用三心定理来确定？

9. 平面连杆机构替代凸轮机构需要满足什么条件？其意图是什么？

10. 各种平面四杆机构是怎样由曲柄摇杆机构演化来的？在连杆机构的设计过程中有何意义？

11. 试从题图 3-1(a)、(b)、(c)所示各液压泵构件的运动来分析它们分别属于何种机构。

12. 如题图 3-2 所示的冲床刀架装置中，当偏心轮 1 绕固定中心 A 转动时，构件 2 绕活动中心 C 摆动，同时推动后者带着刀架 3 上下移动，B 点为偏心轮的几何中心。问：该装置是何种机构？它是如何演化出来的？

13. 试根据题图 3-3 中注明的尺寸判断铰链四杆机构是曲柄摇杆机构、双曲柄机构，还是双摇杆机构。

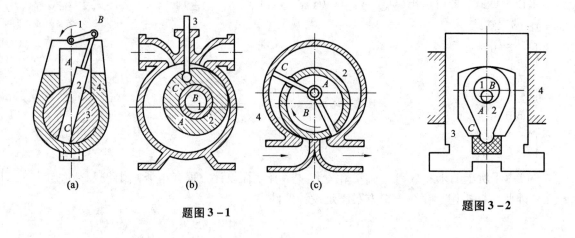

题图 3-1

题图 3-2

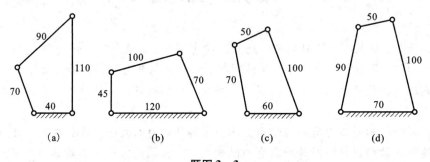

(a)　　　　(b)　　　　(c)　　　　(d)

题图 3-3

14. 如题图 3-4 所示铰链四杆机构中，已知：$l_{BC} = 50$ mm，$l_{CD} = 35$ mm，$l_{AD} = 30$ mm，AD 为机架，解以下问题：

（1）若此机构为曲柄摇杆机构，且 AB 为曲柄，求 l_{AB} 的最大值。

（2）若此机构为双曲柄机构，求 l_{AB} 的最小值。

（3）若此机构为双摇杆机构，求 l_{AB} 的数值。

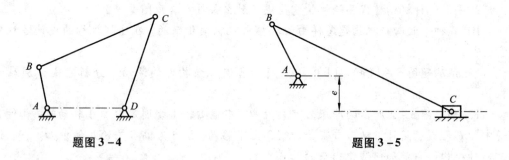

题图 3-4　　　　　　　　　　题图 3-5

15. 已知一偏置曲柄滑块机构如题图 3-5 所示。其中偏心距 $e = 10$ mm，曲柄长度 $l_{AB} = 20$ mm，连杆长度 $l_{BC} = 70$ mm。

（1）用图解法求滑块行程的长度 H。

（2）曲柄作为原动件时的最大压力角 α_{max}。

（3）滑块作为原动件时机构的死点位置。

16. 试求出题图 3 - 6 所示机构中的全部速度瞬心。

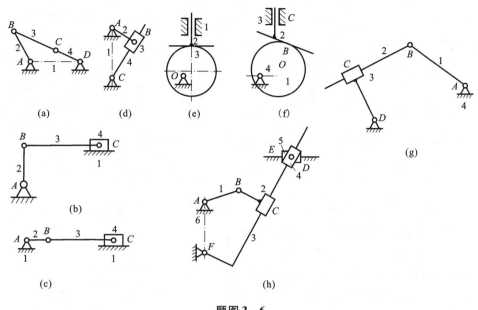

题图 3 - 6

17. 如题图 3 - 7 所示的四杆机构中，$l_{AB} = 65$ mm，$l_{DC} = 90$ mm，$l_{AD} = l_{BC} = 125$ mm，$\omega = 10$ rad/s，试用瞬心法求：

（1）当 $\varphi = 15°$ 时，点 C 的速度 v_C。

（2）当 $\varphi = 15°$ 时，构件 BC 上（即 BC 线上或其延长线上）速度最小的一点 E 的位置及其速度的大小。

18. 如题图 3 - 8 所示机构中，已知各构件的长度：$l_{AD} = 85$ mm，$l_{AB} = 35$ mm，$l_{CD} = 45$ mm，$l_{BC} = 50$ mm，原动件的逆时针角速度 $\omega_1 = 10$ rad/s。试求在图示位置时点 E 的速度和加速度。

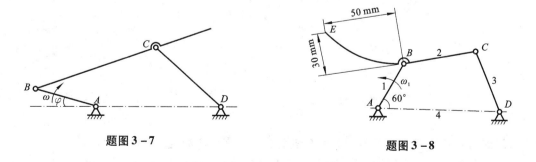

题图 3 - 7

题图 3 - 8

19. 题图 3 - 9 所示导杆机构中，已知：$l_{AB} = 38$ mm，$l_{CB} = 20$ mm，$l_{DE} = 50$ mm，$x_D = 150$ mm，$y_D = 60$ mm，构件 1 以逆时针等角速度 $\omega_1 = 20$ rad/s 转动。试用矢量多边形法求构件 3 的角

速度 ω_3 和角加速度 ε_3，以及点 E 的速度 v_E 和加速度 a_E。

20. 如题图 3-10 所示的曲柄摇块机构中，已知：$l_{AB} = 30$ mm，$l_{AC} = 100$ mm，$l_{BD} = 50$ mm，$l_{DE} = 40$ mm，$\varphi_1 = 45°$，等角速度 $\omega_1 = 10$ rad/s。求：E、D 两点的速度；构件 3 的角速度和角加速度。

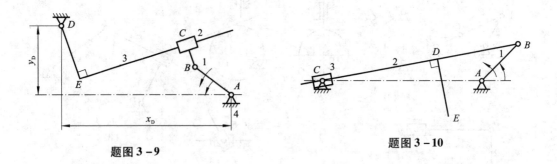

题图 3-9   题图 3-10

21. 如题图 3-11 所示为一摆动导杆机构，起始构件曲柄 1 以等角速度转动，图(a)为按 $\mu_1 = 0.01$ m/mm 画出的机构简图；图(b)为按 $\mu_v = 0.002$ (m/s)/mm 作出的速度多边形；图(c)为按 $\mu_a = 0.005$ (m/s^2)/mm 作出的加速度多边形。

(1) 求曲柄 1 的角速度 ω_1 的大小和方向。

(2) 求滑块 2 的角速度 ω_2 和角加速度 ε_2 的大小和方向，以及导杆 3 的角速度 ω_3 和角加速度 ε_3 的大小和方向。

(3) 在图(b)和图(c)的基础上，求出滑块 2 上 D 点的绝对速度 v_D 和绝对加速度 ε_D。

22. 如题图 3-12 所示机构中，已知 $l_{AE} = 70$ mm，$l_{AB} = 40$ mm，$l_{EF} = 70$ mm，$l_{DE} = 35$ mm，$l_{CD} = 75$ mm，$l_{BC} = 50$ mm，原动件以等角速度 $\omega = 10$ rad/s 回转。试以图解法求点 C 的速度 v_C 和加速度 ε_C。

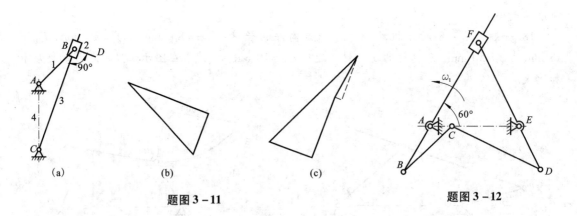

题图 3-11   题图 3-12

23. 试用解析法写出题图 3-12 中 C 点的位置、速度及加速度方程。

24. 如题图 3-13 所示曲柄滑块机构中，已知 $l_{AB} = 100$ mm，$l_{BC} = 330$ mm，$n_1 = 1500$ r/mm，$\varphi_1 = 60°$，试用解析法求滑块的速度 v_C 和加速度 a_C。

25. 如题图 3-14 所示摆动导杆机构中，已知曲柄 AB 的等角速度为 $\omega_1 = 20$ rad/s，$l_{AB} =$

100 mm，$l_{AC}=200$ mm，$\angle ABC=90°$，试用解析法求构件 3 的角速度 ω_3 和角加速度 ε_3。

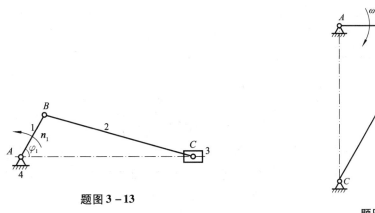

题图 3－13

题图 3－14

26. 如题图 3－15 所示为用铰链四杆机构作为加热炉炉门的启闭机构，炉门上两铰链的中心距为 50 mm，炉门打开后成水平位置时要求炉门的外边朝上，固定铰链装在 y－y 轴线上，其相互位置的尺寸如图上所示，试设计此机构。

27. 如题图 3－16 所示为机床变速箱中操纵滑动齿轮的操纵机构，已知滑动齿轮行程 $H=$ 60 mm，$l_{DE}=100$ mm，$l_{CD}=120$ mm，$l_{AD}=250$ mm，其相互位置如图所示。当滑移齿轮在行程的另一端时，操纵手柄为垂直方向，试设计此机构。

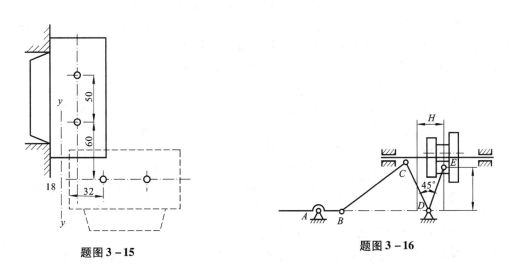

题图 3－15

题图 3－16

28. 如题图 3－17 所示为一飞机起落架机构。实线表示降落时的位置，虚线表示飞行时的位置。已知 $l_{FC}=520$ mm，$l_{FE}=340$ mm，且 $\alpha=90°$，$\beta=60°$，$\theta=10°$。试用图解法求出构件 CD 和 DE 的长度 l_{CD} 和 l_{DE}。

29. 如题图 3－18 所示为一已知的曲柄摇杆机构，现要求用一连杆将摇杆 CD 和一个滑块 F 连接起来，使摇杆的三处已知位置 C_1D、C_2D、C_3D 和滑块的三个位置 F_1、F_2、F_3 相对应（图示尺寸是按比例绘出）。试确定此连杆的长度及其与摇杆 CD 铰接点的位置。

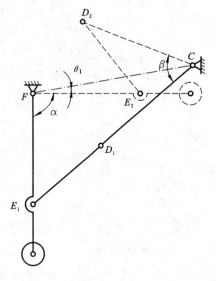

题图 3-17

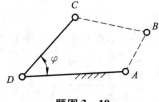

题图 3-18

30. 如题图 3-19 所示，现欲设计一铰链四杆机构。设已知其摇杆 CD 的长度 $l_{CD}=75$ mm，行程速比系数 $K=1.5$，机架 AD 的长度为 $l_{AD}=100$ mm，又知摇杆的一个极限位置与机架间的夹角 $\varphi=45°$，试求其曲柄的长度 l_{AB} 和连杆的长度 l_{BC}。

31. 试设计一曲柄滑块机构，设已知其滑块的行程速比系数 $K=1.5$，滑块的行程 $l_{C1C2}=50$ mm，偏距 $e=20$ mm。

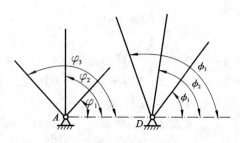

题图 3-19

32. 已知一曲柄摇杆机构的摇杆长度 $l_3=150$ mm，摆角 $\psi=45°$，行程速比系数 $K=1.25$，试确定曲柄、连杆和机架（两固定铰链位于同一水平线上）的长度 l_1，l_2 和 l_3。

33. 已知一曲柄滑块机构的滑块行程 $H=60$ mm，偏距 $e=20$ mm，行程速比系数 $K=1.4$，试确定曲柄和连杆的长度 l_1 和 l_2。

34. 已知一导杆机构的固定件长度 $l_3=1000$ mm，行程速比系数 $K=1.5$，试确定曲柄长度 l_1 和导杆摆角 ψ。

35. 已知一曲柄摇杆机构，摇杆的两极限位置与机架之间的夹角分别为 $\psi_1=45°$，$\psi_2=90°$，固定件长度 $l_4=300$ mm，摇杆长度 $l_3=200$ mm，试确定曲柄和连杆的长度 l_1，l_2。

36. 如题图 3-20 所示，已知 $\varphi_0=\phi_0=0$，原动件和从动件的二对对应位置为：$\varphi_1=45°$，$\phi_1=52°10'$；$\varphi_2=90°$，$\phi_2=82°10'$；$\varphi_3=135°$，$\phi_3=112°10'$。机架长度 $l_{AD}=50$ mm，试用解析法设计此机构。

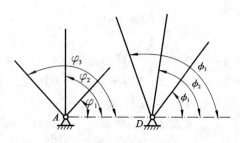

题图 3-20

第4章
凸轮机构及其设计

【概述】

◎ 本章主要介绍凸轮机构的运动和动力性能设计的相关内容。

◎ 本章学习的目的是能设计出满足工作要求的动力性能良好的凸轮机构。

◎ 要求掌握：凸轮机构从动件常用运动规律及其特性；凸轮机构基本尺寸的确定方法；盘形凸轮机构的凸轮轮廓设计的方法。

4.1 凸轮机构的组成和类型

4.1.1 凸轮机构的组成

如图4-1所示为内燃机中控制气缸的进气或排气的凸轮机构。凸轮1旋转时，其曲面轮廓推动气阀作往复移动，使之有规律地启闭（关闭依靠弹簧恢复力的作用），气阀的运动规律取决于凸轮轮廓曲线的形状，从而满足内燃机对进、排气的工作要求。

如图4-2所示为自动机床的走刀机构。当凸轮1回转时，其曲线凹槽推动从动件扇形齿轮摇杆2绕O点摆动，带动齿条及其上的刀架3运动，以实现刀具的快速进刀、等速切削、快退刀和停留一段时间以便完成更换工件等动作。

由以上两个例子可以看出，凸轮机构中的主要特征是其含有一个具有曲面轮廓的构件——凸轮，依靠凸轮的曲面轮廓控制从动件的运动规律，从而使从动件能按预期的运动规律运动。可实现任意复杂的预期运动规律是凸轮机构的一大特点，因此，凸轮机构被广泛应用于各种自动化生产设备中。

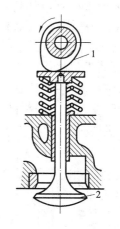

图4-1 内燃机进、排气凸轮机构
1—凸轮；2—气阀

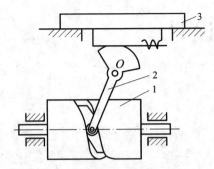

图 4-2 自动机床走刀凸轮机构

1—凸轮；2—摇杆；3—刀架

4.1.2 凸轮机构的类型

凸轮机构的类型很多，常以凸轮和从动件的形状及其运动形式等来分类。

1. 按凸轮的形状分类

（1）盘形凸轮机构

凸轮机构类型

其凸轮如图 4-3(a)所示，是一个具有变化向径的盘状构件，绕垂直于凸轮平面的轴转动。图 4-3(b)中的凸轮作往复直线移动，称为移动凸轮，这种凸轮可以看成向径为无穷大的盘形凸轮的一部分。盘形凸轮机构是平面凸轮机构。

（2）圆柱凸轮机构

其凸轮如图 4-4 所示，是一个圆柱面上具有曲面凹槽[图 4-4(a)]或在圆柱体的端面上具有曲面轮廓[图 4-4(b)]的构件，绕圆柱体的轴线旋转。它可视为将移动凸轮轮廓绕在圆柱体上而形成的。

（3）圆锥凸轮机构

其凸轮如图 4-5 所示，与圆柱凸轮相似，只是其轮廓位于圆锥面上。圆柱凸轮机构和圆锥凸轮机构是空间凸轮机构。

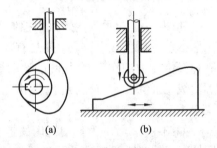

(a)　　　　(b)

图 4-3　盘形凸轮机构

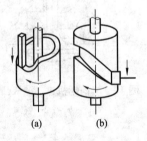

(a)　　(b)

图 4-4　圆柱凸轮机构

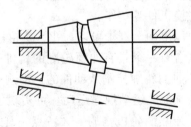

图 4-5　圆锥凸轮机构

80

2. 按从动件与凸轮接触处的几何形状分类

（1）尖顶从动件凸轮机构

其从动件如图4-3(a)所示，从动件以尖顶与凸轮接触，特点是凸轮轮廓曲线的设计较为简单，不会产生从动件运动失真的问题。缺点是易磨损，只适用于受力不大、速度不高的场合，通常用于测量仪表中的机构。

（2）滚子从动件凸轮机构

其从动件如图4-6所示，从动件上铰接有滚子，由滚子与凸轮轮廓接触，故摩擦、磨损小，可传递较大的力，应用广泛。

（3）平底从动件凸轮机构

其从动件如图4-7所示，从动件以平面与凸轮接触。其特点是，在不计摩擦时，凸轮对从动件的作用力始终垂直于从动件的平底，故传力性能好；运动时接触处易形成润滑油膜，有利于减小摩擦和磨损，因此这种机构可用于高速场合，例如内然机配气凸轮。

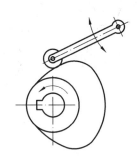

图4-6　滚子从动件凸轮机构

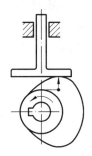

图4-7　平底从动件凸轮机构

3. 根据从动件的运动形式分类

（1）移动从动件凸轮机构

其从动件作往复直线移动，例如图4-5和图4-7所示。移动从动件凸轮机构中，若从动件导路中心线通过凸轮回转轴心，则称为对心从动件（图4-7），否则称为偏置从动件［图4-3(a)］。

（2）摆动从动件凸轮机构

其从动件做往复摆动，例如图4-6所示。

4. 按凸轮与从动件维持接触的方式分类

（1）力锁合的凸轮机构

这种凸轮机构利用从动件的重力或其他外力（如弹簧力）使从动件与凸轮始终保持接触（图4-6和图4-7）。

（2）形锁合的凸轮机构

形锁合的凸轮机构依靠凸轮和从动件接触处的几何形状，使从动件与凸轮始终保持接触，常见有以下几种形式。

① 沟槽凸轮机构图4-8(a)中盘形凸轮和图4-4(b)中的圆柱凸轮通过圆盘、圆柱上的沟槽保证从动件的滚子与凸轮始终接触。这种锁合方式简单，从动件的运动规律不受限制，但不能采用平底从动件。

② 等宽、等径凸轮机构图4-8(b)中的等宽凸轮套在从动件的框中,且凸轮的任意两条平行切线之间的距离都等于框的上下两个平底之间的距离。图4-8(c)的等径凸轮机构的从动件上装有轴心距离(d)不变的两个滚子,与凸轮轮廓同时保持接触。要注意的是这种凸轮机构从动件的位移规律只能在凸轮转动180°的范围内任意选择,而在另外180°的范围内从动件的运动规律受两平底之间的距离不变或两滚子中心之间的距离的限制不能任意选择。

③ 主回凸轮机构图4-8(d)所示的主回凸轮由同一回转轴上的两个凸轮组成,两个凸轮分别控制从动件正、反运动方向,所以称之为主回凸轮。主回凸轮机构可用于高精度传动,但它的结构比较复杂,制造和安装精度要求较高。

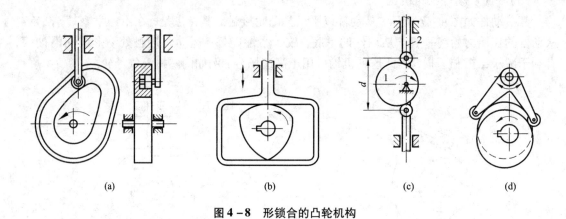

(a) (b) (c) (d)

图4-8 形锁合的凸轮机构

4.2 从动件运动规律设计

4.2.1 凸轮机构的工作原理分析

下面以图4-9(a)所示的凸轮机构为例,分析其工作原理。凸轮通常作连续等速转动,而从动件则在凸轮轮廓的控制下,按预定的运动规律作往复移动。以凸轮轮廓最小向径 r_0 为半径所作的圆称为凸轮的基圆。从动件与凸轮在 A 点接触时,从动件处于离凸轮中心最近的位置。当凸轮逆时针方向转过角度 δ_0 时,轮廓 AB 以一定的运动规律将从动件推到离凸轮中心最远的点 A',这一运动过程称为推程。对应于推程的凸轮相应转角 δ_0 被称为推程运动角。当凸轮继续转过角度时 δ_s,从动件尖顶滑过凸轮上圆弧段轮廓 BC,从动件在离凸轮回转中心最远的位置停留不动,此过程称为远休,其对应的凸轮转角 δ_s 称为远休止角。当凸轮再继续转过 δ_0' 角时,从动件尖顶将滑过凸轮的 CD 段轮廓从最高位置回到最低位置,这一过程称为回程,相应的凸轮转角 δ_0' 称为回程运动角。同理,当基圆上 DA 段圆弧与尖顶接触时,从动件在距凸轮中心最近的位置停留不动,此过程称为近休,其对应的凸轮转角 δ_s' 称为近休止角。在推程或回程中从动件运动的最大位移称为行程,用 h 来表示。而对于摆动从动件凸轮机构,从动件摆过的最大角位移称为摆幅,用 ϕ 表示。

从动件位移 s 与凸轮转角 δ 间的关系可用图4-9(b)所示的从动件位移线图表示,横坐标表示凸轮转角 δ,因为大多数凸轮作等角速转动,其转角和时间成正比,因此该线图横坐标

也代表时间 t，线图的纵坐标表示从动件的位移 s。对于摆动从动件凸轮机构，纵坐标表示从动件的角位移 φ。

4.2.2　从动件常用的运动规律

典型的凸轮机构运动循环具有推程、远休、回程、近休四个阶段，如图 4-9(b) 所示，其中远休、近休过程从动件静止不动。下面介绍推程和回程阶段从动件常用的运动规律。

1. 等速运动规律

从动件在推程(或回程)中速度保持不变，推程阶段的等速运动方程式见式(4-1a)，相应的运动规律线图(图 4-10)。

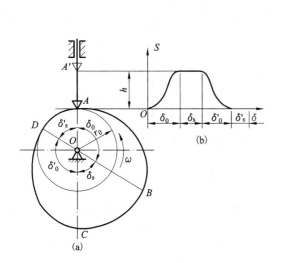

图 4-9　凸轮机构的运动循环阶段

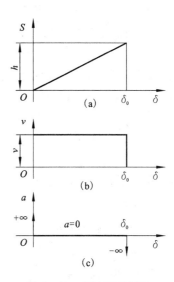

图 4-10　等速运动规律

从图 4-10 中的速度线图可以看出，从动件的速度在推程运动起始和终止瞬时有突变，即此两瞬时的加速度在理论上由零值突变为无穷大，惯性力也应为无穷大。实际上，由于材料具有弹性，加速度和惯性力不致达到无穷大，但仍将有强烈的冲击。这种冲击称为刚性冲击。故这种运动规律只适用于凸轮转速很低的场合。

同理，可得回程时的运动方程式(4-1b)。

$$
\begin{cases}
s = h\delta/\delta_0 \\
v = h\omega/\delta_0 \\
a = 0
\end{cases}
\tag{4-1a}
$$

$$
\begin{cases}
s = h(1 - \delta/\delta_0') \\
v = -h\omega/\delta_0' \\
a = 0
\end{cases}
\tag{4-1b}
$$

2. 等加速等减速运动规律

要避免刚性冲击，就要避免从动件的速度突变，让从动件速度由 0 逐渐加速增大再逐渐减速降低为 0，这可以用等加速等减速运动规律来实现。让从动件在推程的前半段作等加速运动,推程的后半段作等减速运动,推程阶段的等加速等减速运动方程式见式(4-2a),分为加速段方程式和减速段方程式,相应的运动规律线图(图4-11)。

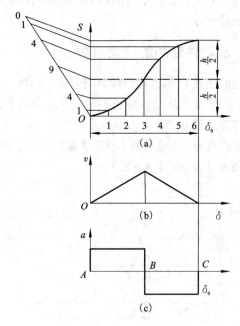

这种运动规律的位移曲线是两条光滑连接的、开口方向相反的抛物线,速度线图是斜率一正一负的两条斜直线,加速度线图为两条平行于坐标横轴的直线。可以看出,在推程运动的始末点和前后半程的交接处,加速度也有突变,惯性力也有突变,但大小为有限值。这种突变形成的冲击,称为柔性冲击。在高速下柔性冲击仍将导致相当严重的振动和噪声,因此这种运动规律只适用于中、低速场合。

图4-11 等加速等减速运动规律

同理,可得回程时的运动方程式(4-2b)。

$$
\begin{cases}
s = 2h\delta^2/\delta_0^2 \\
v = 4h\omega\delta/\delta_0^2 \quad (\delta = 0 \sim \delta_0/2) \\
a = 4h\omega/\delta_0^2 \\
s = h - 2h(\delta_0-\delta)^2/\delta_0^2 \\
v = 4h\omega(\delta_0-\delta)/\delta_0^2 \quad (\delta = \delta_0/2 \sim \delta_0) \\
a = -4h\omega^2/\delta_0^2
\end{cases}
\tag{4-2a}
$$

$$
\begin{cases}
s = h - 2h\delta^2/\delta_0'^2 \\
v = -4h\omega\delta/\delta_0'^2 \quad (\delta = 0 \sim \delta_0'/2) \\
a = -4h\omega^2/\delta_0'^2 \\
s = 2h(\delta_0'-\delta)^2/\delta_0'^2 \\
v = -4h\omega(\delta_0'-\delta)/\delta_0'^2 \quad (\delta = \delta_0'/2 \sim \delta_0')\\
a = 4h\omega^2/\delta_0'^2
\end{cases}
\tag{4-2b}
$$

3. 余弦加速度运动规律

要进一步改善凸轮机构的动力性能,就要尽量减少冲击。将从动件的加速度规律设计成图4-12(c)所示的余弦变化规律,称为余弦加速度运动规律,可以消除等加速等减速运动规律中前后半程的交接处惯性力方向的突变,使凸轮机构的动力性能得以改善。

这种运动规律仍是从动件在推程前半段做加速运动,后半段做减速运动,但由加速到减速的变化不是突变的,而是用余弦规律进行过渡。

余弦加速度运动规律推程的运动方程式见式(4-3a),回程的运动方程式见式(4-3b)。

84

$$\begin{cases} s = h\left[1 - \cos(\pi\delta/\delta_0)\right]/2 \\ v = \pi h\omega\sin(\pi\delta/\delta_0)/(2\delta_0) \\ a = \pi^2 h\omega^2\cos(\pi\delta/\delta_0)/(2\delta_0^2) \end{cases} \qquad (4-3\text{a})$$

$$\begin{cases} s = h\left[1 + \cos(\pi\delta/\delta_0')\right]/2 \\ v = -\pi h\omega\sin(\pi\delta/\delta_0')/(2\delta') \\ a = -\pi^2 h\omega^2\cos(\pi\delta/\delta_0')/(2\delta_0'^2) \end{cases} \qquad (4-3\text{b})$$

4. 正弦加速度运动规律

将从动件的加速度规律设计成图 4 – 13(c) 所示的正弦变化规律，称为正弦加速度运动规律。

由图可见，这种从动件的速度和加速度均无任何突变，因而既没有刚性冲击，也没有柔性冲击，可适用于高速运动。

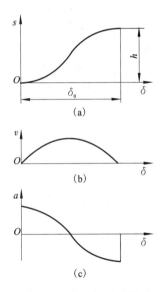

图 4 – 12　余弦加速度运动

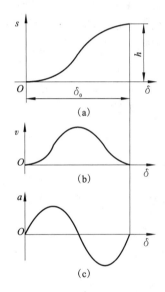

图 4 – 13　正弦加速度运动规律

正弦加速度运动规律推程的运动方程式见式(4 – 4a)，回程的运动方程式见式(4 – 4b)。

$$\begin{cases} s = h\left[(\delta/\delta_0 - \sin(2\pi\delta/\delta_0)/(2\pi)\right] \\ v = h\omega\left[1 - \cos(2\pi\delta/\delta_0)\right]/\delta_0 \\ a = 2\pi h\omega^2\sin(2\pi\delta/\delta_0)/\delta_0^2 \end{cases} \qquad (4-4\text{a})$$

$$\begin{cases} s = h\left[1 - \delta/\delta_0' + \sin(2\pi\delta/\delta_0')/(2\pi)\right] \\ v = h\omega\left[\cos(2\pi\delta/\delta_0' - 1\right]/\delta_0' \\ a = -2\pi h\omega^2\sin(2\pi\delta/\delta_0')/\delta_0'^2 \end{cases} \qquad (4-4\text{b})$$

以上各种规律的运动方程式可按下面的方法推导出来。以余弦加速度运动规律为例，如图 4 – 12(c) 所示，可设其加速度方程式为 $a = c_1\cos(\pi\delta/\delta_0)$，其中 c_1 为待定常数；将加速度方程式对时间积分(注意 $\delta = \omega t$)，可得速度方程式 $v = c_1\delta_0\sin(\pi\delta/\delta_0)/\pi\omega + c_2$，其中 c_2 为待定积分常数；再将速度方程式对时间积分，可得位移方程式 $s = -c_1 \delta_0^2 \cos(\pi\delta/\delta_0) \pi^2 \omega^2 + c_2 \delta/\delta_0 + c_3$，其中 c_3 为待定积分常数。由推程运动的三个边界条件：当 $\delta = 0$ 时，$s = 0, v = 0$；当 $\delta = \delta_0$ 时，$s = h$，就可以确定 c_1、c_2、c_3 三个待定常数，从而得到余弦加速度运动规律的运动方程式。

5. 组合型运动规律

由上述 4 种运动规律的分析可知，要避免从动件运动过程中发生冲击，就要选用加速度曲线无突变的运动规律。但有时由于某种工作要求必须使用速度、加速度都有突变的等速运动规律，此时可将几种运动规律曲线组合起来，形成所谓组合运动规律，就可以得到既能使用等速运动而又不会产生冲击的运动规律。

组合运动规律设计比较灵活，易于满足各种运动要求，因而应用广泛。组合运动规律类型很多，下面对两种比较典型的组合运动规律做一简单介绍。

（1）改进型等速运动规律

在凸轮机构中，通常不采用单一的等速运动规律，而是采用等速运动与其他运动规律组合的改进型等速运动规律，从而消除等速运动规律两端出现的刚性冲击。如图 4-14(a) 所示为一种在等速运动的位移线图上添加两段圆弧而形成的组合等速运动规律，两段圆弧分别将近休线图和远休线图与等速运动的位移线图相切连接。这种组合等速运动规律克服了单一的等速运动规律的刚性冲击，但仍有柔性冲击，若要进一步消除柔性冲击，可在等速运动规律的两端，用正弦加速度运动规律与其衔接，如图 4-14(b) 所示。这种组合运动规律，既无刚性冲击又无柔性冲击。

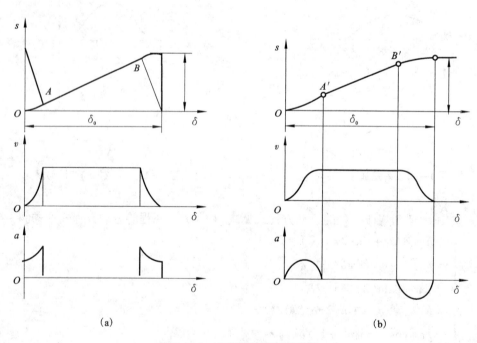

（a）　　　　　　　　　　（b）

图 4-14　改进型等速运动规律

（2）梯形加速度运动规律

要降低从动件运动时的惯性力，就要使用加速度小的运动规律。在同等条件下，等加速等减速运动规律较其他运动规律的最大加速度要小，但其加速度曲线不连续，有柔性冲击。为消除此柔性冲击，可将等加速等减速运动规律的加速度曲线突变处用一段斜直线过渡，如图 4-15（a）所示。图中加速度曲线由两个梯形构成，故称之为梯形加速度运动规律。这种运动规律的加速度曲线无突变，避免了柔性冲击。若进一步用正弦曲线代替上述斜直线，则可使加速度曲线光滑连续，如图 4-15（b）所示。这种运动规律称为改进梯形加速度运动规律，它的加速度小，且没有刚性冲击和柔性冲击，具有良好的动力性能。

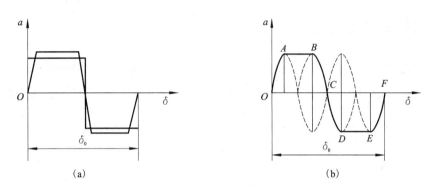

（a）　　　　　　　　　　　　　　　　（b）

图 4-15　梯形加速度运动规律

4.2.3　从动件运动规律的设计

进行从动件运动规律的设计时，主要应遵循以下原则。

1. 从动件的运动规律无严格要求时可采用简单的凸轮轮廓曲线

当仅要求凸轮转过某一角度 δ_0 时，从动件运动一行程 h 或 ϕ，而从动件动作的频率和速度均较低时，可采用圆弧、直线等简单的曲线来作为凸轮的轮廓曲线。

2. 从动件的最大速度要尽量小

从动件运动的最大速度越大，则从动件的最大动量就越大，当从动件由于某种障碍而突然停止时将产生极大的冲击力。所以，为了停、动灵活和保证安全运行，希望从动件的动量要小，特别是从动件质量较大时，应选择最大速度较小的运动规律。

3. 从动件的最大加速度要尽量小

从动件运动的最大加速度越大，则惯性力就越大。由惯性力引起的动压力，对机构的强度及磨损都有很大的影响。最大加速度是影响动力性能的主要因素，故对高速凸轮机构应选择最大加速度较小的运动规律。

需要注意的是，上述要求通常是互相制约、互相矛盾的，设计从动件的运动规律时要根据工作要求具体分析，弄清主次要求进行选择。

表 4-1 列出了同等条件下从动件几种常用的运动规律的最大速度、最大加速度及冲击特性数据，并给出了推荐应用的范围，可供设计运动规律时参考。

表 4 – 1   从动件常用的运动规律的冲击特性数据

运动规律名称	最大速度	最大加速度	冲击特性	适用范围
等速运动	1.0	∞	刚性冲击	低速、轻载
等加速等减速运动	2.0	4.00	柔性冲击	中速、轻载
余弦减速度运动	1.57	4.93	柔性冲击	中速、中载
正弦加速度运动	2.0	6.28	无冲击	高速、轻载

4.3   凸轮轮廓曲线的设计

根据工作要求选定了凸轮机构的类型、设计好从动件的运动规律和凸轮机构的基本尺寸（基圆半径、偏距等）后，即可以进行凸轮轮廓曲线的设计。轮廓曲线的设计方法有作图法和解析法。无论使用哪种方法，它们所依据的基本原理都是相同的。本节首先介绍凸轮轮廓曲线设计的基本原理，然后分别介绍作图法和解析法设计凸轮轮廓曲线的方法和步骤。

4.3.1   凸轮轮廓曲线设计的基本原理

凸轮轮廓曲线设计的基本原理是反转法。所谓反转法，是建立在相对运动不变性原理上的一种方法。如图 4 – 16 所示为一尖顶移动从动件盘形凸轮机构，在工作情况下，我们看到的是以机架作为静参考系，凸轮和从动件相对机架的运动情况；凸轮以等角速度 ω 按逆时针方向绕转轴 O 相对机架转动，推动从动件按照工作所要求的运动规律相对机架移动。在设计凸轮轮廓时，选择凸轮作为静参考系而保持各构件在工作情况的相对运动不变，则凸轮静止不动，机架以等角速度 ω 按顺时针方向绕转轴 O 相对凸轮转动（反转），从动件相对凸轮则作一复合运动：随同机架导路一起以等角速度 ω 按顺时针方向绕转轴 O 相对凸轮转动（反转），同时又在机架导路中按照工作所要求的运动规律相对机架移动，此时从动件尖顶沿凸轮轮廓

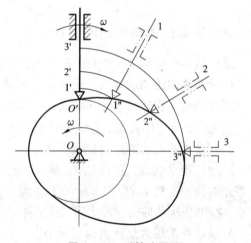

图 4 – 16   反转法原理

曲线运动。因此，设计凸轮轮廓时，只要让从动件作上述复合运动，则其尖顶的轨迹便是凸轮轮廓曲线，这就是凸轮轮廓曲线设计的反转法原理。

4.3.2   用作图法设计凸轮轮廓曲线

1. 移动从动件盘形凸轮轮廓曲线的设计

（1）尖顶从动件

如图 4 – 17（a）所示为一偏置移动尖顶从动件盘形凸轮机构。设已知凸轮的基圆半径为

r_0，从动件轴线偏于凸轮轴心的左侧，偏距为 e。凸轮以等角速度 ω 顺时针方向转动。从动件的位移曲线如图 4-17(b)所示。依据反转法原理设计凸轮轮廓曲线可按下面步骤进行。

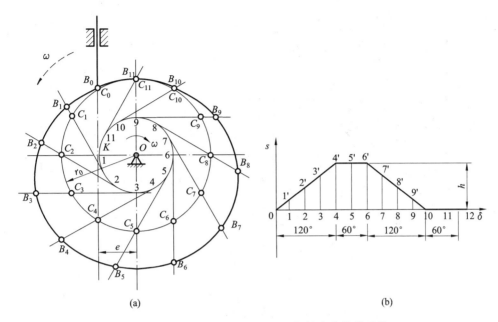

图 4-17　尖顶移动从动件盘形凸轮轮廓曲线的设计

① 选取适当的比例尺，作出从动件的位移线图，如图 4-17(b)所示。将位移线图的横坐标分成若干等分，得分点 1，2，…，12。

② 选取同样的比例尺，以 O 为圆心，r_0 为半径作基圆；根据从动件的偏置方向和偏距 e 画出从动件的起始位置线，该位置线与基圆的交点 B_0 便是从动件尖顶的初始位置。

③ 以 O 为圆心、e 为半径作偏距圆，该圆与从动件的起始位置线切于 K 点。

④ 自 K 点开始，沿($-\omega$)方向将偏距圆分成与图 4-17(b)的横坐标相同的等份，得偏距圆上的分点 1，2，…，11。过各分点作偏距圆的切射线，这些线代表从动件在随同机架反转过程中所占据的位置线，设它们与基圆的交点分别为 C_0，C_1，…，C_{11}。

⑤ 在上述切射线上，从基圆起向外截取线段，使其长度分别等于图 4-17(b)中相应的纵坐标高度，即 $C_1B_1 = 1'1$，$C_2B_2 = 2'2$，…，得点 B_1，B_2，…，这些点代表从动件依据反转法原理在复合运动中尖顶依次占据的位置。

⑥ 将点 B_0，B_1，B_2，…连成光滑的曲线，即为所设计的凸轮轮廓曲线。图中 $B_4 \sim B_6$ 间和 $B_{10} \sim B_0$ 间均为以 O 为圆心的圆弧。

（2）滚子从动件

对于图 4-18 所示的偏置移动滚子从动件盘形凸轮机构，可以将从动件上滚子中心点假想为尖顶从动件的尖顶，先依据反转法原理，作出从动件作复合运动时滚子中心（假想尖顶）的轨迹，即图 4-18(a)中的 1"，2" …曲线，此曲线称为凸轮的理论廓线。而凸轮的实际轮廓曲线是一条与理论廓线法向等距的曲线，即曲线 η'。实际廓线可以根据包络原理作出，具体作图步骤如下。

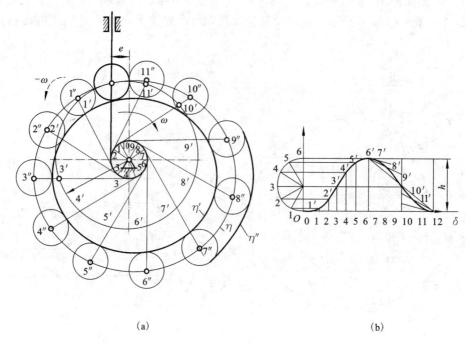

(a)   (b)

图 4 – 18   滚子移动从动件盘形凸轮轮廓曲线的设计

① 将滚子中心假想为尖顶从动件的尖顶，按照上述尖顶从动件凸轮轮廓曲线的设计方法作出曲线 η，这条曲线代表从动件依据反转法原理在复合运动中滚子中心的运动轨迹，称为凸轮的理论廓线。

② 以理论廓线上的各点为圆心，以滚子半径 r_t 为半径，作一系列滚子圆，得一滚子圆族。然后作这族滚子圆的内包络线 η'，它就是凸轮的实际廓线。实际廓线是理论廓线的等距曲线，即两曲线沿法线方向的距离处处相等，且都等于滚子半径。若同时作出这族滚子圆的内、外包络线 η' 和 η''，则可得到图 4 – 18(a) 中所示的沟槽凸轮的轮廓曲线。

要注意的是在滚子从动件盘形凸轮机构中，基圈半径 r_0 是理论轮廓线的最小半径，而在尖顶从动件盘形凸轮机构中，可以将尖顶看成半径为 0 的滚子，因而凸轮的实际廓线与理论廓线是重合的，基圈半径 r_0 既是理论轮廓线的最小半径也是实际廓线的最小半径。

（3）平底从动件

平底从动件盘形凸轮机构的凸轮廓线的设计方法，可用图 4 – 19 来说明。其基本思路与上述滚子从动件盘形凸轮机构相似，不同的是将从动件平底与基圆的切点 B_0 作为假想的尖顶从动件的尖顶。具体作图步骤如下。

① 将从动件平底与基圆的切点 B_0 作为假想的尖顶从动件的尖顶，按照尖顶从动件盘形凸轮轮廓的设计方法，作出从动件反转时依次占据的各位置线 O_1，O_2，$\cdots$，再作出假想尖顶依据反转法原理在复合运动中占据的一系列位置 B_1，B_2，$\cdots$。

② 过 B_1，B_2，$\cdots$ 各点，分别作射线 O_1，O_2，$\cdots$ 的垂线，得一直线族，这族直线代表依据反转法原理平底在复合运动中依次占据的位置。

③ 作该直线族的包络线，即可得到凸轮的实际廓线。

90

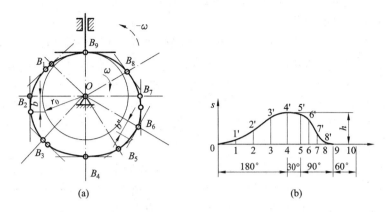

图 4 – 19　平底移动从动件盘形凸轮轮廓曲线的设计

由图中可以看出,平底上与凸轮实际廓线相切的点是随机构位置而变化的,因此,为了保证从动件平底在所有位置都能与凸轮轮廓曲线相切,平底左、右两侧的宽度应分别大于导路中心线至左、右最远切点的距离 b' 和 b''。

此外,当凸轮轮廓曲线确定以后,从动件无论是作成对心的还是偏置的,其运动规律都相同。因此,平底从动件盘形凸轮机构的凸轮廓线可以一律按对心从动件设计。

2. 摆动从动件盘形凸轮轮廓曲线的设计

如图 4 – 20(a)所示为一尖顶摆动从动件盘形凸轮机构。已知凸轮轴心与从动件摆动轴心之间的中心距为 a,凸轮基圆半径为 r_0,从动件长度为 l。凸轮以等角速度 ω 逆时针转动,从动件的运动规律如图 4 – 20(b)所示。现在来设计该凸轮的轮廓曲线。

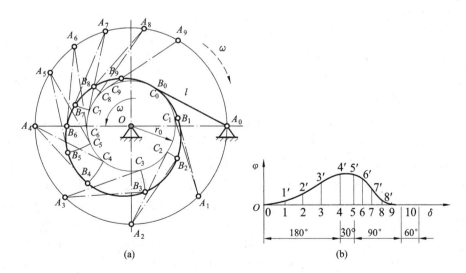

图 4 – 20　摆动从动件盘形凸轮轮廓曲线的设计

反转法原理同样适用于摆动从动件凸轮机构。让从动件相对凸轮作复合运动:随同机架铰链 A 一起以等角速度 ω 按顺时针方向绕转轴 O 相对凸轮转动(反转),同时又绕铰链 A 按照工作所要求的运动规律相对机架摆动，此时从动件尖顶的轨迹即为凸轮轮廓曲线。因此，凸轮轮廓曲线可按下述步骤设计。

① 选取适当的比例尺，作出从动件的位移线图，并将推程和回程区间位移曲线的横坐标各分成若干等份，如图 4-20(b)所示。与移动从动件不同的是，这里纵坐标代表从动件的角位移 φ，因此纵坐标的比倒尺是 1 mm 长度所代表的角度大小。

② 以 O 为圆心、r_0 为半径作出基圆，并根据已知的中心距 a 确定从动件转轴 A 的位置 A_0。然后以 A_0 为圆心，以从动件杆长 l 为半径作圆弧，交基圆于 C_0 点，A_0C_0 即代表从动件的初始位置，C_0 即为从动件尖顶的初始位置。

③ 以 O 为圆心，以 OA_0 为半径作圆，该圆代表从动件转动轴心 A 随同机架反转的轨迹，自 A_0 点开始沿着$(-\omega)$方向将该圆分成与图 4-20(b)中横坐标对应的区间和等份。得点 A_1，A_2，…，它们代表反转过程中从动件转轴 A 依次占据的位置。

④ 分别以点 A_1，A_2，…为圆心，以从动件杆长 l 为半径作圆弧，交基圆于 C_1，C_2，…各点，得线段 A_1C_1，A_2C_2…，以 A_1C_1，A_2C_2…为一边，分别作角 $\angle B_1A_1C_1$，$\angle B_2A_2C_2$…，使它们分别等于图 4-20(b)中对应点的纵坐标所代表的角位移，且使 $B_1A_1 = C_1A_1$，$B_2A_2 = C_2A_2$，…，得线段 B_1A_1，B_2A_2…。这些线段即代表反转过程中从动件依次占据的位置，B_1，B_2，…即为反转过程中从动件尖顶的依次占据的位置。

⑤ 将 B_0，B_1，B_2，…连成光滑的曲线，即得凸轮的轮廓曲线。由图中可以看出，该廓线与代表从动件的各线段 B_1A_1，B_2A_2，…在某些位置已经相交，这表示凸轮与从动件可能发生空间位置干涉，故在设计机构的具体结构时，应将从动件做成弯杆形式，或使凸轮的运动平面与从动件的运动平面相互错开一定距离。

需要注意的是，在摆动从动件的情况下，位移曲线纵坐标的长度代表的是从动件的角位移，因此，在绘制凸轮轮廓曲线时，需要先把这些长度转换成角度，然后才能一一对应地把它们转移到凸轮轮廓设计图上。

若采用滚子或平底从动件，则上述连 B_0，B_1，B_2，…各点所得的光滑曲线为凸轮的理论廓线。过这些点作一系列滚子圆或平底，然后作它们的包络线即可求得凸轮的实际廓线。

以上介绍了作图法设计凸轮轮廓曲线的基本原理和方法。采用作图法设计凸轮轮廓曲线时，可借助 AutoCAD、SolidWorks、Pro/E、UG 等计算机绘图软件，以提高设计的速度和精度。例如，作从动件反转过程占据的一系列位置时，可用绘图软件中的"复制"或"阵列"工具；要获取凸轮轮廓曲线上各点坐标，可用绘图软件中的"尺寸标注"或"坐标标注"工具。

3. 移动和摆动从动件圆柱凸轮轮廓曲线设计简介

如图 4-21(a)所示为一移动从动件圆柱凸轮机构，设计其轮廓曲线时，可将此圆柱凸轮的中径 R_m（凸轮凹槽深度一半位置所处的半径）的圆柱面展成平面，得到一个长度为 $2\pi R_m$ 的移动凸轮，如图 4-21(b)所示，其移动速度为 $v = \omega R_m$。然后，应用反转法原理，将此整个凸轮机构加上一个公共线速度$(-v)$，使之反向移动，此时凸轮将静止不动，而从动件则一方面随其导路沿$(-v)$方向移动，同时又在导路中按预期的运动规律往复移动。在从动件的复合运动中，从动件的滚子中心 B 描出的轨迹（图中的点画线 β）即为凸轮的理论轮廓；切于滚子圆族的两条包络线 β、β'即为凸轮的实际轮廓。

如图 4-22(a)所示为一摆动从动件圆柱凸轮机构。凸轮轮廓曲线的设计步骤与上述移动从动件的基本相同，不同的只是在反转运动中，摆杆一方面随轴心 A 沿线 AH［图 4-22

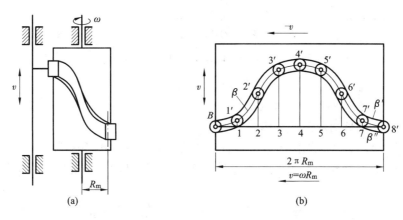

图 4 – 21 移动从动件圆柱凸轮轮廓曲线的设计

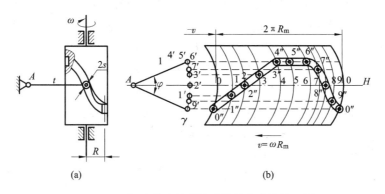

图 4 – 22 摆动从动件圆柱凸轮轮廓曲线的设计

（b）]以速度（-v）移动，一方面绕其轴心 A 按预期的运动规律摆动，滚子中心 B 描出的轨迹即为凸轮的理论轮廓曲线。

4.4.3 用解析法设计凸轮轮廓曲线

1. 尖顶移动从动件盘形凸轮机构

如图 4 – 23 所示，设已知凸轮的基圆半径为 r_0，从动件轴线偏于凸轮轴心的右侧，偏距为 e。凸轮以等角速度 ω 逆时针方向转动。从动件的位移规律为 $s(\delta)$。下面说明建立凸轮轮廓曲线方程式的方法。

建立直角坐标系 Oxy 如图 4 – 23 所示，点 B_0 为凸轮轮廓上推程的起始点。根据反转法原理，给整个机构叠加一个（-ω）的角速度，则凸轮将静止不动，而从

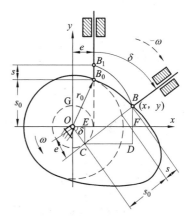

图 4 – 23 解析法设计尖顶移动
从动件盘形凸轮轮廓

动件将一边绕凸轮中心反向旋转，一边沿导路按给定规律运动。当凸轮逆时针转过 δ 角时，从动件尖顶从 B_0 点运动到 B_1 点，反转后相当于从动件顺时针转过 δ 角（反转），导路到达 CB，从动件尖顶到达凸轮轮廓上点 $B(x，y)$，分别过 C 点和 B 点作水平和垂直辅助线，分别得到

交点 D、E、F、G，以及 $\triangle OCE$ 和 $\triangle CDB$，则点 $B(x, y)$ 坐标为：

$$x = OF = OE + EF = OE + CD = (s_0 + s)\sin\delta + e\cos\delta \qquad (4-5)$$

$$y = FB_1 = DB_1 - DF = DB_1 + CE = (s_0 + s)\cos\delta - e\sin\delta$$

其中由 $\triangle OEB_0$ 得，$s_0 = \sqrt{r_0^2 - e^2}$，e 为偏距。

式(4-5)即为凸轮轮廓曲线的方程式。

2. 尖顶摆动从动件盘形凸轮机构

如图 4-24 所示，已知凸轮轴心与从动件摆动轴心之间的中心距为 a，凸轮基圆半径为 r_0，从动件长度为 l。凸轮以等角速度 ω 逆时针转动，从动件的运动规律为。现在来设计该凸轮的轮廓曲线。

建立直角坐标系 Oxy，如图 4-24 所示，点 B_0 为凸轮轮廓上推程的起始点。根据反转法原理，给整个机构叠加一个 $-\omega$ 的角速度，则凸轮将静止不动，而从动件将一边绕凸轮中心反向旋转，一边绕摆动中心按给定规律摆动。当凸轮逆时针转过 δ 角时，相当于从动件顺时针转过 δ 角（反转），A_0 到达 A，从动件尖顶到达凸轮轮廓上点 $B(x, y)$，分别过 A 点和 B 点作水平和垂直辅助线，分别得到交点 C、D、E、F，以及 $\triangle OAD$ 和 $\triangle ABE$，则点 $B(x, y)$ 坐标为：

$$x = OC = OD - CD = OD - BE = a\sin\delta - l\sin(\varphi_0 + \varphi + \delta) \qquad (4-6)$$

$$y = BC = ED = AD - AE = a\cos\delta - l\cos(\varphi_0 + \varphi + \delta)$$

式中 φ_0 为从动件的初始位置位角，依据余弦定律，由 $\triangle OA_0B_0$ 可得：

$$\varphi_0 = \arccos\left[(a^2 + l^2 - r_0^2)/(2al)\right] \qquad (4-7)$$

式(4-6)即为凸轮轮廓曲线的方程式。

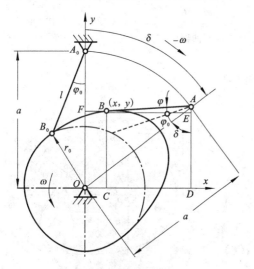

图 4-24　解析法设计尖顶
摆动从动件盘形凸轮轮廓

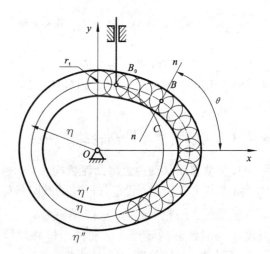

图 4-25　解析法设计滚子移动
从动件盘形凸轮轮廓

3. 滚子从动件盘形凸轮机构

（1）轮廓曲线的设计

如图 4-25 所示，设计滚子从动件盘形凸轮轮廓曲线可分如下两步进行。首先把滚子中心视为尖顶从动件的尖顶，按上述尖顶从动件凸轮轮廓曲线的求法，求出滚子中心在固定坐

94

标系 Oxy 中的轨迹 η，即为滚子从动件盘形凸轮的理论轮廓曲线。再以理论轮廓曲线 η 上的各点为中心，以滚子半径为半径，作一系列的滚子圆，此圆族的内包络线 η'，即为滚子从动件凸轮的实际轮廓曲线。对于沟槽凸轮有两条实际轮廓曲线 η' 和 η''。

理论轮廓曲线与实际轮廓曲线互为等距曲线，有公共的曲率中心和法线。理论轮廓曲线与实际轮廓曲线在法线方向的距离处处相等，都等于滚子半径 r_t。

理论轮廓曲线上任一点 B 的坐标 (x, y) 可根据式(4-5)按尖顶从动件凸轮轮廓曲线上点的坐标的求法求得。由高等数学可知，理论轮廓曲线上的点 B 处法线 $n-n$ 的斜率(与切线斜率互为负倒数)应为

$$\tan\theta = \mathrm{d}x/(-\mathrm{d}y) = (\mathrm{d}x/\mathrm{d}\delta)/(-\mathrm{d}y/\mathrm{d}\delta) \tag{4-8}$$

式中，$\mathrm{d}x/\mathrm{d}y$、$\mathrm{d}y/\mathrm{d}\delta$ 可由式(4-5)或式(4-6)对 δ 求导求得。

应当注意，θ 角可在 $0°\sim360°$ 之间变化，θ 角具体属于哪个象限可根据式(4-8)中分子、分母的值的正、负号来判断。求出 θ 角后，便可求出实际轮廓曲线上对应点 C 的坐标为

$$x' = x \mp r_t\cos\theta \tag{4-9}$$
$$y' = y \mp r_t\sin\theta$$

式中，x、y 为理论轮廓曲线上点 B 的坐标，r_t 为滚子圆的半径。式中的上一组符号用于内包络曲线，下一组符号用于外包络曲线。式(4-9)即为滚子从动件盘形凸轮的实际轮廓曲线方程。

(2)刀具中心轨迹方程

在数控机床上加工凸轮轮廓，通常需给出刀具中心的直角坐标值。设刀具半径为 r_c，滚子半径为 r_t，若刀具半径与滚子半径完全相等，那么理论轮廓曲线的坐标值即为刀具中的坐标值。当用数控铣床加工凸轮或用砂轮磨削凸轮时，刀具半径 r_c 往往大于滚子半径 r_t，由图 4-26(a)可以看出，这时刀具中心的运动轨迹 η_c 为理论轮廓曲线 η 的等距曲线，相当于以 η 上的点为中心，以 (r_c-r_t) 为半径所作的一系列圆的外包络线；当用钼丝在线切割机床上加工凸轮时，钼丝半径 r_c 小于滚子半径 r_t，如图4-26(b)所示。这时刀具中心的运动轨迹 η_c 相当于相当于以 η 上的点为中心，以 (r_t-r_c) 为半径所作的一系列圆的内包络线。因此，只要用 $|r_t-r_c|$ 代替式(4-9)中的 r_t，便可由式(4-9)求出刀具中心的运动轨迹上各点的坐标值。

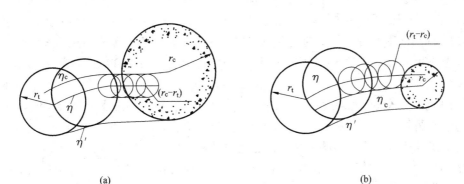

(a)　　　　　　　　　　　　　　(b)

图 4-26　刀具中心的轨迹方程

4. 平底移动从动件盘形凸轮机构的设计

如图 4-27 所示，凸轮自推程初始位置逆时针转过 δ 角时，从动件上升位移 s。依据反转原理，将从动件顺时针反转 δ 角，此时凸轮与从动件在点 $B(x,y)$ 接触，根据三心定律，P 点为该位置时凸轮 1 与从动件 2 的速度瞬心，有 $OP = v/\omega = \mathrm{d}s/\mathrm{d}\delta$。过 P 和 B 点分别作水平和垂直辅助线，得到交点 C、D、E，以及 $\triangle OPE$ 和 $\triangle PBD$，则点 $B(x,y)$ 坐标为：

$$x = OC = OE + EC = OE + PD = (r_0 + s)\sin\delta + (\mathrm{d}s/\mathrm{d}\delta)\cos\delta \tag{4-10}$$

$$y = BC = BD - CD = BD - EP = (r_0 + s)\cos\delta - (\mathrm{d}s/\mathrm{d}\delta)\sin\delta$$

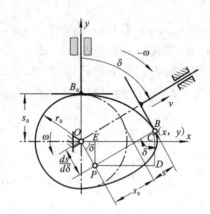

图 4-27　解析法设计滚子移动从动件盘形凸轮机构

4.4　凸轮机构基本尺寸的确定

凸轮机构的基本尺寸有：基圆半径 r_0、滚子半径 r_t、偏距 e、移动从动件导路长度、摆动从动件的摆杆长度 l 和中心距 a。这些基本尺寸对凸轮机构的结构、传力性能都有重要的影响，且这些基本尺寸相互制约、相互影响，如何合理地确定这些基本尺寸，是凸轮机构设计中要解决的重要问题。

在设计凸轮机构的基本尺寸时，影响凸轮机构传力性能的一个非常重要的参数是压力角 α。压力角 α 是一个表征机构传力性能的参数，机构的压力角 α 是机构中与机架相连的从动件所受驱动力的方向与该驱动力作用点的速度方向之间夹的锐角。为了提高机构效率、改善传力性能，确定基本尺寸时务必使凸轮机构的最大压力角 $\alpha_{\max}$ 小于或等于许用压力角 $[\alpha]$。即

$$\alpha_{\max} \leqslant [\alpha] \tag{4-11}$$

根据理论力学分析和实际经验，工作行程和非工作行程的许用压力角推荐值如下：

（1）工作行程　对移动从动件，$[\alpha] = 30° \sim 38°$；对摆动从动件，$[\alpha] = 40° \sim 45°$。

（2）非工作行程　无论是移动从动件还是摆动从动件，$[\alpha] = 70° \sim 80°$。

如图 4-28 所示为偏置尖顶移动从动件盘形凸轮机构在推程中的一个位置，图 4-28 (a) 中，从动件导路偏置在凸轮中心的右边；图 4-28(b) 中，从动件导路偏置在凸轮中心的左边。从动件的移动速度为 v，凸轮转动的角速度为 ω。根据压力角的定义，可作出凸轮机构的压力角 α，如图 4-28 所示。由瞬心的知识可知，P 为凸轮和从动件的速度瞬心，故有 $v =$

$\omega \overline{OP}$，从而

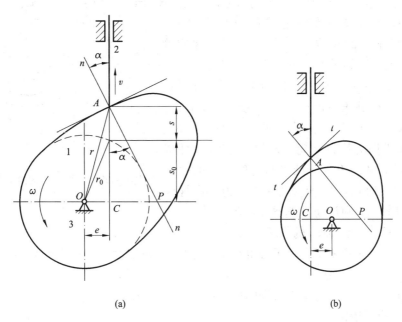

(a)   (b)

图 4 – 28   凸轮机构的压力角

$$\overline{OP} = v/\omega = \mathrm{d}s/\mathrm{d}\delta$$

又由图中的 $\triangle ACP$ 可得：

$$\tan\alpha = \overline{PC}/\overline{AC} = (\overline{OP} \mp e)/(s_0 + s) = [(\mathrm{d}s/\mathrm{d}\delta) \mp e]/(\sqrt{r_0^2 - e^2} + s) \qquad (4-12)$$

式中"$\mp$"号与凸轮机构的偏置方向有关，上式表示凸轮机构的压力角 α 与凸轮的基圆半径、从动件的偏置方向和偏距 e 的关系。为了设计能满足已知运动规律且传力性能好的移动从动件盘形凸轮机构，必须选择合适的偏置方向和偏距 e，确定合理的基圆半径 r_0。

1. 凸轮基圆半径的确定

由式（4 - 12）可知，加大基圆半径 r_0，可以减小压力角，从而改善机构的传力性能，但同时加大了机构的总体尺寸。因此，设计时应根据具体情况，抓住主要矛盾，合理选定基圆半径 r_0。

（1）若机构受力不大，而要求机构紧凑时，应取较小的基圆半径，这时可考虑按许用压力角的要求求出。先确定从动件的运动规律 $s = s(\delta)$，将从动件导路的偏置方位确定正确，并选定偏距 e，将上述条件及许用压力角 $[\alpha]$ 代入式（4 - 12）可以求得对应于各个 δ 角的 r_0 的一系列值，这些值中最大的作为凸轮的基圆半径即可。

$$r_0 \geq \sqrt{[(\mathrm{d}s/\mathrm{d}\delta - e)/\tan[\alpha] - s]^2 + e^2} \qquad (4-13)$$

（2）若机构受力较大，而对其尺寸又没有严格限制时，可根据结构和强度的需要选定凸轮的基圆半径 r_0。如图 4 - 29 所示，如果安装凸轮的轴的半径 r 已确定，则凸轮安装到轴上时，其实际轮廓的最小向径 r_m 必须大于轮毂半径 r_n。如果凸轮与轴做成一体，则其实际轮廓的最小向径 r_m 必须大于轴的半径 r。

2. 偏距 e 的大小和偏置方位的确定

如上所述，式(4-12)中"∓"号与从动件导路相对于凸轮回转中心的偏置方位有关。即当点 C 和点 P 位于凸轮回转轴心 O 的同侧[图4-28(a)]时，则式(4-12)中取"-"号，会使凸轮机构的压力角较小；反之，如果点 C 和点 P 位于凸轮回转轴心 O 的异侧[图4-28(b)]时，则式(4-12)中取"+"号，会使凸轮机构的压力角较大。因此偏量方位的选择原则是：应有利于减小从动件工作行程时的最大压力角，以改善机构的传力性能。为此，应使从动件在工作行程中点 C 和点 P 位于凸轮回转轴心 O 的同侧。也可根据式(4-12)得出"若从动件向上为工作行程，且凸轮逆时针转动，则从动件偏置在凸轮转动中心右侧是合理的。反之，不合理"的判断方法。

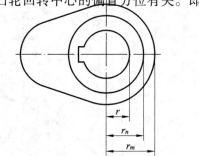

图4-29 根据凸轮结构确定基圆半径

虽然偏距 e 增大对减小推程压力角有利，但也不宜取得太大，一般可近似取为

$$e = v_{\max}/(2\omega) \tag{4-14}$$

式中：$v_{\max}$、ω 分别为从动件工作行程的最大线速度和凸轮的角速度。

3. 滚子半径的确定

当采用滚子从动件时，应注意滚子半径的选择，否则从动件有可能实现不了预期的运动规律。如图4-30所示，设凸轮的理论轮廓曲线的最小曲率半径为 $\rho_{\min}$，滚子半径为 r_t，则两者之间的关系有以下几种情况。

（1）当 $r_t < \rho_{\min}$ 时，实际轮廓曲线的最小曲率半径 $\rho_{a\min} = \rho_{\min} - r_t > 0$，如图4-30(a)所示，凸轮实际轮廓曲线为一光滑曲线。

（2）当 $r_t > \rho_{\min}$ 时，$\rho_{a\min} = \rho_{\min} - r_t < 0$，这时实际轮廓曲线将出现交叉现象，如图4-30(b)所示。在此情况下，切制凸轮轮廓时，交叉点以外的轮廓曲线将被切掉，致使从动件工作时不能按预期的运动规律运动，造成从动件运动失真。

（3）当 $r_t = \rho_{\min}$ 时，$\rho_{a\min} = 0$，实际轮廓曲线将出现尖点，如图4-30(c)所示。从动件与凸轮在尖点处接触时的接触应力很大，极易磨损，这样的凸轮工作一段时间磨损后，同样也会引起运动的失真。上述(2)和(3)两种情况都是应该避免的，至于内凹的轮廓曲线，则不存在运动失真问题[图4-30(d)]。

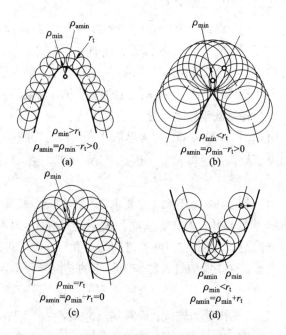

图4-30 滚子大小对凸轮实际廓线的影响

为了避免出现运动失真和应力集中，实际轮廓曲线的最小曲率半径不应小于 3 mm，所以应有

$$r_t \leqslant \rho_{\min} - 3 \text{ mm} \qquad (4-15)$$

一般建议 $r_t \leqslant 0.8\rho_{\min}$，或 $r_t \leqslant 0.4r_0$，但从滚子的结构和强度上考虑，滚子半径也不能太小，若直接用滚动轴承作为滚子，还应考虑滚动轴承的标准尺寸。当结构和强度条件决定的滚子半径不能满足式(4-15)的条件时，可增大基圆半径，从而增大 $\rho_{\min}$ 以满足上述条件。

由高等数学可知，曲线曲率半径的计算公式为

$$\rho = \sqrt{[1+(\mathrm{d})y/\mathrm{d}x)^2]^3}/(\mathrm{d}^2y/\mathrm{d}x^2) \qquad (4-16)$$

式中，$\mathrm{d}y/\mathrm{d}x = (\mathrm{d}y/\mathrm{d}\delta)/(\mathrm{d}x/\mathrm{d}\delta)$，$\mathrm{d}^2y/\mathrm{d}^2x$ 在前式基础上根据求导公式求出。

4. 平底长度的确定

对于平底移动从动件盘形凸轮机构，只要运动规律相同，偏置从动件和对心从动件具有同样的轮廓曲线，故设计时按对心从动件设计凸轮轮廓曲线。

平底从动件也会出现运动失真的情况：一方面，要保证凸轮总是与从动件平底相切接触，则平底的长度需要足够大，否则就会出现运动失真。如图 4-27 所示，从动件平底与凸轮的接触点 B_1 的位置随机构的位置而变化，为了保证在任意位置从动件平底与凸轮轮廓均能相切接触，则平底左、右两侧的宽度应大于平底与凸轮接触点到从动件导路中心线的左、右两侧的最远距离 $L_{\max}$ 和 $L'_{\max}$，所以平底总长为

$$L = L_{\max} + L'_{\max} + (4 \sim 10) \text{ mm} \qquad (4-17)$$

而

$$L_{\max} = (L_{OP})_{\max} = (\mathrm{d}s/\mathrm{d}\delta)_{\max}$$

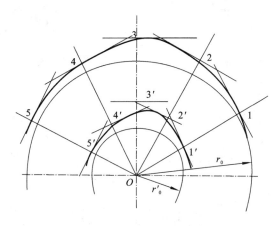

图 4-31　平底从动件凸轮机构的运动失真

另一方面，凸轮轮廓向径相对于基圆半径不能变化太快，图 4-31 所示的情况也会产生运动失真。当凸轮基圆半径较小为 r'_0 时，图中画出的相邻两平底的交点之间的距离较小，当此距离小到两交点重合时，凸轮轮廓将出现尖点，此时若再减小基圆半径将出现运动失真。解决这种情况产生的运动失真问题，可根据具体情况加大基圆半径，使实际轮廓在全程范围内各位置都能与平底相切接触。

4.5 凸轮机构的应用举例

如图 4-32 所示的配钥匙机中，钥匙架上同时固定有原有钥匙 4 与待配匙坯 2，两者沿水平线相互对齐，安装距离等于尖顶 3 与铣刀 1 的距离，原有钥匙与尖顶接触时，待配匙坯将与铣刀接触。钥匙架可绕其转轴 5 摆动还可沿转轴 5 的轴线移动。配制钥匙时，使原有钥匙轮廓与尖顶保持接触，同时使钥匙架沿转轴的轴线移动，则待配匙坯将被铣刀切出与原有钥匙相同的轮廓。其工作原理就是以原有钥匙为凸轮控制钥匙架的摆动，以保证待配匙坯上被切出的轮廓与原有钥匙的轮廓相同。

如图 4-33 所示为一种炮管夹紧装置的示意图，图中 1 为一个圆周上均布有三条相同轮廓曲线的凸轮，当该凸轮绕其轴线在一定角度范围往复转动时，可推动与其接触的三个从动件 2、3、4 分别绕各自的转轴 C、B、A 摆动，使三个从动件上的夹紧爪能同时夹紧或放松它们所环绕的炮管(图中未画出)。与前面所见的摆动从动件盘形凸轮机构不同的是：凸轮转动轴线与从动件摆动轴线不平行，而是相错成 90°夹角。

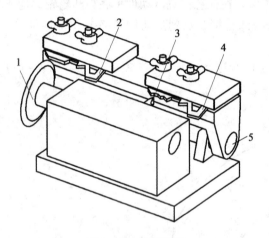
图 4-32　配钥匙机
1—铣刀；2—匙坯；3—尖顶；4—钥匙

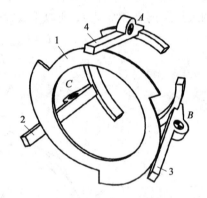
图 4-33　炮管夹紧机构
1—凸轮；2、3、4—从动件

思考题与练习题

1. 凸轮机构有什么特点？

2. 从动件的运动规律指的是什么？对凸轮机构的性能有何影响？

3. 从动件常用的运动规律有哪些？哪些运动规律有冲击？是柔性冲击还是刚性冲击？

4. 凸轮机构的哪些尺寸对机构的运动和动力性能有影响？设计时这些尺寸如何确定？

5. 试根据凸轮机构压力角的计算公式，分析最大压力角会在何处出现。

6. 题图 4-1 所示为一偏置滚子移动从动件盘形凸轮机构，试用作图法在图中作出：①凸轮的理论廓线；②基圆；③从动件的行程 h；④推程运动角 δ_0 和回程运动角 δ'_0；⑤凸轮自图示位置转过 90°时从动件的位移及凸轮机构的压力角 α。

7. 题图 4-2 为一滚子摆动从动件盘形凸轮机构,试用作图法在图中作出:①凸轮的理论廓线;②基圆;③从动件的行程角 Φ;④推程运动角 δ_0 和回程运动角 δ'_0;⑤凸轮自图示位置转过 90°时从动件的角位移及凸轮机构的压力角 α。

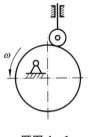

题图 4-1

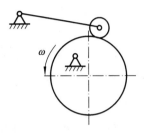

题图 4-2

8. 一偏置滚子移动从动件盘形凸轮机构,基圆半径为 40 mm,滚子半径为 10 mm。从动件偏置于凸轮转动中心右侧,偏距 15 mm。凸轮逆时针转动,要求从动件的位移规律如下:凸轮转过 0°~120°,从动件以正弦加速度上升 20 mm;凸轮转过 120°~180°,从动件远休;凸轮转过 180°~270°,从动件以等加速度等减速下降 20 mm;凸轮转过 270°~360°,从动件近休。试用作图法绘制凸轮的轮廓曲线。

9. 一平底移动从动件盘形凸轮机构,基圆半径为 40 mm,凸轮逆时针转动,要求从动件的位移规律如下:凸轮转过 0°~120°,从动件以余弦加速度上升 20 mm;凸轮转过 120°~180°,从动件远休;凸轮转过 180°~270°,从动件以等速运动下降 20 mm;凸轮转过 270°~360°,从动件近休。试用作图法绘制凸轮的轮廓曲线。

10. 题图 4-3 为一滚子摆动从动件盘形凸轮机构,基圆半径为 40 mm,滚子半径为 10 mm。摆杆长 AB 为 45 mm,摆杆转动中心至凸轮转动中心的距离 OA 为 65 mm。凸轮逆时针转动,要求从动件的位移规律如下:凸轮转过 0°~120°,从动件以正弦加速度上摆 20°;凸轮转过 120°~180°,从动件远休;凸轮转过 180°~270°,从动件以等加速度等减速下摆 20°;凸轮转过 270°~360°,从动件近休。试用作图法绘制凸轮的轮廓曲线。

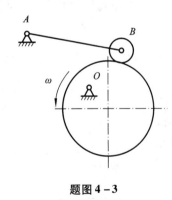

题图 4-3

11. 试用解析法计算第 8 题的凸轮廓线的坐标值(以凸轮转角 10°间隔计算)。

12. 试用解析法计算第 9 题的凸轮廓线的坐标值(以凸轮转角 10°间隔计算)。

13. 试用解析法计算第 10 题的凸轮廓线的坐标值(以凸轮转角 10°间隔计算)。

第5章

齿轮机构及其设计

【概述】

◎本章主要介绍：齿轮机构的应用及分类；渐开线的形成及其特性，渐开线齿廓的啮合特性；渐开线标准齿轮各部分的名称和几何尺寸；渐开线直齿圆柱齿轮的啮合传动；渐开线齿廓的切制；变位齿轮概述；斜齿圆柱齿轮传动；蜗杆传动；圆锥齿轮传动；其他曲线齿廓齿轮传动简介。

◎要求掌握：掌握齿廓啮合基本定律及有关共轭齿廓等基本概念；掌握渐开线及其性质，渐开线齿轮的啮合特性；熟悉渐开线齿轮各部分的名称、基本参数及各部分的尺寸关系，能对渐开线齿轮传动（包括直齿及斜齿圆柱齿轮，直齿圆锥齿轮，一般蜗轮蜗杆）进行几何尺寸计算，了解基本参数的选择；熟悉渐开线齿轮传动的正确啮合条件、连续传动条件及有关啮合参数；了解齿轮变位和变位齿轮传动的概念。

5.1 齿轮机构的组成和类型

5.1.1 齿轮机构的组成和特点

齿轮机构

齿轮机构是由齿轮、机架组成的高副机构，它依靠轮齿齿廓直接接触来传递任意两轴间的运动和动力，是各种机构中应用最广泛的一种机构。其主要特点是：①结构紧凑，传动平稳，能实现准确的传动比；②传动的速度和功率范围广、传动效率高且工作可靠；③寿命长；④要求较高的制造和安装精度，成本较高。

5.1.2 齿轮机构的分类

按传动比（$i_{12} = \dfrac{\omega_1}{\omega_2}$）是否为常量可将其分为定传动比齿轮机构和变传动比齿轮机构两大类。一般机械大多采用定传动比齿轮机构。本章仅限于研究和讨论定传动比齿轮机构。

按两个齿轮轴在空间的相对位置将齿轮机构可分为：

（1）平行轴齿轮机构。

（2）相交轴齿轮机构。

（3）交错轴齿轮机构。

工程上习惯于按照两齿轮的相对运动形式将齿轮机构分为平面齿轮机构和空间齿轮机构两大类。齿轮机构的基本类型如图 5 – 1 所示。

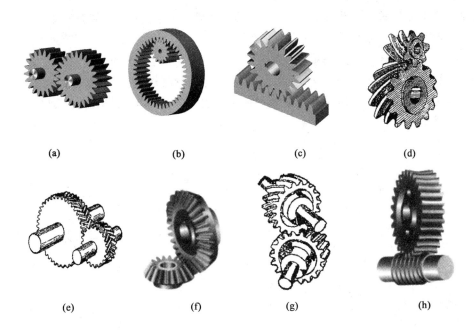

（a）　　　　　　（b）　　　　　　（c）　　　　　　（d）

（e）　　　　　　（f）　　　　　　（g）　　　　　　（h）

图 5 – 1　齿轮机构的基本类型

（a）外啮合直齿轮；（b）内啮合直齿轮；（c）齿轮与齿条；（d）斜齿轮；
（e）人字齿轮；（f）圆锥齿轮；（g）螺旋齿轮；（h）蜗杆蜗轮

5.2　齿轮的齿廓曲线

一对齿轮的传动是依靠主动轮齿廓顺序推动从动轮齿廓而进行的。齿廓形状不同，则两轮的传动比变化规律不同。

5.2.1　齿廓啮合基本定律

图 5 – 2 为齿轮 1 和齿轮 2 的两条齿廓曲线在 K 点啮合接触，过 K 点作两齿廓的公法线 $n – n$ 与连心线 O_1O_2 相交于点 P。点 P 称为两轮的节点。

K 点处两齿廓在法线方向上的相对速度为零。

由图 5 – 2 可得：$v_{K1}\cos\varphi_1 = v_{K2}\cos\varphi_2$，即 $O_1K\omega_1\cos\varphi_1 = O_2K\omega_2\cos\varphi_2$

即　　　　　　　　　　　　　　　　$O_1N_1\omega_1 = O_2N_2\omega_2$

又　　　　　　　　　　　　　　　　$\triangle O_1PN_1 \backsim \triangle O_2PN_2$

所以该对齿轮的传动比为

$$i_{12} = \frac{\omega_1}{\omega_2} = \frac{O_2N_2}{O_1N_1} = \frac{O_2P}{O_1P} \tag{5 – 1}$$

由上式可知，一对传动齿轮的瞬时角速度比等于其连心线 O_1O_2 被齿廓接触点的公法线分割的两段长度的反比。这个规律称为齿廓啮合基本定律。若传动比为常量，则节点 P 的位置在两轮的连心线上固定不动。当要求传动比按给定的规律变化时，则节点 P 的位置也要按相应的规律在两轮的连心线上移动。

取两平面分别固连于两齿轮并随之转动，节点（瞬心点）P 必在两平面上描出两条封闭曲线，这两条封闭曲线称为节线（亦称为瞬心线）。两轮的传动比为常量，则节线是圆，称为节圆，节圆半径用 r'_1 和 r'_2 表示。两轮节圆相切，其上的运动为纯滚动。两轮的传动比为变量，则节线是非圆曲线，如图 5-3 所示。实际生产中绝大多数齿轮机构的传动比为常量，其节线是圆，所以这种齿轮为圆形齿轮。凡能满足齿廓啮合基本定律的齿廓称为共轭齿廓，其齿廓曲线称为共轭曲线。

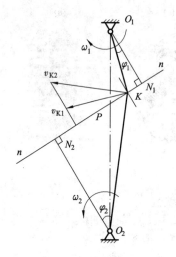

图 5-2　齿廓啮合

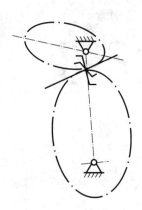

图 5-3　非圆齿轮节线

5.2.2　齿廓曲线的选择

从理论上讲，能够满足齿廓啮合基本定律的共轭曲线有无穷多。由于受设计、制造、测量等多种因素限制，在机械中，常用的齿廓曲线只将从动件有渐开线、摆线和圆弧等少数几种曲线。由于渐开线齿廓具有较好的传动性能，且制造、安装、强度、效率、寿命以及互换性等都能得到较好的满足，因此在实际生产中应用最广。

啮合特性

5.3　渐开线齿廓及其啮合特性

5.3.1　渐开线的形成及其极坐标方程

如图 5-4 所示，一直线在一圆周上作纯滚动（直线从位置 I 滚动到位置 II），直线上任一点的轨迹称为该圆的渐开线。这一直线称为渐开线的发生线，该圆称为渐开线的基圆。

取 OA 为极坐标轴，O 为极点。渐开线上任一点 K 的极坐标分别用 r_K（任意圆半径或极径）和 θ_K（展角或极角）表示。取渐开线的基圆半径为 r_b，$\angle KOB$ 用 α_K（压力角）表示，则以 θ_K 为参数的渐开线极坐标参数方程为

$$r_K = \frac{r_b}{\cos\alpha_K} \qquad (5-2)$$

$$\text{inv}\alpha_K = \theta_K = \tan\alpha_K - \alpha_K \qquad (5-3)$$

式（5-3）表明 θ_K 随 α_K 变化而变化，工程上常将 θ_K 称为角 α_K 的渐开线函数，用 $\text{inv}\alpha_K$ 表示。工程上为方便的使用，常将不同压力角的渐开线函数计算出来列成表备查。

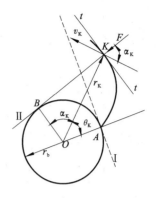

图 5-4　渐开线的生成

5.3.2　渐开线的性质

由渐开线形成过程，可得出渐开线性质如下：

（1）$\overline{BK} = \overset{\frown}{AB}$。

（2）发生线是渐开线在 K 点的法线；渐开线上任意点的法线必与基圆相切。

（3）$\overline{BK}$ 为渐开线上任意点 K 的曲率半径（B 点是渐开线上 K 点的曲率中心）；渐开线离基圆越远的点，其曲率半径越大，渐开线越平直；反之，渐开线越弯曲。

（4）渐开线的形状决定于基圆的大小。如图 5-5（a）所示基圆越小，渐开线越弯曲；基圆越大，渐开线越平直。当基圆半径趋于无穷大时，其渐开线成为直线，如齿条的齿廓。

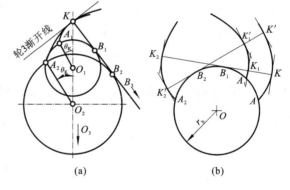

图 5-5　渐开线的性质

（5）基圆内无渐开线。

（6）渐开线上各点的压力角不相等，离基圆越远压力角越大；基圆处压力角为零。

如图 5-4 所示，齿廓上任意点 K 的速度为 v_K，K 点的压力角为 α_K，则

$$\cos\alpha_K = \frac{r_b}{r_K} = \frac{d_b}{d_K} \qquad (5-4)$$

（7）同一基圆生成的两条渐开线间公法线的长度相等（等距性），如图 5-5（b）所示。

5.3.3　渐开线齿廓啮合特性

（1）满足定传动比要求

如图 5-6 所示，一对齿轮的渐开线齿廓在任意 K 点接触，过接触点作其公法线 $n-n$。根据渐开线性质 2 可知，这一公法线必为两轮基圆的内公切线，切点分别为 N_1 和 N_2 在啮合

过程中两轮接触点都在内公切线上，内公切
线也是两轮的啮合线。内公切线和两齿轮
的连心线都为定直线，两线的交点 P 为定
点，即传动比

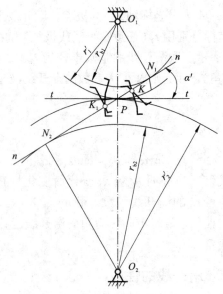

$$i_{12} = \frac{\omega_1}{\omega_2} = \frac{O_2 P}{O_1 P} = \frac{r_2'}{r_1'} = \frac{O_2 N_2}{O_1 N_1} = \frac{r_{b2}}{r_{b1}} = 常量$$

$$(5-5)$$

传动比满足齿廓啮合基本定律，且角速
比为定值。式中，r_1'、r_2' 分别为两齿轮的节
圆半径。

（2）具有可分性

由式（5-5）可知，两齿轮制造安装好
后，其基圆半径不会改变，中心距如有微小
误差其角速度比仍不变。这种性质称为渐
开线齿轮的可分性。

图 5-6　渐开线齿轮的啮合

（3）传动平稳

在齿轮传动的过程中，接触点都在公法线上，两啮合齿廓间的正压力始终沿啮合线方
向，故传力方向不变，传动平稳。

同时，渐开线齿廓加工刀具简单，安装方便，因此应用特别广泛。

5.4　渐开线标准齿轮各部分的名称、基本参数和几何尺寸计算

5.4.1　渐开线标准齿轮各部分名称

以外齿直齿圆柱齿轮为例，各部分名称如图 5-7 所示：

（1）齿顶圆：其直径和半径分别用 d_a 和 r_a
表示。

（2）分度圆：其直径和半径分别用 d 和 r
表示。

（3）齿根圆：其直径和半径分别用 d_f 和 r_f
表示。

（4）基圆：其直径和半径分别用 d_b 和 r_b 表
示。

（5）分度圆齿厚：分度圆上轮齿两侧齿廓
之间的弧长用 s 表示。

（6）分度圆齿槽宽：分度圆上相邻两齿之
间的弧长用 e 表示。

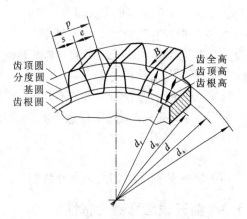

图 5-7　齿轮各部分名称

（7）分度圆周节（齿距）：分度圆上相邻两齿同侧齿廓间的弧长用 p 表示。

（8）齿顶高：轮齿分度圆到齿顶圆之间的径向高度用 h_a 表示。

106

（9）齿根高：轮齿分度圆到齿根圆之间的径向高度用 h_f 表示。

（10）齿全高：用 h 表示，$h = h_a + h_f$。

（11）齿宽：轮齿的轴向宽度，用 B 表示。

5.4.2　齿轮参数、标准齿轮的尺寸计算

1. 渐开线齿轮的齿轮的基本参数

（1）齿数：用 z 表示。

（2）模数：分度圆直径 d 与齿数 z 的比值，用 m 表示。

为了计算齿轮各部分的几何尺寸，必须先在齿轮上选定一个圆（分度圆）作基准。该圆上的周长分别等于 zp 和 πd，可得

$$d = \frac{zp}{\pi} \tag{5-6}$$

式中，z 为整数，当取一定 p 值时可得不同 d 值；由于 π 是无理数，这会给齿轮的设计、测量和制造等造成很多麻烦。为了简便起见，把齿轮分度圆的周节 p 与 π 的比值规定为标准值，称其为模数 m。模数是计算齿轮的最基本参数，齿轮的很多尺寸都用某一系数与模数的乘积表示。模数越大，则齿轮轮齿越大。我国已规定了标准模数系列，表 5-1 为其中的一部分。

表 5-1　标准模数系列（GB1357—1987） mm

第一系列	1	1.25	1.5	2	2.5	3	4
	5	6	8	10	12	16	20
	25	32	40	50			
第二系列	1.75	2.25	2.75	（3.25）	3.5	（3.75）	4.5
	5.5	（6.5）	7	9	（11）	14	18
	22	28	36	45			

注：①本表适用于渐开线圆柱齿轮，对斜齿轮是指法向模数。

　　②优先采用第一系列，括号内的模数尽可能不用。

（3）压力角：齿轮的压力角是指分度圆上的压力角，以 α 表示。国家标准（GB/T1356—1988）中规定，分度圆压力角为标准值，$\alpha = 20°$，在某些特殊场合也有采用其他值的。

（4）齿顶高系数 h_a^* 和顶隙系数 c^* 国家标准规定，对于标准正常齿其齿顶高系数和径向间隙系数分别为：$h_a^* = 1$；$c^* = 0.25$。

2. 标准齿轮的几何尺寸计算

（1）分度圆直径

$$d = mz \tag{5-7}$$

（2）基圆直径和分度圆压力角

由式（5-4）可知基圆直径 d_b 为

$$d_b = d_K \cos\alpha_K = d\cos\alpha \tag{5-8}$$

由上式可知，轮齿齿廓的渐开线形状除决定于分度圆大小（模数和齿数）外，还决定于齿廓在分度圆处的压力角。

（3）齿高

$$h = h_a + h_f \tag{5-9}$$

其中：齿顶高 h_a

$$h_a = h_a^* m \tag{5-10}$$

齿根高 h_f

$$h_f = (h_a^* + c^*)m \tag{5-11}$$

（4）齿顶圆直径

$$d_a = d + 2h_a \tag{5-12}$$

（5）齿根圆直径

$$d_f = d - 2h_f \tag{5-13}$$

（6）分度圆周节

$$p = \pi m \tag{5-14}$$

（7）分度圆齿厚

$$s = \frac{\pi m}{2} \tag{5-15}$$

（8）分度圆齿槽宽

$$s = e \tag{5-16}$$

例 5-1 已知一渐开线标准直齿圆柱齿轮的齿数 $z = 18$，模数 $m = 3$ mm。试求这一齿轮的基圆直径；齿轮在半径为 $r_K = 28$ mm 处齿廓曲线的曲率半径以及齿轮的几何尺寸。

解：
$$d = mz = 3 \times 18 = 54 \text{ mm}$$
$$d_b = d\cos\alpha = 54 \times \cos 20° = 50.74 \text{ mm}$$

由图 5-4 可知，渐开线齿轮任意半径处齿廓曲线的曲率半径即为直线 $\overline{BK}$，其长度用 ρ_K 表示，则

$$\rho_K = r_b \tan\alpha_K = r_K \sin\alpha_K$$

由 $\cos\alpha_K = \dfrac{r_b}{r_K} = \dfrac{d_b}{d_K} = \dfrac{50.74}{56} = 0.906$，得 $\alpha_K = 25.03°$，故 $\rho_K = 28 \times \sin 25.03° = 11.85$ mm

$$d_a = d + 2h_a^* m = 54 + 2 \times 1 \times 3 = 60 \text{ mm}$$
$$d_f = d - 2(h_a^* + c^*)m = 54 - 2 \times (1 + 0.25) \times 3 = 46.5 \text{ mm}$$

其余尺寸从略。

3. 其他尺寸

（1）任意圆上的弧齿厚 s_i

如图 5-8 所示为渐开线齿轮上的一个轮齿。根据几何关系可得任意半径 r_i 上的弧齿厚 s_i。

$$s_i = \overset{\frown}{cc} = r_i \varphi$$

因为

$$\varphi = \angle BOB - 2\angle COB = \frac{s}{r} - 2(\theta_i - \theta)$$

$$= \frac{s}{r} - 2(\text{inv}\alpha_i - \text{inv}\alpha)$$

所以

$$s_i = r_i \varphi = s\frac{r_i}{r} - 2r_i(\text{inv}\alpha_i - \text{inv}\alpha) \tag{5-17}$$

式中，α_i 为齿廓在该任意圆上的压力角，$\alpha_i = \arccos(\dfrac{r_b}{r_i})$。

（2）固定弦齿厚 $\overline{s_i}$ 和固定弦齿高 h_i

弧齿厚较难测量，通常用量具测量齿厚的弦长（标准齿条的齿廓与齿轮齿廓对称相切时两切点间的距离）。如图 5 - 9 所示，ab 用 $\overline{s_i}$ 表示；固定弦 ab 至齿顶的距离为固定弦齿高，用 h_i 表示。根据图 5 - 9 的几何关系，求固定弦齿厚和固定弦齿高。

$$\overline{s_i} = 2\,\overline{aP}\cos\alpha$$

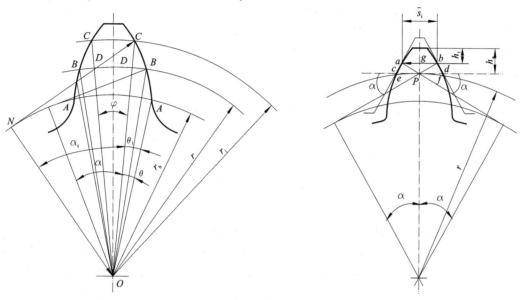

图 5 - 8　任意圆上的齿厚 　　　　　　　图 5 - 9　固定弦齿厚

因为
$$\overline{aP} = \overline{cP}\cos\alpha = \frac{\pi m}{4}\cos\alpha$$

所以
$$\overline{s_i} = \frac{\pi m}{2}\cos^2\alpha \tag{5 - 18}$$

$$h_i = h_a - \overline{Pg} = h_a - \overline{aP}\sin\alpha = h_a^* m - \frac{\pi m}{4}\cos\alpha\sin\alpha \tag{5 - 19}$$

对于标准齿轮讲 h_a^* 和 α 是定值，因此，固定弦齿厚和固定弦齿高只与齿轮的模数有关，即模数相同的齿轮，具有相同的固定弦厚和固定弦齿高。

（3）公法线（common normal）长度

公法线长度是指两反向渐开线齿廓间的法向距离。根据渐开线的性质，公法线必与基圆相切，如图 5 - 10 所示，这个距离可用游标卡尺直接量出。设测量时所跨的齿数为 k，则公法线长度 W 为一个基圆齿厚 s_b 和 $(k - 1)$ 个基圆周节 p_b 之和，即

$$W = (k - 1)p_b + s_b$$

因为 $p_b = p\cos\alpha = \pi m\cos\alpha$；

由 $\alpha_b = 0°$，$\mathrm{inv}\,\alpha_b = 0$，代入 s_i 公式，得

$$s_b = m\cos\alpha\left(\frac{\pi}{2} + z\,\mathrm{inv}\,\alpha\right)$$

所以

$$W = (k-1)\pi m\cos\alpha + m\cos\alpha\left(\frac{\pi}{2} + z\mathrm{inv}\alpha\right)$$

$$= m\cos\alpha\left[(k-0.5)\pi + z\mathrm{inv}\alpha\right] \qquad (5-20)$$

上式表明：公法线长度是模数 m、齿数 z、压力角 α 和所跨测齿数 k 的函数。测量公法线时卡尺的两个卡脚必须与两反向渐开线齿廓相切，如图 5-10 所示。若所跨齿数过多或过少，则会使卡脚在齿廓的顶部或根部接触，从而影响公法线的测量精度。设游标卡尺的两卡脚与两渐开线齿廓正好切于分度圆上，其跨齿数 k 计算如下：

因为 $\quad \widehat{AB} = 2\alpha r = (k-0.5)p$

$$2\alpha r = d\alpha = mz\alpha$$

$$mz\alpha = (k-0.5)\pi m$$

所以

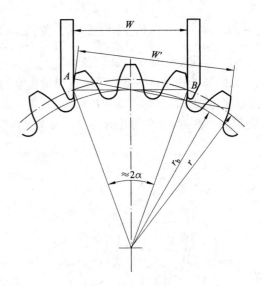

图 5-10　公法线长度

$$k = \frac{\alpha}{\pi}z + 0.5 = \frac{\alpha}{180°}z + 0.5 \qquad (5-21)$$

k 值必须圆整为整数，所以实际上两卡脚与齿廓只能切于分度圆附近。但这不影响测量结果。为了简化计算和使用方便，通常将 $\alpha = 20°$ 和 $m = 1$ 的标准齿轮公法线长度 W' 和跨齿数 k 计算并列表（表 5-2）。实际应用中，先由表中查出 W' 值，然后乘以实际齿轮的模数即可。

表 5-2　标准齿轮公法线长度 W' 和跨齿数 k（$\alpha = 20°$；$m = 1$）

齿数	k	W'	齿数	k	W'	齿数	k	W'	齿数	k	W'
9	2	4.5542	18	3	7.6324	27	4	10.7106	36	5	13.7888
10	2	4.5683	19	3	7.6464	28	4	10.7246	37	5	13.8028
11	2	4.5823	20	3	7.6604	29	4	10.7386	38	5	13.8168
12	2	4.5963	21	3	7.6744	30	4	10.7526	39	5	13.8308
13	2	4.6103	22	3	7.6885	31	4	10.7666	40	5	13.8448
14	2	4.6243	23	3	7.7025	32	4	10.7806	41	5	13.8588
15	2	4.6383	24	3	7.7165	33	4	10.7946	42	5	13.8728
16	2	4.6523	25	3	7.7305	34	4	10.8086	43	5	13.8868
17	2	4.6663	26	3	7.7445	35	4	10.8227	44	5	13.9008

例 5-2　已知一渐开线标准直齿圆柱齿轮，$z_1 = 21$，$m = 5$ mm。试求：齿轮的顶圆齿厚和公法线的长度。

解： $\quad s_{a1} = s\dfrac{r_{a1}}{r_1} - 2r_{a1}(\mathrm{inv}\alpha_{a1} - \mathrm{inv}\alpha)$

$$\alpha_{a1} = \arccos\frac{r_{b1}}{r_{a1}} = \arccos\frac{mz_1\cos\alpha}{m(z_1 + 2h_a^*)} = \arccos\frac{5 \times 21 \times \cos 20°}{5 \times (21 + 2 \times 1)}$$

$$= \arccos(0.858) = 30.91°$$

$\alpha_{a1} = 30.91° = 30°55'$，由（5 – 3）式可得 $\text{inv}30°55' = 0.059285$，$\text{inv}20° = 0.014904$

$$s_{a1} = \frac{1}{2} \times 3.14 \times 5 \times \frac{5 \times (21 + 2 \times 1)}{5 \times 21} - 5(21 + 2 \times 1) \times (0.059285 - 0.014904) = 3.49 \text{ mm}$$

查表 5 – 2 可知：$k = 3$，$W' = 7.6744 \text{ mm}$，则：$W = W'm = 7.6744 \times 5 = 38.302 \text{ mm}$。

5.5　渐开线直齿圆柱齿轮的啮合传动

5.5.1　一对渐开线齿轮正确啮合条件

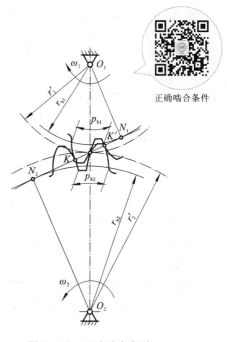

正确啮合条件

一对轮齿能否正确进入和退出啮合是齿轮传动的必要条件。如图 5 – 11 所示，一对轮齿在 K' 点开始进入啮合，经过一段时间啮合传动这对轮齿到达 K 点啮合，这时后一对轮齿接替进入 K' 点啮合。为了保证前后两对轮齿能同时在啮合线上接触，相邻两齿同侧齿廓沿法线的距离要相等，即 $\overline{K_1K_1'} = \overline{K_2K_2'} = \overline{KK'}$。根据渐开线的性质（1）可知：$KK' = p_{b1} = p_{b2}$。由 $p_{b1} = p_{b2}$ 可推得：

$$p_1\cos\alpha_1 = p_2\cos\alpha_2$$
$$\pi m_1\cos\alpha_1 = \pi m_2\cos\alpha_2$$
$$m_1\cos\alpha_1 = m_2\cos\alpha_2$$

渐开线齿轮的模数和压力角已经标准化，若满足上式关系必须使两齿轮的模数和压力角分别相等，因此，可得一对渐开线齿轮正确啮合的条件是：

$$\left.\begin{array}{l} m_1 = m_2 = m \\ \alpha_1 = \alpha_2 = \alpha \end{array}\right\} \qquad (5-22)$$

图 5 – 11　正确啮合条件

5.5.2　连续传动的条件

如图 5 – 12 所示，一对齿廓开始进入啮合时是主动轮 1 的齿根部分与从动轮 2 的齿顶接触，所以，开始啮合点是从动轮的齿顶圆与啮合线的交点 B_2。两轮继续转动，啮合点的位置沿啮合线向 N_2 方向移动，从动轮齿廓上的接触点由齿顶向齿根移动，而主动轮齿廓上的接触点则由齿根向齿顶移动。当这对齿廓的啮合点到达 C 点时，另一对齿廓进入 B_2 点。一对齿廓终止啮合点是主动轮的齿顶圆与啮合线的交点 B_1。前对齿廓的啮合点到达 B_1 点时，后对齿廓就到达了 D 点。一对齿廓啮合点的实际轨迹是 $\overline{B_1B_2}$，故 $\overline{B_1B_2}$ 为实际啮合线。当两齿轮的顶圆加大时，点 B_2 和点 B_1 趋近于点 N_1 和点 N_2（因基圆以内无渐开线，B_1B_2 不会超过 N_1 点和 N_2 点）。线段 $\overline{N_2N_1}$ 称为理论啮合线。

一对齿轮若要连续传动，其临界条件是，$\overline{B_1B_2} = p_b$，p_b 为相邻两轮齿同侧齿廓之间的法向的距离（即基圆周节）。

若前对轮齿齿廓的啮合点还未到达其终止啮合点 B_1 点时，而后一对轮齿齿廓已到达开始啮合点 B_2，则连续传动更加可靠，这时一对齿轮传动在啮合线上就有两对齿廓在两点同时啮合，即 $\overline{B_1B_2} > p_b$。

因此一对齿轮连续传动的条件是：$\overline{B_1B_2} \geqslant p_b$。为表达一对齿轮连续传动的状况，通常用 $\overline{B_1B_2}$ 与 p_b 的比值 ε_α 表示，ε_α 称为重合度。一对齿轮连续传动的条件可表示为

$$\varepsilon_\alpha = \frac{\overline{B_1B_2}}{p_b} \geqslant 1 \qquad (5-23)$$

将一对外啮合直齿圆柱齿轮的几何条件代入上式，可得重合度的计算公式为

$$\varepsilon_\alpha = \frac{1}{2\pi}[z_1(\tan\alpha_{a1} - \tan\alpha')$$
$$+ z_2(\tan\alpha_{a2} - \tan\alpha')] \qquad (5-24)$$

重合度越大，表示同时啮合的轮齿对数越多。对于标准齿轮传动，因其重合度恒大于 1，故可不必验算。

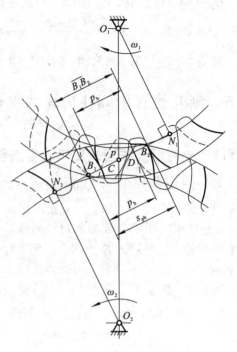

图 5 - 12　连续传动条件

5.5.3　标准中心距

一对齿轮传动的中心距为两齿轮的节圆半径之和。为了避免齿轮反向传动时出现空程和冲击，齿轮安装时要求啮合的轮齿间没有齿侧间隙(实际需要的间隙通过制造公差保证)，即一个轮齿的节圆齿厚等于另一个轮齿的节圆齿槽宽。由于标准齿轮分度圆的齿厚与齿槽宽相等，当两标准齿轮正确安装时其分度圆与节圆重合，满足轮齿间没有齿侧间隙的条件，因此标准齿轮传动的中心距为

$$a = r_1' + r_2' = \frac{1}{2}(d_1 + d_2) = \frac{m}{2}(z_1 + z_2) \qquad (5-25)$$

例 5 - 3　已知一对渐开线标准直齿圆柱齿轮，$z_1 = 21$，$z_2 = 40$，$m = 5$ mm。试求：这对齿轮的标准中心距和重合度。

解：$a = \dfrac{m}{2}(z_1 + z_2) = \dfrac{5}{2} \times (21 + 40) = 152.5$ mm

$$\varepsilon_\alpha = \frac{1}{2\pi}[z_1(\tan\alpha_{a1} - \tan\alpha') + z_2(\tan\alpha_{a2} - \tan\alpha')]$$

$$\alpha_{a1} = \arccos\frac{r_{b1}}{r_{a1}} = \arccos\frac{mz_1\cos\alpha}{m(z_1 + 2h_a^*)} = \arccos\frac{5 \times 21 \times \cos20°}{5 \times (21 + 2 \times 1)}$$
$$= \arccos(0.858) = 30.91°$$

$$\alpha_{a2} = \arccos\frac{r_{b2}}{r_{a2}} = \arccos\frac{mz_2\cos\alpha}{m(z_2 + 2h_a^*)} = \arccos\frac{5 \times 40 \times \cos20°}{5 \times (40 + 2 \times 1)}$$
$$= \arccos(0.895) = 26.50°$$

$$\varepsilon_\alpha = \frac{1}{2\pi}[21 \times (\tan30.91° - \tan20°) + 40 \times (\tan26.50° - \tan20°)] = 1.65$$

5.5.4　中心距和啮合角

过节点 P 作两齿轮节圆的公切线 $t-t$，它与啮合线的夹角称为啮合角，用 α' 表示。由前

所述可知,两渐开线齿轮传动中其啮合角为常数。由图 5 - 6 中几何关系可知,啮合角在数值上等于渐开线在节圆上的压力角。

中心距 $a' = r_1' + r_2' = \dfrac{r_{b1} + r_{b2}}{\cos\alpha'}$, 即 $a'\cos\alpha' = r_{b1} + r_{b2}$

上式表明,当中心距变动后,啮合角也会变化,但 $a'\cos\alpha' =$ 定值。由此可得中心距和啮合角之间的关系式:

$$a'\cos\alpha' = a\cos\alpha \tag{5 - 26}$$

标准齿轮标准安装,即 $a' = a$,啮合角等于分度圆压力角。

5.6　渐开线齿廓的切制原理和根切现象

渐开线齿轮的加工有很多方法,如切削、铸造、冲压、成型加工等。切削是一种常用的齿轮加工方法,按其加工原理可分为成形法和范成法两类。

5.6.1　成形法

成形法加工所用的刀具有指状铣刀和盘状铣刀两种,刀具的刃口与所加工的渐开线齿轮齿槽形状相同,如图 5 - 13 所示。

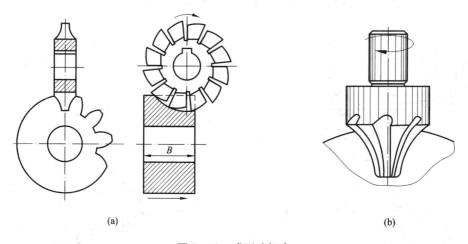

图 5 - 13　成形法切齿

（a）盘状铣刀切齿；（b）指状铣刀切齿

加工时,铣刀绕本身轴线旋转,同时轮坯沿齿轮轴线方向直线移动。铣出一个齿槽后,将轮坯转过一定角度再铣第二个齿槽,直至加工完成所有齿槽。这种切齿方法简单,普通机床就可进行加工。但生产效率低,故仅适用于单件生产。

齿廓渐开线的形状决定于基圆大小,压力角一定同一模数下不同齿数的齿轮,其基圆大小不同齿廓渐开线形状就不同。机器中常用的齿轮齿数为 17 ~ 150 之间,因此,要想加工准确渐开线齿形,就需要大量的铣刀,这实际上是做不到的。为了节省刀具数量工程中规定相同模数的铣刀为 8 把(分别称 1 ~ 8 号铣刀),每号铣刀对应加工不同齿数范围的齿轮,如表 5 - 3 所示。采用成形铣刀加工齿轮,理论上就存在一定的误差。故此,成形法加工的齿轮精度低。

表5-3 成形铣刀对应加工的齿数范围

铣刀号数	1	2	3	4	5	6	7	8
所切齿数范围	12~13	14~16	17~20	21~25	26~34	35~54	55~134	≥135

5.6.2 范成法

范成法加工齿轮

范成法亦称为展成法,是根据一对齿轮互相啮合时其齿廓曲线共轭互为包络线(因此范成法又称为共轭法或包络法)的原理来切齿的。用范成法切齿的常用刀具有齿轮插刀、齿条插刀和齿轮滚刀三种。

齿轮插刀加工齿轮如图5-14所示。插齿时,插刀沿轮坯轴线方向作往复切削运动,同时保证插刀与轮坯按一对齿轮啮合传动(范成运动),直至全部齿槽切削完毕。根据正确啮合条件,只要一对齿轮的模数和压力角相等就能实现啮合。因此,理论上一把插刀可以加工同一模数的所有齿数的齿轮。

用齿条插刀加工齿轮,如图5-15所示,其相对运动及相互啮合与齿轮插刀加工齿轮相似,区别在于齿轮插刀的范成回转运动变为齿条插刀的直线运动。

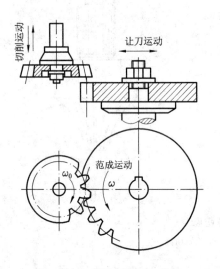

图5-14 齿轮插刀加工齿轮

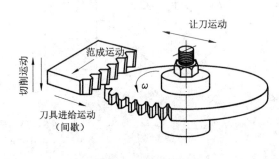

图5-15 齿条插刀加工齿轮

以上两种刀具都是间断切削,其生产率较低。齿轮滚刀切齿,如图5-16所示。滚刀形状为一个具有轴向刃口的螺旋,如图5-16(b)所示;它的轴向截面为一齿条,如图5-16(a)所示。滚刀的转动就相当于齿条移动,因此,齿轮滚刀切齿又相当于齿条插刀加工齿轮。不同的是齿条插刀的切削运动和范成运动由滚刀刀刃的螺旋运动所替代。这种加工方法能实现连续切削,生产率较高,是目前使用最广泛的齿轮加工方法。

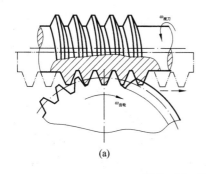
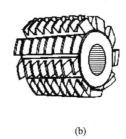

(a)　　　　　　　　　　　(b)

图 5 – 16　齿轮滚刀加工齿轮

5.6.3　渐开线标准齿形和标准齿条型刀具

GB1356—1988 的规定，标准齿条的齿形根据渐开线圆柱齿轮的基准齿形［图 5 – 17（a）］设计，刀具的分度线与被加工齿轮分度圆相切并作纯滚动，刀具的分度线与节线是重合的。为保证齿轮传动时具有标准的顶隙，齿条型刀具的齿形比基准齿形高出 c^*m 一段长度，如图 5 – 17（b）所示。由于这部分刀刃是圆弧，所以这部分刀刃加工出的不是渐开线。因此在下面讨论渐开线齿廓的切削时，刀具顶部的这部分高度就不再计入。

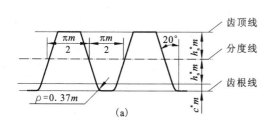
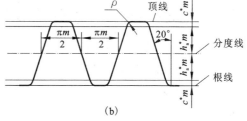

(a)　　　　　　　　　　　(b)

图 5 – 17　渐开线基准齿形和标准齿条型刀具

5.6.4　根切现象及其产生的原因

用范成法切制齿轮，当被加工齿轮的齿数较少时，其轮齿根部的渐开线齿廓被切去一部分，如图 5 – 18 所示，这种现象被称为根切。产生根切的齿轮，除其轮齿的强度被严重削弱外，还会使齿轮传动的重合度下降，对传动极为不利。

齿轮根切过程

根切产生的原因是：刀具的齿顶线与啮合线的交点超过了理论啮合线的极限点 N_1，如图 5 – 19（刀具实线位置）所示。由基圆内无渐开线的性质可知，超过 N_1 点的刀刃切不出渐开线齿廓，而将根部已加工出的渐开线切去一部分（如图中阴影部分）。由此可知，要避免根切，则刀具的齿顶线与啮合线的交点不能超过理论啮合线的极限点 N_1。当被加工齿轮的齿数较多时，则刀具的齿顶线与啮合线的交点不会超过理论啮合线的极限点 N_1。因此就不会产生根切。

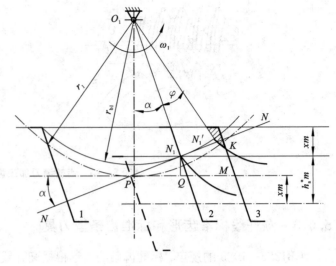

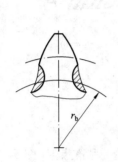

图 5－18　轮齿根切现象　　　　　图 5－19　根切原因

5.7　变位齿轮简介

5.7.1　渐开线标准齿轮不根切的最少齿数

标准齿条刀具切削标准齿轮时刀具与被加工齿轮的相互关系如图 5－20 所示。图中 N_1 为理论啮合线的极限点。若刀具齿顶线与啮合线的交点不超过 N_1 点，则

$$h_a^* m \leqslant \overline{PN_1} \sin\alpha$$

在直角三角形 O_1PN_1 中，因为 $PN_1 = \overline{O_1P}$ $\sin\alpha = \dfrac{mz}{2}\sin\alpha$，代入上式得：

$$h_a^* m \leqslant \frac{mz}{2}\sin\alpha\sin\alpha = \frac{mz}{2}\sin^2\alpha$$

于是 $z \geqslant \dfrac{2h_a^*}{\sin^2\alpha}$。则不产生根切的最少齿数

$z_{\min}$ 为

图 5－20　不根切的最少齿数

$$z_{\min} = \frac{2h_a^*}{\sin^2\alpha} \qquad\qquad (5-27)$$

当 $h_a = 1$，$\alpha = 20°$ 时，$z_{\min} = 17$。

5.7.2　变位齿轮、齿轮不根切的最小变位系数

如前所述，加工标准齿轮不产生根切其齿数不能少于 17 个齿。在生产实践中往往要加

116

工少于 17 个齿的齿轮，又不能产生根切；这时采用前述的加工方法就不能满足要求。如将刀具相对于被切齿轮沿径向外移一段距离(刀具虚线位置)，用 xm 表示(x 称为移距系数或变位系数，xm 称为移距量)，使得刀具的齿顶线与啮合线的交点不超过理论啮合线的极限点 N_1，就可避免根切。由图 5 – 19 可知，刀具外移距离 xm 应满足的条件是：

$$h_a^* m - xm \leq \overline{N_1 Q} \quad 即：xm \geq h_a^* m - \overline{N_1 Q}$$

因为 $\overline{N_1 Q} = PN_1 \sin\alpha = r\sin^2\alpha = \dfrac{mz}{2}\sin^2\alpha$ 代入上式得

$$x \geq h_a^* - \frac{z\sin^2\alpha}{2}$$

由式(5 – 27)可知 $\dfrac{\sin^2\alpha}{2} = \dfrac{h_a^*}{z_{min}}$，代入上式可得

$$x \geq \frac{h_a^*(z_{min} - z)}{z_{min}} \tag{5 – 28}$$

即最小变位系数为：

$$x_{min} = \frac{h_a^*(z_{min} - z)}{z_{min}} \tag{5 – 29}$$

综合前述及上两式可知：当被切齿轮的齿数 $z \leq z_{min}$ 时，x 为正值，为避免根切，刀具相对被切齿轮外移；其最小移距量为 $x_{min}m$。采用这种方法加工齿轮称为正变位，被加工的齿轮称为正变位齿轮。反之，刀具相对被切齿轮内移一段距离，x 为负值，但只要满足条件 $xm \geq x_{min}m$，被切齿轮仍不会产生根切。采用这种方法加工齿轮称为负变位，被加工的齿轮称为负变位齿轮。采用刀具需相对被切齿轮外移(或内移)方法加工的齿轮统称为变位齿轮。

与标准齿轮相比变位齿轮的各圆处的齿厚发生变化；为保证一定的全齿高，变位齿轮的齿顶高和齿根高也需要作相应变化；一对变位齿轮啮合传动的相互关系也随之相应变化，如传动的中心距、啮合角等。

5.7.3　变位齿轮的传动设计

1. 齿轮传动的安装条件

齿轮安装要满足两个条件：①两齿轮啮合时轮齿间无齿侧间隙；②一齿轮的齿顶与另一齿轮齿根间隙为标准顶隙。一对齿轮啮合传动时两轮的节圆相切并作纯滚动，轮齿间没有齿侧间隙，则一个轮齿的节圆齿厚等于另一个轮齿的节圆齿槽宽。当两标准齿轮正确安装时其分度圆与节圆重合，是满足这两个条件的。而一对变位齿轮啮合，要满足这两个安装条件，传动参数及齿轮的各相关尺寸将发生变化。

2. 变位齿轮的分度圆齿厚

如图 5 – 21 所示，用标准齿条型刀具切制变位齿轮时，刀具分度线与被切齿轮分度圆相

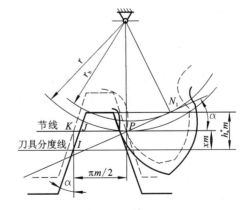

图 5 – 21　变位齿轮分度圆齿厚

切位置沿径向外移开一距离 xm 后，刀具的节线与被切齿轮的分度圆相切并作纯滚动。这时刀具的节线齿槽宽比其分度线齿槽宽增加了 $2\overline{KJ}$，因此被切齿轮的分度圆齿厚也增加了 $2\overline{KJ}$。变位后的分度圆齿厚为：

$$s = \frac{\pi m}{2} + 2\overline{KJ} = m\left(\frac{\pi}{2} + 2x\tan\alpha\right) \qquad (5-30)$$

同理，被切齿轮的分度圆齿槽宽减少了 $2\overline{KJ}$，为：

$$e = \frac{\pi m}{2} - 2\overline{KJ} = m\left(\frac{\pi}{2} - 2x\tan\alpha\right) \qquad (5-31)$$

3. 无侧隙啮合传动方程式

设两轮啮合轮齿的节圆齿厚和齿槽宽分别为 s_1'；s_2'；e_1'；e_2'，轮齿间无齿侧间隙条件有：

$$p' = s_1' + e_1' = s_2' + e_2' = s_1' + s_2'$$

根据渐开线的性质和式(5-18)可得出相互啮合两齿轮节圆的周节、齿厚与分度圆的周节、齿厚之间的关系，并将其代入上式，经整理后得

$$p = s_1 - 2r_1(\mathrm{inv}\alpha' - \mathrm{inv}\alpha) + s_2 - 2r_2(\mathrm{inv}\alpha' - \mathrm{inv}\alpha)$$

将分度圆周节和两齿轮的分度圆齿厚、分度圆半径与模数和齿数的关系代入上式，经整理后可得

$$\mathrm{inv}\alpha' = \frac{2(x_1 + x_2)\tan\alpha}{z_1 + z_2} + \mathrm{inv}\alpha \qquad (5-32)$$

上式被称为齿轮的无侧隙啮合方程式。该式表明，若两齿轮的变位系数和 $(x_1 + x_2)$ 不为零，则两齿轮的啮合角 α' 就不等于其分度圆的压力角 α；两齿轮啮合时其分度圆和节圆不再重合。齿轮的齿数和模数确定后其分度圆就是一个固定圆，由于其分度圆和节圆不再重合，所以两齿轮传动的中心距就不等于其分度圆半径之和。

4. 齿轮的分度圆分离系数 y 和中心距 a'

设变位齿轮传动的实际安装中心距 a' 与其标准齿轮的中心距 a 之差为 ym，则

$$ym = a' - a = (r_1' + r_2') - \frac{m(z_1 + z_2)}{2}$$

因为 $a'\cos\alpha' = a\cos\alpha$，即 $a' = a\dfrac{\cos\alpha}{\cos\alpha'} = \dfrac{m(z_1 + z_2)}{2}\dfrac{\cos\alpha}{\cos\alpha'}$，代入上式得

$$y = \frac{(z_1 + z_2)}{2}\left(\frac{\cos\alpha}{\cos\alpha'} - 1\right) \text{ 或 } \cos\alpha' = \frac{(z_1 + z_2)}{(2y + z_1 + z_2)}\cos\alpha \qquad (5-33)$$

中心距：

$$a' = a + ym = \frac{m}{2}(z_1 + z_2) + ym \qquad (5-34)$$

5. 变位齿轮的齿顶高变动系数 Δy

按式(5-34)条件安装齿轮可以保证实现无侧隙啮合。但从保证标准顶隙方面看，其一对齿轮安装的中心距 a'' 应为：

$$
\begin{aligned}
a'' &= r_{a1} + c + r_{f2} = r_1 + h_{a1} + c + r_2 - h_{f2} \\
&= r_1 + r_2 + (h_a^* + x_1)m + c^*m - (h_a^* + c^* - x_2)m \\
&= r_1 + r_2 + (x_1 + x_2)m \\
&= \frac{m}{2}(z_1 + z_2) + (x_1 + x_2)m
\end{aligned}
\qquad (5-35)
$$

由式（5 – 34）和式（5 – 35）可知，若要同时保证齿轮传动的无侧隙啮合和标准顶隙，必须保证 $a' = a''$，即要求满足等式 $y = x_1 + x_2$。可以证明，总有 $y < x_1 + x_2$；$a' = a''$。显然，若按 a' 安装只能保证齿轮传动的无侧隙啮合，不能保证标准顶隙；若按 a'' 安装能保证标准顶隙，却不能保证齿轮传动的无侧隙啮合。解决这一问题的方法是：按 a' 安装保证齿轮传动的无侧隙啮合，同时减少两个齿轮的齿顶高，以保证标准顶隙的要求。两个齿轮的齿顶高减少量用 Δym 表示，则

$$\Delta ym = a'' - a' = (x_1 + x_2)m - ym$$
$$\Delta y = (x_1 + x_2) - y \tag{5-36}$$

例 5 – 4　已知一对渐开线齿轮 $z_1 = 12$；$z_2 = 43$；$m = 5$ mm；$a' = 138$ mm。试设计这对齿轮传动。

解：
$$a = \frac{m}{2}(z_1 + z_2) = \frac{5}{2} \times (12 + 43) = 137.5 \text{ mm}$$

由于：$\alpha' > \alpha$；$a'\cos\alpha' = a\cos\alpha$

$$\alpha' = \arccos\left(\frac{a\cos\alpha}{a'}\right) = \arccos\left(\frac{137.5 \times \cos20°}{138}\right) = \arccos(0.9363) = 20.563°$$

由无测隙传动方程式得：$x_1 + x_2 = \dfrac{(\text{inv}\alpha' - \text{inv}\alpha)(z_1 + z_2)}{2\tan\alpha}$

由（5 – 3）式：$\text{inv}20° = 0.014904$；$\text{inv}20°30' = 0.016092$；$\text{inv}20°35' = 0.016296$

$$\text{inv}20.563° = \text{inv}20°30' + \left(\frac{\text{inv}20°35' - \text{inv}20°30'}{5}\right) \times 3.8 = 0.016247$$

$$x_1 + x_2 = \frac{(0.016247 - 0.014904) \times (12 \times 43)}{2 \times \tan20°} = 0.1015$$

齿轮 1 不根切的最小变位系数为：$x_{1\min} = \dfrac{17 - 12}{17} = 0.2941$

取：$x_1 = 0.3$，则 $x_2 = 0.1015 - 0.3 = -0.1985$

$$d_1 = mz_1 = 5 \times 12 = 60 \text{ mm}$$
$$d_2 = mz_2 = 5 \times 43 = 215 \text{ mm}$$
$$y = \frac{a' - a}{m} = \frac{138 - 137.5}{5} = 0.1$$
$$\Delta y = x_1 + x_2 - y = 0.1015 - 0.1 = 0.0015$$

其他尺寸从略。

6. 变位齿轮传动特点

变位齿轮是由加工小于 17 个齿的标准齿轮又不允许根切提出来的。但是根据上述分析可知，变位齿轮轮齿的齿厚及变位齿轮传动的中心距都发生了变化，其特点如下：

（1）可以加工齿数 $z \leqslant z_{\min}$ 的齿轮又不产生根切。

（2）变位齿轮传动的实际安装中心距 a' 可以大于、小于或等于标准齿轮的中心距 a。当 $x_1 + x_2 > 0$ 时，$a' > a$；$x_1 + x_2 < 0$ 时，$a' < a$；$x_1 + x_2 = 0$ 时，$a' = a$。

（3）变位齿轮传动取代标准齿轮传动可以极大地改善传动质量，提高齿轮的强度。

（4）其主要缺点是：没有互换性，必须成对设计、制造和使用。正变位齿轮齿顶厚减薄，负变位齿轮齿根厚减小，正传动重合度略微减小，负传动反之。

变位齿轮的加工仍采用标准刀具，不增加制造难度，因此变位齿轮得到了更广泛的应用。

5.8 斜齿圆柱齿轮机构

5.8.1 圆柱齿轮的共轭齿廓曲面形成

斜齿轮机构

如图 5-22(a)、图 5-23(a)所示，圆柱齿轮无论是直齿轮还是斜齿轮，其齿廓曲面都是发生面在基圆柱上作纯滚动时，发生面上的一条直线 *KK* 在空间所走过的轨迹而形成的渐开面。所不同的是：当发生面上的直线 *KK* 与基圆柱母线相平行时，则形成直齿轮的齿廓曲面；当发生面上的直线 *KK* 与基圆柱母线相交成一定角度，则形成斜齿轮的齿廓曲面。

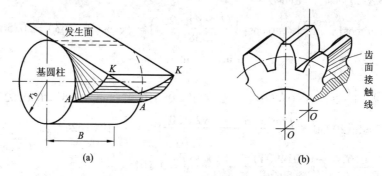

图 5-22   直齿轮齿廓曲面形成

5.8.2 斜齿轮的基本参数和几何尺寸计算

由于斜齿轮的齿廓曲面是一渐开线的螺旋面，其齿轮端面的齿形和垂直于螺旋线方向的法面齿形不同，因而齿形端面和法面的参数就不同。基于齿轮加工进刀方向为垂直于法面的，因此国家规定斜齿轮法面的参数为标准值。

（1）螺旋角、模数和压力角

螺旋角是斜齿轮的一个重要参数，当斜齿轮的螺旋角为零时该斜齿轮就成了直齿轮。如

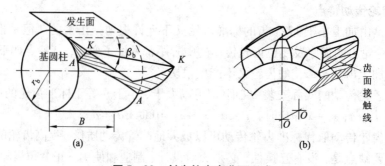

图 5-23   斜齿轮齿廓曲面形成

图 5 - 23 所示, 发生面上的直线 KK 与基圆柱母线相交成角度 β_b, 其生成的渐开面与基圆柱的交线 AA 为一螺旋线。该螺旋线的螺旋角等于 β_b, 即斜齿轮基圆柱上的螺旋角。斜齿轮的齿廓曲面与分度圆柱面相交的螺旋线, 其螺旋角为分度圆柱上的螺旋角, 简称斜齿轮的螺旋角, 用 β 表示。斜齿轮的螺旋线旋向有左旋和右旋之分, 如图 5 - 24 所示。

为求法面模数 m_n 与端面模数 m_t 之间的关系, 将斜齿轮沿其分度圆柱展开, 如图 5 - 25 所示。

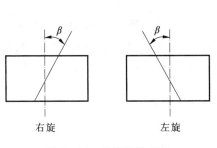

图 5 - 24　斜齿轮的旋向

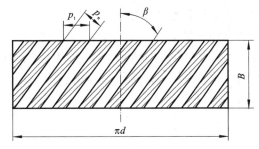

图 5 - 25　斜齿轮分度圆展开图

$$p_n = p_t \cos\beta$$
$$p_n = \pi m_n ; \quad p_t = \pi m_t$$
$$m_n = m_t \cos\beta \qquad (5-37)$$

同理可得分度圆的法面压力角 α_n 和端面压力角 α_t 之间的关系:

$$\tan\alpha_n = \tan\alpha_t \cos\beta \qquad (5-38)$$

（2）斜齿轮传动的几何尺寸计算

在端面上, 斜齿轮与直齿轮完全相同。因此, 斜齿轮几何尺寸计算用斜齿轮的端面参数参照直齿轮几何尺寸计算公式进行计算。其中斜齿轮的齿顶高和齿根高, 无论是从法面还是从端面上看其高度都是相同的。

5.8.3　斜齿轮的啮合传动

直齿圆柱齿轮啮合时两齿面的接触线是与齿轮轴线平行的直线, 如图 5 - 22(b) 所示, 整个齿宽同时进入啮合也同时退出啮合, 因此其传动平稳性较差。由于斜齿轮的齿廓沿齿宽方向倾斜, 啮合时, 两齿面的接触线与齿轮轴线不平行, 如图 5 - 23(b) 所示, 齿廓啮合时, 一对轮齿的一端先进入啮合, 然后沿齿宽方向逐渐啮合至另一端。两齿廓啮合过程中, 齿面接触线的长度逐渐变化, 说明斜齿轮的齿廓是逐渐进入接触, 逐渐脱离接触的。因此斜齿轮传动比直齿轮平稳, 冲击、振动和噪声较小, 适宜于高速、重载传动。

（1）正确啮合的条件

在端面上, 斜齿轮与直齿轮的正确啮合的条件相同, 即两斜齿轮的端面模数 m_t 和端面压力角 α_t 相等即可满足斜齿轮正确啮合的条件。但是, 斜齿轮的法面模数是标准值, 所以正确啮合的条件是: 两斜齿轮的法面模数 m_n 和法面压力角 α_n 相等; 外啮合时其螺旋角 β 大小相等, 方向相反; 内啮合时方向相同。即

$$m_{n1} = m_{n2} ; \quad \alpha_{n1} = \alpha_{n2} ; \quad \beta_1 = -\beta_2 \quad （外啮合）;$$
$$\beta_1 = \beta_2 \quad （内啮合）$$

（2）重合度

从端面上看斜齿轮的重合度与直齿轮相同，但由于啮合时其轮齿沿齿宽方向逐渐进入啮合并逐渐脱离啮合，因此斜齿轮啮合时走过的实际啮合线的长度增加了。如图 5 - 26 所示，从端面 Ⅰ 上看一对轮齿从 B_2 点进入啮合到 B_1 点退出啮合了，但从齿宽

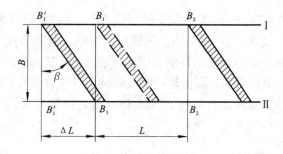

图 5 - 26　斜齿轮重合度

方向上看这对轮齿并未退出啮合，只有当端面 Ⅱ 上的同一对轮齿到达 B_1 点时才退出啮合。因此斜齿轮一对轮齿的实际啮合线比直齿轮多了 ΔL 长度。比照直齿轮重合度的计算方法有：

$$\varepsilon = \frac{L + \Delta L}{p_{bt}} = \frac{L}{p_{bt}} + \frac{\Delta L}{p_{bt}} = \varepsilon_\alpha + \varepsilon_\beta \qquad (5 - 39)$$

其中：

$$\left.\begin{array}{l} \varepsilon_a = \dfrac{1}{2\pi}\left[z_1(\tan\alpha_{at1} - \tan\alpha'_t) + z_2(\tan\alpha_{at2} - \tan\alpha'_t) \right] \\[3mm] \varepsilon_\beta = \dfrac{B\sin\beta}{\pi m_n} \end{array}\right\} \qquad (5 - 40)$$

上式中：ε_α 称为端面重合度，式中除代入的是斜齿轮的端面参数外，与直齿轮重合度计算相同。ε_β 称为轴面重合度。

5.8.4　斜齿轮的当量齿数

法面齿形

用成形法加工斜齿轮时，刀具是沿齿槽（螺旋线）方向作切削运动；切出的齿形在法面上与刀具的刀刃形状相对应。因此，用成形法加工斜齿轮选择铣刀时须要知道斜齿轮的法向齿形。通常采用下述近似方法进行研究。

如图 5 - 27 所示，过斜齿轮分度圆柱上齿廓的任一点 c 作轮齿螺旋线的法面 $n - n$，该法面与分度圆柱的交线为一椭圆。其长半轴为 a，短半轴为 b。由高等数学可知，椭圆在 c 点的曲率半径 ρ 为

$$\rho = \frac{a^2}{b} = \frac{d}{2\cos^2\beta} \qquad (5 - 41)$$

若以 ρ 为分度圆半径，以斜齿轮法向模数 m_n 为模数，取标准压力角 α 作一直齿圆柱齿轮；该直齿轮的齿形即可认为近似于斜齿轮的法面齿形。该直齿轮被称为斜齿轮的当量齿轮，该轮的齿数为斜齿轮的当量齿数。显然，若按斜齿轮的当量齿数选择铣刀型号即可加工出近似于斜齿轮的法面齿形的斜齿轮。用 z_v 表示斜齿轮的当量齿数，

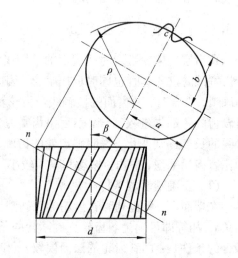

图 5 - 27　斜齿轮的当量齿数

因为
$$m_n z_v = 2\rho$$

所以
$$z_v = \frac{2\rho}{m_n} = \frac{d}{m_n \cos^2\beta} = \frac{m_t z}{m_n \cos^2\beta} = \frac{m_n z}{m_n \cos^3\beta} = \frac{z}{\cos^3\beta} \qquad (5-42)$$

斜齿轮的当量齿数除用于选择铣刀型号外，在进行斜齿轮的强度计算时还用于选择相关的系数。

5.8.5　斜齿轮传动的优缺点

与直齿轮相比，斜齿轮具有下列主要优点：

（1）传动平稳。一对轮齿是逐渐进入啮合并逐渐脱离啮合的，故啮合时冲击小、噪音低，适用于高速传动。

（2）承载能力大。随着斜齿轮的齿宽和螺旋角的增大，其重合度增大，即同时参与啮合的轮齿对数增加，适用于重载荷。

（3）结构更紧凑。斜齿轮可以加工出齿数较少的齿轮而不产生根切。

斜齿轮的主要缺点是在啮合时会产生轴向分力，如图 5-28(a)所示。当传递功率一定时，轴向力随着螺旋角 β 的增大而增大，使传动效率下降，且轴的支承需采用向心推力轴承，因而结构设计就更复杂。

综上考虑，在斜齿轮设计时，通常取其螺旋角 $\beta = 8° \sim 20°$。为消除斜齿轮传动的这一缺点，可采用人字齿轮，如图 5-28(b)所示。人字齿轮的轮齿左右完全对称，啮合时所产生的轴向力相互抵消；因此，人字齿轮可以采用较大的螺旋

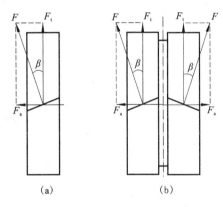

图 5-28　斜齿轮上的轴向力

角。但人字齿轮制造较困难、成本较高，主要用于高速、重载的传动中。

5.9　直齿圆锥齿轮机构

圆锥齿轮可用于两相交轴之间的传动。两相交轴之间的夹角可以根据需要选取，常用的是 90°。圆锥齿轮的轮齿是分布在一个圆锥面上，如图 5-1(f)所示。因此，前面所述齿轮的各种"圆柱"在圆锥齿轮里全部变为"圆锥"，如基圆锥、齿根圆锥、分度圆锥、齿顶圆锥。由于圆锥齿轮两端的尺寸不同，为了测量方便取大端参数为标准值。

5.9.1　齿廓曲面的形成

如图 5-29 所示，一发生面 S（圆平面，半径为 R'）在基圆锥（锥距 $R = R'$）上作纯滚动，发生面上一条过 O 点（发生面

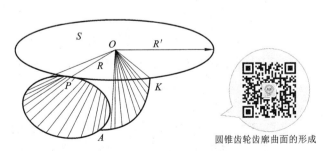

图 5-29　直齿圆锥齿轮齿廓曲面的形成

圆锥齿轮机构

圆锥齿轮齿廓曲面的形成

上与基圆锥顶点相重合的点)的直线 OK 在空间所形成的轨迹即为直齿圆锥齿轮的齿廓曲面。在纯滚动过程中 O 点是一固定点，直线 OK 上任意点的轨迹是一球面曲线，称之为球面渐开线，如图中 AK 即为一球面渐开线。因此，直齿圆锥齿轮的齿廓曲面亦可以看成是由一簇球面渐开线集聚而成。

5.9.2　背锥和当量齿数

圆锥齿轮的当量齿轮

由于球面不能准确地展开成平面，使得圆锥齿轮设计计算以及加工产生了很多困难。因此采用近似方法将球面展开成平面。

如图 5 – 30 所示为一球形圆锥齿轮的轴剖面图，三角形 OAB 表示分度圆锥，而三角形 Oaa 及 Obb 分别代表齿顶圆锥和齿根圆锥。圆弧 ab 是其轮齿大端齿廓球面渐开线与轴剖面的交线，在轴剖面上，过大端上的 A 点作弧 ab 的切线，该切线与轴线相交于 O_1 点；以 O_1A 为母线，OO_1 为轴作一旋转锥面，该锥面与圆锥齿轮的大端球面相切；称这一旋转锥面为该圆锥齿轮的背锥。

由于背锥可以展开为一平面，将球面上的渐开线齿廓向背锥上投影，可得一投影曲线。这一投影曲线为平面曲线，且与圆锥齿轮大端齿廓球面渐开线的误差很小（当球面半径 R 与齿轮模数 m 的比值越大时，误差越小），因此在圆锥齿轮的齿廓分析中用背锥上的投影曲线近似代替球面渐开线。

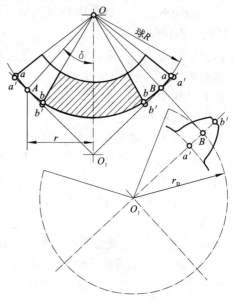

图 5 – 30　背锥和当量齿数

如将背锥展开，可得一扇形齿轮。将这一扇形齿轮补足使其成为一完整的圆形齿轮，称这一完整的圆形齿轮为圆锥齿轮的当量齿轮。当量齿轮的半径为 r_v、齿数为 z_v，z_v 为圆锥齿轮的当量齿数。

如图 5 – 30 所示，可以求得当量齿数 z_v。

$$mz_v = 2r_v = \frac{2r}{\cos\delta} = \frac{mz}{\cos\delta}$$

$$z_v = \frac{z}{\cos\delta} \tag{5 – 43}$$

一对圆锥齿轮的啮合就相当于一对当量齿轮的啮合。因此一对圆锥齿轮的正确啮合条件是其大端的模数和压力角分别相等，此外其两轮的锥距还必须相等。

5.9.3　直齿圆锥齿轮的几何尺寸计算

由于圆锥齿轮的大端参数为标准值，因此在计算圆锥齿轮的几何尺寸时，是以其大端的尺寸为计算基准。如图 5 – 31 所示，直齿圆锥齿轮的几何尺寸计算如下：

$$d = mz$$

$$d_a = d + 2h_a\cos\delta$$

$$d_f = d - 2h_f\cos\delta$$

$$\theta_a = \arctan\frac{h_a}{R}$$

$$\theta_f = \arctan\frac{h_f}{R}$$

$$\delta_a = \delta + \theta_a$$

$$\delta_f = \delta - \theta_f$$

$$i_{12} = \frac{\omega_1}{\omega_2} = \frac{z_2}{z_1} = \frac{d_2}{d_1} = \frac{\sin\delta_2}{\sin\delta_1}$$

当 $\Sigma = \delta_1 + \delta_2 = 90°$，$i_{12} = \tan\delta_2$

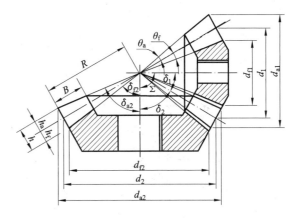

图 5 – 31　直齿圆锥齿轮的几何尺寸

式中，θ_a、θ_f 分别为齿顶角和齿根角，

δ 为分度圆锥角，δ_a、δ_f 分别为顶锥角和根锥角。对于直齿圆锥齿轮的几何尺寸计算应注意其齿顶圆和齿根圆以及传动比的不同。

5.10　蜗杆蜗轮机构

5.10.1　螺旋齿轮传动

螺旋齿轮机构

螺旋齿轮传动又称交错轴斜齿轮传动，如图 5 – 1（g）所示。就单个齿轮而言，螺旋齿轮与斜齿轮完全相同，但其传动时与斜齿轮传动就有较大区别。其传动的两齿轮齿廓相同，但两轮螺旋角大小可以不等，旋向可以相同或相反。其次，螺旋齿轮机构齿面之间是点接触，接触应力高，且齿面沿螺旋线方向还存在相当大的滑动，功率损失大。因此它主要用于小功率传动。螺旋齿轮机构的啮合原理在渐开线圆柱齿轮齿面加工中有广泛应用，例如在滚齿加工、剃齿加工等。

（1）正确啮合条件

螺旋齿轮传动时其轮齿是在法面内啮合的，所以它的正确啮合条件为：两齿轮的法面模数和分度圆上的压力角分别相等且为标准值，即

$$\left.\begin{array}{l} m_{n1} = m_{n2} = m \\ \alpha_{n1} = \alpha_{n2} = \alpha \end{array}\right\} \tag{5 – 44}$$

由式（5 – 37）可知，当 $\beta_1 \neq \beta_2$ 时，两齿轮的端面模数不等，端面的参数也就不等，这是螺旋齿轮的又一特点。

（2）几何参数和尺寸计算

螺旋齿轮机构标准安装时，节圆柱与分度圆柱重合，两轮的节圆柱面相切于点 P，位于两交错轴的公垂线上。该公垂线的长度即为螺旋齿轮机构的中心距 a，如图 5 – 32（b）所示，即

$$a = r_1 + r_2 = \frac{m_n}{2}\left(\frac{z_1}{\cos\beta_1} + \frac{z_2}{\cos\beta}\right) \tag{5 – 45}$$

可见，螺旋齿轮传动的中心距 a 可以通过改变两齿轮的螺旋角 β_1 和 β_2 的方法调整。过

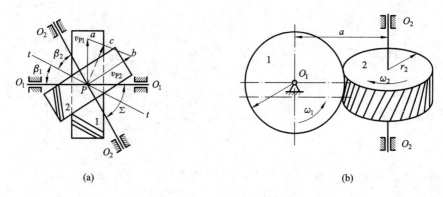

图 5 - 32　螺旋齿轮传动

节点 P 作两分度圆柱的公切面。两齿轮轴线在此公切面上投影的夹角称为两轴的交错角，用 Σ 表示，交错角 Σ 与两齿轮的螺旋角的关系为

$$\Sigma = |\beta_1 + \beta_2| \tag{5-46}$$

如螺旋方向相同，β_1 和 β_2 代入同号；螺旋方向相反，则 β_1 和 β_2 代入异号。若 $\Sigma = 0$，则 $\beta_1 = -\beta_2$，螺旋齿轮传动变为斜齿圆柱齿轮传动。因此，斜齿圆柱齿轮传动是螺旋齿轮传动的特例。

其他几何参数和尺寸计算与斜齿轮完全相同。

（3）传动比和从动轮的转向

设螺旋齿轮传动的两轮齿数分别为 z_1 和 z_2，及 $z = \dfrac{d}{mt} = \dfrac{d\cos\beta}{m_n}$，所以：

$$i_{12} = \frac{\omega_1}{\omega_2} = \frac{z_2}{z_1} = \frac{d_2\cos\beta_2}{d_1\cos\beta_1} \tag{5-47}$$

即螺旋齿轮的传动比是与分度圆的直径和螺旋角的乘积成反比。

螺旋齿轮传动中从动轮的转向，可根据速度向量图解法来确定，如图 5 - 32(a)所示，两轮分度圆柱的切点为 P，两轮齿在点 P 处的切线为 $t - t$。设齿轮 1 为主动轮，齿轮 2 为从动轮，两轮在 P 点处的绝对速度分别为 v_{P_1} 和 v_{P_2}。由相对运动原理可知

$$v_{P_2} = v_{P_1} + v_{P_2 P_1} \tag{5-48}$$

式(5 - 48)中，v_{P_1} 的大小和方向已知，v_{P_2} 和 $v_{P_2 P_1}$ 的方向已知（指向未知），因此可以求得 v_{P_2} 的大小和方向（指向），从而得知从动轮 2 的转向。

（4）螺旋齿轮传动的主要优缺点

① 选用螺旋齿轮传动可以实现两轴在空间交错成任意角度的传动。改变螺旋角方向可以改变从动轴转向。

② 在传动比较大的条件下，可适当选择两轮螺旋角，使两轮分度圆接近，强度接近。

③ 两轮啮合时，两齿廓是点接触，沿齿高方向和齿长方向都存在相当大的相对滑动。因此，螺旋齿轮轮齿磨损较快，传动的机械效率较低。

④ 螺旋齿轮传动时同样也会产生轴向力，从而使结构设计复杂。

螺旋齿轮传动不适于高速大功率的传动，通常仅用于仪表或载荷不大的辅助传动中。

126

5.10.2 蜗杆蜗轮传动

蜗杆蜗轮传动也是用来传递空间交错轴之间运动和动力的齿轮机构,如图 5-1(h)所示,最常用于轴的交错角 $\Sigma = \beta_1 + \beta_2 = 90°$ 的情况。它具有传动比大,结构紧凑,传动平稳等优点,因此,在各种机械和仪器中得到广泛的应用。

蜗轮蜗杆

(1)蜗杆蜗轮形成

若将螺旋齿轮机构中的小齿轮齿数减少到一个或很少几个,分度圆直径也减小,并将螺旋角 β_1 和齿宽 B 增大,这时轮齿将绕在分度圆柱上,形成连续不断的螺旋齿,形状如螺杆,这就是蜗杆;将大齿轮的螺旋角 β_2 减小,齿数增加,使分度圆直径较大,即为齿数较多的斜齿轮,称为蜗轮,如图 5-33 所示。蜗杆蜗轮可以看成是由螺旋齿轮机构演化而来的。

与螺旋齿轮相同,蜗杆蜗轮传动时其齿廓的啮合为点接触。为了改善接触情况,将蜗轮圆柱表面的母线制成圆弧形,部分包住蜗杆,用与蜗杆形状相似,齿顶高比蜗杆齿顶高多出一个顶隙的蜗轮滚刀来加工蜗轮。蜗杆蜗轮间啮合便可得

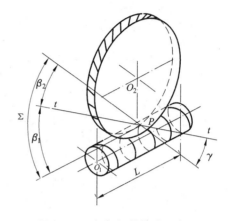

图 5-33 蜗杆蜗轮传动示意图

到线接触,接触应力降低,承载能力提高。蜗轮的齿廓形状由蜗杆齿廓形状决定,所以蜗杆的齿形不同,蜗轮的齿形则不同。常见的蜗杆是圆柱形,最常用的是阿基米德蜗杆。此外,还有渐开线蜗杆和圆弧齿蜗杆等。

(2)导程角

导程角用 γ 表示。导程角 γ 为蜗杆螺旋角的余角,当 $\Sigma = 90°$ 时,γ 数值上等于蜗轮的螺旋角 β_2。设蜗杆的齿数(又称为头数)为 z_1,导程为 l,轴向齿

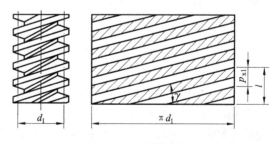

图 5-34 蜗杆展开图

距为 p_{x1},分度圆直径为 d_1,将蜗杆沿分度圆柱面展开,如图 5-34 所示。由图可知:

$$\tan\gamma = \frac{l}{\pi d_1} = \frac{z_1 p_{x1}}{\pi d_1} = \frac{mz_1}{d_1} \tag{5-49}$$

导程角 γ 的大小与蜗杆蜗轮传动的效率关系极大,γ 越大效率越高,显然增加蜗杆齿数可以提高传动效率,国家标准(GB1085—1988)规定蜗杆的齿数只能在 1、2、4、6 四个数字中选一,实际中常取 $z_1 = 1$、2。因此,蜗杆蜗轮传动的效率是较低的。由机械自锁的概念可知,当 γ 小于蜗杆蜗轮啮合时轮齿之间的当量摩擦角 φ_v 时,机构将具有反向自锁性。

(3)正确啮合条件

阿基米德蜗杆在其轴剖面上齿廓为直线,在轮齿法向截面上为外凸曲线齿形,在端面上的齿形为阿基米德螺旋线。这种蜗杆可以采用车削方法加工,制造方便,故其应用最广泛。

图 5 – 35 为阿基米德蜗杆与蜗轮的啮合情况，垂直于蜗轮轴线并包含蜗杆轴线的剖面称为主平面，在主平面内蜗杆与蜗轮的啮合，相当于齿条与齿轮的啮合。蜗杆蜗轮以主平面的参数为标准值，其几何尺寸的计算也以主平面内的计算为基准，因此蜗杆蜗轮正确啮合的条件是：蜗杆与蜗轮在主平面内的模数和压力角分别相等，且为标准值。蜗轮的端面模数 m_{t2} 和端面压力角 α_{t2} 分别等于蜗杆的轴面模数 m_{x1} 和轴面压力角 α_{x1}，即：

$$\left.\begin{array}{l} m_{t2} = m_{x1} = m \\ \alpha_{t2} = \alpha_{x1} = \alpha \end{array}\right\} \tag{5-50}$$

当 $\sum = 90°$ 时，$\gamma_1 = \beta_2$，而且蜗轮与蜗杆旋向相同。

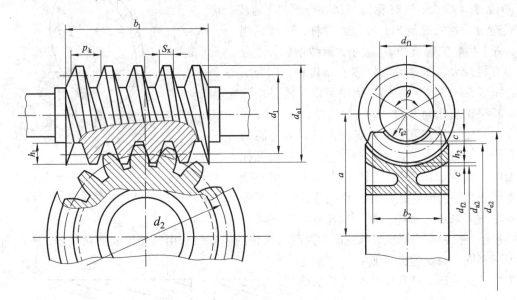

图 5 – 35　蜗轮蜗杆啮合图

（4）蜗杆分度圆直径和直径系数。

加工蜗轮时，是用与蜗杆相当的滚刀来切制的，蜗轮滚刀的齿形参数和分度圆直径必须与相应的蜗杆相同。从式（5 – 49）可知，即使是对于同一模数和齿数的蜗杆，其分度圆直径也可能不同。为了限制蜗轮滚刀的数量，国家标准规定蜗杆的分度圆直径系列，且与其模数相对应，并令 $q = \dfrac{d_1}{m}$，q 称为蜗杆的直径系数。部分 d_1 与 m 对应的标准系列见表 5 – 4。

表 5 – 4　蜗杆分度圆直径与对应的模数　　　　　　　　　　　　　　　mm

模数 m	2	2.5	3.154	5	6.3	8	10
分度圆直径 d_1	(18)	(22.4)	(28)	(31.5)	(40)	(50)	(63)	(71)
	22.4	28	35.5	40	50	63	80	90
	(28)	(35.5)	(45)	(50)	(63)	(80)	(100)	(112)
	35.5	45	56	71	90	112	140	160

注：摘自 GB10085—1988，括号中的数字尽可能不采用。

128

（5）蜗杆蜗轮传动的中心距

$$a = \frac{d_1 + d_2}{2} = \frac{m}{2}(q + z_2) \qquad (5-51)$$

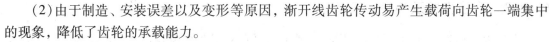

其它齿轮机构

5.11 其他齿轮传动简介

渐开线作为齿廓曲线有许多优点，但也存在一些固有的缺陷，主要有：

（1）在尺寸一定的条件下，渐开线齿廓曲线的曲率半径相对较小，齿轮的承载能力难以再大幅度提高。

（2）由于制造、安装误差以及变形等原因，渐开线齿轮传动易产生载荷向齿轮一端集中的现象，降低了齿轮的承载能力。

（3）渐开线齿轮传动由于两轮齿廓在不同位置啮合时，齿面间的相对滑动速度不同，因而使齿廓各部分的磨损不均匀。

因此人们一直在研究新的齿廓曲线。

5.11.1 圆弧齿轮传动

如图 5-36 所示，圆弧齿轮的端面齿廓或法面齿廓为圆弧。其中，小齿轮的齿廓为凸圆弧，而大齿轮的齿廓为凹圆弧[图 5-36(b)]。这种齿轮的轮齿必须是斜齿。

圆弧齿轮传动的优点：

（1）承载能力强 在尺寸和材料相同的条件下，综合曲率半径大，且齿廓凹凸结合，其承载能力是渐开线齿轮的 1.5~2 倍。

（2）对制造误差和变形不敏感。

（3）结构紧凑 圆弧齿轮没有根切问题，径向尺寸可以更小。

圆弧齿轮传动的缺点：

（1）对安装精度要求高。

（2）轴向尺寸相对较大。

（3）凹、凸齿面要用两把刀具来加工。

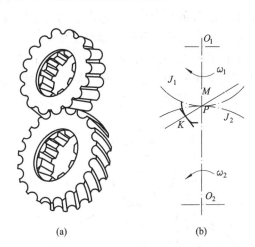

(a)   (b)

图 5-36 圆弧齿轮传动

为了克服上述缺点，近年来采用了一种双圆弧齿轮，如图 5-37 所示，相互啮合的一对齿轮其齿顶均为凸圆弧，而齿根均为凹圆弧。大、小齿轮只需一把刀具加工。双圆弧齿轮传动目前已在高速大动力传动中广泛应用。

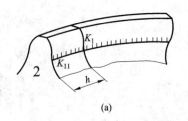
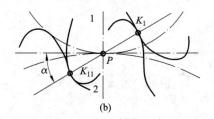

(a)　　　　　　　　　　　　　　(b)

图 5 – 37　双圆弧齿轮传动

5.11.2　摆线齿轮及钟表齿轮传动

在仪表和钟表传动中,尤其在增速传动时,也常采用摆线齿轮传动,其齿廓由内、外摆线组成(图 5 – 38)。

摆线齿轮传动与渐开线齿轮传动相比有如下优点:

(1)相互啮合的两齿面为一凹一凸,故接触应力小(节点处啮合例外)。

(2)重合度较大,传动效率高(尤其在增速传动中)。

(3)不产生根切的最少齿数小(只有 6 齿),故机构可以更为紧凑。

有如下缺点:

(1)传动精度不及渐开线齿轮传动,两轮的中心距必须十分准确,否则不能保证定传动比。

(2)由于啮合角是变化的,故齿廓间的作用力也是变化的。

(3)精度要求较高,但制造却不易精确。

由于上述的缺点,摆线齿轮目前主要用于钟表和某些特殊仪表的增速传动中。

由于摆线加工较困难,在要求不高的齿轮传动中,为便于制造,常用圆弧代替摆线。

图 5 – 39 为三种圆弧齿廓的小齿轮齿形,这种齿轮主要用于钟表传动中,故称之为钟表齿轮。

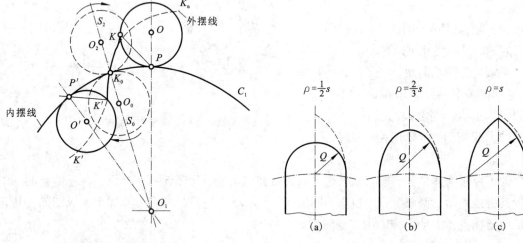

图 5 – 38　摆线的形成　　　　　　　图 5 – 39　用于钟表的圆弧齿廓齿形

5.11.3　简易齿轮传动

如图 5 – 40 所示为简易齿轮,简易齿轮结构简单,一般可以冲压或注塑成形,制造方便,成本低廉;但其承载能力小,传动精度低,常用于受力不大,传动精度要求不高的场合,如办公用品、玩具、廉价钟表等。

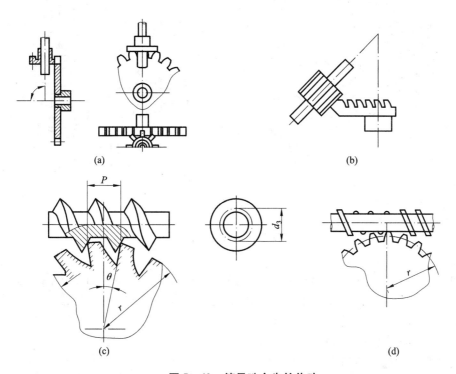

图 5 – 40　简易啮合齿轮传动

5.11.4　面齿轮传动

面齿轮传动是一种圆柱齿轮与圆锥齿轮相啮合的齿轮传动,用于两轮轴线相交的传动,当两轮轴线正交即轴夹角 = 90°时,圆锥齿轮的轮齿将分布在一个圆平面上,锥齿轮即为面齿轮,从而泛称为面齿轮传动。其传动原理如图 5 – 41 所示。

由于面齿轮传动具有承载能力高,重量轻(约为传统齿轮传动的 60%)和振动小、噪音低等优点,故常用于高速重载,如航空动力传输等场合。但由于受根切和齿顶变尖的限制,面齿轮的齿宽不能设计得太宽,从而使面齿轮的承载能力受到了影响。

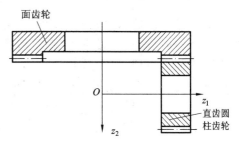

图 5 – 41　面齿轮传动

5.11.5 球齿轮传动

球齿轮是依靠分布在两个节球面上的凸齿与凹齿相互接触来传递运动的(图5-42),具有传动灵活的优点;但也存在着承载能力低、加工难度大的缺点。

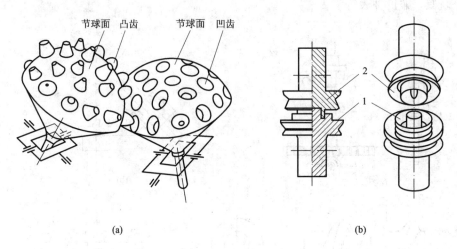

图5-42 球齿轮传动

在一对球齿轮啮合过程中,两轮齿廓始终是点接触,两个球齿轮沿任何方向都能进入啮合状态,即两节球可实现沿任意方向的纯滚动,两轮极轴能作全方位的相对摆动。

球齿轮传动具有两个自由度,可以传递二维回转运动。由于二维运动特性正是自然界中绝大多数生物运动关节所共有的,所以人们首先想到的是用球齿轮传动来作为仿生机械中的关节机构,如著名的Trallfa喷漆机器人柔性手腕机构。

5.11.6 余弦齿廓齿轮传动

余弦齿廓齿轮是以余弦曲线的零线为节线,以余弦曲线的一个周期为齿距,以余弦曲线的幅值为齿顶高构建而成。其齿顶部分与渐开线齿轮基本接近,而齿根部分,齿厚明显大于渐开线齿轮。啮合的重合度在1.1~1.3之间。啮合原理如图5-43所示。

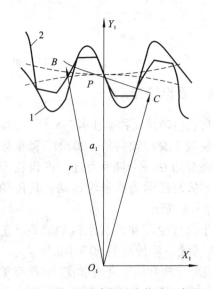

图5-43 余弦齿轮啮合传动示意图

余弦齿轮具有齿数少,单级传动比大,强度高,相对滑动小等特点。目前有应用在齿轮泵领域的研究实例,证明在一定程度上可缓解齿轮泵的困油现象。

思考题与练习题

1. 如题图 5-1 所示，C、C'、C'' 为由同一基圆上所生成的几条渐开线。试证明其任意两条渐开线（不论是同向的还是反向的）沿公法线方向对应两点之间的距离处处相等。

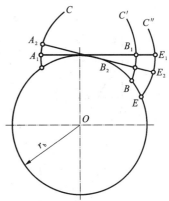

题图 5-1

2. 渐开线具有哪些重要的性质？渐开线齿轮传动具有哪些优点？

3. 何谓重合度？重合度的大小与齿数 z、模数 m、压力角 α、齿顶高系数 h_{a*}、顶隙系数 c^* 及中心距 a 之间有何关系？

4. 齿轮传动要匀速、连续、平稳地进行必须满足哪些条件？

5. 节圆与分度圆、啮合角与压力角有什么区别？

6. 何谓标准齿轮？何谓标准齿轮传动？标准齿轮传动有何特点？

7. 齿轮齿条啮合传动有何特点？为什么说无论齿条是否标准安装，啮合线的位置都不会改变？

8. 试问当渐开线标准齿轮的齿根圆与基圆重合时，其齿数应为多少？试分析齿轮的基圆和齿根圆随齿数的变化规律。

9. 何谓根切？根切产生的原因是什么？有何危害？如何避免？

10. 齿轮为什么要进行变位修正？齿轮变位前后，其参数 z、m、α、h_a、h_f、d、d_a、d_f、d_b、s、e 有无变化？如何变化？

11. 变位齿轮传动有哪些类型？各具有哪些特点？各用于何种场合？

12. 为什么斜齿轮的标准参数要规定在法面上，而其几何尺寸却要按端面来计算？

13. 斜齿轮传动具有哪些特点？什么是斜齿轮的当量齿轮？为什么要提出当量齿轮的概念？当量齿数与实际齿数的关系如何？

14. 在模数、齿数、传动比不变的情况下，有哪些方法可以调整齿轮传动的中心距？

15. 平行轴和交错轴斜齿轮传动（螺旋齿轮传动）有哪些异同点？

16. 何谓蜗杆传动的中间平面？蜗杆传动的正确啮合条件是什么？

17. 试确定如图 5-2(a) 所示传动中蜗轮的转向，及题图 5-2(b) 所示传动中蜗杆和蜗轮的螺旋线的旋向。

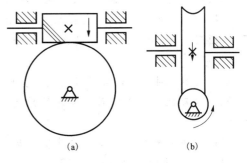

(a) (b)

题图 5-2

18. 什么是直齿锥齿轮的背锥和当量齿轮？一对锥齿轮大端的模数和压力角分别相等是否是其能正确啮合的充要条件？

19. 如题图 5-3 所示，测量齿轮公法线长度是检验渐开线齿轮精度的常用方法之一。试问：(1) 用卡尺的卡脚与齿廓的切点（测点）在齿轮的分度圆附近，跨测齿数应为多少？(2) 当

跨测齿数为 k 时,对于渐开线标准齿轮其公法线的长度 L_k 应为多少? (3) 在测定一个模数未知的齿轮的模数时,为什么常用跨测 k 个齿和 $(k-1)$ 个齿的公法线长度差来确定?

20. 在题图 5-4 中,已知基圆半径 $r_b = 50$ mm,现需求:

(1) 当 $r_K = 65$ mm 时,渐开线的展角 θ_K、渐开线的压力角 α_K 和曲率半径 ρ_K。

(2) 当 $\theta_K = 5°$ 时,渐开线的压力角 α_K 及向径 r_K 的值。

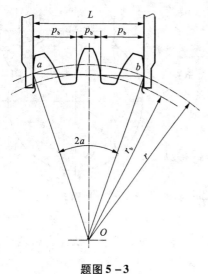

题图 5-3   题图 5-4

21. 一渐开线标准直齿圆柱齿轮,$z=40$,$m=5$ mm,$\alpha=20°$,求该齿轮的分度圆、基圆,齿顶圆直径以及 $d_K=205$ mm 上的曲率半径 ρ_K 和压力角 α_K。

22. 一渐开线标准直齿圆柱齿轮,$z=26$,$m=3$ mm,$\alpha=20°$,求齿廓曲线在齿顶圆的压力角 α_a,齿顶圆直径 d_a,分度圆曲率半径 ρ 和齿顶圆曲率半径 ρ_a。

23. 一标准直齿圆柱齿轮,齿数 $Z=35$,模数 $m=4$,$\alpha=20°$,求此齿轮的分度圆直径,齿顶圆直径,齿根圆直径,基圆直径,齿顶圆压力角、齿根圆压力角、齿厚和齿槽宽。

24. 一对外啮合标准直齿圆柱齿轮,$m=3$,$z_1=21$,$z_2=45$,试求这对齿轮的分度圆直径、齿顶圆直径、齿根圆直径、基圆直径、中心距、齿顶高、齿根高、径向间隙、分度圆周节、齿厚和齿槽宽。

25. 已知一对外啮合标准直齿圆柱齿轮传动的模数 $m=5$ mm,压力角 $\alpha=20°$,中心距 $a=350$ mm,传动比 $i_{12}=9/5$,试求两轮的齿数、分度圆直径、齿顶圆直径、基圆直径以及分度圆上的齿厚和齿槽宽。

26. 已知一对外啮合标准直齿圆柱齿轮传动的中心距 $a=160$ mm,齿数 $z_1=20$,$z_2=60$,试求两轮的传动比、模数和分度圆直径。

27. 设有一对外啮合齿轮的 $z_1=30$,$z_2=40$,$m=20$ mm,$\alpha=20°$,$h_a^*=1$。试求当 $a'=725$ mm 时,两轮的啮合角 α'。又当啮合角 $\alpha'=22°30'$ 时,试求其中心距 a'。

28. 已知一对外啮合变位齿轮传动的 $Z_1=11$,$Z_2=45$,$m=3$ mm,$a'=85$ mm,试设计这对齿轮。

29. 已知一渐开线标准直齿圆柱齿轮,$z=36$,$m=4$ mm,$\alpha=20°$,试计算其固定弦齿厚和

134

公法线长度。

30. 已知一对外啮合标准直齿圆柱齿轮传动的 $\alpha = 20°$、$m = 5$ mm、$z_1 = 19$、$z_2 = 42$,试求其重合度。问:当有一对轮齿在节点 P 处啮合时,是否还有其他轮齿也处于啮合状态? 又当一对轮齿在 $B1$ 点处啮合时,情况又如何?

31. 有一对外啮合渐开线直齿圆柱齿轮传动。已知 $Z_1 = 17$, $Z_2 = 118$,$m = 5$ mm,$\alpha = 20°$,$h_{a*} = l$, $c* = 0.25$, $a' = 337.5$ mm。现发现小齿轮已严重磨损,拟将其报废。大齿轮磨损较轻(沿分度圆齿厚两侧的磨损量为 0.75 mm),拟修复使用,并要求所设计的小齿轮的齿顶厚尽可能大些,问应如何设计这一对齿轮?

32. 在某设备中有一对直齿圆柱齿轮,已知 $Z_1 = 26$,$i_{12} = 5$,$m = 3$ mm,$\alpha = 20°$,$h_{a*} = 1$,齿宽 $B = 50$ mm。在技术改造中,为了改善齿轮传动的平稳性,降低噪声,要求在不改变中心距和传动比的条件下,将直齿轮改为斜齿轮,试确定斜齿轮的 Z'_1、Z'_2、mn、β,并计算其重合度。

33. 在一机床的主轴箱中有一发现渐开线标准直齿圆柱齿轮损坏,需要更换。经测量,其压力角 $\alpha = 20°$,齿数 $z = 40$,齿顶圆直径 $d_a = 83.82$ mm,跨 5 齿的公法线长度 $L_5 = 27.512$ mm,跨 6 齿的公法线长度 $L_6 = 33.426$ mm。试确定这个齿轮的模数。

34. 设已知一对斜齿轮传动的 $z_1 = 20$,$z_2 = 40$,$m_n = 8$ mm,$\beta = 15°$(初选值),$B = 30$ mm,$h_{a*} = 1$。试求 a(应圆整,并精确重算 β)、r 及 z_{v1}、及 z_{v2}。

35. 已知一对直齿锥齿轮的 $z_1 = 27$,$z_2 = 43$,$m = 3$ mm,$h_{a*} = 1$,$\sum = 90°$。试确定这对锥齿轮的几何尺寸。

36. 一蜗轮的齿数 $z_2 = 40$,$d_2 = 200$ mm,与一单头蜗杆啮合,试求:

(1)蜗轮端面模数 m_{t2} 及蜗杆轴面模数 m_{x1};

(2)蜗杆的轴面齿距 p_{x1} 及导程 l;

(3)两轮的中心距 a;

(4)蜗杆的导程角 γ_1、蜗轮的螺旋角 β_2。

第6章
齿轮系及其设计

【概述】

◎本章重点介绍了轮系的分类及定轴轮系、周转轮系、复合轮系传动比的计算，并简要介绍了轮系的功用、效率、设计及其他类型行星传动。

◎通过本章学习，要求熟练掌握定轴轮系、周转轮系、复合轮系传动比的计算方法；掌握轮系的分类和设计方法；了解各类轮系的功用、效率计算及其他类型行星传动。

6.1 轮系的类型

在第 5 章中已详细研究了一对齿轮的啮合原理和有关几何尺寸的计算。但在工程实际中，为了增速、减速、变速等，常需要用一系列相互啮合的齿轮把输入轴和输出轴连接起来，这种由一系列相互啮合的齿轮组成的传动系统称为轮系。

根据轮系运动时其各轮轴线的位置是否固定，可以将轮系分为三类。

6.1.1 定轴轮系

定轴齿轮

轮系运转时，若各轮轴线的位置都是固定不动的，则称为定轴轮系。如图 6 - 1 所示。定轴轮系又分为平面定轴轮系和空间定轴轮系。由平面齿轮机构组成的定轴轮系称为平面定轴轮系，如图 6 - 1(a)所示；除了包含平面齿轮机构外，还包含有空间齿轮机构的这种定轴轮系称为空间定轴轮系，如图 6 - 1(b)所示。

6.1.2 周转轮系

当轮系运动时，凡至少有一个齿轮的轴线是绕另一个齿轮的轴线转动的，这种轮系称为周转轮系。如图 6 - 2 所示的轮系中，齿轮 1、3 和构件 H 分别绕互相重合的固定轴线转动，而齿轮 2 的转轴装在构件 H 的端部，并与齿轮 1、3 相啮合，在构件 H 的带动下，它可以绕齿轮 1、3 的轴线作周转。由于齿轮 2 既绕自己的轴线作自转，又绕齿轮 1、3 的轴线作公转，犹如行星绕太阳运行一样，故称其为行星轮，支撑行星轮 2 的构件 H 称为行星架或系杆，与行星轮 2 相啮合且绕固定轴线转动的齿轮 1、3 称为中心轮。在周转轮系中，由于一般都以中心轮和行星架作为运动的输入和输出构件，故又常称它们为周转轮系的基本构件。基本构件都是绕着同一固定轴线回转的。

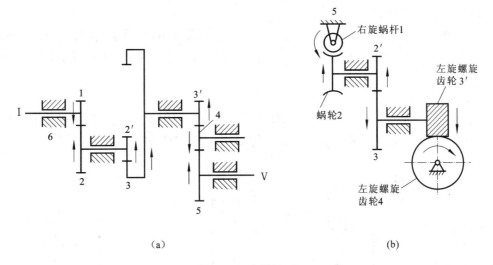

（a）　　　　　　　　　　　　　　（b）

图 6-1　定轴轮系

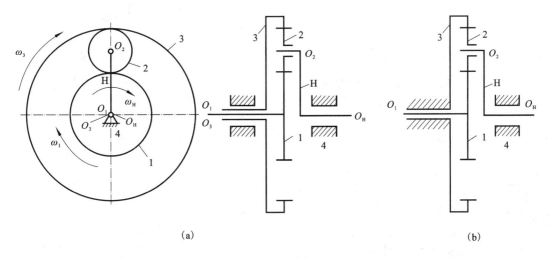

（a）　　　　　　　　　　　　　　（b）

图 6-2　周转轮系

　　综上所述，一个周转轮系必定具有一个行星架，一个或固连的几个行星齿轮，以及与行星齿轮相啮合的中心齿轮。这种周转轮系称为基本周转轮系。

　　根据周转轮系所具有的自由度的数目不同，周转轮系可分为下列两类。

　　（1）差动轮系

　　如图 6-2 所示轮系中，中心轮 1 和 3 都是活动的，该轮系的自由度为 2，这种自由度为 2 的周转轮系称为差动轮系。

　　（2）行星轮系

　　如图 6-2（b）所示轮系中，若将中心轮 3（或 1）固定不动，该轮系的自由度为 1，这种自由度为 1 的周转轮系称为行星轮系。

周转轮系

根据周转轮系中基本构件的不同，周转轮系还可以分为下列两类．

（1）2K－H型周转轮系

它是由两个中心轮（2K）和一个行星架（H）组成。如图6－3所示是2K－H型周转轮系的几种不同形式，其中（a）为单排形式（行星轮只有一个），（b）和（c）为双排形式（行星轮为双联齿轮）。

（2）3K型周转轮系

它是由三个中心轮（3K）和一个行星架组成的，行星架H仅起支撑行星轮使其与中心轮保持啮合的作用，不起传力作用，故在轮系的型号中不含"H"，如图6－4所示。

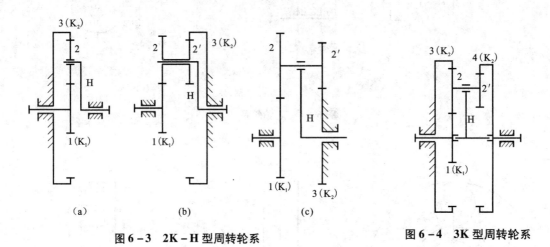

| (a) | (b) | (c) |

图6－3　2K－H型周转轮系　　　　　　　　　　图6－4　3K型周转轮系

6.1.3　复合轮系

复合轮系

在工程实际中，除了采用单一的定轴轮系和单一的基本周转轮系外，还广泛采用既包括定轴轮系又包括基本周转轮系、或由几个基本周转轮系所组成的复杂轮系，我们把这种轮系称为复合轮系或混合轮系。如图6－5所示的复合轮系中，中心轮1和3、行星轮2和行星架H组成一个差动轮系；而齿轮1′、5、4′、4和3′组成定轴轮系。

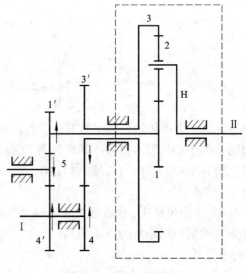

图6－5　复合轮系

6.2 轮系传动比的计算

所谓轮系的传动比,指的是轮系中输入轴与输出轴的角速度(或转速)之比。例如设 A 轴为轮系的输入轴,B 轴为轮系的输出轴,则该轮系的传动比 $i_{AB} = \dfrac{\omega_A}{\omega_B} = \dfrac{n_A}{n_B}$。传动比的确定包括计算传动比的大小和确定输入轴和输出轴的转向关系。

6.2.1 定轴轮系的传动比

1.传动比大小的计算

如图 6-1(a)所示为一定轴轮系,设 Ⅰ 轴为输入轴,Ⅴ 轴为输出轴,各轮的角速度和齿数分别用 ω_1、ω_2、$\omega_{2'}$、ω_3、$\omega_{3'}$、ω_4、ω_5 和 z_1、z_2、$z_{2'}$、z_3、$z_{3'}$、z_4、z_5 表示。轮系中各对齿轮的传动比的大小为:

由前面齿轮机构的知识可知,一对齿轮的传动比:

$$i_{12} = \frac{\omega_1}{\omega_2} = \frac{z_2}{z_1}, \qquad i_{2'3} = \frac{\omega_{2'}}{\omega_3} = \frac{z_3}{z_{2'}},$$

$$i_{3'4} = \frac{\omega_{3'}}{\omega_4} = \frac{z_4}{z_{3'}}, \qquad i_{45} = \frac{\omega_4}{\omega_5} = \frac{z_5}{z_4}$$

将以上各式等号两边分别连乘后得:

$$i_{12} \cdot i_{2'3} \cdot i_{3'4} \cdot i_{45} = \frac{\omega_1 \omega_{2'} \omega_{3'} \omega_4}{\omega_2 \omega_3 \omega_4 \omega_5} = \frac{z_2 z_3 z_4 z_5}{z_1 z_{2'} z_{3'} z_4} = \frac{z_2 z_3 z_5}{z_1 z_{2'} z_{3'}}$$

式中 $\omega_{2'} = \omega_2$,$\omega_{3'} = \omega_3$,故

$$i_{15} = i_{12} \cdot i_{2'3} \cdot i_{3'4} \cdot i_{45} = \frac{\omega_1 \omega_{2'} \omega_{3'} \omega_4}{\omega_2 \omega_3 \omega_4 \omega_5} = \frac{z_2 z_3 z_4 z_5}{z_1 z_{2'} z_{3'} z_4} = \frac{z_2 z_3 z_5}{z_1 z_{2'} z_{3'}}$$

上式表明:定轴轮系的传动比等于组成该轮系的各对啮合齿轮传动比的连乘积;其大小等于各对啮合齿轮中所有从动轮齿数的连乘积与所有主动轮齿数的连乘积之比。

综上所述,设 A 轴为定轴轮系的输入轴,B 轴为轮系的输出轴,则定轴轮系传动比计算的一般公式为:

$$i_{AB} = \frac{\omega_A}{\omega_B} = \frac{\text{所有各对齿轮的从动齿轮齿数的乘积}}{\text{所有各对齿轮的主动齿轮齿数的乘积}} \qquad (6-1)$$

另外,从图 6-1(a)可以看出,齿轮 4 同时与齿轮 3′ 和齿轮 5 相啮合,它既是前一对齿轮的从动轮,又是后一对齿轮的主动轮,故其齿数 z_4 在式(6-1)的分子、分母中可同时约去,表明齿轮 4 的齿数不影响传动比的大小,这种齿轮通称为惰轮。惰轮虽然不影响传动比的大小,但却可以改变传动方向,在生产实际中经常采用。

2.转动方向的确定

(1)平面定轴轮系

由于平面定轴中各轮的轴线都是平行的,故其转向关系可以用"+"、"-"来表示,"+"表示转向相同,"-"表示转向相反。一对内啮合圆柱齿轮传动两轮的转向相同,不影响轮系传动比的符号,而一对外啮合圆柱齿轮传动两轮的转向相反,故如果轮系中有 m 次外啮合,

则从输入轴到输出轴，其角速度方向应经过 m 次变号，因此这种轮系传动比的符号可用 $(-1)^m$ 来判定。如图 $6-1(a)$ 所示的轮系中，$m=3$，因此

$$i_{15}=i_{12}\cdot i_{2'3}\cdot i_{3'4}\cdot i_{45}=\frac{\omega_1\omega_{2'}\omega_3\omega_4}{\omega_2\omega_3\omega_4\omega_5}=(-1)^3\frac{z_2z_3z_4z_5}{z_1z_{2'}z_{3'}z_4}=-\frac{z_2z_3z_5}{z_1z_{2'}z_{3'}}$$

上式中"–"说明输出轴 V 与输入轴 I 转动方向相反。

平面定轴轮系传动比的正、负号也可以用画箭头的方法来确定，如图 $6-1(a)$ 所示。

空间定轴轮系

（2）空间定轴轮系

由于空间定轴轮系中包含有轴线不平行的空间齿轮机构，因此，不能说两轮的转向是相同还是相反，这种轮系中各轮的转向必须在图上用箭头表示，不能用 $(-1)^m$ 来判定。

当空间定轴轮系首、末两轮的轴线平行时，需要先通过画箭头判断两轮的转向后，再在传动比计算式前加"+"、"–"号。例如：图 $6-1(b)$ 所示轮系的传动比为

$$i_{14}=\frac{\omega_1}{\omega_4}=-\frac{z_2z_3z_4}{z_1z_{2'}z_{3'}}$$

当空间定轴轮系首、末两轮的轴线不平行时，在传动比计算式中不加符号，但必须在图中用箭头表示各轮的转向。例如：图 $6-6$ 所示轮系的传动比的大小为

$$i_{14}=\frac{\omega_1}{\omega_4}=\frac{z_2z_3z_4}{z_1z_{2'}z_{3'}}$$

各轮转向如图 $6-6$ 所示。

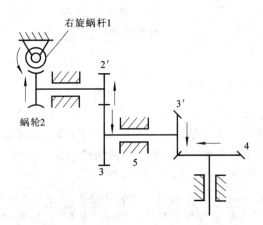

图 $6-6$　首末两轮轴线不平行的空间定轴轮系

6.2.2　周转轮系的传动比

轮系转化

在周转轮系中，由于其行星轮的运动不是绕固定轴线的简单运动，所以周转轮系各构件间的传动比不能直接用求解定轴轮系传动比的方法来求。为了解决周转轮系的传动比计算问题，应当设法将周转轮系转化为定轴轮系，也就是设法让行星架固定不动。由相对运动原理可知，如果给整个周转轮系加上一个公共的角速度 $-\omega_H$ 之后，各构件之间的相对运动关系并不改变，但行星架的角

速度就变成了 $\omega_H - \omega_H = 0$，即行星架就变成固定不动。此时，整个周转轮系便转化为一个假想的定轴轮系，通常称此假想的定轴轮系为原周转轮系的转化轮系。

如图 6-7(a) 所示单排 2K-H 型周转轮系，当给整个轮系加上一个 $(-\omega_H)$ 的公共角速度后，其转化轮系如图 6-7(b) 所示，各构件的角速度变化情况如表 6-1 所示。

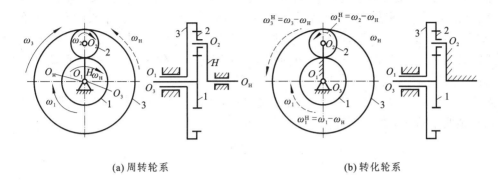

(a) 周转轮系　　　　　　　　　　　　(b) 转化轮系

图 6-7　周转轮系及其转化轮系

表 6-1　周转轮系转化轮系中各构件的角速度

构件	原有角速度	转化轮系中的角速度（即相对于行星架的角速度）
1	ω_1	$\omega_1^H = \omega_1 - \omega_H$
2	ω_2	$\omega_2^H = \omega_2 - \omega_H$
3	ω_3	$\omega_3^H = \omega_3 - \omega_H$
H	ω_H	$\omega_H^H = \omega_H - \omega_H = 0$

由于周转轮系的转化轮系是一个定轴轮系，因此该转化轮系的传动比就可以按照定轴轮系传动比的计算方法来计算。

转化轮系的传动比为

$$i_{13}^H = \frac{\omega_1^H}{\omega_3^H} = \frac{\omega_1 - \omega_H}{\omega_3 - \omega_H} = (-1)^1 \frac{z_2 z_3}{z_1 z_2} = -\frac{z_3}{z_1}$$

式中 i_{13}^H 表示在转化轮系中齿轮 1 与齿轮 3 的传动比，而 i_{13} 表示原周转轮系中齿轮 1 与齿轮 3 的传动比，两者是有区别的；式中齿数比前的"-"表示在转化轮系中齿轮 1 与齿轮 3 的转向相反。

根据上述原理，可写出周转轮之转化轮系中任意两轮的传动比计算公式。设周转轮系中任意两个齿轮 A 和 B（A、B 可以都是中心轮；也可以一个是中心轮，一个是行星轮）的行星架为 H，则其转化轮系的传动比 i_{AB}^H 可表示为

$$i_{AB}^H = \frac{\omega_A^H}{\omega_B^H} = \frac{\omega_A - \omega_H}{\omega_B - \omega_H} \tag{6-2}$$

虽然上式只是求转化轮系的传动比，但不难看出，在已知各轮齿数的情况下，只要给定了 ω_A、ω_B 和 ω_H 三者中任意两个参数，由上式就可以求出第三个参数，从而可以得到周转轮

系 3 个基本构件中任两个构件的传动比 $i_{AB} = \dfrac{\omega_A}{\omega_B}$、$i_{AH} = \dfrac{\omega_A}{\omega_H}$ 和 $i_{BH} = \dfrac{\omega_B}{\omega_H}$。

在利用上式计算周转轮系传动比时,需要注意以下几点。

(1)式(6-2)只适用于转化轮系中齿轮 A、齿轮 B 和行星架 H 轴线平行的情况。

(2)齿数比 $f(z)$ 是带有符号的,其判断方法同定轴轮系一样。即如果转化轮系为平面定轴轮系,则用 $(-1)^m$ 来判定。如果转化轮系为空间定轴轮系,则用画箭头的方法来确定。

(3)ω_A、ω_B 和 ω_H 是周转轮系中各基本构件的实际角速度,三者中必须有两个是已知的,才能求出第三个。若已知的两个转速方向相反,求解时一个代正值,一个代负值,第三个转速的转向,则根据计算结果的"$+$""$-$"号来确定。

对于行星轮系来说,由于其中一个中心轮是固定的,设其中 B 为固定轮,即 $\omega_B = 0$,可直接求出其余两个基本构件之间的传动比,由式 6-2 得

$$i_{AB}^{H} = \frac{\omega_A^H}{\omega_B^H} = \frac{\omega_A - \omega_H}{\omega_B - \omega_H} = \frac{\omega_A - \omega_H}{0 - \omega_H} = 1 - \frac{\omega_A}{\omega_H} = 1 - i_{AH}$$

则
$$i_{AH} = 1 - i_{AB}^{H} \tag{6-3}$$

上式表明:在行星轮系中,活动齿轮 A 对行星架 H 的传动比等于 1 减去行星架固定不动时活动齿轮 A 对原固定中心轮 B 的传动比。

计算实例一

例 6-1 如图 6-8 所示轮系中,已知 $z_1 = z_2 = 30$,$z_3 = 90$;$n_1 = 1$ r/min,$n_3 = -1$ r/min(设逆时针为正)。求行星架的转速 n_H 和传动比 i_{1H}。

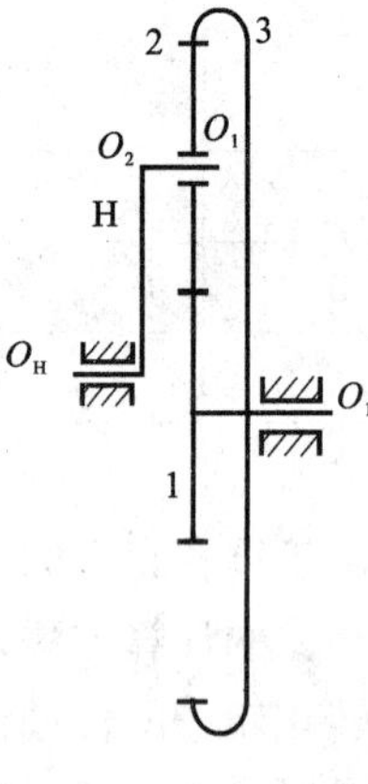

解: 该轮系是由 1、2、3 和 H 组成的差动轮系,根据式(6-2)得

$$i_{13}^{H} = \frac{n_1^H}{n_3^H} = \frac{n_1 - n_H}{n_3 - n_H} = (-1)^1 \frac{z_2 z_3}{z_1 z_2} = -\frac{z_3}{z_1}$$

即
$$\frac{n_1 - n_H}{n_3 - n_H} = \frac{1 - n_H}{-1 - n_H} = -3$$

解得
$$n_H = -0.5 \text{r/min}$$

则传动比 i_{1H} 为

$$i_{1H} = \frac{n_1}{n_H} = \frac{1}{-0.5} = -2$$

图 6-8 例 6-1 的图

其中"$-$"表示 n_H 与 n_1 转向相反。

例 6-2 如图 6-9(a)所示的差速器中,已知 $z_1 = 49$,$z_2 = 42$,$z_{2'} = 18$,$z_3 = 21$;$n_1 = 200$ r/min,$n_3 = 100$ r/min,其转向如图所示。求行星架的转速 n_H。

解: 该差速器是由圆锥齿轮 1、2-2′、3 和行星架 H 所组成的差动轮系,由式(6-2)得

$$i_{13}^{H} = \frac{n_1^H}{n_3^H} = \frac{n_1 - n_H}{n_3 - n_H} = -\frac{z_2 z_3}{z_1 z_{2'}} = -\frac{42 \times 21}{49 \times 18} = -1$$

$$\frac{200 - n_H}{-100 - n_H} = -1$$

解得:$n_H = 50$ r/min。

其结果为正,表明行星架 H 的转向和轮 1 的转向相同。

142

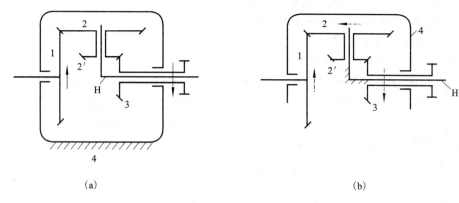

(a)   (b)

图 6-9 例 6-2 的图

注意：式中齿数比前面的"-"号是由图 6-9(b)所示转化轮系中通过画箭头确定的。

例 6-3 如图 6-10 所示为一大传动比减速器，已知 $z_1 = 100$，$z_2 = 101$，$z_{2'} = 100$，$z_3 = 99$。求传动比 i_{H1}。

解： 该轮系是由齿轮 1、2-2′、3 和行星架 H 所组成的行星轮系，由式(6-3)得

$$i_{1H} = 1 - i_{13}^H = 1 - (-1)^2 \frac{z_2 z_3}{z_1 z_{2'}} = 1 - \frac{101 \times 99}{100 \times 100} = \frac{1}{10000} = \frac{n_1}{n_H}$$

解得：$i_{H1} = \frac{n_H}{n_1} = 10000$。

从计算结果可看出，轮 1 与行星架 H 的转向相同，且当行星架转 10000 转，轮 1 才转 1 转，可见行星轮系可以用少数齿轮得到很大的传动比。但这种轮系效率很低，且反行程(构件 1 为主动件)将发生自锁，一般用在仪表中测量高速转动或作为精密的微调机构。

若将 z_3 由 99 改为 100，其他齿轮的齿数不变，则其传动比为

$$i_{1H} = 1 - i_{13}^H = 1 - (-1)^2 \frac{z_2 z_3}{z_1 z_2} = 1 - \frac{101 \times 100}{100 \times 100} = -\frac{1}{100} = \frac{n_1}{n_H}$$

解得：$i_{H1} = \frac{n_H}{n_1} = -100$

即轮 1 与行星架 H 的转向相反。

比较两种结果可知，对于同一结构的行星轮系，当某一轮的齿数作较小变动，不仅可以导致轮系传动比的较大变化，甚至可以改变转动方向。这是与定轴轮系大不相同的地方。

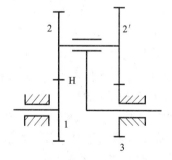

图 6-10 例 6-3 的图

6.2.3 复合轮系的传动比

由于复合轮系中包含有定轴轮系和周转轮系或包含几个基本周转轮系，因此，计算复合轮系的传动比时，既不能将整个轮系作为定轴轮系来处理，也不能将整个轮系作为周转轮系来处理。

正确计算复合轮系传动比的步骤是：

（1）正确划分定轴轮系和基本周转轮系。

（2）分别列出各基本轮系传动比的计算方程式。

（3）找出各基本轮系之间的联系。

（4）联立方程式求解，即可求得复合轮系的传动比。

这里最为关键的是找基本周转轮系。找基本周转轮系的方法是先找轴线活动的行星轮，支撑行星轮的构件就是行星架，与行星轮相啮合且轴线固定不动的齿轮便是中心轮。这样，行星轮、行星架和中心轮便组成一个基本周转轮系。其余的部分可按照上述同样的方法继续划分。找出各个基本周转轮系后，剩余的那些由定轴齿轮组成的部分就是定轴轮系。

例 6-4　如图 6-11 所示的轮系中，已知：$z_1 = 20$，$z_2 = 40$，$z_{2'} = 20$，$z_3 = 30$，$z_4 = 80$。试求传动比 i_{1H}。

解：　从图中可以看出：齿轮 3 的轴线是不固定的，它是一个行星轮；支撑该行星轮的构件 H 就是行星架；与行星轮 3 相啮合的定轴齿轮 2′、4 为中心轮，齿轮 2′、3、4 和行星架 H 组成一个基本周转轮系，且是一个行星轮系。剩下的齿轮 1、2 的轴线是固定不动的，组成一定轴轮系。所以该轮系是由一个定轴轮系和一个行星轮系串联而成的复合轮系。

在定轴轮系 1、2 中，由式（6-1）得

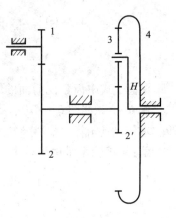

图 6.11　例 6-4 的图

$$i_{12} = \frac{n_1}{n_2} = -\frac{z_2}{z_1} = -\frac{40}{20} = -2$$

在行星轮系 2′、3、4 和 H 中，由式（6-3）得

$$i_{2'H} = 1 - i_{2'4}^{H} = 1 - \left(-\frac{z_4}{z_{2'}}\right) = 1 + \frac{80}{20} = 5$$

由于 $n_2 = n_{2'}$，联立求解

$$i_{1H} = i_{12} \cdot i_{2'H} = -2 \times 5 = -10$$

"$-$" 表示齿轮 1 和行星架 H 的转向相反。

例 6-5　如图 6-12 所示的电动卷扬机减速器中，已知各轮齿数为 $z_1 = 25$，$z_2 = 50$，$z_{2'} = 20$，$z_3 = 60$，$z_{3'} = 18$，$z_4 = 30$，$z_5 = 54$。试求传动比 i_{1H}。又若电动机的转速为 $n_1 = 1000 \text{r/min}$，求转筒的转速。

解：　在该轮系中，双联齿轮 2-2′ 的几何轴线是不固定的，随着构件 H（转筒）转动，所以是行星轮；支持它运动的构件 H 就是行星架；和行星轮 2-2′ 相啮合的定轴齿轮 1 和齿轮 3 是两个中心轮，这两个中心轮都能转动。所以齿轮 1、2-2′、3 和行星架 H 组成一个差动轮系，剩下的齿轮 3′、4、5 轴线都

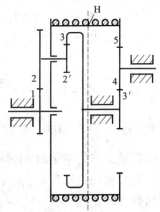

图 6-12　例 6-5 的图

是固定的，组成定轴轮系。这个定轴轮系将差动轮系的中心轮 3 和行星架 H 联系起来，组成一个封闭系统。这种通过定轴轮系或行星轮系把差动轮系的两个基本构件（中心轮或行星架）联系起来形成自由度为 1 的复杂行星轮系称为封闭式行星轮系。

在差动轮系 1、2-2′、3 和行星架 H 中，有

$$i_{13}^H = \frac{n_1 - n_H}{n_3 - n_H} = (-1)^1 \frac{z_2 z_3}{z_1 z_2} = -\frac{50 \times 60}{25 \times 20} = -6$$

在定轴轮系 3′、4、5 中，有

$$i_{3'5} = \frac{n_{3'}}{n_5} = (-1)^1 \frac{z_5}{z_{3'}} = -\frac{54}{18} = -3$$

又因为 $n_3 = n_{3'}$，$n_5 = n_H$

联立求解得：$i_{1H} = \dfrac{n_1}{n_H} = 25$

$$n_H = \frac{n_H}{i_{1H}} = \frac{1000}{25} = 40 \text{ r/min}$$

转筒 H 和齿轮 1 的转向相同。

6.3　轮系的功用

轮系广泛用于各种机械中，它的功用可概括为以下几个方面。

1. 实现较远距离的传动

在齿轮传动中，当输入轴和输出轴相距较远而传动比却不大时，如图 6 - 13 所示，若只用一对齿轮传动，两轮的尺寸很大，如图中虚线所示，当改用轮系来传动，就可使齿轮尺寸小得多，如图中实线所示，这样，既减小了机器的结构尺寸和质量，又节约了材料，且制造安装方便。

2. 实现大传动比传动

在工程实际中，输入轴和输出轴之间往往需要有较大的传动比，若仅用一对齿轮传动，则两

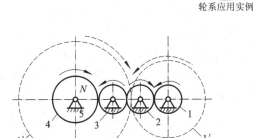

图 6 - 13　实现较远距离的传动

轮齿数相差很大，尺寸相差悬殊，外廓尺寸庞大。若采用轮系，特别是采用周转轮系，可以用很少的齿轮，并且在结构很紧凑的条件下，得到很大的传动比。如图 6 - 14 所示为采用三对蜗杆蜗轮所组成的定轴轮系。蜗杆 1 为输入件，蜗杆 4 为输出件，三个蜗杆均采用双头左旋蜗杆，三个蜗轮的齿数均为 40，由式 (6 - 1) 得其传动比的大小 $i_{14} = 8000$，通过画箭头可知轮 1 和轮 4 的转向相同。这是利用定轴轮系实现大传动比的例子，由此可见，若采用定轴轮系，只须适当选择齿轮的对数和各轮的齿数，就可得到所需的大传动比传动。又如图 6 - 15 所示为一大传动比减速器的运动简图，图中蜗杆 1 为输入件，行星架 H 为输出件，1 和 5 均为单头右旋蜗杆，各轮齿数为 $z_1 = 101$，$z_2 = 99$，$z_{2'} = z_4 = 100$，$z_{4'} = z_5 = 100$，$z_{5'} = 100$。该减速器是由两个定轴轮系 1、2 和 1′、5′、5、4′ 及一个差动轮系 2′、3、4、H 所组成的复合轮系，其传动比 $i_{1H} = 1980000$。

3. 实现变速与换向传动

输入轴的转动方向不变，利用轮系可使输出轴得到若干种转速或改变输出轴的转向，这种传动称为变速与换向传动。

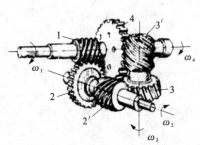

图 6-14　实现大传动比传动

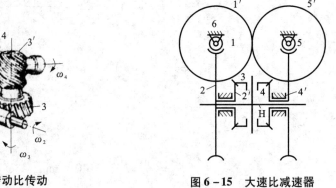

图 6-15　大速比减速器

如图 6-16 所示为汽车上常用的三轴四速变速箱的传动示意图。图中，牙嵌式离合器的一半 x 与轮 1 固联在输入轴 I 上，其另一半 y 和双联齿轮 4-6 通过滑键与输出轴 III 相联。齿轮 2、3、5、7 安装在轴 II 上，齿轮 8 则安装在轴 IV 上，操纵变速杆拨动双联齿轮 4-6，使之与轴 II 上不同齿轮啮合时，可得到不同的输出转速。例如：设 $n_I = 1000\text{r/min}$，括号内数字为各轮齿数。当向右移动双联齿轮使离合器 x 和 y 接合时，$n_{III} = n_I = 1000\text{r/min}$，汽车以高速前进；当向左移动双联齿轮使 4 与 3 相啮合时，运动经 1、2、3、4 传给 III，这时 $n_{III} = 596\text{r/min}$，汽车以中速前进；当向左移动双联齿轮使 6 与 5 相啮合时，运动经 1、2、

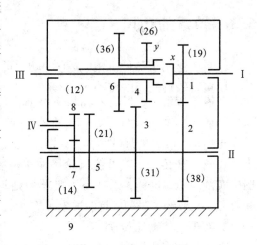

图 6-16　汽车变速箱

5、6 传给 III，这时 $n_{III} = 292\text{r/min}$，汽车以低速前进；当再向左移动双联齿轮使 6 与 8 相啮合时，运动经 1、2、7、8、6 传给 III，这时 $n_{III} = -194\text{r/min}$，汽车以最低速倒车。

换向转动

如图 6-17 所示为用于车床上的换向机构，当手柄在图 6-17(a) 所示位置时，主动轮 1 的运动经过惰轮 2、3 传给轮 4，这时轮 4 与轮 1 的转向相反；当手柄在图 6-17(b) 所示位置时，主动轮 1 的运动经过惰轮 3 传给轮 4，这时轮 4 与轮 1 的转向相同。

如图 6-18 所示为龙门刨床工作台的变速换向机构。其中，J、K 为电磁制动器，可分别刹住构件 A 和齿轮 3-3'，齿轮 1 与输入轴固连，构件 B 为输出轴，已知各轮齿数。

当刹住 J 时，该轮系是由一个定轴轮系 1、2、3 和一个行星轮系 5、4、3'、B 所组成的复合轮系，其传动比

$$i_{1B} = i_{13}i_{3'B} = -\frac{z_3}{z_1}\left(1 + \frac{z_5}{z_{3'}}\right)$$

当刹住 K 时，该轮系是由两个行星轮系 1、2、3、A 和 5、4、3'、B 所组成的复合轮系，其传动比

146

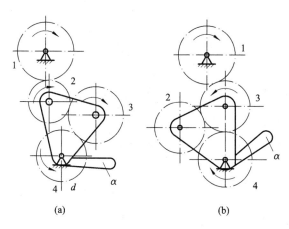

图 6-17 车床换向机构

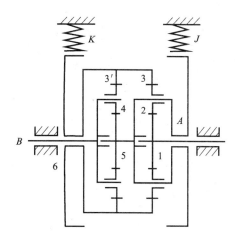

图 6-18 龙门刨床变速换向机构

$$i_{1B} = i_{15} i_{5B} = \left(1 + \frac{z_3}{z_1} \right)\left(1 + \frac{z_{3'}}{z_5} \right)$$

从计算结果可以看出,刹住 J 时,传动比小,输出轴速度高,为空回行程,此时输出轴与输入轴转向相反;刹住 K 时,传动比大,输出轴速度低,为工作行程,此时输出轴与输入轴转向相同。

4. 实现分路传动

在机械传动中,当只有一个原动件,而有多个执行构件时,原动件的运动可以通过多对啮合齿轮,从不同的传动路线传给执行构件,从而实现分路传动。如图 6-19 所示的轮系为某航空发动机附件传动系统图。当主动轴 1 转动,通过各对啮合齿轮可同时带动轴Ⅰ、Ⅱ、Ⅲ、Ⅳ、Ⅴ和Ⅵ转动。

5. 实现运动的合成和分解

由于差动轮系有两个自由度,当给定两个原动件的运动时,可以唯一确定第三个构件的运动,因此差动轮系可用来把两个运动合成为一个运动,反过来也可以把一个运动分解为两个运动。汽车后桥差速器就利用了差动轮系对运动进行分解的特性。

分路传动

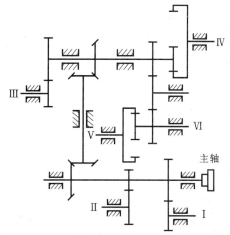

图 6-19 实现分路传动

运动分解

如图 6-20 所示为汽车后桥差速器。汽车发动机的运动从变速箱经过传动轴传给齿轮 1,再带动齿轮 2 及固连在齿轮 2 上的行星架 H 转动。对于汽车底盘来说,齿轮 1 和 2 的轴线是固定不动的,故齿轮 1、2 组成一个定轴轮系。中间齿轮 4 的轴线是随着齿轮 2 的轴线转动的,所以齿轮 4 是行星轮,支撑行星轮的齿轮 2 便是行星架,与齿轮 4 相啮合且轴线固定的齿轮 3 和 5 是两个中心轮,由于轮 3 和轮 5 都是活动的,所以轮 3、4、5 和 2 便组成一个差动轮系。该差速器是由一个定轴轮系和一个差动轮系所组成的复合轮系。

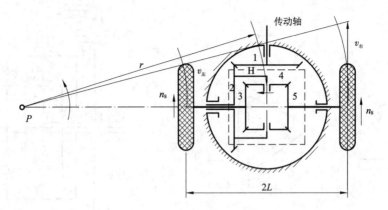

图 6 - 20　汽车后桥差速器

在差动轮系 3、4、5 和 2 中，根据式(6 - 2)有

$$i_{35}^2 = \frac{n_3 - n_2}{n_5 - n_2} = -\frac{z_5}{z_3} = -1$$

$$n_2 = \frac{n_3 + n_5}{2} \tag{a}$$

当汽车在平坦道路上直线行驶时，左右两车轮滚过的路程相等，所以转速也相等，因此有 $n_3 = n_5 = n_2$，表示轮 1 和轮 3 之间没有相对运动，这时轮 3、4、5 如同一整体，一起随齿轮 2 转动。当汽车向左转弯时，为减少轮胎与地面的磨损，要求右车轮比左车轮转得快，这时轮 3 和轮 5 之间发生相对运动，轮系才起到差速器的作用。设两轮中心距为 $2l$，转弯半径为 r，因为两车轮的直径大小相等，而它们与地面之间又是纯滚动(当机构的构造允许左、右两后轮的转速不等时，轮胎与地面之间一般不会打滑)，所以两车轮的转速与转弯半径成正比。故有

$$\frac{n_3}{n_5} = \frac{r - l}{r + l} \tag{b}$$

联立(a)、(b)两式求解得：

$$n_3 = \frac{r - l}{l} n_2, \quad n_5 = \frac{r + l}{l} n_2$$

上式表明，汽车转弯时，差速器可以将传动轴的转动自动分解为两车轮的不同转动。

这种由圆锥齿轮所组成的汽车差速器机构也可以作为机械式加法机构和减法机构的一种。设选定齿轮 1 和 2 的齿数为 $z_2 = 2z_1$，则 $n_1 = 2n_2$，因此由式(a)得 $n_3 + n_5 = n_1$，上式表明：当使 3 转 n_3 转和 5 转 n_5 转时，则 1 的转数就是它们的和。不仅如此，该机构还可以实现连续运算。将上式移项后得 $n_3 = n_1 - n_5$，该轮系也可以进行减法运算。

差动轮系这种合成运动的作用广泛用于机床、计算机构和补偿装置。

6. 在尺寸及重量较小的条件下，实现大功率传动

在周转轮系中，常采用多个行星轮均匀分布在中心轮四周的结构形式，如图 6 - 21 所示。这样，不仅可大大提高承载能力，而且还可使行星轮因公转所产生的离心惯性力和各齿廓啮合处的径向分力得以平衡，从而大大改善受力状

航空减速器

况。此外，采用内啮合又有效地利用了空间，加之其输入轴与输出轴共线，故可减小径向尺寸。因此可在结构紧凑的条件下，实现大功率传动。

7. 实现执行机构的复杂运动

由于在周转轮系中，行星轮既作自传又作公转，行星轮上各点的运动轨迹是许多形状和性质不同的摆线或变态摆线，因此，在工程实际中常利用行星轮的这一运动特点来实现一些特殊要求。如图 6 – 22 所示的隧道挖掘机，其铣刀刀盘与行星轮固连，刀盘一方面绕自己的轴线 O_6（亦即 O_7）旋转，行星架 h 又绕垂直于轴线 O_6 的轴线 O_h 转动，同时轴线 O_h 又绕与其平行的主轴线 O_1 转动。这样铣刀刀尖的运动轨迹便是更为复杂的空间曲线。

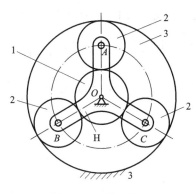

图 6 – 21　周转轮系

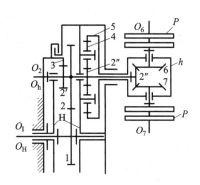

图 6 – 22　隧道挖掘机

6.4　轮系的效率

轮系的效率计算一个非常复杂的问题，在工程实际中常用实验法来确定。

6.4.1　定轴轮系的效率

由于定轴轮系是由多对齿轮串联组成的，其传动效率等于各对啮合齿轮效率的连乘积。即

$$\eta = \eta_1 \cdot \eta_2 \cdot \cdots \cdot \eta_K \tag{6-4}$$

式中 $\eta_1, \eta_2, \cdots, \eta_K$ 为各对齿轮的效率，可通过查有关手册得到。上式表明：定轴轮系中，啮合的轮齿对数愈多，其传动总效率愈低。

6.4.2　周转轮系的效率

在计算周转轮系的效率时，也可以通过转化轮系找出周转轮系与其转化轮系在效率方面的内在联系。其理论依据是：齿轮啮合传动时，因齿面磨损引起的功率损耗取决于运动副作用力（法向力）、摩擦系数和齿面滑动速度。若将周转轮系加上一个公共角速度（$-\omega_H$）之后转化成定轴轮系，原周转轮系与其转化轮系相比较，各构件的相对运动关系不变，故摩擦系数不变；另外，只要使周转轮系与其转化轮系作用的外力矩不变，则齿面间的法向力也不会改变，因此轮齿啮合处的摩擦损耗功率也不改变。这样，就可以用转化轮系中的摩擦损耗功率 P_f^H 来代替周转轮系的摩擦损耗功率 P_f。

下面以图 6 - 3(b)所示的 2K - H 型行星轮系为例来分析。

设作用于齿轮 1 上的外力矩为 M_1，角速度为 ω_1，行星架的角速度为 ω_H，则行星轮系中齿轮 1 传递的功率为

$$P_1 = M_1 \omega_1$$

在外力矩 M_1 不变的条件下，转化轮系中轮 1 的功率

$$P_1^H = M_1(\omega_1 - \omega_H) = P_1(1 - \frac{1}{i_{1H}}) \tag{a}$$

从上式可以：(1)当 $1 - \frac{1}{i_{1H}} > 0$，即 $i_{1H} > 1$ 或 $i_{1H} < 0$ 时，P_1^H 和 P_1 同号，表明轮 1 在行星轮系和其转化轮系中的主从地位不变。(2)当 $1 - \frac{1}{i_{1H}} < 0$，即 $0 < i_{1H} < 1$ 时，表明轮 1 在行星轮系和其转化轮系中的主从地位发生了变化。下面分两大类具体讨论。

(1)在行星轮系中，中心轮 1 为主动件，行星架 H 为从动件

① 当 $i_{1H} > 1$ 或 $i_{1H} < 0$ 时，根据上面的分析，轮 1 在转化轮系中仍为主动件，此时，转化轮系中轮 1 的功率 P_1^H 为输入功率，其效率为 $\eta^H = 1 - \frac{P_f}{P_1^H}$

则摩擦损耗功率为 $\qquad P_f = P_1^H(1 - \eta^H)$

将式(a)代入上式得

$$P_f = M_1(\omega_1 - \omega_H)(1 - \eta^H) = P_1(1 - \frac{1}{i_{1H}})(1 - \eta^H) \tag{b}$$

式中 η^H 为转化轮系的效率，按定轴轮系的方法式(6 - 4)计算。

又因为在行星轮系中，轮 1 为主动件，其功率 P_1 为输入功率，此时行星轮系的效率为

$$\eta_{1H} = 1 - \frac{P_f}{P_1}$$

将式(b)代入上式并整理得

$$\eta_{1H} = \frac{1 - \eta^H(1 - i_{1H})}{i_{1H}} \tag{6 - 5}$$

② 当 $0 < i_{1H} < 1$ 时，根据上面的分析，轮 1 在转化轮系中为从动件，其功率 P_1^H 是输出功率，而输入功率等于输出功率与摩擦损耗功率之和。因此，转化轮系的效率为

$$\eta^H = 1 - \frac{P_f}{P_1^H + P_f}$$

则摩擦损耗功率 $\qquad P_f = \frac{P_1^H(1 - \eta^H)}{\eta^H}$

由于此时在转化轮系中，M_1 和 $(\omega_1 - \omega_H)$ 方向相反，故输出功率 P_1^H 为负值，而摩擦损耗功率通常都用正值代入，因此，上式应写成

$$P_f = \frac{-P_1^H(1 - \eta^H)}{\eta^H}$$

将式(a)代入上式得

$$P_f = \frac{P_1(\frac{1}{i_{1H}} - 1)(1 - \eta^H)}{\eta^H} \tag{c}$$

在行星轮系中，轮 1 仍为主动轮，其功率 P_1 为输入功率，故此时行星轮系的效率为

$$\eta_{1H} = 1 - \frac{P_f}{P_1}$$

将式(c)代入上式并整理得

$$\eta_{1H} = \frac{\eta^H - (1 - i_{1H})}{i_{1H}} \qquad (6-6)$$

（2）在行星轮系中，行星架 H 为主动件，中心轮 1 为从动件

① 当 $i_{1H} > 1$ 或 $i_{1H} < 0$ 时，根据上面的分析，轮 1 在转化轮系中仍为从动件，其摩擦损耗功率可按式(c)求出。因轮 1 在行星轮系中为从动轮，其功率 P_1 为输出功率，且符号为负，故行星轮系的效率为

$$\eta_{H1} = 1 - \frac{P_f}{-P_1 + P_f}$$

将式(c)代入上式并整理得

$$\eta_{H1} = \frac{i_{1H}\eta^H}{\eta^H - (1 - i_{1H})} \qquad (6-7)$$

② 当 $0 < i_{1H} < 1$ 时，根据上面的分析，轮 1 在转化轮系中变为主动件，其摩擦损耗功率可按式(b)求出。由于此时轮 1 在行星轮系中仍为从动轮，故行星轮系的效率为

$$\eta_{H1} = 1 - \frac{P_f}{-P_1 + P_f}$$

将式(b)代入上式并整理得

$$\eta_{H1} = \frac{i_{1H}}{1 - \eta^H(1 - i_{1H})} \qquad (6-8)$$

从上面的分析可以看出，行星轮系的效率是其传动比 i_{1H} 函数。在行星轮系中，当转化轮系的传动比 $i_{13}^H < 0$ 时，称为负号机构；反之，为正号机构。

行星轮系的效率变化情况可用效率曲线图来表示，如图 6-23 所示。

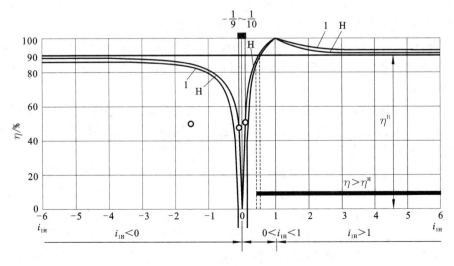

图 6-23　行星轮系效率曲线

从图中可以看出，负号机构无论是用于增速还是减速，都具有较高的效率。所以对于传递动力的行星轮系，尽可能采用负号机构。但负号机构的缺点是传动比较小。若要增大传动比，势必要增大轮系的结构尺寸。而正号机构正相反，传动比大，结构紧凑，如图 6 – 10 所示轮系。但效率低，特别是用作增速时，在某些情况下会出现自锁。

6.5　轮系的设计

6.5.1　定轴轮系的设计

定轴轮系的设计包括轮系类型的选择、确定各轮的齿数和选择轮系的布置方式。

1.定轴轮系类型的选择

在设计定轴轮系时，应根据工作要求和使用场合适当地选择轮系的类型。除了满足基本的使用要求外，还应考虑机构的外廓尺寸、效率、重量、成本等因素。一般情况下，优先选用直齿圆柱齿轮传动；当设计的轮系用于高速、重载的场合时，由于斜齿轮传动比直齿轮传动更平稳，承载能力更高，因此应优先选用平行轴斜齿圆柱齿轮所组成的定轴轮系；当需要改变运动轴线方向时，可采用含有圆锥齿轮传动的定轴轮系；当要求传动比大、结构紧凑或用于分度、微调及有自锁要求的场合时，应选择含有蜗杆传动的定轴轮系。

2.定轴轮系中各轮齿数的确定

要确定定轴轮系中各轮的齿数，关键在于合理分配定轴轮系中各对齿轮的传动比。

下面是在分配各对齿轮传动时应注意的几个问题。

（1）各级齿轮的传动比应在其合理范围内选取。如单级圆柱齿轮传动，其合理传动比范围为 3～5，最大值为 8；单级圆锥齿轮传动，其合理传动比范围为 2～3，最大值为 5；单级蜗杆传动，其合理传动比范围为 10～40，最大值为 80。当轮系的传动比过大时，为了改善传动性能和减少外廓尺寸，应当采用两级或多级齿轮传动。如当圆柱齿轮传动的传动比大于 8 时，一般应设计成两级传动；当传动比大于 30 时，一般应设计成两级以上传动。

（2）当轮系为减速传动时，通常按照"前小后大"的原则分配传动比。同时，为了使机构外廓尺寸协调和结构匀称，相邻两级齿轮的传动比的差值不宜过大。

（3）当设计闭式齿轮减速器时为了润滑方便，应使各级齿轮传动的大齿轮直径尽量相近，以利于浸油润滑。根据这一原则在分配传动比时，高速级齿轮的传动比应大于低速级齿轮的传动比，通常取 $i_{高} = (1.3～1.5)i_{低}$。

以上仅是分配各级齿轮传动比的一般原则，在实际应用时，还应根据具体情况进行具体分析，灵活运用。当分配了各级齿轮的传动比之后，就可以根据传动比来确定每一个齿轮的齿数。

3.定轴轮系布置方式的选择

同一个定轴轮系，可以有不同的布置方式。布置方式不同，其性能和使用范围也不相同，因此在设计定轴轮系时，应根据具体情况来选择。

如图 6 – 24 所示为两级齿轮减速器内所使用的定轴轮系，有下列三种布置方式。

图 6 – 24(a) 为展开式。其特点是结构简单，但齿轮相对于轴承为不对称布置，因此，当轴受力产生弯曲变形时，会使载荷沿齿宽分布不均匀，故只宜用于载荷较平稳且轴有较大刚度的场合。

152

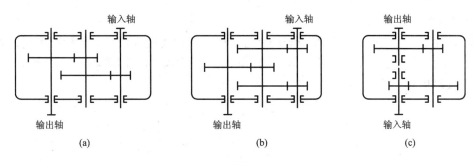

图 6 – 24　定轴轮系的布置方式

图 6 – 24(b)为分流式。其特点是齿轮相对于轴承为对称布置,受力情况较好,但结构较复杂,常用于较大功率、变载荷的场合。

图 6 – 24(c)为同轴式。其特点是输入轴与输出轴在同一轴线上,结构较紧凑,但中间轴较长,刚度较差。

6.5.2　行星轮系的设计

行星轮系的设计主要包括行星轮系类型的选择、行星轮个数和各轮齿数的确定。

均布行星轮

1. 行星轮系类型的选择

行星轮系类型的选择,主要应从传动比范围、效率高低、结构复杂程度以及外廓尺寸等几方面综合考虑。当设计的轮系主要用于传递运动时,首先考虑能否满足工作所要求的传动比,其次兼顾效率、结构复杂程度、外廓尺寸和重量等;当设计的轮系主要用于传递动力时,首先要考虑机构效率的高低,其次兼顾传动比、结构复杂程度、外廓尺寸和重量。从机械效率的角度看,不管是增速传动还是减速传动,负号机构的效率比正号机构高。因此,如果设计的轮系用于动力传动,要求效率较高,应采用负号机构;如果设计的轮系还要求具有较大的传动比,而单级负号机构又不能满足要求时,可将几个负号机构串联起来,或采用负号机构与定轴轮系组成的复合轮系来实现较大的传动比。正号机构虽然能获得较大的传动比,且结构紧凑,但效率较低,特别是正号机构用于增速传动时,随着传动比的增大,效率将急剧下降,甚至出现自锁现象。因此选用正号机构时一定要注意。

2. 行星轮系各轮齿数和行星轮个数的确定

行星轮系是一种共轴式(输入轴线与输出轴线重合)的传动装置,并且在中心轮的四周均匀分布几个完全相同的行星轮。故在设计行星轮系时,为了保证能装配起来并正常运转及实现给定的传动比,其各轮齿数和行星轮个数的选择必须满足下列四个条件。现以图 6 – 3(b)所示的单排 2K – H 型行星轮系为例加以讨论。

(1)传动比条件

为了满足行星轮给定的传动比 i_{1H} 要求,根据式(6 – 3)得

$$i_{1H} = 1 - i_{13}^{H} = 1 + \frac{z_3}{z_1}$$

则

$$z_3 = (i_{1H} - 1)z_1 \qquad\qquad (a)$$

（2）同心条件

同心条件即行星架的回转轴线应与两中心轮的几何轴线相重合。对于标准齿轮，也就是要求轮 1 和轮 2 的中心距等于轮 3 和轮 2 的中心距。根据齿轮的正确啮合条件，轮 1、轮 2 和轮 3 的模数都相同，故有

$$\frac{m(z_1 + z_2)}{2} = \frac{m(z_3 - z_2)}{2}$$

则

$$z_2 = \frac{z_3 - z_1}{2} = \frac{(i_{1H} - 2)z_1}{2} \tag{b}$$

上式表明两中心轮的齿数应同为奇数或同为偶数。

（3）装配条件

在行星轮系中，为了提高承载能力和减少动载荷，通常采用多个行星轮均匀分布在中心轮的四周。这样载荷由多对齿来承担，可大大提高承载能力；又因行星轮均匀分布，使轮齿的啮合力和行星轮的离心惯性力得以平衡。在设计行星轮系时，其行星轮的个数和各轮齿数必须满足一定的条件，否则便装配不起来。因为当第一行星轮装好后，中心轮 1 和 3 的位置便确定了，又因均匀分布的各行星轮的中心位置也是确定的，在一般情况下，其余行星轮有可能无法同时插入内、外两中心轮的齿槽中。

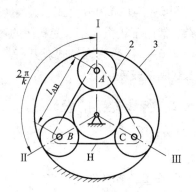

图 6 – 25　行星轮系的装配条件

下面以图 6 – 25 所示的行星轮系来分析其装配条件：设均匀分布的行星轮的个数为 k，则相邻两中心轮所夹的中心角为 $2\pi/k$。现将第一个行星轮在位置 I 装入，固定中心轮 3，使行星架沿逆时针方向转过 $2\pi/k$ 到达位置 II。这时中心轮 1 将按传动比 i_{1H} 的关系转过 φ_1 角。

即

$$i_{1H} = \frac{\omega_1}{\omega_H} = \frac{\varphi_1}{\varphi_H} = \frac{\varphi_1}{2\pi/k}$$

则

$$\varphi_1 = \frac{2\pi}{k}i_{1H}$$

现如果在位置 I 又能装入第二个行星轮，则此时中心轮 1 在位置 I 的轮齿相位应与其回转角 φ_1 之前在该位置的轮齿相位完全相同，也就是轮 1 刚好转过整数个齿，即 φ_1 正好是整数个齿所对的中心角。设此时 φ_1 为 n 个齿所对的中心角，则有

$$\varphi_1 = n\left(\frac{2\pi}{z_1}\right)$$

联立解以上两式及（a）得：

$$n = \frac{z_1}{k}i_{1H} = \frac{z_1 + z_3}{k} \tag{c}$$

由于 n 必须是正整数，所以行星轮系的装配条件是：两中心轮的齿数之和应为行星轮个数的整数倍。

（4）邻接条件

为了保证行星轮系能够运动，其相邻两行星轮的齿顶圆不得相交，这个条件称为邻接条件。如图 6 – 25 所示，相邻两行星轮的中心距 l_{AB} 应大于行星轮的齿顶圆直径 d_{a2}。如果采用

154

标准齿轮，则有

$$2(r_1 + r_2)\sin\frac{\pi}{k} > 2(r_2 + h_{a*}m)$$

即

$$(z_1 + z_2)\sin\frac{\pi}{k} > z_2 + h_{a*} \qquad\qquad (d)$$

为了设计时便于选择各轮的齿数，通常把前三个条件合并为一个总的配齿公式，即

$$z_1 : z_2 : z_3 : n = z_1 : \frac{(i_{1H} - 2)}{2}z_1 : (i_{1H} - 1)z_1 : \frac{i_{1H}}{k}z_1$$

确定各轮齿数时，先根据上式选定 z_1 和 k，满足在给定传动比 i 的前提下，使 z_2、z_3 和 n 均为正整数；再验算邻接条件。如果不满足，则应减少行星轮的个数 k 或增加齿轮的齿数。

另外，行星轮系具有体积小、重量轻、承载能力高等优点，这是因为在结果上采用多个行星轮均匀分布来承担载荷，并合理利用内啮合齿轮传动来减少空间尺寸。在理论上，各个行星轮的承载能力应是相同的。但实际上，由于行星轮、行星架和中心轮都不可避免地存在制造、安装误差以及受力后的变形，往往会造成行星轮间的载荷分布不均匀，导致转动装置的承载能力和使用寿命降低。为了尽可能降低载荷分配不均匀现象，提高承载能力，在设计行星轮系时，还需要合理地选择或设计其均载装置。

6.6　其他类型行星传动简介

6.6.1　渐开线少齿差行星传动

如图 6-26 所示为渐开线少齿差行星传动，其中中心轮 1 为固定的内齿轮，2 为行星轮，行星架 H 为输入轴，V 轴为输出轴，轴 V 和行星轮用等角速比机构 3 相连，所以轴 V 的转速就是行星轮 2 的绝对转速。由于中心轮和行星轮的齿廓均为渐开线，且齿数相差很少（一般为 1~4）故称为渐开线少齿差行星传动。又因其只有一个中心轮 K、一个行星架 H 和输出轴 V，所以又称为 K-H-V 行星轮系。

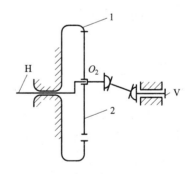

图 6-26　渐开线少齿差行星传动

这种轮系的传动比可根据式（6-3）求出

$$i_{2H} = 1 - i_{21}^H = 1 - \frac{z_1}{z_2} = -\frac{z_1 - z_2}{z_2}$$

则

$$i_{HV} = i_{H2} = \frac{1}{i_{2H}} = -\frac{z_2}{z_1 - z_2}$$

上式表明：两轮的齿数差愈小，传动比愈大，当齿数差 $z_1 - z_2 = 1$ 时，称为一齿差行星传动，这时传动比最大，$i_{HV} = i_{H2} = -z_2$。但应注意：一齿差行星传动的输入轴和输出轴转向相反；为保证一齿差行星传动的内外齿轮装配，两个齿轮均需要正变位，以避免产生干涉。

渐开线少齿差行星传动具有传动比大、结构简单紧凑、体积小、重量轻、加工装配及维修方便、传动效率高（可达 80%~87%）等优点，在很多工业部门得到广泛的应用，主要用在

大传动比和中小功率的场合。

6.6.2　摆线针轮行星传动

摆线针轮减速器

摆线针轮行星传动的工作原理和结构特点与渐开线少齿差行星传动相似。如图 6 - 27 所示，由行星架 H、行星轮 2 和中心轮 1 组成。运动由行星架 H 输入，通过输出机构 3 由轴 V 输出，也是一种 K - H - V 型一齿差行星传动。摆线针轮行星传动和一齿差行星传动的区别仅在于：在摆线针轮传动中，行星轮的齿廓曲线不是渐开线，而是变态摆线；中心内齿轮采用了针齿，又称为针轮。

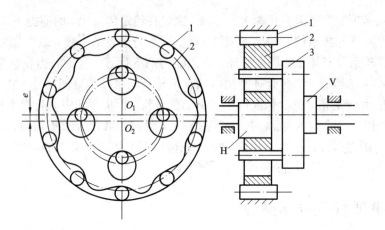

图 6 - 27　摆线针轮行星传动

摆线针轮行星传动的传动比计算与渐开线少齿差行星传动的计算相同，其传动比为

$$i_{HV} = -i_{H2} = \frac{1}{i_{2H}} = -\frac{z_2}{z_1 - z_2}$$

由于 $z_1 - z_2 = 1$，故 $i_{HV} = i_{H2} = -z_2$，即摆线针轮行星传动可获得大传动比。

摆线针轮行星传动具有传动比大（一级减速 $i_{HV} = 9 \sim 115$，多级传动可获得更大传动比）、结构紧凑、传动平稳、承载能力高、传动效率高（一般可达 90% ~ 95%）、使用寿命长（是普通齿轮减速器使用寿命的 2 ~ 3 倍）。因此，这种传动广泛用于军工、冶金、矿山、化工、造船等工业的机械设备上。其主要缺点是加工工艺复杂，制造精度要求高，必须用专用机床和刀具来加工其摆线齿轮，制造成本较高。

6.6.3　谐波齿轮传动

谐波减速器

如图 6 - 28 所示为谐波齿轮传动，它由三个主要构件所组成：H 为波发生器，它相当于行星轮系中的行星架；齿轮 1 为刚轮，它相当于中心轮；齿轮 2 为柔轮，可产生较大的弹性变形，它相当于行星轮。通常波发生器为主动件，而刚轮或柔轮之一为从动件，另一个为固定件。

谐波齿轮传动的工作原理是：当波发生器装入柔轮内孔时，由于前者的总长度略大于后者的内孔直径，故柔轮变为椭圆形，使其长轴两端插进刚轮的齿槽中，形成两个局部啮合区，同时短轴两端的齿与刚轮的齿完全脱开。至于其余各处的齿，则视柔轮回转方向的不同，或处于啮入状态，或处于啮出状态。当波发生器连续转动时，柔轮长短轴的位置不断变化，从而使轮齿的啮合处和脱开处也随之不断变化，于是在柔轮和刚轮间便产生了相对位移，从而传递运动。由于柔轮的变形在柔轮周围的展开图上是连续的简谐波形，故这种传动被称为谐波齿轮传动。

在波发生器转动一周期间，柔轮上一点变形的循环次数与波发生器上的波数（即滚轮数）是相同的。根据波发生器上装的滚轮数不同，有双波传动（图 6-28）和三波传动（图 6-29）等，最常用的是双波传动。为了有利于柔轮的力平衡和防止轮齿干涉，刚轮和柔轮的齿数差应等于波发生器波数的整数倍，通常取等于波数。

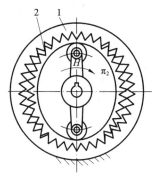
图 6-28　双波传动

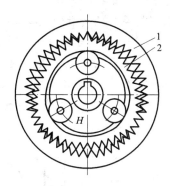
图 6-29　三波传动

在谐波齿轮传动中，其传动比可按行星轮系的计算方法来求。当刚轮 1 固定时，波发生器 H 为主动，柔轮 2 为从动，其传动比

$$i_{H2} = \frac{1}{i_{2H}} = -\frac{z_2}{z_1 - z_2}$$

上式与渐开线少齿差行星传动的传动比计算公式相同。"-"表示主从动件转向相反。当柔轮固定时，波发生器 H 为主动，刚轮 1 为从动，其传动比

$$i_{H1} = \frac{1}{i_{1H}} = \frac{z_1}{z_1 - z_2}$$

"+"表示主从件方向相同。

谐波齿轮传动的主要优点有：传动比大，且范围广（一级传动的传动比范围为 50~500，二级传动可达 2500~250000），同时参与啮合的齿数多（可达 30%~40%），故承载能力高；运动精度高，传动平稳；体积小，重量轻；零件数少，安装方便；效率高（单级效率可达 70%~95%）。正因如此，谐波齿轮传动已广泛地应用于空间技术、能源、机器人、雷达通信、机床、仪表、造船、汽车、武器等各个工业领域。其缺点是：柔轮周期性变形，易发生疲劳损坏；需要的启动力矩大。

思考题与练习题

1. 轮系有哪些类型？
2. 在定轴轮系中，如何来确定首末两轮的转向关系？

3. 什么是惰轮？它在轮系中起什么作用？

4. 在计算空间定轴轮系的传动比时，为什么不能用$(-1)^m$来确定传动比的正负号？

5. 周转轮系中两轮转动比的正负号与该周转轮系转化轮系中两轮传动比的正负号相同吗？为什么？

6. 在由空间齿轮所组成的周转轮系中，能否用转化轮系法求传动比？它需要什么条件？

7. 在差动轮系中，若已知两基本构件的转向，如何确定第三个基本构件的转向？

8. 计算复合轮系传动比的步骤是怎样的？能否用给整个复合轮系加上一个公共的角速度$-\omega_H$的方法来计算整个轮系的传动比？为什么？

9. 轮系的主要功用有哪些？

10. 行星轮系各轮齿数的选择必须满足哪几个条件？

11. 如题图6-1所示的手摇提升装置中，已知各轮齿数为$z_1 = 20$，$z_2 = 50$，$z_3 = 15$，$z_4 = 30$，$z_6 = 40$。试求传动比i_{16}并指出提升重物时手柄的转向。

12. 如题图6-2所示轮系中，各轮齿数为$z_1 = 20$，$z_2 = 40$，$z_{2'} = 20$，$z_3 = 30$，$z_{3'} = 20$，$z_4 = 40$。试求：(1)传动比i_{14}；(2)如要变更i_{14}的符号，可采取什么措施？

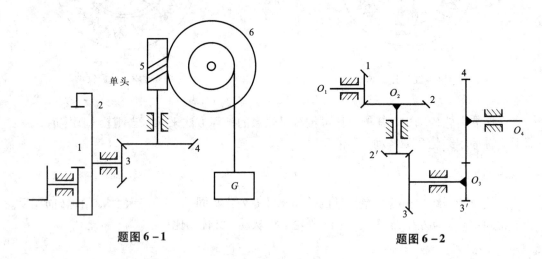

题图6-1   题图6-2

13. 如题图6-3所示的机械式钟表机构中，E为擒纵轮，N为发条盘，S、M及H分别为秒针、分针和时针。已知：$z_1 = 72$，$z_2 = 12$，$z_3 = 64$，$z_4 = 8$，$z_5 = 60$，$z_6 = 8$，$z_7 = 60$，$z_8 = 6$，$z_9 = 8$，$z_{10} = 24$，$z_{11} = 6$，$z_{12} = 24$，求秒针和分针的传动比i_{SM}和分针与时针的传动比i_{MH}。

14. 如题图6-4所示为一滚齿机工作台的传动机构，工作台与蜗轮5固连。已知：$z_1 = z_{1'} = 20$，$z_2 = 35$，$z_5 = 40$，$z_7 = 28$，蜗杆$z_{4'} = z_6 = 1$，旋向如图所示，若要加工一个齿数$z_{5'} = 32$的齿轮，试求挂轮组齿数比$z_{2'}/z_4$。

15. 如在题图6-5所示轮系中，已知$z_1 = 18$，$z_2 = 30$，$z_{2'} = 18$，$z_3 = 36$，$z_{3'} = 18$，$z_4 = 36$，$z_{4'} = 2$(右旋蜗杆)，$z_5 = 60$，$z_{5'} = 20$，齿轮的模数$m = 2$ mm，若$n_1 = 1000$ r/min(方向如图所示)，求齿条6的线速度v的大小和方向。

16. 如题图6-6所示轮系中，已知各轮齿数为：$z_1 = z_2 = z_3 = z_5 = z_6 = 20$，已知齿轮1、4、5、7为同轴线，试求该轮系的传动比i_{17}。

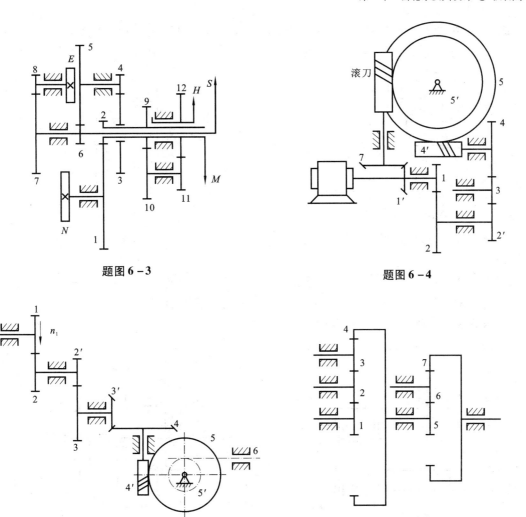

题图 6 - 3

题图 6 - 4

题图 6 - 5

题图 6 - 6

17. 如题图 6 - 7 所示,(a)、(b)为两个不同结构的锥齿轮周转轮系,已知 $z_1 = 20$, $z_2 = 24$, $z_{2'} = 30$, $z_3 = 40$, $n_1 = 200$ r/min, $n_3 = -100$ r/min。求两轮系的 n_H。

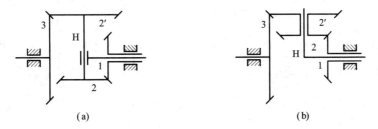

(a)　　　　　　　　　　(b)

题图 6 - 7

18. 如题图 6 - 8 所示轮系中,已知 $z_1 = 60$, $z_2 = 18$, $z_3 = 21$, 各轮均为标准齿轮,且模数相等。试求:(1)齿轮 4 的齿数 z_4;(2)传动比 i_{1H} 的大小及系杆 H 的转向。

19. 如题图 6 - 9 所示轮系中，已知 $z_1 = 20$，$z_2 = 25$，$z_3 = 15$，$z_4 = 60$，齿轮 1 的转速 $n_1 = 300$ r/min，求 n_H 的大小和方向。

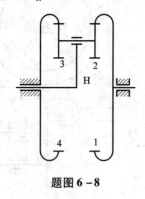

题图 6 - 8

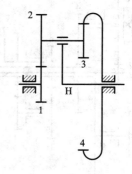

题图 6 - 9

20. 如题图 6 - 10 所示为一用于自动化照明灯具上的周转轮系。已知：$z_1 = 60$，$z_2 = z_{2'} = 30$，$z_3 = z_4 = 40$，$z_5 = 120$，输入轴转速 $n_1 = 19.5$ r/min，求箱体的转速。

21. 在题图 6 - 11 所示的变速器中，已知：$z_1 = z_{1'} = z_6 = 28$，$z_3 = z_5 = z_{3'} = 80$，$z_2 = z_4 = z_7 = 26$，当鼓轮 A、B、C 分别被刹住时，求传动比 i_{1H}。

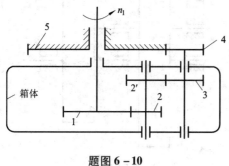

题图 6 - 10

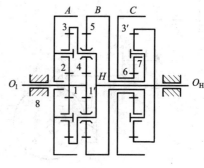

题图 6 - 11

22. 如题图 6 - 12 所示轮系中，已知 $z_1 = 30$，$z_2 = 26$，$z_{2'} = z_3 = z_4 = 21$，$z_{4'} = 30$，$z_5 = 2$（右旋蜗杆），又已知齿轮 1 的转速为 $n_1 = 130$ r/min，蜗杆 5 的转速为 $n_5 = 450$ r/min，方向如图所示，求构件 H 的转速 n_H。

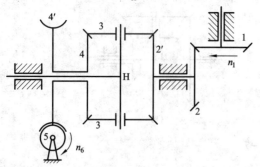

题图 6 - 12

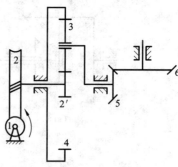

题图 6 - 13

23. 如题图 6－13 所示轮系中，已知各轮齿数，$z_1 = 2$，$z_2 = 50$，$z_{2'} = 24$，$z_3 = 48$，$z_5 = 20$，$z_6 = 40$，齿轮均为标准齿轮，标准安装，主动轮 1 转向如图所示。试求 i_{16}，并标出轮 2、5、6 的转向。

24. 如题图 6－14 所示轮系中，已知：$z_1 = 20$，$z_2 = 30$，$z_3 = z_4 = z_5 = 25$，$z_6 = 75$，$z_7 = 25$，$n_A = 100$ r/min，方向如图所示。试求 n_B 的大小和方向。

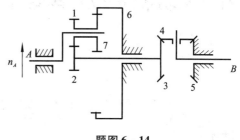

题图 6－14

25. 如题图 6－15 所示的减速装置中，齿轮 1 装在电动机的轴上，已知各轮的齿数：$z_1 = z_2 = 20$，$z_3 = 60$，$z_4 = 90$，$z_5 = 210$，又电动机的转速 $n = 1440$ r/min。求轴 B 的转速 n_B 及其回转方向。

26. 如题图 6－16 所示电动三爪卡盘传动轮系中，已知各齿轮的齿数为：$z_1 = 6$，$z_2 = z_{2'} = 25$，$z_3 = 57$，$z_4 = 56$，试求传动比 i_{14}。

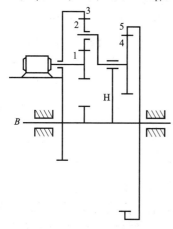

题图 6－15

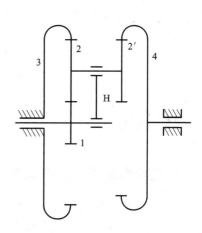

题图 6－16

27. 如题图 6－17 所示自行车里程表的机构中，C 为车轮轴。已知各齿轮的齿数为 $z_1 = 17$，$z_2 = 68$、$z_3 = 23$，$z_4 = 19$，$z_{4'} = 20$，及 $z_5 = 24$。当车轮转一圈时，指针 P 转过多少圈？

28. 如题图 6－18 所示轮系中，已知各齿轮的齿数为：$z_1 = 28$，$z_3 = 78$，$z_4 = 24$，$z_6 = 80$，若 $n_1 = 1000$ r/min。求：当分别将轮 3 或轮 6 刹住时，求构件 H 的转速 n_H。

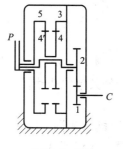

题图 6－17

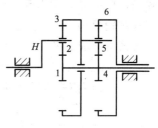

题图 6－18

第7章
间歇运动机构及其设计

【概述】

◎在各类机械中，常需要某些构件作周期性的运动和停歇，能够将主动构件的连续运动转换成从动构件有规律的运动和停歇的机构称为间歇运动机构。本章主要介绍几种常用间歇运动机构的工作原理、类型、特点、设计要点及应用情况。

◎通过本章学习要求掌握各类机构的组成、工作原理、运动特点、功能和适用场合，以便以后在进行机械运动方案设计时，能够根据工作要求正确地选择执行机构的类型。

7.1 棘轮机构

7.1.1 棘轮机构组成和工作原理

棘轮机构

棘轮机构的基本结构如图7-1所示，它主要由摇杆1、棘爪2、棘轮3、止动棘爪4组成。当摇杆1逆时针摆动时，摇杆上铰接的棘爪2插入棘轮的齿槽，使棘轮同向转动某一角度，而止动棘爪4在棘轮齿背上滑过；当摇杆1顺时针摆动时，止动棘爪4阻止棘轮反向转动，此时棘爪2在棘轮齿上滑过，棘轮静止不动，从而实现将摇杆的往复摆动转换为从动棘轮的单向间歇转动。为保证棘爪工作可靠，需利用弹簧5使止动棘爪4和棘轮3保持接触。

7.1.2 棘轮机构的类型

常用棘轮机构可分为轮齿与摩擦式两大类。

1.轮齿式棘轮机构

按啮合方式可分成如图7-1和图7-3所示的外啮合、内啮合棘轮机构。当棘轮的直径为无穷大时，变为棘条(图7-4)，此时棘轮的单向转动变为棘条单向滑动。

2.摩擦式棘轮机构

摩擦棘轮

如图7-2所示，其工作原理与轮齿式棘轮机构相同，只是用偏心扇心楔块，代替轮齿式棘轮机构中的棘爪，以无齿摩擦轮3代替棘轮，利用楔块与摩擦轮间的摩擦力与楔块偏心的几何条件来实现摩擦轮的单向间歇转动。图示机构当摇杆1逆时针转动时楔块2在摩擦力的作用下楔紧摩擦轮，使摩擦轮3同向转动,楔块在摩擦力的作用下楔紧摩擦轮,使摩擦轮3同向转动;摇杆1顺时针转动时,摩擦轮3静止不动。

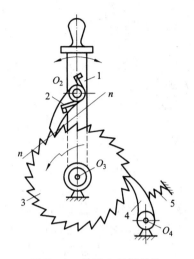

图 7-1　外啮合棘轮机构

1—摇杆;2—棘爪;3—棘轮;

4—止动棘爪;5—弹簧

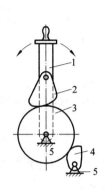

图 7-2　摩擦式棘轮机构

1—摇杆;2—楔块;3—摩擦轮;

4—楔块;5—机架

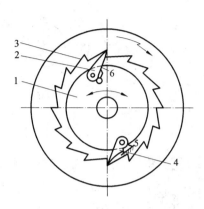

图 7-3　内啮合棘轮机构

1—轴;2—棘爪;3—棘轮;

4—棘爪;5—机架;6—棘爪

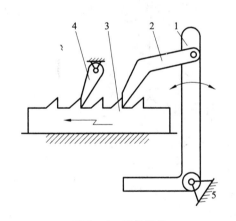

图 7-4　棘条机构

1—摆杆;2—棘爪;3—棘条;4—棘爪;5—机架

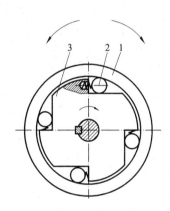

图 7-5　常用的摩擦式棘轮机构

1—构件;2—滚子;3—星轮

　　常用的摩擦式棘轮机构如图7-5所示,当构件1顺时针方向转动时,由于摩擦力的作用使滚子2被压紧在构件1、3的收敛狭隙处,从而带动3一起转动;当构件1逆时针方向转动时,滚子2松开,构件3静止不动。

　　根据棘轮的运动又可分为:

　　(1)单向式棘轮机构:如图7-1所示,其特点是摇杆向一个方向摆动时,棘轮可沿同一方向转过某一角度。如图7-6所示的双动式棘轮机构,其特点是摇杆反复摆动,都只能驱使棘轮沿单一方向间歇转动。

单向棘轮

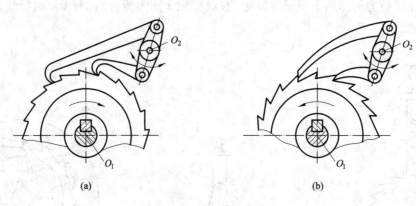

图7-6 双动式棘轮机构

双向棘轮

（2）双向式棘轮机构：如图7-7(a)所示，当棘爪在实线 *AB* 位置时，棘轮沿逆时针方向作间隙运动；当棘爪在虚线位置 *AB′* 时，棘轮沿顺时针方向作间隙运动。如图7-7(b)所示则是另一种双向式棘轮机构，只需拔出插销，将棘爪提起，并绕自身轴线转180°放下，即可改变棘轮的间歇运动方向。

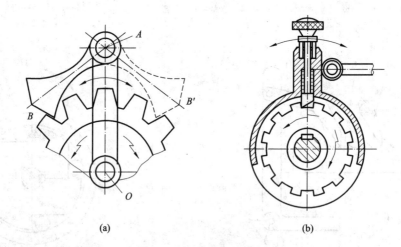

图7-7 双向式棘轮机构

7.1.3 棘轮机构的设计

1. 棘轮模数和齿数的确定

与齿轮相同，棘轮轮齿大小以模数 m 表示，但棘轮的标准模数按其齿顶圆直径 d_a 来计算：

$$m = d_a/Z \tag{7-1}$$

棘轮齿数与棘轮最小转角有关。由棘轮的使用条件可确定棘轮的最小转角 θ_{min}，因为

$$2\pi/Z \leqslant \theta_{min}$$

所以

$$Z \geqslant 2\pi/\theta_{min} \tag{7-2}$$

164

棘轮机构的齿形其他尺寸计算可参阅有关书籍。

2. 棘轮的齿形

单向转动的棘轮齿形一般为非对称梯形,载荷较小时可用三角形。

3. 棘轮转角的调节

转角调节的方法有两种,一种是利用棘轮罩来调节[图7-8(a)]。通过改变棘轮罩位置,使部分棘爪行程内棘爪沿棘轮罩滑过,从而改变棘轮转角的大小。另一种通过改变摇杆的长度来调节[图7-8(b)],通过调节曲柄摇杆机构中曲柄 OA 长度,使摇杆摆角改变。

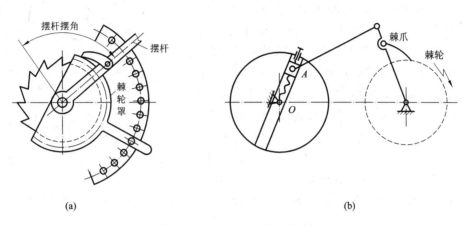

图7-8 棘轮机构转角的调节

4. 棘轮机构的可靠工作条件

图7-9所示棘轮齿面与径向线所夹角 α 为齿面倾角。为使棘爪在推动棘轮的过程中,棘爪顺利滑入棘轮齿根并压紧,则应使法向应力 N 对 O_1 轴的力矩大于摩擦力 F_f 对 O_1 轴的力矩,即

$$N \cdot O_1A\sin\beta > F_f \cdot O_1A\cos\beta$$

则 $\qquad \tan\beta > F_f/N$

因为 $\qquad F_f = N \cdot f = N \cdot \tan\varphi$

所以 $\qquad \tan\beta > \tan\varphi$

即 $\qquad\qquad\qquad\qquad\qquad \beta > \varphi \qquad\qquad\qquad\qquad\qquad (7-3)$

图7-9 棘爪顺利滑入棘轮齿根的条件

式中: f ——滑动摩擦系数;

$\qquad \varphi$ ——棘爪与齿面之间摩擦角;

$\qquad \beta$ ——棘爪和棘齿接触点 A 的公法线与 O_1A 线的夹角。

为使棘爪受力尽可能小,通常取轴心 O_1、O_2 和 A 点的相对位置满足 $O_1A \perp O_2A$,则 $\alpha = \beta$,又当系数 $f = 0.2$,摩擦角 $\varphi = 11°18'$,因此一般取 $\alpha = 20°$。

轮齿式棘轮机构的结构简单,制造方便,工作可靠,从动棘轮容易实现有效调节等优点,但工作过程中冲击、噪声、磨损都比较大。轮齿式棘轮机构常用于各种机械中,以实现进给、转位、制动或分度的功能。摩擦式棘轮机构传动平

牛头刨床进给机构

稳,无噪声,从动棘轮的转角可作无级调节,但其运动准确性差,常用来做超越离合器。棘轮机构通常只适用于低速轻载的场合。

7.2 槽轮机构

7.2.1 槽轮机构和工作原理

如图7-10所示,槽轮机构由装有圆柱销的主动拨盘,开有径向槽的从动槽轮2和机架组成。主动拨盘1逆时针作等速连续转动,当圆柱销A未进入径向槽时,由于槽轮的内凹锁止弧$\overset{\frown}{nn}$被主动拨盘外凸的锁止弧$\overset{\frown}{mm'm}$锁住而静止;当圆柱销A开始进入径向槽时,$\overset{\frown}{nn}$弧和$\overset{\frown}{mm'm}$弧脱开,槽轮2又在圆柱销A的驱动下顺时针转动,当圆销A在另一边开始脱离径向槽时,锁止弧$\overset{\frown}{nn}$又被卡住,槽轮又静止不动,直至圆柱销A再次进入槽轮的另一个径向槽时,又重复上述运动,从而实现槽轮的单向间歇运动。

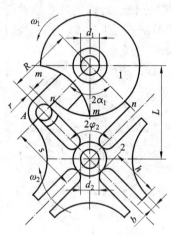

图7-10 外槽轮机构

槽轮机构

7.2.2 槽轮机构的类型

传递平行轴间运动的槽轮机构,其中应用最广泛的是上述的外槽轮机构。此外,还有图7-11所示的内槽轮机构。外槽轮机构的主动拨盘与从动槽轮转向相反,内槽轮机构主动拨盘与从动槽轮转向相同,内槽轮机构停歇时间短,传动较平稳,所占空间小。

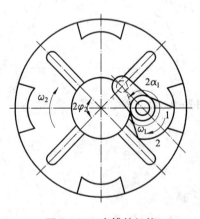

图7-11 内槽轮机构

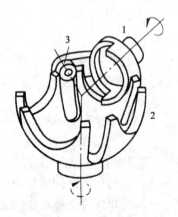

图7-12 空间槽轮机构

传递相交轴运动的是空间槽轮机构,如图7-12所示,从动槽轮是半球形,主动拨轮1的轴线及拨销3的轴线均通过球心,故又称为球面槽轮机构。主动拨轮1连续转动,从动槽轮做间歇转动,转向如图。

166

7.2.3　槽轮机构的设计

槽数 Z 和圆销数 n 的选取：

如图 7-10 所示的外槽轮中，主动拨盘 1 回转一周时，从动槽轮 2 的运动时间 t_2 与主动拨盘 1 的运动时间 t_1 之比称为槽轮机构的运动系数，用 K 来表示，即

$$K = t_2/t_1 \qquad (7-4)$$

由于主动拨盘 1 通常做等速转动，运动时间 t_2 与 t_1 是与拨盘的转角 $2\alpha_1$ 和 2π 相等应的，故

$$K = t_2/t_1 = 2\alpha_1/2\pi$$

为了避免圆柱销 A 在起动和停歇时与径向槽发生刚性冲击，圆柱销 A 进入和离开径向槽时，圆柱销的线速度中心线应沿着径向槽中心线方向。

如图 7-10 所示，$2\alpha_1 = \pi - 2\varphi_2$，其中 $2\varphi_2$ 为槽轮槽间角。设槽轮有 Z 个均布槽，则 $2\varphi_2 = 2\pi/Z$。将上述关系代入式（7-4），可得槽轮机构的运动系数为

$$K = t_2/t_1 = 2\alpha_1/2\pi = (\pi - 2\varphi_2)/2\pi = 1/2 - 1/Z \qquad (7-5)$$

因为运动系数 K 应大于零，所以外槽轮的径向槽的数目应大于或等于 3，从上式还可以看出，K 总是小于 0.5 的，这说明，这种外槽轮机构槽轮的运动时间总小于其静止时间。

若欲使 $K \geqslant 0.5$，即使槽轮的运动时间大于其停歇时间，可在销轮上安装多个圆柱销。若在拨盘 1 上均匀分布 n 个圆柱销，则当拨盘转动一周时，槽轮将被拨动 n 次，槽轮将被拨动几次，故运动系数是单销的 n 倍，即

$$K = n(1/2 - 1/Z) \qquad (7-6)$$

因 K 应小于或等于 1，故

$$n \leqslant 2Z/(Z-2) \qquad (7-7)$$

由上式可得槽数与圆柱销数的关系如表 7-1 所示。

表 7-1　槽数与圆柱销数的关系

Z	3	4～5	≥6
n	1～5	1～3	1～2

同理可得出图 7-11 内槽轮机构的运动系数为

$$K = 2\alpha_1/2\pi = (\pi + 2\varphi_2)/2\pi = (\pi + 2\pi/Z)/2\pi = 1/2 + 1/Z \qquad (7-8)$$

由上两式可知，内槽轮机构运动系数 $0.5 < K < 1$，槽数 $Z \geqslant 3$，圆柱销数 n 只能为 1。

7.2.4　槽轮机构的几何尺寸计算

在设计计算时，先根据槽轮的转角要求选定槽数 Z，再根据载荷和结构需要选定中心距 L 和圆柱销半径 r，最后如图 7-10 所示几何关系求出圆柱销

回转半径

$$R = L\sin\varphi_2 = L\sin(\pi/Z) \qquad (7-9)$$

槽顶高

$$S = L\cos\varphi_2 = L\cos(\pi/Z) \qquad (7-10)$$

槽底高

$$h \geqslant S - (L - R - r) \tag{7-11}$$

锁止弧半径

$$R_s = R - r - b \quad (b:槽轮齿项厚) \tag{7-12}$$

7.2.5 改善槽轮机构性能的设计

图 7 - 13 为槽轮运动过程的某一瞬间,拨盘和槽轮的转角分别用 α 和 φ 来表示,并规定 α 和 φ 在圆柱销进入区为正,在圆柱销离开区为负。

设圆柱销至槽轮中心的距离 r_x,r_x 为变量,由几何关系得

$$R\sin\alpha = r_x\sin\varphi$$

$$R\cos\alpha + r_x\cos\varphi = L$$

以上两式消去 r_x,可得

$$\varphi = \arctan\left(\frac{\lambda\sin\alpha}{1 - \lambda\sin\alpha}\right) \tag{7-13}$$

式中 $\lambda = R/L$。令拨盘和槽轮的角速度分别为 ω_1 和 ω_2,槽轮的角加速度为 ε_2,式中对时间求导可得

$$\frac{\omega_2}{\omega_1} = \frac{\lambda(\cos\alpha - \lambda)}{1 - 2\cos\alpha + \lambda^2} \tag{7-14}$$

$$\frac{\varepsilon_2}{\omega_1^2} = \frac{\lambda(\lambda^2 - 1)\sin\alpha}{(1 - 2\lambda\cos\alpha + \lambda^2)^2} \tag{7-15}$$

由以上两式可以看出,当拨盘的角速度 ω_1 一定时,槽轮的角速度和角加速度的变化取决于槽轮的槽数。

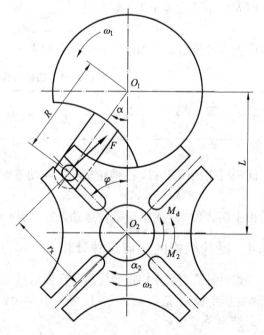

槽轮机构的运动和动力特性,通常用 ω_2/ω_1 和 ε_2/ω_1^2 来衡量,因而式(7 - 14)和式(7 - 15)也就表示了槽轮机构运动和动力特性,图 7 - 14(a)和 7 - 14(b)分别给出了外槽轮机构的运动和动力特性变化的曲线,由图可知,随着槽数 Z 的增加,运动趋于平稳,动力特性也得到改善,此外,当圆柱销开始进入和离开径向槽的瞬时,因角加速度有突变,故有柔性冲击,并且槽轮槽数 Z 越多,柔性冲击越小。槽轮运动的角速度和角加速度最大值随槽数 Z 的增大而减少。但槽数过多将使槽轮体积过大,产生较大的惯性力矩,因此为保证性能,槽数正常选用取为 4 ~ 8。

图 7 - 13 槽轮机构的运动分析

槽轮机构结构简单,工作可靠,机械效率高,能准确控制转角,并能较平稳地间隙进行

168

转位,但因其在启动和停止时有冲击,故常用于转速不高的自动机械、轻工机械及仪器仪表中。

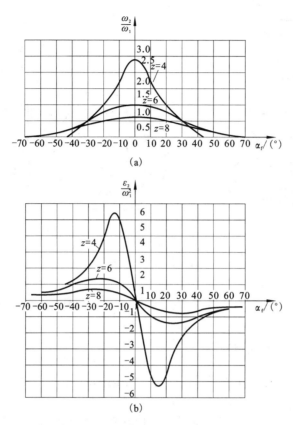

图 7 – 14　外槽轮机构的运动和动力特性变化的曲线

(a)运动特性;(b)动力特性

7.3　擒纵机构

7.3.1　擒纵机构的组成及工作原理

擒纵机构(escapement)是一种间歇运动机构,主要用于计时器、定时器等中。图 7 – 15 为机械手表中的擒纵机构,它由擒纵轮 5、擒纵叉 2 及游丝摆轮 6 组成。

擒纵轮 5 受发条力矩的驱动,具有顺时针转动的趋势,但因受到擒纵叉的左卡瓦 1 的阻挡而停止。游丝摆轮 6 以一定的频率绕轴 9 往复摆动。图示为游丝摆轮 6 逆时针摆动时,当摆轮上的圆柱销 4 撞到叉头钉 7 时,擒纵叉 2 顺时针摆动,直至碰到右限位钉 3 才停止;这时,左卡瓦 1 抬起,释放擒纵轮 5 使之顺时针转动。而右卡瓦 1′落下,并与擒纵轮另一轮齿接触时,擒纵轮 5 又被挡住而停止。当游丝摆轮 6 沿顺时针方向摆回时,圆柱销 4 又从右边推动叉头钉 7,使擒纵叉 5 逆时针摆动,右卡瓦 1′抬起,擒纵轮 5 被释放并转过一个角度,直到再次被左卡瓦 1 挡住为止。这样就完成了一个工作周期。这就是钟表产生滴答声响的原因。

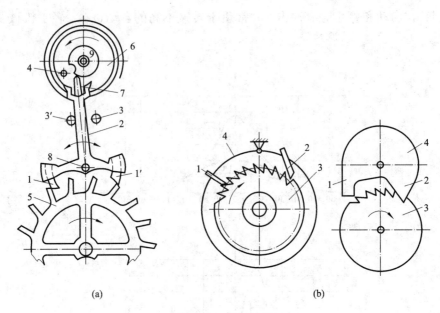

(a)　　　　　　　　　　　　　　(b)

图 7 – 15　擒纵机构

(a)有固有振动系统型擒纵机构；(b)无固有振动系统型擒纵机构

1、1'—左、右卡瓦；2—擒纵叉；3、3'—右、左限位钉；4—圆柱销；5—擒纵轮；6—游丝摆轮；7—叉头钉；8、9—轴

7.3.2　擒纵机构的类型及应用

擒纵机构

擒纵机构可分为有固有振动系统型擒纵机构和无固有振动系统型擒纵机构两类。

如图 7 – 15(a)所示为有固有振动系统型擒纵机构，常用于钟表中。

如图 7 – 15(b)所示为无固有振动系统型擒纵机构，仅由擒纵轮 5 和擒纵叉 2 组成。擒纵轮在驱动力矩作用下保持顺时针方向转动趋势。擒纵轮倾斜的轮齿交替地与左、右卡瓦 1 和 1'接触，使擒纵叉往复振动。擒纵叉往复振动的周期与擒纵叉转动惯量的平方根成正比，与擒纵轮给擒纵叉的转矩大小的平方根成反比，因擒纵叉的转动惯量为常数，故只要擒纵轮给擒纵叉的力矩大小基本稳定，就能使擒纵轮作平均转速基本恒定的间歇运动。

这种机构结构简单，便于制造，价格低，但振动周期不稳定，主要用于计时精度要求不高、工作时间较短的场合，如自动记录仪、计数器、定时器、测速器及照相机快门和自拍器等。

7.4　凸轮式间歇运动机构

7.4.1　凸轮式间歇运动机构的组成和工作原理

凸轮式间歇运动机构一般由主动凸轮、从动转盘和机架组成。如图 7 – 16 所示为圆柱凸轮式间隙运动机构，主动凸轮 1 的圆柱面上开有一条两端开口、不闭合的曲线沟槽(或凹脊），从动转盘3的端面上有均匀分布的圆柱销2，当主动凸轮连续转动时，通过其曲线沟槽（或凹脊）拨动从动转盘上的圆柱销，从而使从动转盘作间隙分度运动。

7.4.2　凸轮式间隙运动机构的类型

除了圆柱凸轮间隙运动机构之外，还有蜗杆凸轮间隙运动机构和共轭凸轮式间隙运动机构。

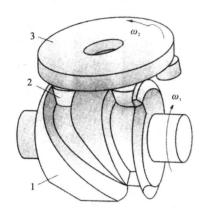

图7-16　圆柱凸轮式间隙运动机构
1—主动凸轮；2—圆柱销；3—从动转盘

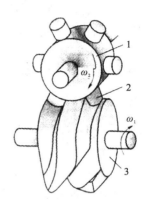

图7-17　蜗杆凸轮式间隙运动机构
1—主动凸轮；2—圆柱销；3—从动转盘

蜗杆凸轮式间隙运动机构如图7-17所示，其主动凸轮1为圆弧面蜗杆凸轮，从动转盘3为具有周向均布柱销的圆盘，当蜗杆凸轮1转动时，将通过转盘上的圆柱销2作间隙运动。

如图7-18所示为共轭凸轮式间隙运动机构，在主动轴装有一对共轭平面凸轮1及1′，在从动转盘2的两个端面上装有均匀分布的滚子3和3′，两个共轭凸轮分别与从动转盘两侧的滚子接触，在一个运动周期中，两凸轮相继推动从动转盘转动。

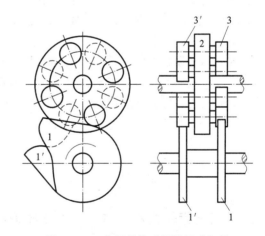

图7-18　共轭凸轮式间隙运动机构
1、1′—共轭平面凸轮；2—从动转盘；3、3′—滚子

7.4.3　凸轮式间隙运动机构的设计

这里主要介绍圆柱凸轮式间隙运动机构设计的几个基本问题。

1. 转盘的转位时间与静止时间

若凸轮转动一周的时间为 t_1，凸轮沟槽中螺旋角不为零的曲线所对应的角度为 θ，则转盘的运动时间为

$$t_d = \theta t_1 / 2\pi \qquad (7-16)$$

静止时间为

凸轮式间歇运动机构

$$t_t = t_1 - t_d = (1 - \theta/2\pi)t_1 \qquad\qquad (7-17)$$

2. 圆柱销数 Z 的选取

一般按工艺要求预定 Z，但过少会引起凸轮与圆柱销的干涉。因此，对于单头廓线的凸轮，$Z \geqslant 5$。

3. 主要参数设计

（1）凸轮的最大升程 h，h 可由图 7-16 的俯视图 7-19 来求，即

$$h = 2R\sin\alpha \qquad (7-18)$$

式中：R 为圆柱销的中心回转半径；α 为动程角，$\alpha = \dfrac{\pi}{z}$。

（2）圆柱销的直径 d，为保证传动精度，d 与键槽宽度应相同。

（3）凸轮的宽度 b，为保证从动件停止阶段的可靠定位，应使用两圆柱销同时与凸轮廓线接触。故直线段宽度 b 应等于相邻两圆柱销表面内侧之间的距离，即 $b = h - d$。

（4）凸轮平均半径 D，D 与凸轮廓线的压力角有关，若压力角越过许用值，则应加大凸轮的平均半径 D。

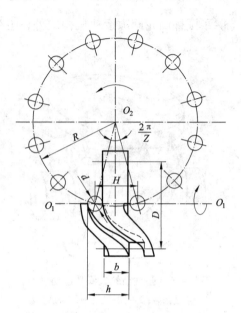

图 7-19 圆柱凸轮间隙运动机构的设计

凸轮式间隙运动机构结构简单，工作可靠，转位精确，不需要专门的定位装置，且通过合理选择从动件的运动规律，可减少动载荷和避免冲击，使机构传动平稳。因而主要用于轻工机械、冲压机械等高速、高精度的步进进给、分度等机构，但凸轮加工较复杂，精度要求较高，装配调整比较困难。

7.5 不完全齿轮机构

7.5.1 不完全齿轮机构的构成、工作原理和类型

不完全齿轮机构

不完全齿轮机构是由齿轮机构演变而成的一种间隙运动机构。与一般的齿轮机构相比（图 7-20），其最大区别在于在主动轮上只做一部分轮齿，其余部分为外凸锁止弧，在从动轮上做出与主动轮轮齿相啮合的轮齿和内凹锁止弧，当主动轮 1 做连续回转运动时，从动轮 2 做间歇回转运动。当轮齿进入啮合区时，从动轮开始转动。当主动轮的轮齿退出啮合后，由于两齿轮的凸、凹锁止弧的定位作用，从动轮 2 可靠停止，实现从动轮间隙回转运动。

如图 7-20(a) 所示的不完全齿轮机构中，主动轮 1 上只有 1 个齿，从动轮 2 上有 8 个齿，故主动轮转 1 转时，从动轮只转 1/8 转。如图 7-20(b) 所示的不完全齿轮机构中，主动轮 1 上有 4 个齿，从动轮 2 上有 4 个远动段和 4 个停歇段相间分布，每段上有 4 个齿与主动

轮相啮合。主动轮转 1 转，从动轮转 1/4 转。

　　与齿轮机构相似，不完全齿轮机构有外啮合、内啮合、齿轮齿条式及圆柱和圆锥不完全齿轮机构。

7.5.2　不完全齿轮机构的设计

1. 主动齿首、末齿齿顶降低

　　若在主动轮首齿进入啮合时，主动轮的齿顶被从动轮的齿顶 C 挡住，不能进入啮合，则发生齿顶干涉。图 7 – 21 中主动轮中虚线齿与从动轮轮齿就发生了干涉。为了避免干涉现象的产生，可将主动轮齿顶高降低至 r'_{a1}，这样首齿就能顺利地进入啮合。

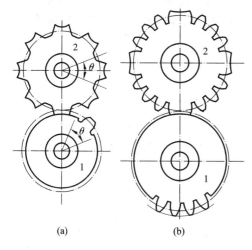

图 7 – 20　不完全齿轮机构

1—主动轮；2—从动轮

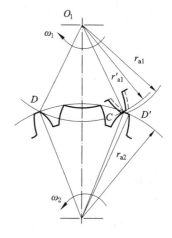

图 7 – 21　不完全齿轮机构的干涉

　　不完全齿轮的主动轮除了齿顶降低外，末齿齿顶也应降低，而其他各齿保持标准齿顶高，末端修正的原因如下：从动齿轮每次啮合时，均应停在预定的位置上，而从动齿轮锁止弧的停止位置取决于点 D，而点 D 是首齿降低后主动轮齿顶圆与从动轮齿顶圆的交点。为了便于机构的正反转，点 D 与点 C 应对称于两轮中心线。

2. 改善从动轮动力特性的措施

　　不完全齿轮机构在开始和终止啮合时，由于速度有突变会产生冲击，故不适用于高速传动。为了改善从动轮的动力特性，可装置瞬心线附加杆，如图 7 – 22 所示，附加杆 K、L 分别固定在主动齿轮 1 和从动齿轮 2 上。

瞬心线机构

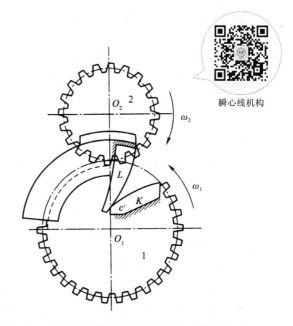

图 7 – 22　装置瞬心线附加杆的不完全齿轮机构

当主动齿轮 1 的首齿与从动轮 2 的齿在啮合线上啮合之前，瞬心线附加杆 K、L 先接触，这时从动轮 2 的角速度为 $\omega_2 = \omega_1 \dfrac{O_1 c'}{O_2 c'}$，式中 c' 为两齿轮相对瞬心。如开始运动时，c' 与 O_1 重合，ω_2 可由 0 逐渐增大，不发生冲击，这时两轮在啮合线上啮合，然后首齿及其他齿相继在啮合线上啮合，以定传动比传动。同样末齿脱离啮合时可以借助另一附加杆使从动齿轮 ω_2 逐渐减至 0。这样，在整个运动周期内就可保持速度变化平稳，以减少冲击。由于进入啮合时的冲击比脱离啮合时严重，所以经常只在进入啮合处装置瞬心线附加杆。

不完全齿轮机构结构简单，制造容易，工作可靠，容易实现从动轮停歇的次数，每次停歇的时间以及每次转过的转角的要求，而且其调整范围比较大，设计比较灵活；但设计计算和加工工艺较复杂，从动轮在运动开始与终止时冲击较大，故一般用于低速、轻载的场合。不完全齿轮机构常用于多工位、多工序等有特殊要求的自动机或生产线上，实现间歇转位和进给运动。

7.6 间歇运动机构设计的基本要求

间歇运动机构常用于机床、自动机和仪器中，实现原料送进、成品输出、分度、转位、换向、擒纵、超越等功能。随着各类机械自动化程度和生产率的日益提高，对间歇运动的要求就更广泛，对它的运动、性能、功能等设计要求就更高了。

间歇运动机构的设计一般有以下几方面的基本要求.

1. 动力性能的要求

间歇运动机构的从动机构在一个很短的时间内要经过启动、加速、减速、停止的过程，会产生较大的加速度，从而带来载荷产生冲击。设计中为了尽量保证间歇运动机构动作平稳，特别要注意合理选择从动件运动规律。

2. 从动件运动、停歇时间的要求

间歇运动机构中，从动件停歇的时间一般是机床或自动机进行工艺加工的时间，而从动机运动的时间往往是机床或自动机作送进、分度、转位等辅助工作的时间，间歇运动机构这个运动特性可用动停时间比 k 来表示：

$$k = \frac{t_d}{t_t} \qquad\qquad (7-19)$$

式中：t_d 为从动件在一个运动周期中的运动时间；t_t 为其停歇时间。k 值越小，生产率会越高；但 k 值过小会引起启动和停止时的加速度过大，因此应合理选择 k 值。

3. 从动件运动、停止位置的要求

应根据工作要求选取传动件运动行程的大小，并注意传动件停歇位置的准确性。

7.7 应用举例

如图 7-23 所示的牛头刨床工作台采用棘轮机构实现横向进给，齿轮 1 带动齿轮 2 连续回转，通过连杆 3 使摇杆 4 往复摆动，从而使棘轮 7 推动固定于进给丝杆 6 上一端的棘轮 5 作单向间歇运动，进而带动工作台作横向进给运动。当需要改变进给量（即改变棘轮每次转过的角度)时,可调节 O_2A 的长度。若需换向进给,则提转棘轮 7。

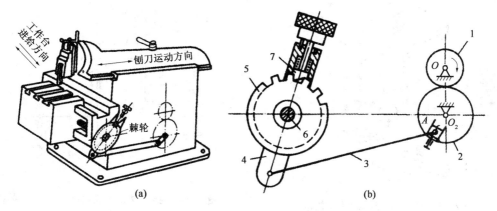

图 7 - 23　牛头刨床工作台的横向进给

1—齿轮;2—齿轮;3—连杆;4—摇杆;5—棘轮;6—进给丝杆;7—棘轮

自行车后轴中的"飞轮",即为采用内接棘轮机构的单向离合器,如图 7 - 24 所示。正常前进时,主动星轮 1 驱动棘轮 3(后车轮)转动;但当棘轮 3 的转速超过了主动星轮 1 的转速时,则两者自动脱开,各自自由旋转,此时的单向离合器又被称为超越离合器。

如图 7 - 25 所示为六角车床刀架转位机构,刀架上装有 6 种刀具,与刀架同轴的槽轮 2 上开有 6 个径向槽,主动拨盘 1 每转动一周,驱动槽轮 2 转过 60°,从而将下一工序的刀具转换到工作位置。

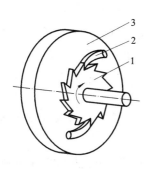

图 7 - 24　单向离合器

1—主动星轮;2—棘爪;3—棘轮

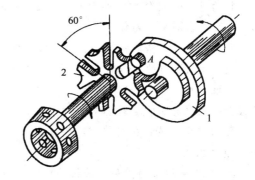

图 7 - 25　六角车床刀架转位机构

1—主动拨盘;2—驱动槽轮

如图 7 - 26 所示为钻孔攻丝机的转位机构。运动由变速箱传给圆柱凸轮 1,经转盘 2 及与 2 固连的齿轮 3,传到齿轮 4,使与 4 固连的工作台 5 获得间歇的转位。

如图 7 - 27 所示的乒乓球拍周缘铣削专用靠模铣床是采用不完全齿轮机构来实现工件轴正反转功能的。

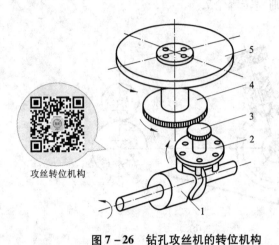

图7-26 钻孔攻丝机的转位机构

1—圆轮凸轮；2—转盘；3—齿轮；4—齿轮；5—工作台

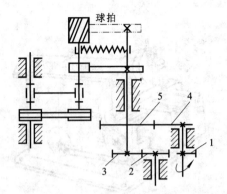

图7-27 乒乓球拍周缘铣削专用靠模铣床

思考题与练习题

1. 齿轮机构要求有一对以上的啮合轮齿同时工作，而槽轮机构为什么不允许有两个以上的主动拨销同时工作？

2. 棘轮机构除常用来实现间歇运动的功能外，还常用来实现什么功能？

3. 为什么槽轮机构的运动系数 k 不能大于1？

4. 为什么不完全齿轮机构主动轮首、末两轮齿的齿高一般需要削减？加上瞬心线附加杆后，是否仍需削减？为什么？

5. 棘轮机构、槽轮机构、不完全齿轮机构及凸轮式间歇运动机构均能使执行构件获得间歇运动，试从各自的工作特点、运动及动力性能分析它们各自的适用场合。

6. 擒纵机构也是一种间歇运动机构，应用这种机构的主要目的是什么？你能利用擒纵机构设计一种高楼失火自救器吗？

7. 为避免槽轮机构工作室刚性冲击和非工作时的游动，在设计时必须注意什么？应如何确定缺口弧的尺寸？

8. 在牛头刨床的横向送进机构中，已知工作台的横向送给量 $s=0.1$ mm，送进螺杆的导程 $l=3$ mm，棘轮模数 $m=6$ mm，棘爪与棘轮之间的摩擦系数 $f=0.15$。试求：

(1) 棘轮齿面倾斜角 β；

(2) 棘轮的齿数 z；

(3) 棘轮的尺寸 d_a、d_f、p；

(4) 棘爪的长度 L。

9. 已知牛头刨床工作台的横向进给丝杆，其导程为5 mm，与丝杆轴联动的棘轮齿数为40齿，求棘轮的最小转动角度和该刨床的最小横向进给量。

10. 某自动机床工作台要求有6个工位，转台停歇时进行工艺动作，其中最长的工作时间为30 s，拟采用槽轮机构实现转位工作。要求：

（1）试确定槽轮机构的类型、槽数和圆柱销数；

（2）计算槽轮机构的运动系数 k；

（3）计算主动拨盘的转速 n_1。

11. 某装配工作台要求有 6 个工位，每个工位在工作静止时间 $t_j = 10$ s 内完成装配工序。转位机构采用单销槽轮机构，试求：

（1）槽轮机构的运动系数 k；

（2）主动拨盘的转速 ω_1；

（3）槽轮的转位时间 t_d。

12. 在外接槽轮机构中，已知圆柱销数为 2，运动系数 $k = 1/2$，主动轮转速 $n_1 = 50$ r/min，如果设计者选用单销外槽轮机构来实现工作台的转位，试求：

（1）槽轮槽数 z；

（2）槽轮的运动时间 t_d；

（3）槽轮的静止时间 t_j。

第8章
其他常用机构

【概述】

◎在许多机器中，除了采用前面介绍的平面连杆机构、凸轮机构、齿轮机构和间歇运动机构等一些典型的常用机构外，还经常用到其他类型的机构。本章主要介绍螺旋机构、万向铰链机构、非圆齿轮机构、摩擦传动机构以及广义机构的特点及应用，重点分析了螺旋机构、万向铰链机构和非圆齿轮机构的工作原理、运动特点及其应用。

◎通过本章学习，要求掌握螺旋机构、万向铰链机构、非圆齿轮机构的工作原理及运动特点等。

8.1 螺旋机构

螺旋机构

螺旋机构(图8-1)是利用螺杆和螺母组成螺旋副来实现传动要求的一种常用机构，由螺杆、螺母和机架组成。一般情况下，它是将螺旋运动转换为直线运动，同时传递运动和动力。螺旋机构结构简单、运动准确，能获得很大的降速比和力的增益，工作平稳、噪声小，合理选择螺旋升角可具有自锁性能，但存在摩擦损耗大、传动效率低等缺点。

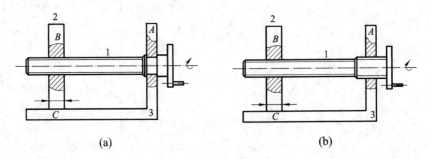

(a)   (b)

图8-1 螺旋机构

1—螺杆；2—螺母；3—机架

A—转动副；B—螺旋副；C—移动副

8.1.1　螺旋机构的工作原理

如图 8 − 1 所示为简单的螺旋机构，其中构件 1 为螺杆，构件 2 为螺母，构件 3 为机架。图 8 − 1(a)中，B 为螺旋副，其导程为 l，C 为移动副。当螺杆 1 转动 φ 角时，螺母 2 的位移 s 为：

$$s = l\frac{\varphi}{2\pi} \tag{8−1}$$

如果将图 8 − 1(a)中的转动副 A 也换成螺旋副，便得到图 8 − 1(b)所示的螺旋机构。设 A、B 段螺旋的导程分别为 l_a、l_b，则当螺杆 1 转过 φ 角时，螺母 2 的位移 s 为：

$$s = (l_a \pm l_b)\frac{\varphi}{2\pi} \tag{8−2}$$

式中：" + "用于两螺旋旋向相反时；" − "号用于两螺旋旋向相同时。

由式(8 − 2)可知，当两螺旋旋向相同时，若 l_a 与 l_b 相差很小，则螺母 2 的位移可以很小，这种螺旋机构称为差动螺旋机构(又称微动螺旋机构)；当两螺纹旋向相反时，螺母 2 可以产生快速移动，这种螺旋机构称为复式螺旋机构。

8.1.2　螺旋机构的类型及其应用

1. 按螺杆与螺母之间的摩擦性质不同，螺旋机构可分为滑动螺旋机构、滚动螺旋机构和静压螺旋机构

（1）滑动螺旋机构

滑动螺旋机构是螺杆与螺母的螺旋面直接接触，摩擦状态为滑动摩擦。滑动螺旋机构结构简单，制造成本较低，便于制造，易于自锁，但其摩擦阻力大，效率低，磨损快，故传动精度较低。滑动螺旋机构通常采用梯形螺纹和锯齿形螺纹，其中梯形螺纹应用最广，锯齿形螺纹用于单面受力，而矩形螺纹由于工艺性较差、强度较低等原因应用很少；对于受力不大和精密机构的调整螺旋，有时候也采用三角形螺纹。如图 8 − 2 所示为用于车辆连接的滑动复式螺旋机构，A、B 两螺旋副旋向相反，根据复式螺旋机构的工作原理，螺母可产生很快的位移，使车钩 E 和 F 快速靠近或离开。

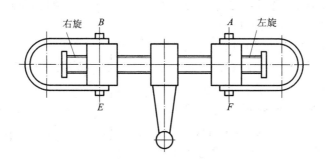

图 8 − 2　滑动复式螺旋机构

（2）滚动螺旋机构

滚动螺旋机构中，螺杆与螺母的螺纹滚道间有滚动体，如图 8 − 3 所示。当螺杆或螺母转动时，滚动体在螺纹滚道内滚动，使螺杆和螺母间为滚动摩擦，提高了传动的效率和精度。滚动螺旋传动的效率一般在90%以上。它不自锁，具有传动的可逆性；但结构复杂，制造精度要求高，抗冲击性能差。已经广泛地应用于机床、飞机、船舶和汽车等要求高精度或高效率的场合。

（3）静压螺旋机构

静压螺旋机构是螺纹工作面间形成液体静压油膜润滑的螺旋传动，静压螺旋传动摩擦系数小，传动效率可达99%，无磨损和爬行现象，无反向空程，轴向刚度很高，不自锁，具有传动的可逆性，但螺母结构复杂，而且需要有一套压力稳定、温度恒定和过滤要求高的供油系统。静压螺旋常被用作精密机床进给和分度机构的传导螺旋，采用牙较高的梯形螺纹，在螺母每圈螺纹牙两个侧面的中径处开有3～6个间隔均匀的油腔，同一母线上同一侧的油腔连通，用一个节流阀控制，如图8-4所示。油泵将精滤后的高压油注入油腔，油经过摩擦面间缝隙后再由牙根处回油孔流回油箱。当螺杆未受载荷时，牙两侧的间隙和油压相同。当螺杆受向左的轴向力作用时，螺杆略向左移；当螺杆受径向力作用时，螺杆略向下移。当螺杆受弯矩作用时，螺杆略偏转。由于节流阀的作用，在微量移动后各油腔中油压发生变化，螺杆平衡于某一位置，保持某一油膜厚度。

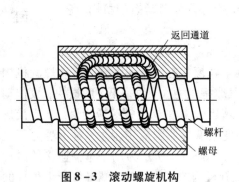

图8-3　滚动螺旋机构

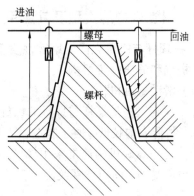

图8-4　静压螺旋机构

2. 按用途不同，螺旋机构可分为传力螺旋机构、传导螺旋机构、调整螺旋机构

（1）传力螺旋机构

传力螺旋机构以传递动力为主，要求以较小的转矩产生较大的轴向推力，用以克服工件阻力。这种螺旋机构主要承受较大的轴向力，一般为间歇性工作，每次工作时间较短，工作速度不高，并要求具有自锁性，广泛应用于各种起重或加压装置中。如图8-5所示为螺旋式压榨机，螺杆1两端分别与螺母2、3组成旋向相反，导程相同的螺旋副A与B。根据复式螺旋机构的工作原理，当转动螺杆1时，螺母2、3很

传力螺旋

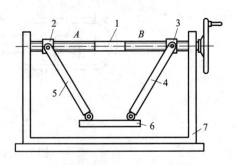

图8-5　螺旋式压榨机

1—螺杆；2—螺母；3—螺母；

4—连杆；5—连杆；6—压板

快靠近,再通过连杆 4、5 使压板 6 向下运动以压榨物件。

(2)传导螺旋机构

传导螺旋机构以传递运动为主,有时候也承受较大的轴向载荷。传导螺旋常需在较长的时间内连续工作,工作速度较高,因而要求有较高的传动精度,多用于机床的进给系统。如图 8 - 6 所示为机床进给丝杆机构,通过螺杆传动,螺母移动具有较高的传动精度。

(3)调整螺旋机构

调整螺旋机构用以调整、固定零件的相对位置,如机床、仪器及测试装置中的微调机构的螺纹。调整螺旋不经常转动,一般在空载下进行调整。如图 8 - 7 所示为一调整螺旋机构,利用螺旋机构调节曲柄的长度。螺杆(构件 1)与曲柄(构件 2)组成转动副 B,并与螺母(构件 3)组成螺旋副 D,曲柄 2 的长度 AK 可以通过转动螺杆 1 改变螺母 3 的位置来调节。

调整螺旋

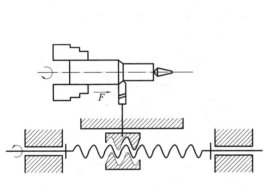

图 8 - 6 机床进给丝杆机构

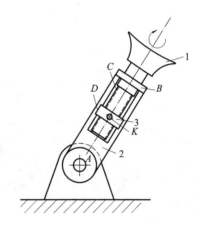

图 8 - 7 调整螺旋机构
1—螺杆;2—曲柄;3—螺母

8.2 万向铰链机构

万向铰链机构又称为万向联轴节或万向联轴器,它主要用于传递两相交轴间的运动和动力。其结构特点是两相交传动轴的末端均连着一个叉形支架,并用铰链与中间"十字形"构件相连,可允许主、从动轴轴线的夹角在一定范围内变动,是一种常用的变角传动机构。它广泛应用于汽车、机床、工程机械等机械传动系统中。万向铰链机构主要包括单万向铰链机构和双万向铰链机构。

8.2.1 单万向铰链机构

如图 8 - 8 所示为单万向铰链机构结构简图,它是由两个传动轴的末端为叉形的构件 1 和 3、十字体 2 和机架 4 组成,其中两个传动轴 1 和 3 分别与机架 4 构成转动副 A 和 D,而两轴末端为叉形的构件 1 和 3 分别与十字体 2 组成两个轴线相互垂直的转动副 B 和 C,并且这四个转动副的回转轴线汇交于十字体的中心点 O,轴 1 与轴 3 所夹锐角为 α。

单万向铰链机构

如图 8-8 所示，当输入轴 1 转动一周时，输出轴 3 随之转动一周，故两轴的平均传动比为 1。但两轴的瞬时传动比却因两轴的瞬时角速度随时变化而不恒等于 1，其关系如下：

$$i_{31} = \frac{\omega_3}{\omega_1} = \frac{\cos\alpha}{1 - \sin^2\alpha\cos^2\varphi_1} \tag{8-3}$$

式中：φ_1 为输入轴 1 的转角。

由式（8-3）可知，若输入轴 1 以 ω_1 等速回转时，输出轴 3 的转速 ω_3 将在 $\omega_1\cos\alpha$ 至 $\dfrac{\omega_1}{\cos\alpha}$ 范围内变化。

如图 8-9 所示为 φ_1 在 0°到 180°范围内时，对应几个不同的轴间角 α 所做的 i_{31} 随 φ_1 的变化曲线。从图中不难看出：当 α 增大时，i_{31} 的波动幅度或不均匀系数也增大。故在实际应用中，α 一般为 35°~45°。

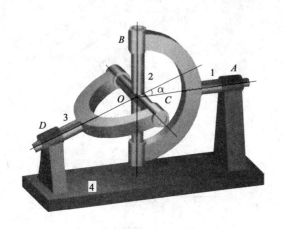

图 8-8　单万向铰链机构

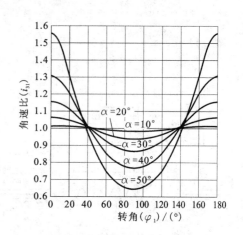

图 8-9　i_{31} 随 φ_1 的变化曲线

8.2.2　双万向铰链机构

双万向铰链机构

在单万向铰链机构中，当主动轴等速回转时，其从动轴作周期性变速转动，这会影响机械运转的平稳性，并在传动中引起附加动载荷，使轴产生振动。为了改善这种情况，可采用双万向铰链机构，其构成可看做是用一根中间轴 2 和两个单万向联轴节将输入轴 1 和输出轴 3 连接起来，如图 8-10 所示。中间轴 2 常做成两段，采用花键或滑键连接，以适应传动中两轴间距离的变化。

为了使输入轴 1 与输出轴 3 的传动比 i_{31} 恒等于 1，双万向铰链机构在安装时必须符合下面三个条件：

（1）输入轴 1、输出轴 3 及中间轴 2 应三轴共面。

（2）输入轴 1、输出轴 3 的轴线与中间轴 2 的轴线之间的夹角应相等，即应满足 $\alpha_1 = \alpha_3$。

（3）中间轴 2 两端的叉面应位于同一平面内。

双万向铰链机构能连接轴交角较大的相交轴或径向偏距较大的平行轴，并且在运转时轴交角或偏距可改变，径向尺寸小，而且按上述三个条件安装可保证等角速比传动，因此在机械中得到广泛应用。图 8-11 为双万向铰链机构在汽车驱动系统中的应用，变速箱 1 安装在车架上，而后桥 3 用弹簧与车架连接。汽车在行驶过程中，由于道路不平，会使弹簧发生变形，致使后桥与变速箱之间的相对位置发生变化。在变速箱和后桥传动装置的输入轴之间，采用双万向铰链机构 2 连接，以实现等角速传动。

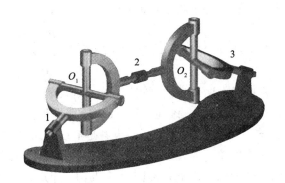

图 8 - 10　双万向铰链机构

1—输入轴；2—中间轴；3—输出轴

8.3　非圆齿轮机构

在机械中广泛应用的圆柱齿轮机构，其节线是圆形的，因而两个圆柱齿

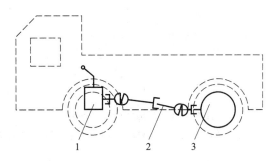

图 8 - 11　双万向铰链机构在汽车驱动系统中的应用

1—变速箱；2—双万向铰链机构；3—后桥

轮相互啮合时瞬时传动比为定值。假如一对齿轮的节线保持纯滚动，其中心距不变，而其瞬时传动比按一定规律变化，这样的节线是非圆形的曲线，沿着非圆形节线切出齿形，就成为非圆齿轮。目前，随着数控加工技术的日益成熟，较好地解决了非圆齿轮的加工难题，非圆齿轮机构正被广泛地应用。

8.3.1　非圆齿轮机构的工作原理和类型

如图 8 - 12 所示，h_1 和 h_2 是一对非圆齿轮的节线。当两轮啮合传动时，h_1 和 h_2 作无滑动的纯滚动，其切点 P 为节点，这时两轮的瞬时传动比为：

$$i_{12} = \frac{\omega_1}{\omega_2} = \frac{\mathrm{d}\varphi_1}{\mathrm{d}\varphi_2} = \frac{\overline{O_2P}}{\overline{O_1P}} = \frac{\rho_2}{\rho_1} \qquad (8-4)$$

式中：ρ_1 和 ρ_2 分别为两轮节线的瞬时曲率半径；φ_1 和 φ_2 为两轮的转角。

要使非圆齿轮的传动能够实现（也就是保证两轮节线为纯滚动接触），必须满足以下两个条件：

（1）两非圆齿轮在任何瞬间的瞬时曲

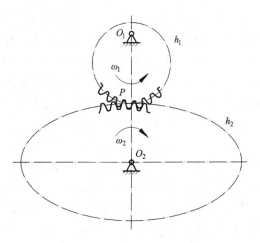

图 8 - 12　非圆齿轮机构啮合原理

183

率半径之和应等于两轮固定回转中心距 S，即

$$\rho_1 + \rho_2 = S \qquad\qquad (8-5)$$

（2）相互滚过的两段节曲线的弧长应处处相等，即

$$\rho_1 \cdot \mathrm{d}\varphi_1 = \rho_2 \cdot \mathrm{d}\varphi_2 \qquad\qquad (8-6)$$

根据以上两个条件可知，每当小齿轮转动一周，大齿轮节线 h_2 上与小齿轮节线 h_1 之周长相对应的弧长的每一曲率半径应周期性地重复一次。因此，节线 h_2 应当是由周期性重复的、全等的曲线线段所组成，也就是节线 h_2 的长度必须是节线 h_1 长度的整数倍。

非圆齿轮的形式很多，常见的非圆齿轮的节线主要有椭圆形、卵形和螺旋形等几种，相应的非圆齿轮机构也有椭圆齿轮机构、卵形齿轮机构、对称三叶式叶形齿轮机构等，如图 8-13所示。其中以椭圆齿轮机构最为常见。

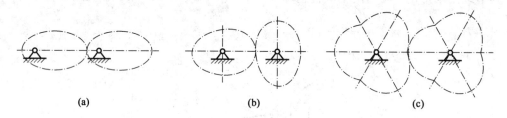

（a）   （b）   （c）

图 8-13　三种非圆齿轮机构

（a）椭圆齿轮机构；（b）卵形齿轮机构；（c）对称三叶式叶形齿轮机构

8.3.2　非圆齿轮机构的特点及其应用

压力机

非圆齿轮机构的特点是传动比按一定规律变化，常用在要求从动件速度需要按一定规律变化的场合。非圆齿轮传动机构在运动学方面的特性就是实现主动机构和从动机构转角间的非线性关系，因此可用它来代替通用的连杆机构和凸轮机构传动。其优点如下：

（1）与连杆机构相比，结构牢靠、紧凑，且传动较平稳。即传动时动平衡性好，容易实现动平衡。这些都是在设计高速运转机构时必须考虑的关键因素。

（2）比凸轮机构传动可靠。非圆齿轮机构的最大优点是能实现连续的单向循环运动，而凸轮机构一般只能实现往复运动。另外当采用凸轮机构再现函数时，为保证力封闭，要使用附加弹簧装置，这样在凸轮机构中就产生了额外动载荷。

（3）用非圆齿轮来实现按一定规律的变速传动，要比用其他机构容易得多。这是因为它仅通过节曲线的改变就可以实现不同的传动比变化规律。而且，当受力情况不好或在结构上难以实现时，可以用几对非圆齿轮来实现。

非圆齿轮机构在机床、自动机械、仪器及解算装置中均有应用。如在辊筒式平板印刷机的自动送纸装置中，当纸送进到印刷辊筒之前，需要校准，这时要求纸的送进速度应该最小，以免纸被压皱；当纸往机器送进时，要求纸张速度近似等于辊筒的圆周速度，因此纸的送进速度是变化的。用一对椭圆齿轮就可以实现这一要求。在卧式压力机中，使用椭圆齿轮来带动压力机的对心曲柄滑块机构，使工作行程速度小、空行程速度大，这样可以改变工作行程与空行程的时间比，用以减少功率消耗，节省时间。在纺织机械中，利用非圆齿轮机构可以

周期性地改变纬纱密度,以获得所需花纹的纺织品。除此之外,在剪板机、卷烟机、包装机、计量器以及发射导弹及宇宙飞船的地面装置中也得到了较好的应用。

非圆齿轮可以与其他机构组合,用来改变传动的运动特性和改善动力条件。如与曲柄滑块机构、凸轮机构、槽轮机构等组合使用,用以实现某些特殊要求的运动。

8.4　摩擦传动机构

摩擦传动机构是由主动轮(或轴)与从动轮(或轴、杆、皮带等)的压紧力所产生的摩擦力来传递动力的。因其传动平稳、结构紧凑、无反向间隙、无噪声,加之过载时打滑等特点,得到了广泛应用。摩擦传动机构类型很多,根据传动距离、传动精度、传动力矩等设计要求,可采用不同类型的机构。例如,对于传动距离大、传动精度要求不高的场合可采用带轮传动;对于传动距离短、传动精度要求较高的场合可采用惰轮间接传动或者主、从轮直接传动;而要求超精密传动的场合可采用传统摩擦传动和螺旋传动相结合的方式,即扭轮摩擦传动机构。下面简要介绍一下使用惰轮情况的摩擦传动机构。

惰轮的作用主要有改变从动轮转向、增加传动距离、调整压力角等,因此在传动机构设计时,必须注意以下两点。

(1)确保正确的转向关系

如图 8-14(a)所示,当主动轮逆时针转动时,正压力 N_1 和 N_2 的合力使惰轮脱离主、从动轮,但摩擦力 F_1 和 F_2 的合力促使惰轮压紧主、从动轮;如图 8-14(b)所示,当主动轮顺时针转动时,正压力和摩擦力都使惰轮脱离主、从动轮。因此给惰轮施加外力 P 确保摩擦传动机构平稳运转时,(a)图相对于(b)图只需很小的外力。

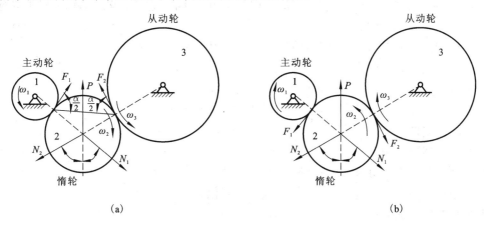

(a) 　　　　　　　　　　　　　　(b)

图 8-14　转向不同时惰轮的受力关系图

1—主动轮;2—惰轮;3—从动轮

(2)选择合理的压力角

如图 8-14(a)所示,压力角 α 是惰轮中心与主、从动轮中心连线间的夹角。假设主动轮与惰轮的摩擦系数为 f_1,从动轮与惰轮的摩擦系数为 f_2,则摩擦力 $F_1 = f_1 N_1$ 和 $f_2 = f_2 N_2$。根据外力 P 方向的受力平衡,即

$$\sum(F) = 0 \qquad\qquad (8-7)$$

则有

$$P + f_1 N_1 \sin \frac{\alpha}{2} + f_2 N_2 \sin \frac{\alpha}{2} = N_1 \cos \frac{\alpha}{2} + N_2 \cos \frac{\alpha}{2} \quad (8-8)$$

当 $N_1 = N_2 = N$，$f_1 = f_2 = \mu$，代入上式，得

$$\frac{P}{N} = 2(\cos \frac{\alpha}{2} - f \sin \frac{\alpha}{2}) \quad (8-9)$$

由式（8-9）可知，存在压力角 α 使得外力 P 等于零或接近零，这时的传动最平稳、耗能最少。例如，采用橡胶材料设计摩擦传动机构时，由于橡胶的摩擦系数为 $0.5 \sim 0.7$，当 $P = 0$ 时，从惰轮压力角在 $110°$ 至 $120°$ 之间选择最合理。

8.5　广义机构

广义机构是引入液、气、声、光、电、磁等工作原理的新型机构，其构件不再局限于刚性构件，动力源与原动件、执行件融为一体，构件与运动副融为一体，传动机构更简便地实现运动或动力转换。广义机构种类繁多，可以根据工作原理不同分为液、气动机构，电磁机构，振动及惯性机构，光电机构等；也可根据机构形式及用途不同分为微位移机构、微型机构、信息机构、智能机构等。下面简要介绍液、气动机构，光电机构，电磁机构，振动及惯性机构的工作原理和结构特点。

液压机构

8.5.1　液、气动机构

液、气动机构是以具有压力的液体、气体作为工作介质来实现能量传递与运动变换的机构。它们广泛应用于矿山、冶金、建筑、交通运输和轻工等行业。

1. 液动机构

液动机构与机械传动、气动机构相比具有下述优点：
（1）易于实现无级调速，调速范围大；
（2）体积小，质量轻，输出功率大；
（3）工作平稳，易于实现快速启动、制动、换向等动作；
（4）控制方便；
（5）易于实现过载保护；
（6）液压元件具有自润滑的特点，因而磨损小、工作寿命长；
（7）液压元件易于实现标准化、模块化、系列化。

但也存在以下缺点：
（1）由于油液的压缩性及泄漏性影响，传动不准确；
（2）由于液体对温度敏感，不宜在变温或低温下工作；
（3）由于效率低，不宜作远距离传动；
（4）制造精度要求高。

如图 8-15 所示为液压夹紧机构，由摆动液压缸驱动连杆机构。这种液压机构可用较小的液压缸实现较大的压紧力，同时还具有锁紧作用。

2. 气动机构

气动机构具有以下优点：

（1）工作介质为空气，易于获取和排放，不污染环境；

（2）空气黏度小，故压力损失小，易于远距离输送和集中供气；

（3）比液压传动响应快，动作迅速；

（4）适于恶劣的工作环境下工作；

（5）易于实现过载保护；

（6）易于标准化、模块化、系列化。

自动贴标机

如图 8 - 16 所示为商标自动粘贴机示意图，该机构使用了一种吹吸气泵，这种吹吸气泵集吹气和吸气功能为一体，吸气头朝向堆叠着的商标纸下方，吹气头朝着商标纸压向方形盒

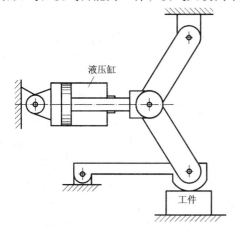

图 8 - 15　液压夹紧机构

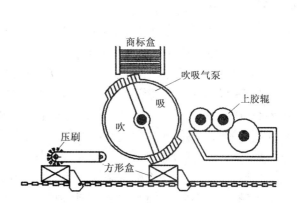

图 8 - 16　商标自动粘贴机

产品的上方。当泵的吸气端在商标盒内吸取一张商标纸后，沿顺时针转动至粘胶辊子，随即滚上胶水，当转动轮带着已上胶的商标纸转到下面由传送带送过来的方形盒产品上，即被压向产品。当传送带带动粘有商标的方形盒至最左端时，商标纸被压刷压贴于方形盒上。由此例可以看出，如果限于刚性机构的范围，不加入气动机构，则很难实现这样复杂的工艺动作。

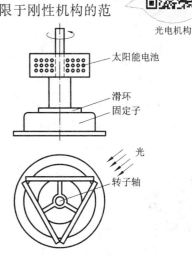

光电机构

8.5.2　光电机构

光电机构是一类在自动控制领域内应用极为广泛的机构，它是利用光的特性进行工作的机构。通常由各类光学传感器（如光电开关、CCD 等）加上各种机械式或机电式机构，形成光电机构。更广义的光电机构还包括红外成像仪与红外夜视仪等。

如图 8 - 17 所示为光电动机原理图，3 个太阳能电池组成三角形，与电动机的转子结合起来。太阳能电池提供电动机转动能量，当电动机转动时，太阳能电池也随之转动，动力由电动机轴输出。由于受光面（即太阳能电池）是

图 8 - 17　光电动机

一个等边三角形，即使光线入射方向改变，也不影响光电动机的正常启动与工作。

8.5.3　电磁机构

电磁机构是利用电磁效应将电磁能转换为机械能，产生驱动力，使执行构件实现往复运动和振动等，可十分方便地控制和调节执行机构的动作。它广泛应用于继电器机构、传动机构、仪器仪表机构。

如图 8 - 18 所示为电磁开关。电磁铁通电后吸合压杆，接通电路。断电后，压杆在复位弹簧作用下脱离电磁铁，电路断开。

电磁开关

8.5.4　振动及惯性机构

1. 振动机构

利用振动产生运动和动力的机构称为振动机构。用来产生振动的方式有电磁式、机械式、音叉式或超声波式等。振动机构广泛用于散状物料的捣实、装卸、输送、筛选、研磨、粉碎、混合等工艺中。

如图 8 - 19 所示为利用电磁振动的送料机构示意图，它由槽体、激振板簧、底座、橡胶减振弹簧以及激振电磁装置(由铁芯线圈和衔铁构成)等组成。当交流电输入铁芯线圈，产生频率 50 Hz 的断电磁力，吸引固定在料道上的衔铁，使槽体向左下方运动；当电磁力迅速减少并趋近零时，槽体在激振板簧作用下，向右上方做复位运动。当槽体向右上方运动时，由于工件与槽体之间存在摩擦力，工件被槽体带动，并逐渐被加速；当槽体向左下方运动时，由于惯性力作用，工件将按原来的运动方向向前抛射(或称跳跃)，工件在空中微量跳跃后，又落到槽体上。如此周而复始的运动使槽体产生了微小的振动，而槽体经过一次振动后，在槽体上的工件就向前移动一定的距离，直至出料口，从而达到送料的目的。

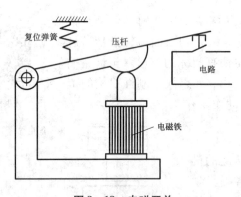

图 8 - 18　电磁开关

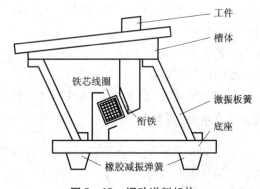

图 8 - 19　振动送料机构

2. 惯性机构

惯性机构

利用物体的惯性来进行工作的机构称为惯性机构。如建筑机械中的夯土机、打桩机以及一些特定场合使用的分离机等。许多情况下惯性和振动在这类机构中同时被利用，图 8 - 19 就是一个实例。另外，如图 8 - 20 所示为谷粒草秆分离机，在圆桶的内周有一些嵌槽，当它旋转时，由于谷粒的单位重量比草秆大，得到的离心力大，谷粒进入嵌槽被抛入圆桶内的承谷槽中，使谷粒与草秆分离。

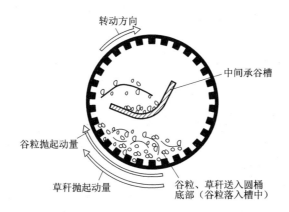

图 8-20　谷粒草秆分离机

思考题与练习题

1. 如图 8-1(b)所示的螺旋机构中，若螺杆 1 上的两段螺纹均为右旋螺纹，A 段的导程为 $l_a = 1$ mm，B 段的导程为 $l_B = 0.75$ mm，试求当手轮按图示方向转动一周时，螺母 2 相对于机架 3 移动的距离大小。若将 A 段螺纹旋向改为左旋，而 B 段的旋向及其他参数不变，则结果又如何？

2. 若双万向联轴器连接既不平行也不相交的两轴转动，而且要使主、从动轴角速度相等，问需要满足什么条件？

3. 如图 8-8 所示的单万向联轴器中，轴 1 以 1500 r/min 等速转动，轴 3 变速转动，其最高转速为 1732 r/min，试求：

（1）轴 3 的最低转速。

（2）在轴 1 一转中，φ_1 为何值时两轴转速相等？

（3）轴 3 处于最高转速与最低转速时，轴 1 的叉面处于什么位置？

4. 如何求非圆齿轮节曲线？非圆齿轮机构的基本关系式是如何表达的？

5. 何谓广义机构？它与传统机构有什么区别？

6. 液、气动机构的主要特点是什么？

7. 电磁机构一般可以实现哪些运动？

8. 光电机构的工作原理是什么？

第9章
组合机构

【概述】

◎ 由于现代机械工程对机械运动形式、运动规律和动力性能等方面要求的多样化和复杂性，使得仅采用某种基本机构往往不能很好地满足设计要求。由多种基本机构组合而成的组合机构，往往能汇集各种机构的优点于一体，不仅能满足多种设计要求，而且能综合应用和发挥各种基本机构的特点，并实现较为复杂的协调动作，所以组合机构应用越来越广。本章主要介绍组合机构的组合方式及特点、常用的组合机构种类及其特点。

◎ 通过本章学习，要求：重点了解联动凸轮组合机构、凸轮–齿轮组合机构、凸轮–连杆组合机构、齿轮–连杆组合机构、连杆–连杆组合机构的工作原理、工作特点、适用场合，以及在设计和使用中一些需要注意的问题。目的在于开阔视野，扩大思路，以增强技术创新能力。组合机构的设计计算除要用到基本机构的特性外，还要用到相对运动原理、速度瞬心及瞬心线的特性和一些几何曲线的特性。

9.1　机构的组合方式及类型

前面介绍的连杆机构、凸轮机构、齿轮机构、间歇运动机构等都是机械中的基本机构，其应用很广，但随着生产过程机械化、自动化的发展，对机构输出的运动形式和动力特性提出了更高的要求，而单一的基本机构具有一定的局限性，使得仅采用某种基本机构往往不能很好地满足设计要求。

机构的组合原理是指将几个基本机构按一定的原则或规律组合成一个较复杂的机构，这种机构一般有两种形式：一种是几种基本机构融合成性能更加完善、运动形式更加多样化的新机构，被称为组合机构；另一种则是几种基本机构组合在一起，组合体的各基本机构还保持各自特性，但需要各个机构的运动或动作协调配合，以实现组合的目的，这种形式被称为机构的组合。

机构的组合方式可划分为以下 4 种：串联式机构组合，并联式机构组合，复合式机构组合，叠加式机构组合。采用上述的各种机构组合方式，能将有限的几种基本机构组合成多种多样的满足各种运动和工艺要求的机构系统，它们已广泛地应用在机械制造、纺织、印刷和轻工机械中。

组合机构一般不是将几个基本机构简单的串联起来，而是一种较复杂的组合。它是用一种或一种以上的机构来约束或影响另一单自由度或多自由度机构的封闭式机构，或者是几种基本机构互相协调配合组成的机构系统。可以是不同类型基本机构的组合，如齿轮－连杆机构、凸轮－连杆机构和齿轮－凸轮机构等；也可以是同类基本机构的组合，如联动凸轮机构、连杆－连杆机构等。通常，由不同类型的基本机构所组成的组合机构用得最多，因为它更有利于充分发挥各基本机构的特长和克服各基本机构固有的局限性。

组合机构按其组成的结构形式可分为串联式(图9－18、图9－21及图9－24所示机构)、并联式(图9－3、图9－17、图9－19所示机构及图9－25中所示冲压机构)、封闭式(图9－1、图9－4、图9－5、图9－8、图9－13、图9－14及图9－16所示机构)和装载式四种基本类型。串联式组合机构是由基本机构串联而成。它的特点是：前一个基本机构的输出构件是后一个基本机构的原动件。并联式组合机构是由 n 个自由度为1的基本机构的输出件与一个自由度为 n 的基本机构的运动输入构件分别固联而成。封闭式组合机构是利用自由度为1的基本机构去封闭一个多自由度的基本机构而成。装载式组合机构则是将基本机构装载于另一基本机构的运动构件上而成。

组合机构往往能汇集各种基本机构的优点于一体，不仅能满足多种设计要求，而且能综合应用和发挥各种基本机构的特点，多用来实现一些特殊的运动轨迹或获得特殊的运动规律，所以其应用越来越广泛，越来越受到重视。

9.2　组合机构的设计

在组合机构中，自由度大于1的基本机构称为基础机构，而约束(或封闭)多自由度基础机构的机构称为附加机构。

组合机构的运动特性主要决定于它的结构形式。对组合机构的分析，首先分析其组成，然后分析其所组成的各个基本机构的运动关系，最后根据不同的组合形式联系起来获得一个新的运动关系。对组合机构的设计，则根据工作情况对输出构件的运动要求设计基本机构。

在单自由度机构的串联式组合机构中，各基本机构运动参数间关系简单，各机构仍保持相对独立，其分析和综合的方法均比较简单。其分析的顺序是：先分析运动已知的基本机构，再分析与其串联的下一个基本机构。而其设计(综合)的次序则刚好反过来，即先根据工作情况对输出构件的运动要求设计后一个基本机构，然后再设计前一个基本机构。由于各种基本机构的分析和设计方法在前面各章中已作过较详细的研究，故在本章不再赘述。

采用并联、封闭和装载等方式构成的组合机构，由于各组合机构具有各自特有的型综合、尺寸综合和分析设计方法，对组合机构的分析与综合尚欠深入，特别是综合方面没有完整的指导性原则和设计理论，更多的只能借助于经验或线图。但用相同组合方式组合而成的组合机构，具有相类似的分析和设计方法。

并联式组合机构的特点是：原动件的运动同时输入给 n 个单自由度的基本机构，而这些基本机构的输出运动又同时输入给一个自由度为 n 的基本机构，再合成为一个运动输出，通常 $n=2$。其设计步骤为：首先根据工作要求所要实现的运动规律或轨迹，选择合适的多自由度基本机构；然后分析该机构输出运动与输入运动之间的关系；最后根据该多自由度机构的特点，选择和设计合适的单自由度基本机构。

封闭式组合机构设计的特点是：原动件的运动，一方面直接传给自由度为2的基础机构

（通常采用自由度为2的基础机构），另一方面又通过一个单自由度的附加机构传给该双自由度的基础机构，该机构将这两个输入运动合成为一个输出运动。其设计步骤为：首先根据工作要求，选择合适的2自由度基础机构；然后给定该基础机构一个原动件的运动规律，并使该机构的从动件按照工作要求所要实现的运动规律或轨迹运动，从而找出上述给定运动规律的原动件和另一原动件之间的运动关系；最后按此运动关系设计单自由度的附加机构，即可得到满足工作要求的组合机构。

装载式组合机构又要根据情况分两种情况处理，其分析和设计方法可以参考以上三种，这里就不叙述了，有兴趣者可查阅有关文献。

总之，由于组合机构的结构较复杂，各机构运动参数间关系牵连较多，设计方法相对比较复杂，设计计算亦烦琐，这也就增加了对它研究的困难。以往对于组合机构的综合，多半停留在具体机构的具体分析阶段，对组合机构的设计常根据其运动特性及压力角和传动角进行。但压力角和传动角作为衡量机构传动质量指标有一定局限性，近年来，提出以机构效率为基础的机构传动质量指标来设计各种组合机构的新概念。对组合机构的分析及设计有待进一步研究。随着电子计算机和现代设计方法的发展，极大地推动了组合机构的研究。下面介绍工程技术中常用的组合机构的种类及相关问题。

9.3 联动凸轮组合机构

联动凸轮

在许多自动机和自动机床中，为了实现预定的运动轨迹，常采用由两个凸轮机构组成的所谓联动凸轮组合机构。如图9-1所示即为一联动凸轮机构，它是由两个固接的盘形凸轮组合而成，在两个从动件上分别加上两个滑块，再用铰链连接这两个滑块。这种组合机构通过两凸轮的相互协调配合，可控制 M 点在 x 和 y 方向的运动，从而能精确实现预定轨迹 $y = y(x)$。

设计这种机构时，应首先根据所要求的轨迹 $y = y(x)$，分别在 $O\theta x$、$O\theta y$ 坐标系中将 M 点的给定运动轨迹分解成 x 和 y 两坐标上的位置函数 $x = x(\theta)$ 和 $y = y(\theta)$

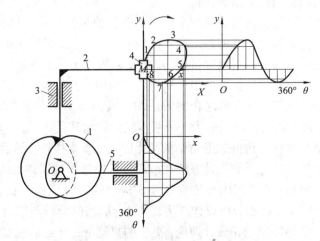

图9-1 联动凸轮机构及其运动组合

（图9-1，图中轨迹上有9个时间等分点，由于凸轮轴作等角速度转动，故两相邻等分点间的时间所对应的凸轮转角 θ 为40°），然后就可按一般凸轮机构的设计方法分别设计出两凸轮的轮廓曲线。

下面介绍联动凸轮机构的两个应用实例。

如图9-2所示为某种小型电影放映机抓片机构，它是由盘形凸轮与端面凸轮机构组合的。在此机构中，主动轴上固装有圆柱凸轮1和盘形凸轮2。当主动轴转动时，由于两凸轮的联合作用，使构件 3 一方面上下往复运动，另一方面又沿凸轮轴线移动，其结果使抓片爪按轨迹 K 运动，从而达到间歇抓片的目的。

如图 9-3 所示为圆珠笔芯装配线上的自动送料机构，要求输送轨迹为矩形 K。原动件的输入轴上分别安装有两个凸轮，其中端面凸轮 1 及推杆 4 控制托架 3（平底从动件）左右往复移动；盘形凸轮 2 控制托架 3 上下运动，从而将圆珠笔芯 5（被输送的物料）抬起和放下。上述两运动的合成，使被输送的物料 5 随托架 3 沿轨迹 K 运动，以完成圆珠笔芯的向前间歇送进。由图可见，每个凸轮机构各自使从动件完成一个方向的运动，因此其设计和单个凸轮机构的设计方法相同，只要注意两个凸轮机构工作协调问题。

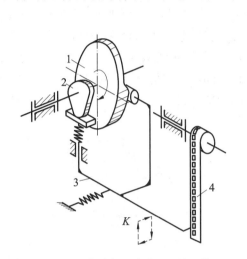

图 9-2　小型电影放映机抓片机构

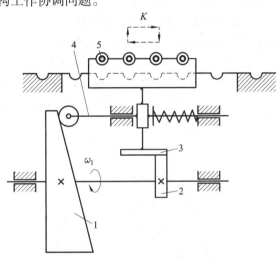

图 9-3　圆珠笔芯装配线上矩形轨迹自动送料机构

9.4　凸轮-齿轮组合机构

凸轮齿轮组合

应用凸轮-齿轮组合机构可使从动件实现多种复杂的运动规律。例如，可使从动件具有任意停歇时间的间歇运动；当输入轴作等速转动时，输出轴可按一定的规律作周期性的增速、减速、反转和步进运动；以及实现机械传动校正装置中所要求的一些特殊规律的补偿运动等。

如图 9-4 所示的凸轮-齿轮组合机构，它常用于齿轮加工机床中的误差校正机构。在此机构中，蜗杆 1 主动，如果因制造等原因，实际蜗轮副存在误差，使得从动件蜗轮 2 的实际转角与理论转角之间有误差，其运动输出精度达不到要求，则可根据输出的误差，计算出与蜗轮 2 固装在同一轴上的凸轮 2′的轮廓曲线。当此凸轮 2′与蜗轮 2 一起转动时，将推动推杆 3 移动，而推杆 3 上齿条又推动齿轮 4 转动，齿轮 4

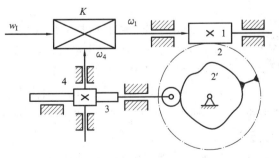

图 9-4　误差校正机构

的转动则又通过差动机构 K 使蜗杆 1 得到一附加转动,从而使蜗轮 2 的输出运动得到校正。

如图 9 – 5 所示为一由简单差动轮系和凸轮相组合而形成的凸轮 – 齿轮组合机构。行星架 H 为主动件,太阳轮 1 为从动件,凸轮 3 为机架,滚子 4 铰接在行星齿轮 2 上并嵌在凸轮槽中。当行星架 H 等速回转时,凸轮槽迫使行星轮 2 与行星架 H 之间产生一定的相对运动(图 9 – 5 中所示的 φ_2^H 角),从而使从动轮 1 实现所需的运动规律。

设计这种组合机构时,首先应根据从动件 1 的运动要求(即其与主动件 H 的运动关系),求得行星轮 2 相对于行星架 H 的运动关系,确定轮系的齿数,然后按摆动推杆盘形凸轮机构凸轮轮廓曲线的设计方法设计凸轮轮廓曲线。在这里行星架 H 相当于凸轮机构的机架,而 O_2B 为推杆,又由于凸轮 3 是不动的,所以行星架 H 的运动就相当于反转运动。又由周转轮系传动比的公式可得各轮转角的关系故可得摆动推杆的预期运动,据此可设计出凸轮轮廓曲线。

如图 9 – 6 所示是凸轮 – 齿轮组合机构的另一应用实例。主动蜗杆 1 一方面作等速转动,另一方面又受凸轮 2 的控制作轴向往复移动,适当选取凸轮的轮廓曲线,可使蜗轮 3 得到预期的运动规律。该机构可用作传动系统中的周期性的补偿装置。

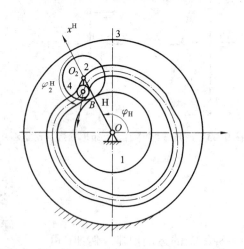

图 9 – 5 实现预定运动规律的凸轮 – 齿轮组合机构

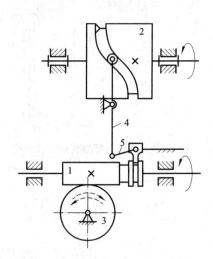

图 9 – 6 凸轮 – 齿轮组合机构

9.5 凸轮 – 连杆组合机构

凸轮连杆组合

　　　　　　　凸轮 – 连杆组合机构的形式很多。这类组合机构多是由自由度为 2 的连杆机构和自由度为 1 的凸轮机构组合而成,原动件的运动一方面直接传给一个两自由度基本机构(连杆机构),另一方面传给一个单自由度基本机构(凸轮机构),转换运动后再传给该两自由度基本机构,而后者将这两个输入运动合成为一个输出运动。利用这类组合机构可以实现多种预定的运动规律和运动轨迹,因此在工程实际中得到了广泛应用。

如图 9 – 7 所示为能实现预定运动规律的几种简单的凸轮 – 连杆组合机构。图9 – 7(a)、(b)所示的凸轮 – 连杆组合机构,实际相当于连架杆长度可变的四杆机构;而图 9 – 7(c)所示机构,则相当于连杆长度(即$\overline{BD}$)可变的曲柄滑块机构。这些机构,是用一个固定的凸轮高副约束C点的运动,实质上是利用凸轮机构来封闭具有两个自由度的五杆机构。设计这种组合机构,关键在于根据从动件的预期运动要求,先确定连杆机构,然后适当地设计凸轮的轮廓曲线。该机构广泛应用于纺织机械和印刷机械中。

如图9-8(a)所示凸轮-连杆组合机构由单自由度凸轮机构$1'-4-5$和两自由度五杆机构$1-2-3-4-5$组合而成。原动凸轮$1'$和曲柄1固连,构件4是两个基本机构的公共构件。当原动凸轮$1'$转动时,从动件4移动,凸轮$1'$和构件4同时给五杆机构输入一个转动和一个移动,故此五杆机构有确定运动。这时构件2或3上任一点(例如转动副中心C点)便能实现比四杆机构的连杆曲线更为复杂的轨迹(如曲线S)。

在设计此机构时,先作出轨迹曲线S,并根据机构的总体布局,选定曲柄转轴A与预定轨迹曲线S之间的相对位置;然后,在曲线S上找出与转轴A之间的最近点C'和最

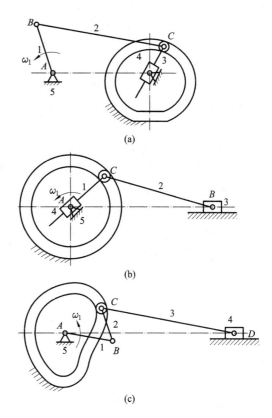

图 9-7　凸轮-连杆组合机构

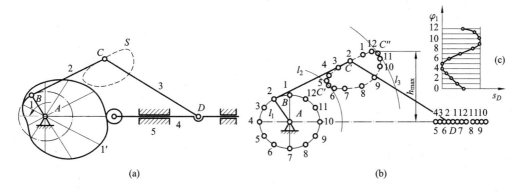

图 9-8　凸轮-连杆组合机构及其设计

远点C'',即可得到构件1与2长度的差与和,选定构件1、2的尺寸;接下来,由于构件4的导路通过凸轮轴心,为了保证CD杆与导路有交点,必须使l_{CD}大于轨迹S上各点到导路的最大距离h_{max},由此选定构件3的尺寸;最后,根据主动件1等速回转时,连杆2上点C的轨迹曲线S,可求得当主动件AB在一系列转角位置φ_1时,滑块D的一系列对应位置s_D(这时构件4的运动即完全确定),于是可绘制构件4相对于构件1的位移线图$s_D(\varphi_1)$[图9-8(c)],根据结构选定凸轮基圆半径,按照位移线图$s_D(\varphi_1)$设计出与构件1固连的凸轮轮廓曲线。设

计步骤参看图9-8(b)。

如图9-9所示为用于封罐机上的凸轮-连杆组合机构。当原动件1转动时,固定凸轮5的轮槽4控制从动件2的端点C沿接合缝(图中点画线)运动,从而达到将罐头筒封口的要求。改变凸轮轮廓曲线,可以达到对不同筒形罐头封口的目的。

如图9-10所示为饼干、香烟等包装机的推包机构中所采用的凸轮-连杆组合机构。其推包头T可按点画线所示轨迹运动,从而达到推包目的。

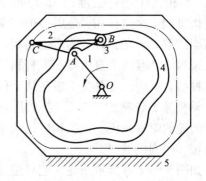

图9-9 封罐机中的凸轮-连杆组合机构

如图9-11所示为压砖成型机构中所采用的凸轮-连杆组合机构。当曲柄1回转时,由于固定槽凸轮9的约束,使上、下冲头5、6按"冲压""静止不动""复位"等运动要求运动从而使工件7(耐火砖)冲压成型。

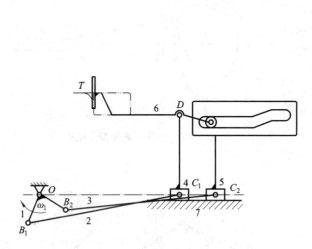

图9-10 推包机构中的凸轮-连杆组合机构

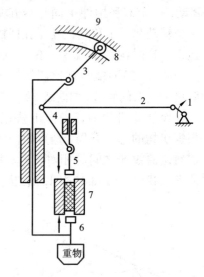

图9-11 压砖成型机构

9.6 齿轮-连杆组合机构

齿轮连杆组合

齿轮-连杆机构是应用最广泛的一种组合机构,这类组合机构多以自由度为2的差动轮系为基础机构,以自由度为1的连杆机构为附加机构组合而成的。它能实现较复杂的运动规律和轨迹,且制造方便。

如图9-12所示为一典型的齿轮-连杆组合机构。其基础机构为自由度为2的差动轮系(由齿轮5,2'和系杆1组成),其附加机构为四杆机构(由构件1,2,3,4组成)。行星齿轮2'与连杆2固联,而太阳轮5空套在曲柄1的轴上,且曲柄1同时充当差动轮系的行星架。当主动曲柄1以等角速度ω_1回转时,从动杆2、杆3作变速运动,从动齿轮5也作变速运动。由周转轮系传动比计算公式得

196

$$i_{52'}^1 = (\omega_5 - \omega_1)/(\omega_{2'} - \omega_1) = (\omega_5 - \omega_1)/(\omega_2 - \omega_1) = -z_{2'}/z_5 \tag{9-1}$$

则

$$\omega_5 = (1 - i_{52'}^1)\omega_1 + i_{52'}^1 \omega_2 \tag{9-2}$$

式中，ω_2 为连杆 2 的角速度，其值随四杆机构的
运动作周期性变化。

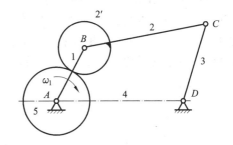

图9-12 齿轮-连杆组合机构

由式（9-2）可知，从动件 5 的角速度 ω_5 由
两部分组成：一为等角速度部分 $\omega_1(z_5 + z_{2'})/z_5$；
二为作周期性变化的角速度部分 $-\omega_2 z_{2'}/z_5$。显
然，改变四杆机构各杆的尺寸，或改变两齿轮的
齿数，可使从动轮 5 获得各种不同的运动规律。
在设计这种组合机构时，可先根据实际情况初步
选定机构中各参数的值，然后进行运动分析，当
不满足预期的运动规律时，可对机构的某些参数
进行适当调整。

如图9-13所示为滑块可作长时间近似停歇的行星齿轮-连杆机构。当输入构件行星架
1 转动，且固定内齿轮 5 与行星齿轮 2 的齿数比满足 $z_5/z_2 = 3$ 时，则与齿轮 5 相啮合的行星齿
轮 2 节圆上点 B 的轨迹为三段近似圆弧的内摆线，其圆弧的半径近似等于 $8r_2$（r_2 为齿轮 2 的
节圆半径）。若取连杆 3 的长度等于该圆弧的半径，则当 B 点在 $\overset{\frown}{ab}$ 段上运动时，并且滑块 4
与连杆 3 的铰接点 C 近似位于圆心位置时，则滑块 4 处于长时间停歇状态（当行星架转动一
转时，滑块有三分之一处于停歇状态）。在这类组合机构中，当两齿轮 2、5 为外啮合时，则 B
点轨迹为外摆线；当两齿轮为内啮合时，则 B 点轨迹为内摆线。通过改变构件 3 与齿轮 2 的
铰接点 B 的位置以及机构中两齿轮的传动比可以得到各种不同形状的内、外摆线和从动件传
动函数。

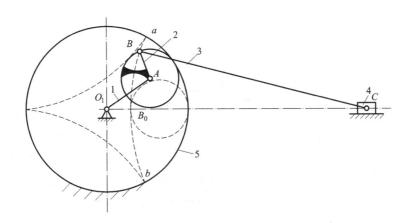

图9-13 具有近似停歇往复运动的行星齿轮-连杆机构

这种机构组合的设计问题主要是如何确定运动轨迹的问题。利用行星轮上各点在其运动过
程中可描绘出各种各样的摆线，利用这些摆线中的部分线段近似为圆弧或直线的特点，可以串
联后置子机构，使输出构件实现运动的停歇。在机构组合中，输入构件的运动是通过各基本机

构依次传递给输出构件的。根据这个特点，在进行运动分析时，可以从已知运动规律的第一个基本机构开始，按照运动的传递路线顺序解决的方法，求得最后一个基本机构的输出运动。

自动机的物料间歇送进中，如冲床的间歇送料机构、轧钢厂成品冷却车间的钢材送进机构、糖果包装机的走纸和送糖条等机构需要实现短暂停歇的间歇运动，图 9 - 14 所示齿轮 - 连杆组合机构就可实现。组合机构中的原动件 1 作等速转动，输出齿轮 5 能实现短暂停歇的变速运动。此外，在冲压零件、剪断纸和切断都只需短暂停歇一小段时间便能完成，而这又是其他间歇运动机构难以实现的。另外，在车床中还利用它的短暂停歇使切削刀具进进停停，以保证断屑。

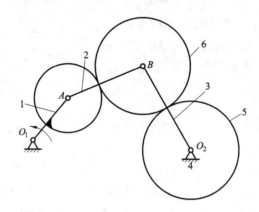

图 9 - 14　实现短暂停歇的齿轮 - 连杆组合机构

如图 9 - 15 所示齿轮 - 连杆机构可以实现大行程，常用于印刷机械中。图中齿轮 5 空套于 B 点的销轴上，它与两个齿轮同时啮合，在上方的齿条能作水平方向的移动，在下方的齿条与机架固连。显然构件 1 转一圈，滑块 3 作往复移动一次，其行程为 $2l_{OA}$，而齿条 6 的行程为其一倍。

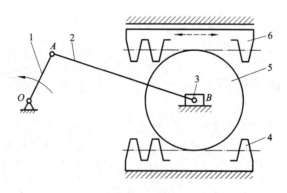

图 9 - 15　行程放大的齿轮 - 连杆机构

采用图 9 - 16 所示的齿轮 - 五杆机构可实现预定的轨迹。改变杆 1 和杆 4 的相对相位角、传动比以及各杆的相对尺寸等，就可以得到不同的连杆曲线，其连杆曲线的丰富程度远非四杆机构的连杆曲线所能达到。

198

如图 9 – 17 所示为轧钢机轧辊驱动装置中所采用的齿轮 – 连杆机构。主动轮 1 同时带动齿轮 2 和 3 转动，连杆上的 M 点（轮辊中心）实现如图 9 – 17 所示的复杂轨迹（类似椭圆），以此来调节轧辊的开口度，以便适应不同尺寸的钢坯顺利咬入轧辊中。对此轨迹的要求是：轧辊与钢坯开始接触点的咬入角 α 宜小，以减轻送料辊的载荷；直线段宜长，以提高轧制的质量。调节两曲柄 AB 和 DE 的相位角，可方便地改变 M 点的轨迹，以满足轧制生产中不同的工艺要求。

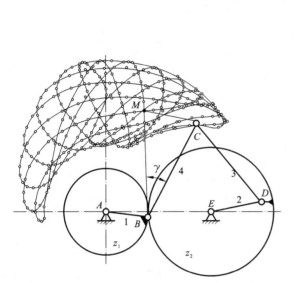

图 9 – 16 实现预定轨迹的齿轮 – 连杆组合机构

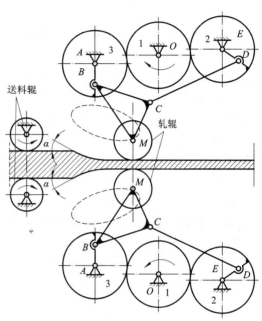

图 9 – 17 轧钢机中的齿轮 – 连杆组合机构

9.7 连杆 – 连杆组合机构

连杆组合机构

连杆 – 连杆组合机构应用也很广泛，且其结构及制造简单。这类组合机构可以实现复杂的运动规律和运动轨迹，如从动件近似停歇、近似等速运动、在极端位置的两次折返；还可满足从动件行程速度变化系数 K 的需要以及可用于增程、增力的机构中。

如图 9 – 18 所示的机构中，当曲柄摇杆机构的曲柄 1 作一次整周转动时，其摇杆 3 做往复摆动。当构件 3 的 C 点从 C_0 摆到 C_2 再回到 C_4 时，输出构件滑块 5 的运动如图 9 – 18（b）所示，两次通过极端位置 C_e，实现两次折返。这种性质被用于肥皂打印机构，连续打印两次以获得清晰痕迹，它还被用于制耐火砖、陶瓷铺面砖等的机器中。

图 9 – 19 是钉扣机的针杆传动机构，由曲柄滑块机构和摆动导杆机构并联组合而成，原动件分别为曲柄 1 和曲柄 6，从动件 3 可以实现平面复杂运动用以完成钉扣动作。该机构为具有两个自由度的机构，因此必须有两个输入构件其运动才能确定。设计时，两个主动件的运动一定要协调配合，要按照输出构件的复合的运动要求绘制运动循环图，再按照运动循环图确定两个主动构件的初始位置。

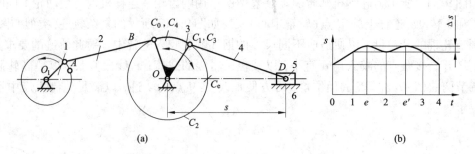

(a)   (b)

图 9 – 18   实现两次折返的连杆 – 连杆机构

如图 9 – 20 所示为丝织机的开口机构，两个摇
杆滑块机构并联组合，共同连接于曲柄摇杆机构
上。当主动构件曲柄 1 转动时，通过摇杆 3 将运动
传给两个摇杆滑块机构，使两个从动件滑块 5 和 7
实现上下往复移动，完成丝织机的开口动作。

如图 9 – 21 所示是由转动导杆与曲柄滑块串联
而成的机构，滑块可实现近似等速运动。它应用于
简易牛头刨床、插床和小型冲床中。

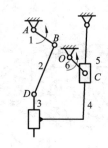

图 9 – 19   钉扣机针杆传动机构

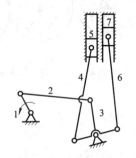

图 9 – 20   丝织机的开口机构

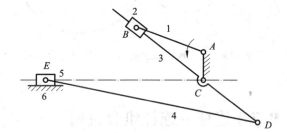

图 9 – 21   转动导杆与曲柄滑块组合机构

9.8   组合机构应用举例

组合机构

组合机构能实现比基本机构更为复杂的传动和引导功能。其设计步骤一般
为：首先选定能实现相应运动要求的组合机构的类型，然后根据所要求的传动
函数或轨迹确定机构的尺度。下面介绍一些组合机构的应用。

如图 9 – 22(a)所示的钢板输送机构是由双自由度的差动轮系 2 – 3 – 4 –
H – 6[图 9 – 22(b)]作为基础机构、两个单自由度的机构——定轴轮系 1 – 2 – 6[图 9 – 22
(c)]和曲柄摇杆机构 1′ – 5 – H – 6[图 9 – 22(d)]作为附加机构组合成的齿轮 – 连杆组合机
构。原动件齿轮 1 与曲柄 1′(杆 AB)固连在同一轴上，摇杆 CD 与差动轮系的行星架 H 固连

在同一轴上。原动齿轮的运动 ω_1 同时传给两个附加机构,并分别转换成两个输出运动 ω_2 和 ω_H。将附加机构的输出构件 2 和 H(即摇杆 CD)接入基础机构,使基础机构获得两个所需的输入运动 ω_2 和 ω_H,从而合成为一个输出运动 ω_4。该机构是用两个并列的单自由度基本机构封闭了两自由度差动轮系。当原动件 1(1′)做匀速转动时,由齿轮 1 带动的太阳轮 2 做匀速转动,而由四杆机构带动的行星架 H(摇杆 DE)却作变速摆动,因此,输出构件内齿轮 4(送料辊)作变速转动,即作有短暂停歇的送进运动,以满足钢板传送的需要。在该机构中,当内齿轮 4 将钢板输送到所要求的长度后作瞬时停歇,以等待配套的剪切机把钢板剪断(图中未表示出),其周期为原动件回转一周的时间。

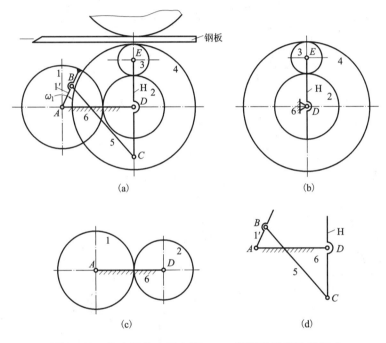

图 9 - 22　组合机构应用实例——钢板输送机及其组成
(a)钢板输送机;(b)差动轮系;(c)定轴轮系;(d)曲柄摇杆机构

　　设计时首先确定齿轮 1、4 和 2、3 的齿数;然后为满足各种工艺和结构条件设计铰链四杆机构。机构有关参数确定后,可用运动分析的方法校核该组合机构是否满足工作要求。

　　如图 9 - 23 所示为用于需复杂轨迹的平板印刷机上的吸纸机构的示意图。该凸轮 - 连杆组合机构由自由度为 2 的五杆机构 1 - 2 - 3 - 4 - 6(基础机构)和两个自由度为 1 的摆动从动件盘形凸轮机构 5 - 4 - 6(附加机构 1)、5′ - 1 - 6(附加机构 2)并联组合而成。两个弹簧起力封闭作用。两个盘形凸轮 5、5′固结在同一个转轴上,当其转动时分别带动从动件 4、1 给五杆机构两个输入,使连杆 2 获得一个确定的输出,从而使固连在连杆 2 上的吸纸盘 K 点实现预定的轨迹,以完成吸纸和送进等动作。

　　图 9 - 24 是用于冲压机床上的自动送料机构。它是由三个单自由度的基本机构——曲柄滑块机构[图 9 - 24(b)]、摆动从动件移动凸轮机构[图 9 - 24(c)]和摇杆滑块机构[图 9 - 24(d)]串联而成。主动曲柄 1 的转动(转角 φ_1)通过曲柄滑块机构的输出构件 3 的移动(位

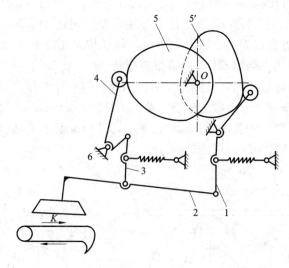

图 9－23　组合机构应用实例二——吸纸机构

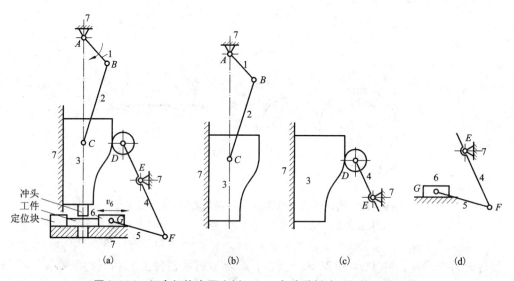

图 9－24　组合机构应用实例三——自动送料冲压机构及其组成

(a)自动送料冲压机构;(b)曲柄滑块机构;(c)凸轮机构;(d)摇杆滑块机构

移 S_3),再通过摆动从动件移动凸轮机构的输出构件 4 的往复摆动(摆转角 φ_4),最后通过摇杆滑块机构的输出构件滑块 6 得到所需的往复移动(位移 S_6)。

如图 9－25 所示为设计冲制薄壁零件冲床的冲压机构(齿轮－连杆组合机构)与其配合的送料机构(凸轮－连杆组合机构)的一个方案。冲床的工艺动作要求上模(滑块)先以比较大的速度接近坯料,然后以匀速进行拉延成型工件,以后,下模继续下行将成品推出型腔,最后快速返回。上模退出下模以后,送料机构从侧面将坯料送至待加工位置,完成一个工作循环。

该方案中冲压机构采用了有两个自由度的双曲柄七杆机构,用齿轮副将其封闭为一个自

202

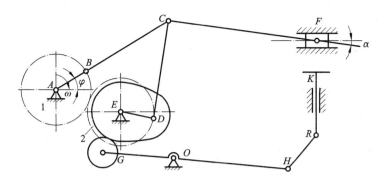

图 9-25　组合机构应用实例四——冲压机构及送料机构

由度机构。恰当地选择点 C 的轨迹和确定构件尺寸，可保证机构具有急回运动和工作段近于匀速的特性，并使压力角 α 尽可能小。送料机构是由凸轮机构和连杆机构串联组成的，以便实现工件间歇送进。送料机构的凸轮轴通过齿轮机构与曲柄轴相连。按机构运动循环图可确定凸轮推程运动角和从动件的运动规律。

思考题与练习题

1. 常用的组合机构有哪几种？它们各有何特点？

2. 如题图 9-1 所示的联动凸轮组合机构中（尺寸和位置如图所示），它是由两组径向凸轮机构组合而成。在此机构中，利用凸轮 A 及 B 的协调配合，控制 E 点 x 及 y 方向的运动，使其准确地实现预定的的轨迹 $y = y(x)$（"R"字形）。试说明该机构中的凸轮 A 和凸轮 B 的轮廓曲线设计的方法和步骤。

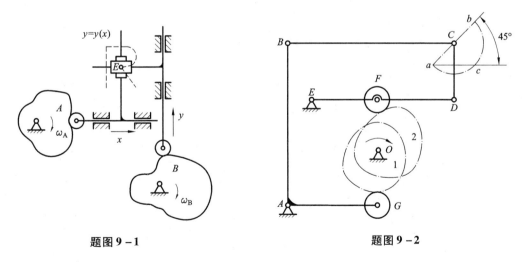

题图 9-1　　　　　　　　　　　　　　　题图 9-2

3. 如题图 9-2 所示的凸轮-连杆组合机构中（尺寸和位置如图所示），拟使 C 点的运动轨迹为图示 $abca$ 曲线。试说明该机构中的凸轮 1 和凸轮 2 的轮廓曲线设计的方法和步骤。

4. 如题图 9-3 所示的齿轮-连杆组合机构中，齿轮 a 与曲柄 1 固连，齿轮 b 和 c 分别活

套在轴 C 和 D 上。试证明齿轮 c 的角速度 ω_c 与曲柄1、连杆2、摇杆3的角速度 ω_1、ω_2、ω_3 之间的关系为

$$\omega_c = \omega_3(r_b + r_c)/r_c - \omega_2(r_a + r_b)/r_c + \omega_1 r_a/r_c$$

5. 如题图9-4所示的机构中，曲柄1为主动件，内齿轮5为输出构件。已知齿轮2、5的齿数分别为 z_2、z_5，曲柄长度为 l_1，连杆长度为 l_2。试写出输出构件齿轮5的角速度与主动件曲柄1的角速度之间的关系。

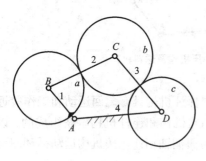

题图9-3

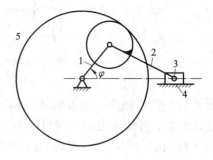

题图9-4

6. 如题图9-5所示刻字、成形机构为一凸轮-连杆机构，试分析该组合机构的组合方式，并指出其基础机构和附加机构。若工作要求从动件上点 M 实现给定的运动轨迹 mm，试设计该组合机构。

7. 试设计一机构，使该机构中某构件的轨迹如题图9-6所示。

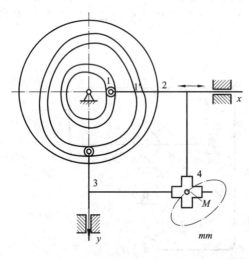

题图9-5

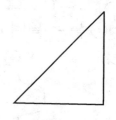

题图9-6

第 10 章
开式链机构及工业机器人

【概述】

◎ 机器人技术及其产品发展很快,已成为柔性制造系统、自动化工厂、计算机集成制造系统的自动化工具。机器人操作机机构一般是具有多个自由度的开式链机构。本章介绍开式链机构的主要特点及功能、工业机器人操作机构的类型、工业机器人操作机构的设计、开式链机构正向和反向运动学分析的基本思路和方法。

◎ 通过本章的学习,要求掌握开式链机构的主要特点和功能;了解工业机器人操作机的分类及操作机的自由度;了解平面关节型操作机正向和反向运动学分析的基本思路和方法。

10.1　开式链机构与工业机器人

10.1.1　开式链机构及其特点

开式链机构是由开式运动链所组成的机构(图 10－1),开式运动链的自由度较闭式运动链的为多,因此要使其成为具有确定运动的机构,就需要更多的原动机;开式运动链中的末端构件的运动,与闭式运动链中任何构件的运动相比,更为任意和复杂多样。因此开式链机构具有运动灵活、复杂多样但需要多个驱动源且运动分析复杂的特点。利用开式运动链的特点,结合伺服控制和计算机的使用,开式链机构的一个重要应用领域是机器人工程,开式链机构在各种机器人中得到了广泛的应用。

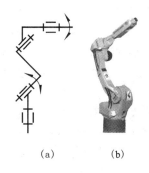

（a）　　　（b）

图 10－1　开式运动链及开式链机构
(a)开式运动链;(b)开式链机构

10.1.2　机器人及其分类、应用和发展

1.机器人及其分类

机器人是一种自动控制下通过编程可完成某些操作或移动作业的装置,它是一种灵活的、具有多目的用途的自动化系统,易于调整来完成各种不同的劳动作业和智能动作,其中

包括在变化之中及没有事先说明的情况下的作业。

机器人并不是在简单意义上代替人工的劳动，而是综合了人的特长和机器特长的一种拟人的机械电子装置，既有人对环境状态的快速反应和分析判断能力，又有机器可长时间持续工作、精确度高、抗恶劣环境的能力，从某种意义上说它也是机器进化过程的产物，它是工业以及非产业界的重要生产和服务性设备，也是先进制造技术领域不可缺少的自动化设备。

关于机器人如何分类，国际上没有制定统一的标准，有的按负载重量分、有的按控制方式分、有的按自由度分、有的按结构分、有的按应用领域分。

特种机器人

我国的机器人专家从应用环境出发，将机器人分为两大类，即工业机器人和特种机器人。所谓工业机器人就是面向工业领域的多自由度机器人。而特种机器人则是除工业机器人之外的、用于非制造业并服务于人类的各种先进机器人，包括服务机器人、水下机器人、娱乐机器人、军用机器人、农业机器人、机器人化机器等。在特种机器人中，有些分支发展很快，有独立成体系的趋势，如服务机器人、水下机器人、军用机器人、微操作机器人等。

工业机器人

工业机器人是机器人的一个重要分支，它的特点是可通过编程完成各种预期的作业任务，在构造和性能上兼有人和机器人各自的优点，尤其是体现了人的智能和适应性，机器作业的准确性和在各种环境中完成作业的能力。因而在国民经济各个领域中具有广阔的应用前景。

2. 机器人的应用和发展

经过四十多年的发展，工业机器人已在越来越多的领域得到了应用。在制造业中，尤其是在汽车产业中，工业机器人得到了广泛的应用。如在毛坯制造（冲压、压铸、锻造等）、机械加工、焊接、热处理、表面涂覆、上下料、装配、检测及仓库堆垛等作业中，机器人都已逐步取代了人工作业。

随着工业机器人向更深更广方向的发展以及机器人智能化水平的提高，机器人的应用范围还在不断地扩大，已从汽车制造业推广到其他制造业，进而推广到诸如采矿机器人、建筑业机器人以及水电系统维护维修机器人等各种非制造行业。此外，在国防军事、医疗卫生、生活服务等领域机器人的应用也越来越多，如无人侦察机（飞行器）、警备机器人、医疗机器人、家政服务机器人等均有应用实例。机器人正在为提高人类的生活质量发挥着重要的作用。

机器人技术涉及力学、机械学、电气液压技术、自控技术、传感技术和计算机等学科领域，是一门跨学科综合技术。从机构学的角度分析，工业机器人的机械结构一般采用由一系列连杆通过运动副串联起来的开式运动链。机器人机构学乃是机器人的主要基础理论和关键技术，也是现代机械原理研究的主要内容。

机器人领域发展近几年有如下几个趋势：

（1）工业机器人性能不断提高（高速度、高精度、高可靠性、便于操作和维修），而单机价格不断下降。

（2）机械结构向模块化、可重构化发展。例如关节模块中的伺服电机、减速机、检测系统三位一体化；由关节模块、连杆模块用重组方式构造机器人整机；国外已有模块化装配机器人产品问市。

（3）工业机器人控制系统向基于PC机的开放型控制器方向发展，便于标准化、网络化；

器件集成度提高,控制柜日见小巧,且采用模块化结构;大大提高了系统的可靠性、易操作性和可维修性。

(4)机器人中的传感器作用日益重要,除采用传统的位置、速度、加速度等传感器外,装配、焊接机器人还应用了视觉、力觉等传感器,而遥控机器人则采用视觉、声觉、力觉、触觉等多传感器的融合技术来进行环境建模及决策控制;多传感器融合配置技术在产品化系统中已有成熟应用。

(5)虚拟现实技术在机器人中的作用已从仿真、预演发展到用于过程控制,如使遥控机器人操作者产生置身于远端作业环境中的感觉来操纵机器人。

(6)当代遥控机器人系统的发展特点不是追求全自治系统,而是致力于操作者与机器人的人机交互控制,即遥控加局部自主系统构成完整的监控遥控操作系统,使智能机器人走出实验室进入实用化阶段。美国发射到火星上的"索杰纳"机器人就是这种系统成功应用的最著名实例。

(7)机器人化机械开始兴起。从 1994 年美国开发出"虚拟轴机床"以来,这种新型装置已成为国际研究的热点之一,纷纷探索开拓其实际应用的领域。

10.2　工业机器人操作机分类及其自由度

10.2.1　工业机器人及操作机的组成

工业机器人通常由执行机构、驱动 - 传动系统、控制系统及智能系统四部分组成。

执行机构是机器人赖以完成各种作业的主体部分,通常由开式链机构组成。

驱动 - 传动机构由驱动器和传动机构组成。传动有机械式、电气式、液压式、气动式和复合式等,而驱动器有步进电机、伺服电机、液压马达和液压缸等。

控制系统一般由控制计算机和伺服控制装置组成。前者作用是发出指令协调各有关驱动器之间的运动,同时要完成编程、示教、再现以及和其他环境状况(传感器信号)、工艺要求、外部相关设备之间的信息传递和协调工作。而后者是控制各关节驱动器使各部分能按预定的运动规律运动。

智能系统则由感知系统和分析决策系统组成,它分别由传感器及软件来实现。

10.2.2　工业机器人操作机及其组成

工业机器人的操作机(操作器)即机器人的执行机构部分,是机器人握持工具或工件,完成各种运动和操作任务的机械部分。如图 10 - 2 所示,操作机机构一般采用由一系列连杆通过运动副串联起来的开式运动链,连接两连杆的运动副称为关节。由于结构上的原因,其运动副通常只用转动副和移动副两类。以转动副相连的关节称为转动关节(简记为 R),以移动副相连的关节则称为移动关节(简记为 P),每个关节上配有相应的驱动器。一般说来,运动链的自由度和手部(末端执行器)运动的自由度在数量上是相等的。这种机构组成形式,可以使机器人的手部以任意姿态达到机器人工作空间中的任意点。

如图 10 - 2 所示为操作机的组成,它主要是由机身(机座)、臂部、腕部和手部组成。机座是用来支持手臂并安装驱动装置等部件的,在机器人中相对固定,有固定式机座和移动式机座，移动式机座下部的行走机构可以是滚轮或履带，步行机器人的行走机构多为连杆机构。连接机座和臂部的部分为腰部，通常做回转运动（腰关节）。臂部（包括大臂和小臂）是操作机的主要执行部件，其作用是支撑腕部和手部，并带动它们在空间运动，从而使手部按一定的运动轨迹由某一位置达到另一指定位置。大臂与腰部形成肩关节，大臂与小臂形成肘关节，臂部与腰部一起确定手部在空间的位置，故称之为位置机构或手臂机构。腕部是连接臂部和手部的部件，其作用主要是改变和调整手部在空间的方位，从而使手爪中所握持的工具或工件取得某一指定的姿态，故又称为姿态机构。手部又称末端执行器，是操作机直接执行操作的装置，其作用是握持工件或抓取工件，其上可安装夹持器、工具、传感器等。夹持器分为机械夹紧、磁力夹紧、液压张紧和真空抽吸

图 10－2　操作机的组成

四种。该操作机可实现腰回转、肩旋转、肘旋转、腕摆转、腕俯仰及腕回转六个独立运动，从而使机器人末端执行器实现空间任意位置和姿态。

10.2.3　工业机器人操作机的结构分类

工业机器人分类

操作机机构中，凡独立驱动的关节称为主动关节，反之为从动关节。在操作机中主动关节的数目应等于操作机的自由度。手臂运动通常称为操作机的主运动，工业机器人也常按手臂运动的坐标形式和形态来进行分类。有以下四种类型（图 10－3）：

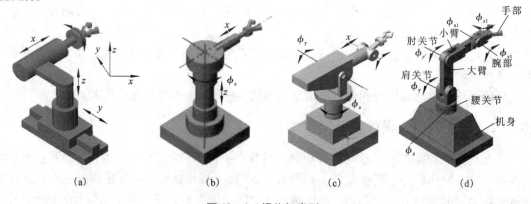

(a) (b) (c) (d)

图 10－3　操作机类型

（1）直角坐标型［图 10－3(a)］：又称为直移型，具有三个移动关节（PPP），可使臂部产生三个互相垂直的独立位移（臂部伸缩、升降和平移运动）。

直角坐标型的优点是定位精度高，空间轨迹易求解，计算机控制简单。缺点是操作机本身所占空间尺寸大，相对工作范围小，操作灵活性较差，运动速度较低。

（2）圆柱坐标型[图 10 - 3（b）]：又称为回转型，具有两个移动关节和一个转动关节（PPR），即臂部除具有伸缩和升降自由度外，还有一水平回转的自由度。

圆柱坐标型的优点是所占的空间尺寸较小，相对工作范围较大，结构简单，手部可获得较高的速度。这是应用最广泛的一种类型。缺点是手部外伸离中心轴愈远，其切向线位移分辨精度愈低。

（3）球坐标型[图 10 - 3（c）]：又称为俯仰型，具有两个转动关节和一个移动关节（RRP），即臂部除具有伸缩和水平回转的自由度外，还有一俯仰运动自由度。

球坐标型的优点是结构紧凑，所占空间尺寸小。

（4）关节型[图 10 - 3（d）]：又称为屈伸型，有三个转动关节（RRR）。其臂部由大臂和小臂组成，大臂与机身之间以肩关节相连，大臂与小臂之间以肘关节相连。大臂具有水平回转和俯仰两个自由度，小臂相对于大臂还有一个俯仰自由度。从形态上看，小臂相对于大臂做屈伸运动。

关节型的优点是结构紧凑，所占空间体积小，相对工作空间大等特点，还能绕过机座周围的一些障碍物，应用较多。缺点是运动直观性更差，驱动控制比较复杂。

除上述四种基本形式外，还有各种复合坐标形式。

10.2.4　操作机的自由度

操作机的自由度是指在确定操作机所有构件的位置时所必须给定的独立运动参数的数目。操作机的主运动链通常是一个装在固定机架上的开式运动链。为了驱动方便，每一个关节位置都是由单个变量来规定的，因此，每个关节具有一个自由度，故操作机的自由度数目等于操作机中各运动部件自由度的总和，即

操作机的自由度计算公式：

$$F = 6n - \sum_{i=1}^{5} ip_i = \sum_{i=1}^{5} f_i p_i$$

式中：F——操作机的自由度；

　　　n——操作机的活动构件的数目；

　　　i——i 级运动副的约束数；

　　　p_i——操作机的 i 级运动副的数目；

　　　f_i——操作机中第 i 个运动部件的自由度。

自由度是反映操作机的通用性和适应性的一项重要指标。目前一般通用工业机器人大多为 5 个自由度左右，已能满足多种作业的要求。

如图 10 - 2 所示的机器人操作机中，其臂部有 3 个关节，故臂部有 3 个自由度：绕腰关节转动的自由度 φ_Z，绕肩关节运动的自由度 φ_Y，绕肘关节摆动的自由度 φ_Y'；其腕部有 3 个关节，故腕部也具有 3 个自由度：绕自身旋转的自由度 φ_{X1}，上下摆动的自由度 φ_{Y1}，左右摆动的自由度 φ_{Z1}，因此，整个操作机具有六个自由度。自由度较多，就更能接近人手的动作机能，通用性更好，但结构也更复杂。

一般来说，操作机手部在空间的位置和运动范围主要取决于臂部的自由度，因此臂部的运动称为操作机的主运动，臂部各关节称为操作机的基本关节。

1. 臂部自由度组合及运动图形

（1）直线运动

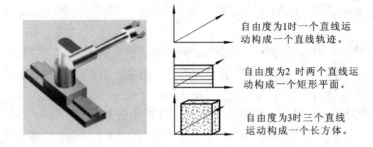

自由度为1时一个直线运动构成一个直线轨迹。

自由度为2时两个直线运动构成一个矩形平面。

自由度为3时三个直线运动构成一个长方体。

（2）回转运动

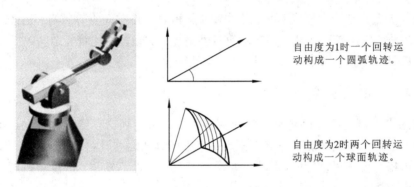

自由度为1时一个回转运动构成一个圆弧轨迹。

自由度为2时两个回转运动构成一个球面轨迹。

（3）直线运动与回转运动

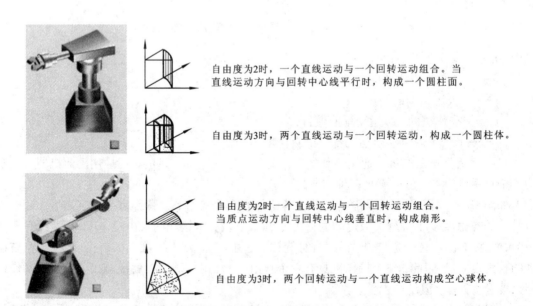

自由度为2时，一个直线运动与一个回转运动组合。当直线运动方向与回转中心线平行时，构成一个圆柱面。

自由度为3时，两个直线运动与一个回转运动，构成一个圆柱体。

自由度为2时一个直线运动与一个回转运动组合。当质点运动方向与回转中心线垂直时，构成扇形。

自由度为3时，两个回转运动与一个直线运动构成空心球体。

由以上臂部自由度组合及运动图形可知，为了使操作机手部能够达到空间任一指定位置，通用的空间机器人操作机的臂部应至少具有 3 个自由度；为了使操作机的手部能够到达平面中任一指定位置，通用的平面机器人操作机的臂部应至少具有 2 个自由度。表 10 - 1 列出了臂部各运动自由度及对应的动作。

表 10 - 1　臂部各运动自由度及对应的动作

移动自由度		回转自由度	
x	前后伸缩	φ_x	一般不用(由手腕运动代替)
y	左右移动	φ_y	上下俯仰
x	上下移动(升降)	φ_z	左右摆动

2. 腕部的自由度

腕部的自由度主要是用来调整手部在空间的姿态。为了使手爪在空间取得任意的姿态，在通用的空间机器人操作器中其腕部应至少有 3 个自由度。一般情况下，这 3 个关节为轴线相互垂直的转动关节(图 10 - 2)。同样，为了使手爪在平面中能取得任意要求的姿态，在通用的平面机器人操作器中其腕部应至少有 1 个转动关节。表 10 - 2 列出了腕部各运动自由度及对应的动作。

表 10 - 2　腕部各运动自由度及对应的动作

移动自由度		回转自由度	
x	不用	φ_{x1}	自身旋转
x	横向移动	φ_{y1}	上下摆动
z	纵向移动 (只用其中之一且很少使用)	φ_{z1}	左右摆动

手部的动作主要是开闭，用来夹持工件或工具。由于其运动并不改变工件或工具在空间的位置和姿态，故其运动的自由度一般不计入操作器的自由度数目中。

3. 冗余自由度

当在工作区间有障碍物时，为了使机器人操作机具有必要的机动性，以便机器人的手臂能够绕过障碍进入难以达到的地方，要求操作机设计时具有冗余自由度，如图 10 - 4 所示，操作机的自由度大于 6 时，手爪可绕过障碍到达一定的位置。

由以上分析可知，通用的空间机器人操作器的自由度大于等于 6(位置 3 个，姿态 3 个)，其中为了使手爪能够在三维空间中取得任意指定的姿态，至少要有 3 个转动关节；同样，通用的平面机器人操作器的自由度大于等于 3(位置 2 个，姿态 1 个)，其中为了使手爪能够在二维平面中取得任意指定的姿态，至少要有 1 个转动关节。也就是说，仅仅用移动关节来建立通用的空间或平面机器人是不可能的。

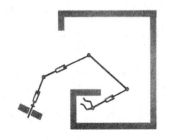

图 10 - 4　冗余自由度

10.3 工业机器人操作机机构的设计

由前所述，从机器人完成作业的方式来看，操作机是由手臂机构(即位置机构)、手腕机构(即姿态机构)及末端执行器等组成的机构。对于要完成空间任意位姿进行作业的多关节操作机，需要具有6个自由度，而对于要回避障碍进行作业的操作机，其自由度数则需超过6个。

10.3.1 操作机手臂机构的设计

手臂机构一般具有2~3个自由度(当操作机需要回避障碍进行作业时，其自由度可多于3个)，可实现回转、俯仰、升降或伸缩三种运动形式。

首先，要确定操作机手臂机构的结构形式。通常根据其将完成的作业任务所需要的自由度数、运动形式、承受的载荷和运动精度要求等因素来确定。

其次，是确定手臂机构的尺寸，即确定出其手臂的长度及手臂关节的转角范围。

再次，在确定操作机的结构形式及尺寸时，还必须考虑到由于手臂关节的驱动是由驱动器和传动系统来完成的，因而手臂部件自身的重量较大，而且还要承受手腕、末端执行器和工件的重量，以及在运动中产生的动载荷；也要考虑到其对操作机手臂运动响应的速度，运动精度及运动刚度的影响等。

10.3.2 操作机手腕机构的设计

操作机的手腕机构一般为1~3个自由度，要求可实现回转、偏转或摆转和俯仰三种运动形式。

首先、要确定手腕机构的自由度及其结构形式。手腕自由度愈多，各关节的运动角范围愈大，其动作的灵活性愈高，对作业适应能力愈强。但会使其机构复杂运动控制难度加大，故一般手腕机构的自由度为1~2即能满足作业要求，通用性强的自由度可为3。而某些专业工业机器人的手腕则可视其作业实际需要可减少自由度数，甚至可以不要手腕。

其次，在作手腕机构的运动设计时，要注意大、小手臂的关节转角对末端操作器的俯仰角均可能产生诱导运动。

再次，手腕机构的设计还要注意减轻手臂的载荷，应力求手腕部件的结构紧凑，减小其重量和体积，以利于手腕驱动传动装置的布置和提高手腕动作的精确性。

10.3.3 末端执行器的设计

机器人的末端执行器是直接执行作业任务的装置，通常末端执行器的结构和尺寸都是根据不同作业任务要求专门设计的，从而形成了多种多样的结构形式。

根据其用途和结构的不同可分为机械式夹持器、吸附式执行器和专用工具(如焊枪、喷嘴、电磨头等)三类。按其手爪的运动方式又可分为平移型和回转型。按其夹持方式又可分为外夹式和内撑式。此外，按驱动方式则有电动、液压和气动三种。

进行末端执行器的设计时，首先，根据不同作业任务的要求，先确定其类型和机构形式及其尺寸；其次，要满足足够的加持力和所需要的夹持位置精度；再次，并应尽可能使其结构简单、紧凑、重量轻，以减轻手臂的负荷。

10.4　开式链机构的运动分析方法

10.4.1　开式链机构运动分析研究的主要问题

开式链机构运动分析研究的主要问题,包括两个方面。

1. 正向运动学问题(直接问题)

如图 10 – 5 所示,给出操作机的一组关节参数 θ_1、θ_2、θ_3,确定其末端执行器的位置和姿态 x、y、φ,可获得一组唯一确定的解。

2. 反向运动学问题(间接问题)

如图 10 – 5 所示,给出末端执行器的位置和姿态 x、y、φ,求关节参数 θ_1、θ_2、θ_3。

对于工作所要求的末端执行器的一个给定位置和姿态,确定一组关节参数,使末端执行器达到规定的位置和姿态,有解的存在性(解的存在

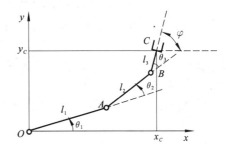

图 10 – 5　正反向运动学问题

与否表明其操作器是否能达到所要求的位置和姿态)和多重解(对应与工作所要求的末端执行器的一个给定位置和姿态,可能存在着多组关节参数,每一组关节参数都可以使末端执行器达到这一规定的位置和姿态)的问题。

10.4.2　平面两连杆关节型操作机正向运动学分析

在正向运动学问题中,如图 10 – 6 所示,已知的是平面两连杆关节型操作机各关节的位置坐标 θ_1、θ_2 和其各阶导数 $\dot{\theta}_1$、$\dot{\theta}_2$(关节速度)和 $\ddot{\theta}_1$、$\ddot{\theta}_2$(关节加速度),需要求解操作器臂端 B 点的位置 x_B、y_B、φ,速度 $\dot{x}_B$、$\dot{y}_B$ 和加速度 $\ddot{x}_B$、$\ddot{y}_B$。

(1)位置分析

在图 10 – 6 中,操作机臂端 B 点的位置,可以用矢量 OB 或 B 点的直角坐标 x_B、y_B 表示,即

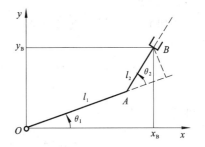

图 10 – 6　正向运动学分析

$$\begin{bmatrix} x_B \\ y_B \end{bmatrix} = \begin{bmatrix} l_1\cos\theta_1 + l_2\cos(\theta_1 + \theta_2) \\ l_1\sin\theta_1 + l_2\sin(\theta_1 + \theta_2) \end{bmatrix} \tag{10 – 1}$$

而固连在臂末端的末端执行器的姿态角 φ,可以用连杆 AB 在直角坐标系中的方位来表示,即

$$\varphi = \theta_1 + \theta_2 \tag{10 – 2}$$

(2)速度分析

将位移方程式(10 – 1)对时间求导,即可以得到 B 点的速度求解。

$$\begin{bmatrix} \dot{x}_B \\ \dot{y}_B \end{bmatrix} = \begin{bmatrix} -l_1\dot{\theta}_1\sin\theta_1 - l_2(\dot{\theta}_1 + \dot{\theta}_2)\sin(\theta_1 + \theta_2) \\ l_1\dot{\theta}_1\cos\theta_1 + l_2(\dot{\theta}_1 + \dot{\theta}_2)\cos(\theta_1 + \theta_2) \end{bmatrix} \tag{10-3}$$

$$= \begin{bmatrix} -l_1\sin\theta_1 - l_2\sin(\theta_1 + \theta_2) & -l_2\sin(\theta_1 + \theta_2) \\ l_1\cos\theta_1 + l_2\cos(\theta_1 + \theta_2) & l_2\cos(\theta_1 + \theta_2) \end{bmatrix} \begin{bmatrix} \dot{\theta}_1 \\ \dot{\theta}_2 \end{bmatrix} = J \begin{bmatrix} \dot{\theta}_1 \\ \dot{\theta}_2 \end{bmatrix}$$

式中矩阵

$$J = \begin{bmatrix} -l_1\sin\theta_1 - l_2\sin(\theta_1 + \theta_2) & -l_2\sin(\theta_1 + \theta_2) \\ l_1\cos\theta_1 + l_2\cos(\theta_1 + \theta_2) & l_2\cos(\theta_1 + \theta_2) \end{bmatrix} = \begin{bmatrix} \dfrac{\partial x}{\partial\theta_1} & \dfrac{\partial x}{\partial\theta_2} \\ \dfrac{\partial y}{\partial\theta_1} & \dfrac{\partial y}{\partial\theta_2} \end{bmatrix} \tag{10-4}$$

J 称为操作机的雅可比矩阵。操作机的雅可比矩阵是关节速度和操作机臂端的直角坐标速度之间的转换矩阵。

操作机臂端 B 点的加速度,可通过对速度方程式两边对时间再次求导得到,此处不再赘述。

10.4.3 平面两连杆关节型操作器反向运动学分析

在反向运动学问题中,如图 10-7 所示,已知的是操作机末端执行器的位置 x_B、y_B,速度 $\dot{x}_B$、$\dot{y}_B$ 和加速度 $\ddot{x}_B$、$\ddot{y}_B$,需要求解的是操作机各关节的位置参数 θ_1、θ_2,运动参数 $\dot{\theta}_1$、$\dot{\theta}_2$(关节速度)和 $\ddot{\theta}_1$、$\ddot{\theta}_2$(关节加速度)。

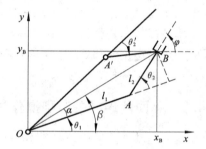

图 10-7　反向运动学分析

(1)位置分析

操作机臂末端的位置坐标为 x_B,y_B,则由式(10-1)可得

$$x_B^2 + y_B^2 = [l_1\cos\theta_1 + l_2\cos(\theta_1 + \theta_2)]^2 + [l_1\sin\theta_1 + l_2\sin(\theta_1 + \theta_2)]^2$$
$$= l_1^2 + l_2^2 + 2l_1l_2\cos\theta_2$$

由此可得

$$\cos\theta_2 = \frac{x_B^2 + y_B^2 - l_1^2 - l_2^2}{2l_1l_2} \qquad \cos\theta_2 \in [-1, +1] \tag{10-5}$$

如果不满足约束条件,说明给定的臂端目标位置过远,已超出了该操作机的工作空间。

如果所给定的目标点在操作机的工作空间内,则可以得到

$$\sin\theta_2 = \pm\sqrt{1 - \cos^2\theta} \tag{10-6}$$

则
$$\theta_2 = \arctan\frac{\sin\theta_2}{\cos\theta_2} \tag{10-7}$$

这里,在求 θ_2 时,采用了同时确定所求关节角的正弦和余弦,然后求这两个变量反正切的方法,这样,既可保证求出所有的解,又保证了求出的角度在正确的象限内。

式(10-7)有两个解,它们大小相等,正负号相反,这说明到达所给定的目标点的构型有两个,一个如图 10-7 中的实线所示(θ_2 为正,肘向上),另一个如图中的虚线所示(θ_2 为负,肘向下)。需要指出的是,在两自由度平面关节型操作机的情况下,这两组解所对应的末端

214

执行器的姿态是不同的。

关节角 θ_2 求出后, 即可以进一步来求解关节角 θ_1。由图 10-7 可知

$$\beta = \arctan \frac{y_B}{x_B} \tag{10-8}$$

β 角可在任一象限内, 它取决于 x_B、y_B 的符号。

而 α 角可通过余弦定理求得:

$$l_2^2 = x_B^2 + y_B^2 + l_1^2 - 2\sqrt{x_B^2 + y_B^2}\cos\alpha$$

故

$$\alpha = \arccos \frac{x_B^2 + y_B^2 + l_1^2 - l_2^2}{2l_1\sqrt{x_B^2 + y_B^2}} \qquad 0° \le \alpha \le 180° \tag{10-9}$$

则

$$\theta_1 = \beta + \alpha \tag{10-10}$$

式中 $\theta_2 < 0$ 时, 取" + "; $\theta_2 > 0$ 时, 取" − "。

(2)速度分析

可通过将式(10-3)两边同乘以一个 J^{-1}(雅可比矩阵的逆矩阵)来求解反向运动学的速度问题, 即

$$\begin{bmatrix} \dot{\theta}_1 \\ \dot{\theta}_2 \end{bmatrix} = J^{-1} \begin{bmatrix} \dot{x}_B \\ \dot{y}_B \end{bmatrix} \tag{10-11}$$

该式表明: 操作器各关节的速度, 可通过其雅可比矩阵的逆矩阵和给定的操作器臂端的直角坐标系中的速度求得。

当已知操作机臂末端在直角坐标系中的速度, 利用上式来求解各关节速度时, 首先需要判断其雅可比矩阵是否可以求逆。而一个矩阵有逆的充要条件是其行列式的值不为零。由式(10-4)可知, 其雅可比矩阵的行列式的值为

$$\begin{aligned} |J| &= -l_1 l_2 \sin\theta\cos(\theta_1 + \theta_2) - l_2^2 \sin(\theta_1 + \theta_2)\cos(\theta_1 + \theta_2) + \\ &\quad l_1 l_2 \cos\theta_1 \sin(\theta_1 + \theta_2) + l_2^2 \sin(\theta_1 + \theta_2)\cos(\theta_1 + \theta_2) = l_1 l_2 \sin\theta_2 \end{aligned} \tag{10-12}$$

所以, 当 $\theta_2 = 0°$ 或 $\theta_2 = 180°$ 时, $|J| = 0$, J^{-1} 不存在。从物理意义上讲, 当 $\theta_2 = 0°$ 时, 两连杆伸直共线; 当 $\theta_2 = 180°$ 时, 两连杆重叠共线, 在这两种情况下, 臂末端只能沿着垂直于手臂的方向运动, 而不能沿着连杆 AB 的方向运动, 这意味着在该操作机工作空间的边界上, 操作机将不再是一个 2 自由度的操作机, 而变成了仅具有一个自由度的操作机。这样的位置称为操作器的奇异位置。在奇异位置, 有限的关节速度不可能使臂末端获得规定的速度(类似与曲柄滑块机构的"死点"位置)。

为了进一步了解奇异位置的特点, 下面分析关节速度求解的一般表达式。

因 $J^{-1} = \dfrac{1}{l_1 l_2 \sin\theta_2}\begin{bmatrix} l_2\cos(\theta_1 + \theta_2) & l_2\sin(\theta_1 + \theta_2) \\ -l_1\cos\theta_1 - l_2\cos(\theta_1 + \theta_2) & -l_1\sin\theta_1 - l_2\sin(\theta_1 + \theta_2) \end{bmatrix}$

故 $\begin{bmatrix} \dot{\theta}_1 \\ \dot{\theta}_2 \end{bmatrix} = J^{-1}\begin{bmatrix} \dot{x}_B \\ \dot{y}_B \end{bmatrix}$

$$= \frac{1}{l_1 l_2 \sin\theta_2}\begin{bmatrix} l_2\cos(\theta_1 + \theta_2) & l_2\sin(\theta_1 + \theta_2) \\ -l_1\cos\theta_1 - l_2\cos(\theta_1 + \theta_2) & -l_1\sin\theta_1 - l_2\sin(\theta_1 + \theta_2) \end{bmatrix}\begin{bmatrix} \dot{x}_B \\ \dot{y}_B \end{bmatrix} \tag{10-13}$$

该式表明：在奇异位置，为了使臂末端具有规定的速度，要求关节速度必须达到无穷大。在奇异位置附近，为了使臂末端具有规定的速度，需要有限的但却非常高的关节速度 $\dot{\theta}_1$、$\dot{\theta}_2$（正比于 $\frac{1}{\sin\theta_2}$）。

10.4.4 平面两连杆关节型操作机工作空间分析

工作空间，即操作机的工作范围，指在机器人运动过程中，其操作机臂端所能达到的全部点所构成的空间，通常以手腕中心点在操作机运动时所占有的体积来表示，其形状和大小反映了一个机器人的工作能力。操作机的工作空间有可达到的工作空间和灵活的工作空间之分。

可达到的工作空间指的是机器人末端执行器至少可在一个方位上能达到的空间范围。

灵活的工作空间指的是机器人末端执行器在所有方位均能达到的空间范围。

上述平面两连杆关节型操作机的工作空间可以用下式描述

$$| l_1 - l_2 | \leqslant \sqrt{x_B^2 + y_B^2} \leqslant (l_1 + l_2) \qquad (10-14)$$

其工作空间为一圆环面积，该圆环的中心同固定铰链点 O 重合。圆环的内半径和外半径分别为 $| l_1 - l_2 |$ 和 $l_1 + l_2$，如图 10-8(a) 所示。在该工作空间内的每一点，末端执行器可取得两个可能的姿态；而在工作空间边界上的每一点，末端执行器只能有一个可能的姿态。因此，该工作空间为操作机可达到的工作空间。

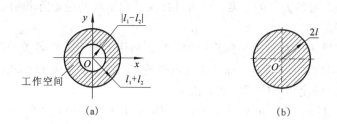

图 10-8 平面两连杆关节型操作机的工作空间

若对于给定的 $l_1 + l_2$，设计时取 $l_1 = l_2 = l$，即让两连杆等长，则此时工作空间可用下式表示。

$$0 \leqslant \sqrt{x_B^2 + y_B^2} \leqslant 2l \qquad (10-15)$$

即工作空间为一圆面积。如图 10-8(b) 所示，在圆心点，末端执行器可取得任意姿态。

10.5 开式链机构应用举例

技种机器人

前已述及除了在制造业，在国防军事、医疗卫生、生活服务等领域机器人的应用也越来越多，开式链机构在这些机器人中被广泛应用，如图 10-9 中的舞蹈机器人。

人类采用令人震惊的精确性模拟动物生物习性制造成工程机械装置（仿生机器人），但是这些机器人并不完全像自然界中它们的"同伴"，它们为人类做出了很大贡献，

实现了许多 研究任务。如机器水母、机器鱼、机器苍蝇等(图 10 - 10 ~ 图 10 - 12),这些仿生机器人都应用了开式链机构,如机器水母触须的运动机构、机器鱼的尾部、机器苍蝇的翅膀等。

图 10 - 9　舞蹈机器人

图 10 - 10　机器水母

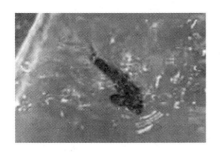

图 10 - 11　机器鱼

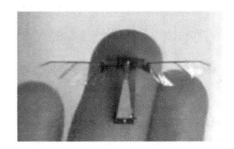

图 10 - 12　机器苍蝇

思考题与练习题

1. 开式链机构的主要特点是什么? 为什么机器人操作机多选用开式链机构的形式?

2. 工业机器人一般由哪几部分组成?

3. 什么是机器人操作机? 它一般由哪几部分组成? 各部分有什么作用?

4. 什么是机器人的自由度、冗余自由度? 设计机器人冗余自由度的目的是什么?

5. 操作机按结构分为哪几类? 各有什么特点?

6. 开式链机构运动分析的正向运动学问题是什么? 反向运动学问题是什么?

7. 什么是雅可比矩阵? 它有什么用途?

8. 机器人工作空间的含义是什么?

9. 如题图 10 - 1 所示为一机器人的操作机轴测简图,已知其结构尺寸及运动关节参数如图所示,试绘制该机器人操作机的机构简图。

10. 如题图 10-2 所示为一偏置式手腕机构。已知机构的各圆锥齿轮的齿数及各输入轴的运动转角如图所示。现要求：

（1）试计算该手腕机构的自由度，并说明该机构是否具有确定的运动。

（2）试分析该手腕机构的结构，说明它是如何实现腕部的回转运动（φ）、俯仰运动（β）和手爪的回转运动（θ）的；并确定它们与输入运动参数的关系式。

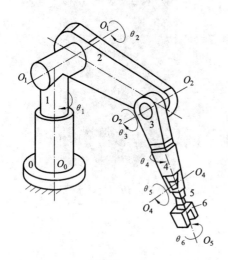

题图 10-1

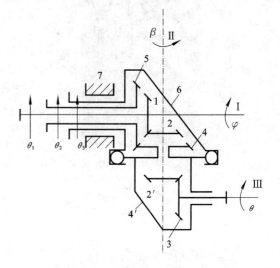

题图 10-2

218

第 11 章
平面机构的力分析

【概述】

◎ 作用在机械上的力，是影响机械的运动和动力性能的重要参数，也是计算构件横截面尺寸的重要依据，所以设计机械时必须对机构的受力情况进行分析。本章先分析机构力分析的任务、目的和方法，然后介绍构件惯性力的确定，机械中的摩擦，考虑摩擦和不考虑摩擦时机构的受力分析方法。

◎ 学习本章要求了解机构的受力分析法，构件惯性力的确定，机械中摩擦力的确定。

11.1　机构力分析的任务、目的和方法

11.1.1　作用在机械上力的类型及其特点

由牛顿经典力学可知，力是改变物体运动状态的唯一原因，当然也是改变机械系统运动状态的唯一原因。当原动件的运动通过传动系统变换成执行机构作业动作的同时，原动件提供的动力也通过运动副元素的彼此接触，通过传动系统依次传递给最终从动件而完成有用功。因此，当机械运转时，组成机械的各构件必然受到各种力的作用，其中包括有：

（1）重力——源自于地球引力，对于工作在地球或近地空间的机械装备而言，重力总是存在的，对于具体的构件而言，重力大小是一个常量，而重力的方向总是指向地球中心。

（2）原动力——由原动机输出的机械力或力矩的总称，常见的原动力有：旋转电机产生的转矩、内燃机输出的扭矩、直线电机产生的牵引力、流体推动活塞产生的推力、压电陶瓷产生的材料膨胀力等。原动力是促使机械运转的根本原因，原动力的方向总是与力的作用点速度方向成锐角，因而总是做正功。

原动力

（3）生产阻力——完成作业工艺过程中改变工作对象的形状、位置或运动状态所必须克服的阻力。例如，机床切削金属时，刀刃强迫材料发生塑性变形遇到的阻力、起重机起吊重物需克服的地球引力、车辆启动加速过程中的地面摩擦力和风的阻力等。

生产阻力

（4）摩擦阻力——直接接触的运动副元素在外力作用下，产生相对滑动时接触部位所产

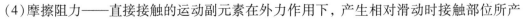

生的摩擦力，由库仑定律可知，摩擦力的大小取决于接触表面的正压力和摩擦系数，而摩擦系数取值与两运动副元素材料类型和润滑状态有关。

（5）介质阻力——在大气、水、工业液体等流体介质中工作的机械，当接触表面与流体介质产生相对运动时所受到的阻力。介质阻力与流体的黏度成正比，流体越黏稠，阻力越大。

（6）惯性力——构件作变速运动时产生的附加力，由牛顿定律可知，惯性力与构件质量和加速度有关，而惯性力矩则与构件的转动惯量和角加速度有关，一般情况下，惯性力的大小和方向作周期性循环变化。

（7）运动副反力——构件在传递运动的同时，也通过运动副元素的彼此接触产生力的传递。运动副的反力是一对大小相等，方向相反的平衡力，分别作用在相邻的两构件上。对于整台机械而言，运动副的反力是内力，而对于单个构件而言，运动副反力是外力。

上述各种力按其所起的作用又可以划分为驱动力和阻抗力两大类。凡是促使机械作加速运动的力称为驱动力，其特征是驱动力与作用点的速度相同或成锐角，其所做的功为正功，称为驱动功或输入功；而迫使机械作减速运动的力称为阻抗力，其特征是阻抗力与作用点的速度相反或成钝角，其所做的功为负功，称为阻抗功。

阻抗力又可分为以下两种：

（1）有效阻力，即工作阻力。有效阻力是机械在工作过程中为了改变工作物的外形、位置或状态受到的生产阻力，例如机床的切削阻力、起重机的载重等。克服有效阻力完成的功称为有效功或输出功。

（2）有害阻力，有害阻力是机械在工作过程中受到的非生产阻力，例如摩擦力是机械中主要的有害阻力，此外还有介质阻力等。克服有害阻力所作的功纯粹是浪费能量。克服有害阻力所做的功称为损失功。

对于某一种具体的力而言，究竟是归属于驱动力还是阻抗力，要看它在机械运转过程中各阶段所起的作用如何。例如，当机械的重心远离地心时，重力是阻力，它做负功；而当重心靠近地心时，重力又成为驱动力，此时它做正功；再比如，大多数情况下，摩擦力是一种阻抗力，但在带传动中，又是靠摩擦力带动从动带轮旋转，并驱动其他构件运动，此时，摩擦力又成为了驱动力。对于惯性力而言，也有类似的情况，机械作加速运动时，惯性力是阻抗力；而当机械作减速运动时，惯性力又变成了驱动力。

11.1.2　机构力分析的任务和目的

机械的运动是在上述各种力综合作用下的结果，所谓对机构进行力分析，就是要在要求机械实现预定运动和已知构件长度尺寸的条件下，求出其中的未知力。具体而言，主要包括以下两个方面。

1.确定机构中各运动副中的反力

运动副中的总反力可分解为运动副两元素间的正压力和由其产生的摩擦力两部分。因为，对单个构件而言，运动副反力是外力，其大小和性质对于计算分析机构中各零件的强度、运动副的磨损、机械的效率，进行轴承选型设计、机械振动分析、原动机的选型和功率计算，以及判断机械是否因发生自锁而卡死等，都是必须要事先确定的重要数据。

2.确定应加于机械上的平衡力或平衡力矩

平衡力或平衡力矩是指机械在已知外力作用下，为了使机构按设计的运动规律运动，必须加在机械上的未知外力或力矩。要计算机械工作所需功率必须先求平衡力。在已知原动机功率的前提下，也可以根据平衡力和平衡力矩确定机械能正常工作时的最大工作阻力。

11.1.3　机构力分析的方法

作机构力分析时，静力分析是基本方法。对于低速机械，或质量很小的中速机械，其运动构件的动载荷不大，惯性力很小可以忽略不计。这样不计动载荷仅考虑静载荷的计算方法是静力计算方法。静力计算方法对高速机械并不适用。对于高速机械，其运动构件的动载荷很大，有时大大超过其他静载荷。这时作机构力分析，必须同时考虑静载荷和动载荷，即进行动力分析，这样的计算方法是动力计算方法。

在动力计算方法中，如前所述，构件所受的惯性力和其他力组成一个平衡力系，此时运动的机构就可以认为处于静力平衡状态，可以用静力分析的方法进行分析和计算，即进行动态静力分析，这种动力计算方法称为动态静力计算。

要对机械进行动态静力分析，要求出各构件的惯性力。但如果是设计新机械，其构件尺寸还未确定，因而无法确定其惯性力。这时，一般先按照设计条件，参考经验值给出各构件初步的结构尺寸，计算质量和转动惯量等参数，据此进行动态静力分析。根据计算结果对构件和零件进行强度和刚度校核，再据此修正构件的结构尺寸。之后根据需要重复上述动态静力分析、强度和刚度校核、结构尺寸修正，直到确定合理尺寸为止。

机构力分析的方法有图解法和解析法两种，本章将主要介绍图解法。

11.2　构件惯性力的确定

确定构件惯性力有一般力学方法和质量代换法。

11.2.1　一般力学方法

就平面机构而言，所有构件的运动只属于绕定轴转动、作往复移动、作平面运动三种形式之一。

设构件惯性力用 F_I 表示，惯性力矩用 M_I 表示，它与各构件的质量 m_i(kg)、绕过质心轴的转动惯量 J_{si}(kg·m^2)、质心 S_i 的加速度 a_{si}(m/s^2)、构件的角加速度 a_i(rad/s^2)等有关。

1. 绕定轴转动的构件

对于绕定轴转动的构件，其惯性力和惯性力矩有两种情况。

(1)绕通过质心的定轴转动的构件

齿轮、飞轮等一般绕其质心作定轴转动。这类构件因为其质心的加速度为零，其惯性力也为零。如果是变速转动，将产生一个惯性力矩 $M_{Ii} = -J_{si}a_i$，式中负号表示 M_{Ii} 的方向与角加速度方向 α_i 方向相反。

(2)绕不通过质心的定轴转动的构件

如果旋转轴不通过质心，如图 11-1 所示曲柄 AB，当曲柄 AB 作变速转动，其上作用有惯性力 $F_{Ii} = -m_1a_{s1}$ 及惯性力矩 $M_{I1} = -J_{s1}a_1$，两者可简化为一个不通过质心的总惯性力 F'_{I1}。

设其质心 S_1 的加速度为 a_{s1}，则 $a_{s1} = a_{s1}^n + a_{s1}^t$。

如果曲柄 AB 作等速转动，则仅有一个离心惯性力 $F_{I1} = -m_1a_{s1}^n$。

221

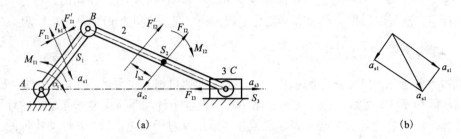

图 11 - 1 构件惯性力的确定

(a)曲柄滑块机构的惯性力；(b)曲柄 AB 质心加速度 a_{s1} 的分解

2.作平面移动的构件

作平面移动的构件如果作匀速运动，其惯性力和惯性力偶均为零。如果作变速直线运动，如图 11 - 1(a)中的滑块 3，因为没有角加速度，所以没有惯性力偶，只有一个加在其质心上的惯性力 $F_{I3} = -m_3 a_{s3}$。内燃机的活塞和刨床的刨头等都属于这种构件。

3.作平面复合运动的构件

由理论力学可知，对于作平面复合运动，且有对称面平行于运动平面的构件，如图 11 - 1(a)所示曲柄滑块机构中的连杆 BC，它的全部惯性力可以简化为一个加于构件质心 S_2 的惯性力 F_{I2} 和一个惯性力偶 M_{I2}：

$$F_{I2} = -m_2 a_{s2} \qquad (11-1)$$

$$M_{I2} = -J_{s2} \alpha_2 \qquad (11-2)$$

为了分析方便，上述惯性力 F_{I2} 和惯性力偶 M_{I2} 又可以用一个大小等于 F_{I2}，作用线由质心 S_2 偏移一段距离 l_{h2} 的总惯性力 F'_{I2} 来代替，其中 l_{h2} 的值为

$$l_{h2} = M_{I2}/F_{I2} \qquad (11-3)$$

且 F'_{I2} 对质心 S_2 之矩的方向与 a_2 的方向相反。

11.2.2 质量代换法

如上所述，用一般力学方法确定构件惯性力时，需要事先求出构件质心的加速度 a_{si} 以及构件绕质心 S_i 的角加速度 a_i，而机构在运动过程中，除了少数形状规则且作定轴转动的构件其质心有可能在转动中心之外，大多数构件的质心相对于机架的位置总是在不断变化。因此，构件的质心位置难以精确测定，且求解各构件质心加速度比较烦琐。为了简化计算，可以设想将构件的质量 m_i，按一定条件，用集中在构件上某几个选定点上的集中质量来代替，这样只需求出这些集中质量的惯性力就可以了，而无须求惯性力矩。这种按一定条件，假想将构件的质量用集中在某几点上的集中质量来代换的方法称为质量代换法，选定点是代换点，假想的集中质量称为代换质量。

为了使代换前后产生的惯性力和惯性力矩保持不变，进行质量代换应满足以下条件：

(1)代换前后构件的质量不变。

(2)代换前后构件的质心位置不变。

(3)代换前后构件对质心轴的转动惯量不变。

满足第(1)、(2)个条件的代换，其惯性力不变。这种代换原构件和代换系统的静力效应

222

完全相同，称为静代换。满足上述 3 个条件的代换，其惯性力和惯性力偶都不变，代换前后系统的动力效应完全相同，称为动代换。

工程计算中最常见的是用两个或三个代换质量进行代换，用两个代换质量的最多。下面介绍用两个代换质量的代换法。

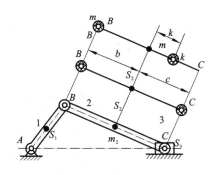

图 11 - 2　质量代换法

如图 11 - 2 所示，以连杆 BC 为例，设用通过质心 S_2 的直线上 B、K 两点的代换质量 m_B、m_K 来进行质量代换。根据上述三个条件，可以列出下列方程式：

$$\begin{cases} m_B + m_K = m_2 \\ m_B b = m_K k \\ m_B b^2 + m_K k^2 = J_{s2} \end{cases}$$

解之可得

$$\begin{cases} k = J_{s2}/(m_2 b) \\ m_B = m_2 k/(b + k) \\ m_K = m_2 b/(b + k) \end{cases}$$

可见，当代换点 B 确定后，K 点的位置随之而定，即两代换点不能同时随意选择。满足这三个条件称为动代换，代换前后构件的惯性力和惯性力偶都不变。

为了计算方便，工程上常采用静代换。根据静代换的要求，取 B、C 为代换点，可以列出下列方程式：

$$\begin{cases} m_B + m_C = m_2 \\ m_B b = m_C c \end{cases} \tag{11-4}$$

解之可得

$$m_B = m_2 c/(b + c)$$
$$m_C = m_2 b/(b + c) \tag{11-5}$$

这时两代换点 B 和 C 可以同时任意选择，这就方便了工程计算。但是，使用静代换，由于不满足第(3)个条件，m_B 和 m_C 对质心的转动惯量与原构件对质心的转动惯量有一定误差。此误差对一般不很精确的计算是允许的。因此，静代换在工程中得到了比动代换更广泛的应用。

11.3　机械中的摩擦以及运动副中摩擦力的确定

在机械运动中，由于运动副组成元素间存在正压力和相对运动，运动副中必然存在摩擦力。运动副中的摩擦力是一种主要的有害阻力，它消耗了能量，使零件发热、磨损，从而降低机械精度、运转不灵活，缩短机械寿命。如果润滑情况恶化，机械会卡死。但在某些情况下摩擦力做有效功，如利用摩擦进行传动的机械如带传动、摩擦轮传动、离合器等，利用摩擦进行制动的制动器等，如果摩擦力不够大，机械将不能完成工作。因此，必须对运动副中的摩擦进行分析，减少其不利影响。

对于低副，两运动副元素之间通常是滑动，这时产生滑动摩擦力；对于高副，两运动副元素之间通常是滚动兼滑动，将产生滚动摩擦力和滑动摩擦力。由于滚动摩擦一般比滑动摩擦小得多，所以对机械进行力分析时通常只考虑滑动摩擦。下面分别对低副中移动副、螺旋副和转动副，以及平面高副中的摩擦加以分析。

11.3.1　移动副中摩擦力的确定

如图11-3所示，滑块1放在一平台2上，G 和 F 分别为作用在滑块上的铅垂载荷和水平推力，滑块在力 F 作用下运动或具有运动的趋势；N_{21} 是平台对滑块的法向反力，摩擦力 F_{21} 的方向与滑块运动的方向或运动趋势的方向相反。N_{21} 和 F_{21} 都是平台对滑块的反力，可以合为一个总反力 F_{R21}，F_{R21} 的方向与滑块运动或运动趋势的方向成一钝角 $90° + \varphi$。

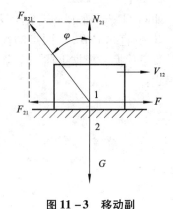

图 11-3　移动副

根据库仑摩擦定律，摩擦力随外力增大而增大，但有一极大值，当水平推力 F 大于此值时，滑块开始向右运动。摩擦力 F_{21} 的值为

$$F_{21} = fN_{21} \tag{11-6}$$

进而有

$$f = F_{21}/N_{21} = \tan\varphi \tag{11-7}$$

其中：f——摩擦系数（与运动副材料和润滑情况有关）；

　　　φ——摩擦角。

当滑块在平台上的不同方向运动时，如接触表面的材质和状态各处相同，则合力 F_{R21} 的轨迹为一圆锥体的表面，此圆锥称为摩擦锥，如图11-4所示。可见移动副中总反力恒切于摩擦锥。

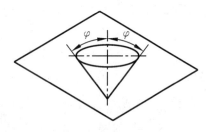

由式(11-6)可知，当摩擦系数 f 一定时，摩擦力 F_{21} 取决于法向反力 N_{21}。而 G 一定时，法向反力 N_{21} 的大小又取决于移动副元素的接触形状。

图 11-4　摩擦锥

槽面摩擦

图11-3中，滑块与平台沿平面接触，则 $N_{21} = -G$，所以

$$F_{21} = fN_{21} = fG \tag{11-8}$$

图11-5中，两构件沿 V 形槽面呈楔形接触，经推导可得 $N_{21} = G/(\sin\theta)$，进而有

$$F_{21} = fN_{21} = (f/\sin\theta) \cdot G = f_v G \tag{11-9}$$

其中：f_v——当量摩擦系数。

图11-6中，两构件沿一半圆柱面接触，此时接触面各点处的法向反力方向为圆柱面的半径方向，接触面各处法向反力的矢量和与铅垂载荷 G 平衡，有 $N_{21} = \sum \Delta N_{21} = -G$，法向反力的代数和为 $N'_{21} = \sum |\Delta N_{21}| = kG > |N_{21}|$，其中 $k = 1 \sim \pi/2$，为与接触情况有关的系数。根据理论分析和实验测量，可知当两接触面为点、线接触时，$k \approx 1$；当两接触面沿整个半圆周均匀接触时，$k = \pi/2$；其余情况下 $1 \leqslant k \leqslant \pi/2$。则

224

$$F_{21} = fN'_{21} = f \cdot kG = f_v G \tag{11-10}$$

其中：f_v——当量摩擦系数。

综上所述，移动副中滑块所受摩擦力的大小可以统一表示为

$$F_{21} = fN_{21} = f_v G \tag{11-11}$$

其中，f_v 称为当量摩擦系数，其值恒大于 f。对于平面接触、楔形接触和半圆柱面接触三种情况，分别有 $f_v = f$、$f_v = f/\sin\theta$、$f_v = kf(k = 1 \sim \pi/2)$。

引入当量摩擦系数以后，在计算运动副中的滑动摩擦力时，不管运动副两元素的几何形状如何，均可根据实际情况选用合适的当量摩擦系数，以单一平面接触来进行计算。

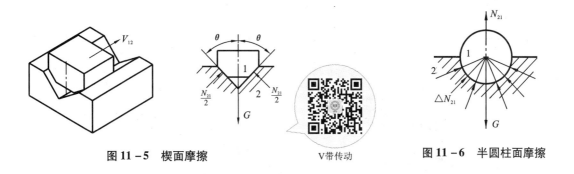

图 11 - 5   楔面摩擦   V带传动   图 11 - 6   半圆柱面摩擦

以下举例说明力分析方法。如图 11 - 7 所示，滑块 1 置于升角为 α 的斜面 2 上，滑块受到重力 G 的作用。求图 11 - 7(a)中使滑块沿斜面匀速上升时所需的水平驱动力 F。

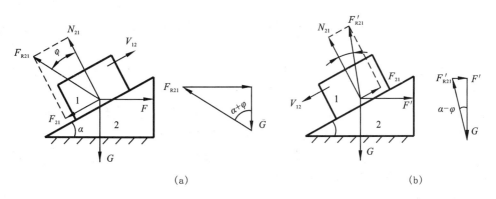

(a)   (b)

图 11 - 7   斜面滑块机构力分析

在求解时，应先根据上述方法作出总反力 F_{R212} 的方向，再根据滑块的力平衡条件 $F + F_{R21} + G = 0$，作图可得

$$F = G \cdot \tan(\alpha + \varphi) \tag{11-12}$$

若要滑块沿斜面匀速下滑时，做出总反力 F_{R21} 的方向后，再根据滑块的力平衡条件，如图 11 - 7(b)可求得

$$F' = G \cdot \tan(\alpha - \varphi) \tag{11-13}$$

需注意，滑块下滑过程中重力 G 是驱动力，当 $\alpha > \varphi$ 时，F' 是正值，是阻止滑块加速下滑的阻抗

力；当 $\alpha < \varphi$ 时，F' 是负值，方向与图示方向相反，是驱动力，其作用是促使滑块沿斜面等速下滑。

11.3.2 螺旋副中摩擦力的确定

螺旋副

螺旋副是最典型的空间运动副。如图 11 - 8 所示，1 为螺杆，2 为螺母，其上作用有垂直外载荷 G。假定螺母与螺杆间的作用力都集中作用在其中径 d_2 的圆柱面上。将螺杆沿中径 d_2 的圆柱面展开，则其螺纹将展成一个斜面，该斜面的升角 α 即为螺杆在中径 d_2 上的螺纹导程角。有

$$\tan\alpha = l/(\pi d_2) = zP/(\pi d_2) \tag{11-14}$$

其中：l——螺纹导程；

z——螺纹头数；

P——螺距。

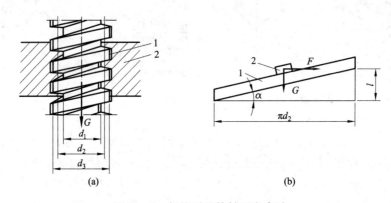

图 11 - 8　螺旋副及其斜面移动副

假定螺母与螺杆间的作用力集中作用在一小段螺纹上，这样把对螺旋副中摩擦的研究简化为对滑块与斜面形成的移动副中摩擦的研究了。

在螺母 2 上加一个力 F 拧紧螺母，使螺母旋转并逆着力 G 的方向匀速向上运动。直接引用斜面摩擦的结论，力 F 是螺纹拧紧时必须施加在中径处的圆周力，为

$$F = G \cdot \tan(\alpha + \varphi) \tag{11-15}$$

力 F 所产生的拧紧所需力矩 M 为

$$M = F\frac{d_2}{2} = \frac{d_2}{2}G \cdot \tan(\alpha + \varphi) \tag{11-16}$$

如果螺母顺着力 G 的方向匀速向下运动，相当于拧松螺母，同理可求得应加于螺纹中径处的圆周力为

$$F' = G \cdot \tan(\alpha - \varphi) \tag{11-17}$$

故拧松螺母所需要的力矩 M' 为

$$M' = F'\frac{d_2}{2} = \frac{d_2}{2}G \cdot \tan(\alpha - \varphi) \tag{11-18}$$

应当注意，根据式(11 - 18)，当 $\alpha > \varphi$ 时，M' 是正值，其方向与螺母旋转方向相反，是一个阻抗力矩，其作用是阻止螺母加速松退；当 $\alpha < \varphi$ 时，M' 是负值，其方向与螺母旋转方向相

同，成为放松螺母所需外加的驱动力矩。

三角形（普通）螺纹中的摩擦分析与上述类似。如图 11 - 9 所示，β 牙形半角。引入当量摩擦系数 $f_v = f/\cos\beta$ 和当量摩擦角 $\varphi_v = \arctan f_v$，可直接引用矩形螺纹的结论，得到三角螺纹螺旋副在拧紧和拧松螺母时所需要的力矩，分别为

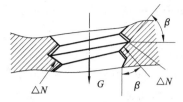

图 11 - 9　矩形螺纹与三角螺纹螺旋副

$$M = \frac{d_2}{2}G \cdot \tan(\alpha + \varphi_v) \tag{11 - 19}$$

$$M' = \frac{d_2}{2}G \cdot \tan(\alpha - \varphi_v) \tag{11 - 20}$$

11.3.3　转动副中摩擦力的确定

1. 轴颈摩擦

如图 11 - 10 所示，机械中最常见的转动副是轴和轴承构成的转动副。轴颈在轴承中回转时，由于两者接触面间受到径向载荷的作用，所以接触面间必然产生摩擦力来阻止回转。

如图 11 - 11 所示，设轴颈在轴承中匀速转动，轴颈受到驱动力矩 M_d、径向载荷 G 和轴承的总反力 F_{R21} 作用。根据式 11 - 10，轴承对轴颈的摩擦力 $F_{21} = f_v G$，其中当量摩擦系数 $f_v = kf(k = 1 \sim \pi/2)$，对于配合紧密且未经跑合的转动副 k 取较大值如 $\pi/2$，而对于有较大间隙的转动副 k 则取较小值。则摩擦力 F_{21} 对轴颈形成的摩擦力矩 M_f 为

$$M_f = F_{21}r = f_v Gr \tag{11 - 21}$$

其中：r——轴颈半径，mm。

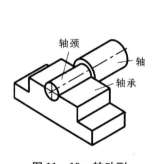

图 11 - 10　转动副

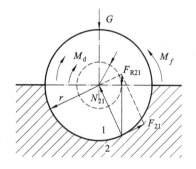

图 11 - 11　转动副中的摩擦力

根据轴颈受力平衡，G 和 F_{R21} 必然大小相等而方向相反，即 $R_{R21} = -G$，总反力 F_{R21} 对轴颈中心的力矩 $M_d = -F_{R21}\rho = -M_f$，则有

$$M_f = F_{21}r = fN_{21}r = f_v rG = G\rho \tag{11 - 22}$$

故

$$\rho = f_v r \tag{11 - 23}$$

上式表明 ρ 的值只取决于轴颈半径 r 和当量摩擦系数 f_v。ρ 是总反力 F_{R21} 偏离径向载荷 G 的距离。对于一个具体的轴颈，ρ 为一定值。以轴颈中心为圆心，ρ 为半径所作的圆称为摩擦圆。利用摩擦圆可以帮助确定总反力 F_{R21} 的位置。总反力 F_{R21} 的方向与外载荷 G 的方向相

反，相切于摩擦圆，并且由于总反力 F_{R21} 的作用总是阻止相对运动，故总反力 F_{R21} 对轴颈中心的力矩方向与 ω_{12} 相反。

在对机械进行受力分析时，转动副中总反力的判定准则是：

(1) 由力的平衡条件，初步确定总反力 F_{R21} 的方向 (受拉或受压)。

(2) 对移动副而言，总反力 F_{R21} 恒切于摩擦锥；对于转动副，总反力 F_{R21} 恒切于摩擦圆。

(3) 对移动副而言，总反力 F_{R21} 与 v_{12} 的夹角为钝角；对于转动副，M_f 的方向与 ω_{12} 相反。

2. 轴端摩擦

如图 11-12 所示，轴 1 的轴端与承受轴向载荷的止推轴承 2 构成转动副。当轴端 1 在止推轴承 2 上旋转时，在载荷 G 作用下产生摩擦力矩 M_f，取环形面积 $d_s = 2\pi\rho d_\rho$，设 d_s 上压强为 p，总摩擦力矩为

$$M_f = \int_r^R \rho f p \mathrm{d}s = 2\pi f \int_r^R p\rho^2 \mathrm{d}\rho \qquad (11-24)$$

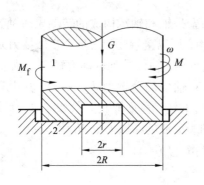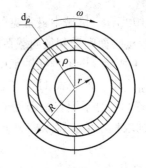

图 11-12　轴端摩擦

对于新轴端，或很少相对转动的轴端和轴承，可以认为它们各处接触紧密程度相同，即压强 p 为一常数，$p = G/\pi(R^2 - r^2)$，则式 (11-24) 可写为

$$\begin{aligned} M_f &= 2\pi f \int_r^R p\rho^2 \mathrm{d}\rho = \frac{2}{3}\pi f p (R^3 - r^3) \\ &= \frac{2}{3} f G \left(\frac{R^3 - r^3}{R^2 - r^2}\right) \end{aligned} \qquad (11-25)$$

而对于经过跑合的轴端和轴承，可以认为它们接触各处的磨损基本相同，即压强 p 的分布近似符合 $p\rho =$ 常数的规律。可得

$$M_f = 2\pi f p\rho \int_r^R p \mathrm{d}\rho = \pi f p\rho (R^2 - r^2)$$

此时

$$G = \int_r^R p \mathrm{d}s = 2\pi p\rho (R - r)$$

所以

$$M_f = f G(R + r)/2 \qquad (11-26)$$

根据 $p\rho =$ 常数，可知轴端中心部分的压强高，容易压溃，所以载荷较大的轴端一般都做成中空状。

228

11.4　不考虑摩擦时机构的力分析

有了计算构件惯性力的方法,将构件所受的惯性力和其他力组成一个平衡力系,就可以用动态静力分析的方法,确定各运动副中的反力,并计算应加于整个机构上的平衡力或平衡力矩。运动副中的反力在整个机构中属于内力,因此需要将整个机构分解为若干构件组,按力平衡条件加以分析。为了达到力平衡,构件组必须满足静定条件,即构件组中未知力的数目应等于能列出的力平衡方程的数目。

11.4.1　构件组的静定条件

构件组能否满足静定条件与构件组中运动副的类型、数目和构件数有关。当不考虑摩擦时,如图 11 – 13(a)所示,转动副中的反力 R 通过转动副中心,大小和方向未知。如图 11 – 13(b)中所示,移动副中反力 R 与移动副导路的法线方向平行,作用点位置和大小未知。如图 11 – 13(c)中所示,平面高副两元素间反力 R 通过接触点,垂直接触点公切线,仅大小未知。所以,如果构件组中有 p_L 个低副、p_H 个高副、n 个构件,则各运动副中的反力共有 $(2p_L + p_H)$ 个未知,而对每个构件可以列出 3 个独立的力平衡方程,因此构件组的静定条件为

$$3n = 2p_L + p_H \tag{11 – 27}$$

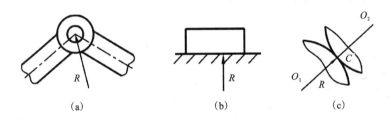

(a)　　　　　　　　(b)　　　　　　　　(c)

图 11 – 13　运动副中的反力

满足上式的杆组,其自由度为零,这样的杆组称为基本杆组。基本杆组都满足静定条件,因此所有的基本杆组都是静定杆组。

11.4.2　用图解法作机构的动态静力分析

作机构的动态静力分析时,首先计算各构件的惯性力,然后确定机构动态静力分析中的起始构件,根据基本杆组列力平衡方程,从外力全部已知的杆组开始进行计算,逐步推算到未知平衡力作用的构件。

例 11 – 1　在图 11 – 14(a)中的曲柄滑块机构,已知各构件的尺寸 l_{AB}、l_{BC}、l_{BS2},曲柄每分钟转数 n_1,活塞质量 m_3,连杆质量 m_2,连杆对其质心 S_2 的转动惯量 J_{S2}。试确定连杆和活塞的惯性力。

解：
$$\omega_1 = 2\pi n_1/60 = \pi n_1/30$$

选定 μ_v 及 μ_a 作出速度多边形及加速度多边形,如图 11 – 14(b)、(c)所示。

$a_c = \mu_a \overline{p'c}$,$a_s = \mu_a \overline{p's_2'}$,$a_2 = a'_{CB}/l_{CB} = \mu_a \overline{c''c'}/l_{CB}(\text{rad/s}^2)$ 方向逆时针;

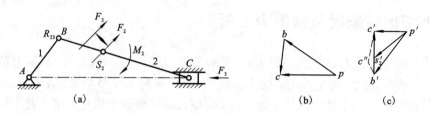

图 11 -14　曲柄滑块机构的惯性力

活塞惯性力 $F_3 = -m_3 a_c$ 方向与 $\overline{p'c'}$ 相反；

连杆惯性力 $F_2 = -m_2 a_s$ 方向与 $\overline{p's'_2}$ 相反；

连杆惯性力矩 $M_2 = -\alpha J_{S2}$ 方向与 α 相反。

11.5　考虑摩擦时机构的受力分析

掌握了运动副中的摩擦分析方法后，就不难在考虑摩擦的条件下对机构进行力分析。如下例所示。

例 11 -2　如图 11 -15 所示的曲柄滑块机构中，已知构件尺寸、材料、运动副半径，水平阻力 F_r，求平衡力 F_b 的大小（不计重力和惯性力）。

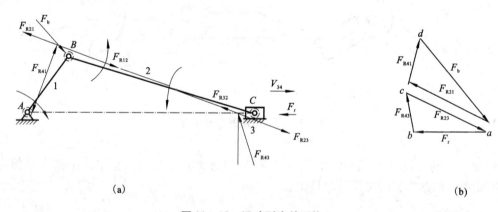

图 11 -15　运动副中的反力

解：　（1）对机构进行运动分析，根据已知条件作摩擦圆。

（2）求作二力杆运动副反力的作用线。

（3）列力平衡向量方程。

$$F_{R43} + F_{R23} + F_r = 0$$
$$F_{R41} + F_{R21} + F_b = 0$$

从图（b）上量得：
$$F_b = F_r(ad/ab)$$

思考题与练习题

1. 作用在机械系统上的内力和外力各有哪些？

2. 什么是惯性力？什么是平衡力和平衡力矩？

3. 驱动力和阻抗力有何区别？能否举例说明？

4. 进行机构力分析的任务和目的是什么？

5. 何谓机构的动态静力分析？

6. 如何确定作平面复合运动的构件的惯性力？

7. 什么是质量代换法？其目的是什么？静代换与动代换的区别是什么？

8. 转动副中轴承对轴颈的总反力始终与摩擦圆相切对吗？

9. 为什么要引入当量摩擦系数？它与实际摩擦系数有什么关系？

10. 基本杆组都是满足静定条件的吗？为什么？如果基本杆组上作用有未知外力，杆组是否还是静定的？

11. 作机构的动态静力分析的一般步骤是什么？

12. 如题图 11 - 1 所示的机构中，已知各构件的尺寸及机构的位置，各转动副处的摩擦圆半径、移动副及凸轮高副处的摩擦角 φ，凸轮为主动件，顺时针转动，作用在构件 4 上的工件阻力 Q 的大小。试求图示位置：

(1) 各运动副的反力；

(2) 需施加于凸轮 1 上的驱动力矩 M_1。

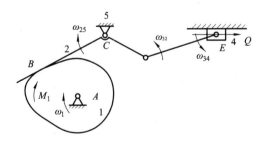

题图 11 - 1　凸轮连杆机构考虑摩擦的机构力分析

13. 如题图 11 - 2 所示为按 $\mu_L = 0.001$ m/mm 画的机构运动简图，滑块 3 为原动件，驱动力 $P = 80$ N。各转动副处的摩擦圆如图中所示，滑块与导路之间的摩擦角 $\varphi = 20°$，试求在图示位置，构件 AB 上所能克服的阻力矩 M_Q 的大小和方向。

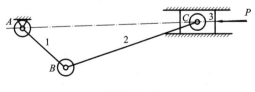

题图 11 - 2

14. 如题图 11 - 3 所示为按 $\mu_L = 0.001$ m/mm 绘制的机构运动简图。已知圆盘 1 与杠杆 2 接触处的摩擦角 $\varphi = 30°$，各转动副处的摩擦圆如图中所示，悬挂点 D 处的摩擦忽略不计。设

重物 $Q = 150$ N，试求出在图示位置时，需加在偏心圆盘上的驱动力矩 M_1 的大小。

15. 如题图 11 – 4 所示为尖底直动从动件偏心圆凸轮机构。给定：$r = 125$ mm，$OA = 50$ mm，$\varphi = 30°$，$l = 100$ mm，$h = 80$ mm，工作阻力 $F_r = 1000$ N，各运动副接触面的摩擦系数 $f = 0.1$，凸轮轴颈的摩擦圆半径 $\rho = 10$ mm。设不计凸轮与从动轮的重力和惯性力，试确定加于凸轮轴上的平衡力偶矩（驱动力偶矩）M_d。

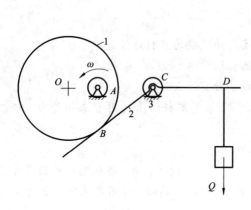

题图 11 – 3

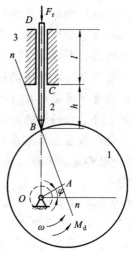

题图 11 – 4

第 12 章

机械的效率和自锁

【概述】

◎ 本章主要介绍了机械效率的概念及其计算、机械的自锁现象和自锁条件的确定。

◎ 通过本章学习，要求：建立正确、全面的机械效率的概念；掌握简单机械的机械效率的求解方法；了解自锁的概念和自锁的条件；掌握确定自锁条件的方法。

12.1 机械的效率

12.1.1 机械效率的表达形式

我们知道，作用在机械上的力可分为驱动力、生产阻力和有害阻力三种。通常把驱动力所做的功称为驱动功（输入功），克服生产阻力所做的功称为有效功（输出功），而克服有害阻力所做的功称为损耗功。

机械在稳定运转时期，输入功等于输出功与损耗功之和，即

$$W_d = W_r + W_f \tag{12-1}$$

式中 W_d、W_r、W_f 分别为输入功、输出功和损耗功。输出功和输入功的比值称为机械效率，它反映了输入功在机械中的有效利用程度，通常以 η 表示。

（1）效率以功或功率的形式来表达

根据机械效率的定义

$$\eta = \frac{W_r}{W_d} = \frac{W_d - W_f}{W_d} = 1 - \frac{W_f}{W_d} \tag{12-2}$$

将式（12-1）和式（12-2）分别除以做功的时间，得

$$P_d = P_r + P_f \tag{12-3}$$

$$\eta = \frac{P_r}{P_d} = 1 - \frac{P_f}{P_d} \tag{12-4}$$

式中：P_d、P_r 和 P_f 分别为输入功率、输出功率和损耗功率。

因为损耗功 W_f，或损耗功率 P_f 不可能为零，所以由式（12-2）和（12-4）可知机械的效率总是小于 1 的。且 W_f 或 P_f 越大，机械的效率就越低。因此在设计机械时，为了使其具有较高的机械效率，应尽量减少机械中的损耗，主要是减少摩擦损耗。

（2）效率以力和力矩的形式来表达

机械的效率也可用力或力矩之比值的形式来表达。图 12-1 为一机械传动装置示意图，设 F 为驱动力，G 为生产阻力，v_F 和 v_G 分别为 F 和 G 的作用点沿该力作用线方向的分速度，根据式（12-4）可得

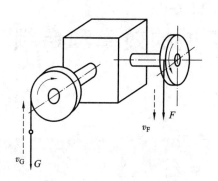

图 12-1　机械传动示意图

$$\eta = \frac{P_r}{P_d} = \frac{Gv_G}{Fv_F} \qquad (12-5)$$

机械效率计算模型

假设在该机械中不存在摩擦，此机械称为理想机械。这时为克服同样的生产阻力 G，其所需的驱动力 F_0 称为理想驱动力，显然 $F_0 < F$。对于理想机械，其效率 η_0 应等于 1，即

$$\eta_0 = \frac{Gv_G}{F_0 v_F} = 1 \qquad (12-6)$$

将其代入式（12-5），得

$$\eta = \frac{F_0 v_F}{Fv_F} = \frac{F_0}{F} \qquad (12-7)$$

上式表明，对于等速运转的机械，其机械效率等于不计摩擦时克服生产阻力所需的理想驱动力 F_0 与克服同样生产阻力（包括克服摩擦力）时该机械实际所需的驱动力 F（F 与 F_0 的作用方向线相同）之比。

按上述方法，还可推出以力矩形式表示的机械效率公式，即

$$\eta = \frac{M_0}{M} \qquad (12-8)$$

式中 M_0 和 M 分别表示为了克服同样生产阻力所需的理想驱动力矩和实际驱动力矩。

从另一角度分析，假想没有摩擦和 F 不变，可以推出

$$\eta = \frac{Gv_G}{Fv_F} = \frac{Gv_G}{G_0 v_G} = \frac{G}{G_0} \qquad (12-9)$$

上式表明，对于等速运转的机械，其机械效率等于实际生产阻力 G 与理想生产阻力之比。

同理，有下式成立：

$$\eta = \frac{M_G}{M_{G_0}} \qquad (12-10)$$

式中，M_G 和 M_{G_0} 分别表示在同样驱动力情况下，机械所能克服的实际生产阻力矩和理想生产阻力矩。

综上所述，可得

$$\eta = \frac{理想驱动力}{实际驱动力} = \frac{理想驱动力矩}{实际驱动力矩} = \frac{实际工作阻力}{理想工作阻力} = \frac{实际工作阻力矩}{理想工作阻力矩} \qquad (12-11)$$

例 12-1　试计算斜面机构和螺旋机构的效率。

解：（1）如图 12-2 所示，滑块沿斜面上升为正行程，其机械效率为

234

$$\eta = \frac{F_0}{F}$$

式中，理想驱动力 $F_0 = G\tan\alpha$，可令实际驱动力 $F = G\tan(\alpha + \varphi)$ 中的摩擦角 $\varphi = 0$ 而求得。

从而得到

$$\eta = \frac{\tan\alpha}{\tan(\alpha + \varphi)}$$

如图 12 - 3 所示滑块沿斜面下滑为反行程，此时 G 为驱动力，其效率为

$$\eta' = \frac{G_0}{G}$$

式中，理想驱动力 $G_0 = \frac{F'}{\tan\alpha}$，可令 $G = \frac{F'}{\tan(\alpha - \varphi)}$ 中的摩擦角 $\varphi = 0$ 而求得。

从而得到

$$\eta' = \frac{\tan(\alpha - \varphi)}{\tan\alpha}$$

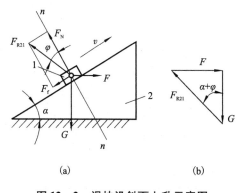

(a)   (b)

图 12 - 2 滑块沿斜面上升示意图

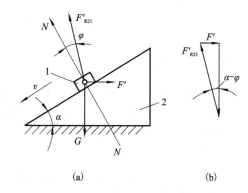

(a)   (b)

图 12 - 3 滑块沿斜面下滑示意图

（2）如图 12 - 4 所示，矩形螺旋拧紧时为正行程传动，拧紧螺母所需的驱动力矩为

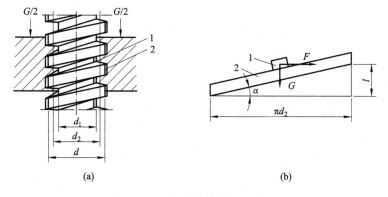

(a)   (b)

图 12 - 4 矩形螺旋拧紧示意图

$$M = \frac{Fd_2}{2} = \frac{Gd_2\tan(\alpha + \varphi)}{2}$$

理想驱动力矩 $M_0 = \dfrac{Gd_2\tan\alpha}{2}$，可令上式中摩擦角 $\varphi = 0$ 而求得。

从而求得

$$\eta = \frac{\tan\alpha}{\tan(\alpha + \varphi)}$$

矩形螺旋拧松时为反行程，若 $\alpha > \varphi$，则此时的实际阻力矩为

$$M' = \frac{Gd_2\tan(\alpha - \varphi)}{2}$$

理想的阻力矩 $M'_0 = \dfrac{Gd_2\tan\alpha}{2}$，可令上式中的摩擦角 $\varphi = 0$ 而求得。

从而可由式(12-11)求得

$$\eta' = \frac{\tan(\alpha - \varphi)}{\tan\alpha}$$

同理，若为三角形螺旋，则正行程的效率为 $\eta = \dfrac{\tan\alpha}{\tan(\alpha + \varphi_v)}$，反行程的效率为 $\eta' = \dfrac{\tan(\alpha - \varphi_v)}{\tan\alpha}$。

上述机械效率及其计算主要是指一个机构或一台机器的效率。因为各种机械大都是由一些常用机构组合而成的，而这些常用机构的效率已通过实践积累了一定的资料(表12-1)。在已知各机构的机械效率后，就可通过计算来确定整个机器(或机组)的效率。下面就分三种常见情况来进行讨论。

表12-1　简单传动机构和运动副的效率

名　　称	传动形式	效率值	备　注
圆柱齿轮传动	6~7级精度齿轮传动	0.98~0.99	良好跑合、稀油润滑
	8级精度齿轮传动	0.97	稀油润滑
	9级精度齿轮传动	0.96	稀油润滑
	切制齿、开式齿轮传动	0.94~0.96	干油润滑
	铸造齿、开式齿轮传动	0.90~0.93	
圆锥齿轮传动	6~7级精度齿轮传动	0.97~0.98	良好跑合、稀油润滑
	8级精度齿轮传动	0.94~0.97	稀油润滑
	切制齿、开式齿轮传动	0.92~0.95	干油润滑
	铸造齿、开式齿轮传动	0.88~0.92	
蜗杆传动	自锁蜗杆	0.40~0.45	
	单头蜗杆	0.70~0.75	
	双头蜗杆	0.75~0.82	润滑良好
	三头和四头蜗杆	0.80~0.92	
	圆弧面蜗杆	0.85~0.95	
带传动	平带传动	0.90~0.98	
	V带传动	0.94~0.96	
链传动	套筒滚子链	0.96	润滑良好
	无声链	0.97	

名　称	传动形式	效率值	备　注
摩擦轮传动	平摩擦轮传动	0.85 ~ 0.92	
	槽摩擦轮传动	0.88 ~ 0.90	
滑动轴承		0.94	润滑不良
		0.97	润滑正常
		0.99	液体润滑
滚动轴承	球轴承	0.99	稀油润滑
	滚子轴承	0.98	稀油润滑
螺旋传动	滑动螺旋	0.30 ~ 0.80	
	滚动螺旋	0.85 ~ 0.95	

12.1.2　机械系统的机械效率

机构或机器连接组合的方式一般有串联、并联和混联三种，故机械系统的机械效率也有相应的三种不同的计算方法。

（1）串联

如图 12 - 5 所示为由 k 台机器串联组成的机械系统。设系统的输入功率为 P_d，各机器的效率分别为 η_1，η_2，$\cdots$，η_k，P_k 为系统的输出功率，这种串联机组功率传递的特点是前一机器的输出功率即为后一机器的输入功率。则系统的总效率 η 为

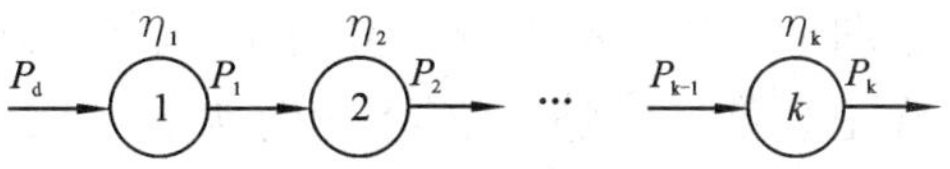

图 12 - 5　串联机器示意图

$$\eta = \frac{P_k}{P_d} = \frac{P_1 P_2}{P_d P_1} \cdots \frac{P_k}{P_{k-1}} = \eta_1 \eta_2 \cdots \eta_k \tag{12 - 12}$$

此式表明，串联系统的总效率等于组成该系统的各个机器的效率的连乘积。由于 η_1，η_2，$\cdots$，η_k 均小于 1，故串联机器的数目越多，机械效率也越低。

（2）并联

如图 12 - 6 所示为由 k 台机器互相并联组成的机械系统。设各机器的效率分别为 η_1，η_2，$\cdots$，η_k，输入功率分别为 P_1，P_2，$\cdots$，P_k，则各台机器的输出功率分别为 $P_1 \eta_1$，$P_2 \eta_2$，$\cdots$，$P_k \eta_k$。这种并联机组的特点是，机组的

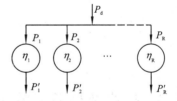

图 12 - 6　并联机器示意图

输入功率为各机器的输入功率之和，而其输出功率为各机器的输出功率之和。于是，并联机组的机械效率应为

$$\eta = \frac{\sum P_{ri}}{\sum P_{di}} = \frac{P_1 \eta_1 + P_2 \eta_2 + \cdots + P_k \eta_k}{P_1 + P_2 + \cdots + P_k} \tag{12 - 13}$$

上式表明，并联系统的总效率 η 不仅与各机器的效率有关，而且也与各机器所传递的功率有关。设 η_{max} 和 η_{min} 为各个机器的效率中的最大值和最小值，则 $\eta_{max} < \eta < \eta_{min}$。

若各台机器的输入功率均相等，即 $P_1 = P_2 = \cdots = P_k$，则

$$
\begin{aligned}
\eta &= \frac{P_1 \eta_1 + P_2 \eta_2 + \cdots + P_k \eta_k}{P_1 + P_2 + \cdots + P_k} \\
&= \frac{(\eta_1 + \eta_2 + \cdots + \eta_k) P_1}{k P_1} \\
&= (\eta_1 + \eta_2 + \cdots + \eta_k)/k
\end{aligned}
\tag{12-14}
$$

上式表明，当并联系统中各台机器的输入功率均相等时，其总效率等于各台机器效率的平均值。

若各台机器的效率均相等，即 $\eta_1 = \eta_2 = \cdots = \eta_k$，则

$$
\begin{aligned}
\eta &= \frac{P_1 \eta_1 + P_2 \eta_2 + \cdots + P_k \eta_k}{P_1 + P_2 + \cdots + P_k} \\
&= \frac{\eta_1 (P_1 + P_2 + \cdots + P_k)}{P_1 + P_2 + \cdots P_k} \\
&= \eta_1 (= \eta_2 = \cdots = \eta_k)
\end{aligned}
\tag{12-5}
$$

上式表明，当各台机器的效率均相等时，并联机械系统的总效率等于任一台机器的效率。

（3）混联

如图 12 - 7 所示为兼有串联和并联的混联式机械系统，其总效率的求法根据其具体组合方式而定。可先将输入功至输出功的路线弄清，然后分别按各部分的连接方式，参照式（12 - 12）和（12 - 13）的方法推导出总效率的计算公式。如图所示，若系统串联部分的效率为 η'，并联部分的效率为 η''，则系统的总效率应为

$$
\eta = \eta' \eta''
\tag{12-6}
$$

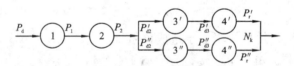

图 12 - 7　混联机器示意图

12.2　提高机械效率的途径

机械运转过程中影响其效率的主要原因为机械中的损耗，而损耗大多是由摩擦引起的。因此，要提高机械的效率就必须采取措施减小机械中的摩擦，通常可以从三个方面加以考虑，即设计、制造和使用维护。而设计方面主要可以采取以下措施：

（1）使机械系统尽量简化，尽量采用最简单的机构来满足工作要求，使功率传递通过的运动副数目尽可能地少。

（2）选择合适的运动副形式。如转动副易保证运动副元素的配合精度，效率高；而移动副不易保证配和精度，效率相对较低而且容易发生自锁或楔紧。

（3）在满足强度、刚度等要求的情况下，不要过多增大构件尺寸，如轴颈尺寸增加时会

238

使该轴颈的摩擦力矩增加，机械容易发生自锁。

（4）设法减少运动副中的摩擦。如在传递动力的场合尽量选用矩形螺纹或牙形半角小的梯形或锯齿形螺纹；用平面摩擦代替槽面摩擦；用滚动摩擦代替滑动摩擦。选用适当的润滑剂及润滑装置进行润滑，如改善润滑能有效提高发动机的机械效率。合理选用运动副元素的材料等。

（5）改善机械的平衡，从而减少机械中因惯性力所引起的动压力，可以提高机械的效率。

12.3 摩擦在机械中的应用

机械中的摩擦虽然对机械的工作有许多不利的影响，但在某些方面也有其有利的一面。工程实际中不少机械正是利用摩擦来工作的。常见的应用摩擦的机构有以下几种。

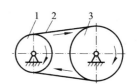

图 12 – 8 带传动机构运动示意图
1—主动轮；2—环形带；3—从动轮

（1）摩擦带传动机构

带传动可分为摩擦传动型和啮合传动型两大类。其中摩擦传动型（图 12 – 8）是由主动轮 1、从动轮 3 和张紧在两轮上的环形带 2 所组成。是利用带与带轮之间的摩擦力传递运动和动力。

（2）摩擦离合器

离合器和联轴器一样是机械传动中常用的部件。主要用来连接轴与轴（或连接轴与其他回转零件），以传递运动与转矩。其种类很多，摩擦离合器是其中一种，最简单的单片摩擦离合器，如图 12 – 9（a）所示。在传递大扭矩时可采用多盘摩擦离合器，如图 12 – 9（b）所示。

应用案例

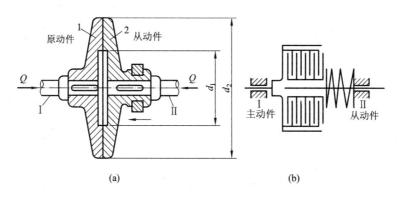

（a）   （b）

图 12 – 9 摩擦离合器

（3）摩擦制动器

制动器是利用摩擦副中产生的摩擦力矩来实现制动作用，或者利用制动力与重力的平衡，使机器运转速度保持恒定。摩擦式制动器广泛应用于机械制动中，常用的有带式（图 12 – 10）和块式（图 12 – 11）制动器。

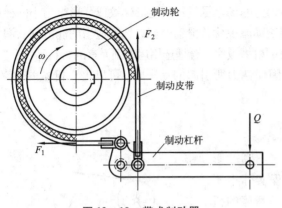

图 12 – 10 带式制动器

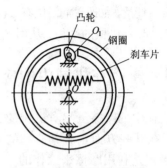

图 12 – 11 块式制动器

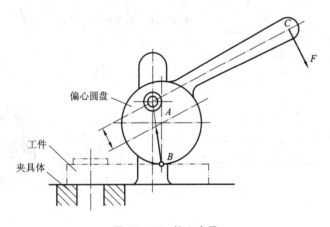

图 12 – 12 偏心夹具

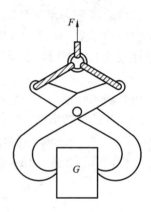

图 12 – 13 夹钳式握持器

（4）摩擦连接

在日常生活及工程实际中，螺纹连接应用非常普遍。为了保证其可靠性，通常采用较小的升角，且使升角小于摩擦角，而且还采用三角螺纹增大摩擦力，提高自锁性。

摩擦在生产实际中的应用还有很多，如偏心夹具（图 12 – 12）、夹钳式握持器（图 12 – 13）、斜面压榨机（图 12 – 14）等。

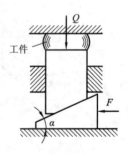

图 12 – 14 斜面压榨机

12.4 机械的自锁

自锁机械

有些机械，就其结构情况分析，只要加上足够大的驱动力，按常理就应该能够沿着有效驱动力作用的方向运动，而实际上由于摩擦的存在，却会出现无论这个驱动力如何增大，也无法使它运动的现象，这种现象称为机械的自锁。

自锁现象在机械工程中具有十分重要的意义。一方面，当设计机械时，为使机械能够实现预期的运动，必须避免机械在所需的运动方向发生自锁；另一方面，有些机械的工作又需要具有自锁的特性。例如，图 12 – 15 所示的手摇螺旋千斤顶，转动手柄 6 将物体 4 举起后，应保证无论物体 4 的重量多大，都不能驱动螺母 5 反转，致使物体 4 自行降落下来。即要求该千斤顶在物体 4 的重力作用下，必须具有自锁性。自锁的实例在机械工程中是很多的，螺纹连接靠的就是自锁性。下面就来讨论自锁的问题。

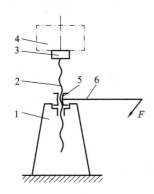

图 12 – 15 手摇螺旋千斤顶

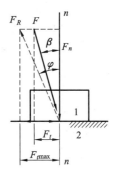

图 12 – 16 移动副示意图

（1）移动副的自锁

如图 12 – 16 所示的移动副中，设 F 为作用于滑块 1 上的驱动力，它与接触面的法线 nn 间的夹角为 β（称为传动角），而摩擦角为 φ。将力 F 分解为沿接触面切向的两个分力 F_t、F_n。$F_t = F\sin\beta = F_n\tan\beta$ 是推动滑块 1 运动的有效分力；而 F_n 只能使滑块压向平台 2，其所能引起的最大摩擦力为 $F_{fmax} = F_n\tan\varphi$，所以，当 $\beta \leqslant \varphi$ 时，有

$$F_t \leqslant F_{fmax}$$

即在 $\beta \leqslant \varphi$ 的情况下，不管驱动力 F 如何增大（方向保持不变），驱动力的有效分力 F_t 总小于驱动力本身所能引起的最大摩擦力，因而总不能推动滑块 1 运动，这就是自锁现象。

因此，在移动副中，如果作用于滑块上的驱动力作用在其摩擦角之内（即 $\beta \leqslant \varphi$）则发生自锁，这就是移动副发生自锁的条件。

（2）转动副的自锁

如图 12 – 17 所示的转动副中，设作用在轴颈上的外载荷为一单力 F，当力 F 的作用线在摩擦圆之内时（即 $a \leqslant \rho$），因它对轴颈中心的力矩 M_d 始终小于它本身引起的最大摩擦力矩 M_f $= F_R\rho = F\rho$，所以力 F 任意增大（力臂 a 保持不变），也不能驱使轴颈转动，也即产生了自锁。

因此，转动副发生自锁的条件为：作用在轴颈上的驱动力为单力 F，且作用于摩擦圆之内，即 $a \leqslant \rho$。

上面是单个运动副发生自锁的条件。这种方法用于只有一个驱动力，且几何关系比较简单的情况。对于一台机械来说，某一运动副自锁，则该机械也会发生自锁。

（3）对于受力状态或几何关系较复杂的机构，还可根据如下条件之一来判断机械是否发生自锁

由于当机械自锁时，机械已不能运动，所以这时它所能克服的生产阻抗力 $G \leqslant 0$。故可利

用当驱动力任意增大时 $G \leqslant 0$ 是否成立来判断机械是否自锁。

此外,当机械发生自锁时,驱动力所做的功 W_d 总不足以克服其所能引起的最大损失功 W_f,根据式 (12-2) 可知,这时 $\eta \leqslant 0$。所以,当驱动力任意增大恒有 $\eta \leqslant 0$ 时,机械将发生自锁。但注意此时 η 已没有通常效率的意义。

机械通常可以有正行程和反行程,它们的机械效率一般并不相等。在设计机械时,应使其正行程的机械效率大于零,而反行程的效率则根据使用场合既可使其大于零也可使其小于零。反行程效率小于零的机械在反

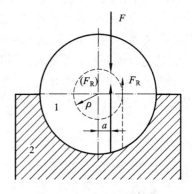

图 12-17 转动副示意图

行程中会发生自锁,因而可以防止机械自发倒转或松脱。在反行程能自锁的机械,称为自锁机械,它常用于各种夹具、螺栓连接、楔连接、起重装置和压榨机等机械上。但具有自锁性的机械在正行程中效率一般都很低,因此在传递动力时,只宜用于传递功率较小的场合。对于传递功率较大的机械,常采用其他装置来防止其倒转或松脱,以不致影响其正行程的机械效率。

例 12-2 图 12-18(a) 所示的斜面压榨机中,滑块 2 上作用一主动力 F 推动滑块 1 并夹紧工件 4。设工件所需的夹紧力为 G,各接触面的摩擦系数均为 f。若希望此机构在 F 撤去后不致使工件自动松脱,试分析其自锁条件。

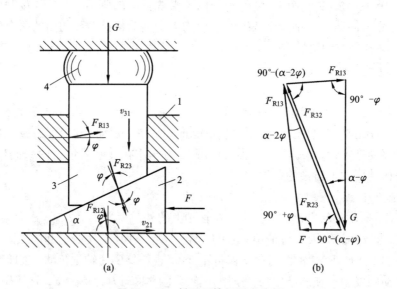

图 12-18 斜面压榨机受力分析

解： 先求出当 G 为驱动力时,该机械的阻抗力 F。

根据各接触面间的相对运动,作出两滑块所受的总反力,如图 12-18(a) 所示。

分别取滑块 2 和 3 为分离体,列出力平衡方程式 $F_{R32} + F_{R12} + F = 0$ 及 $F_{R13} + F_{R23} + G = 0$,作出力多边形,如图 12-18(b) 所示。由正弦定律可得

$$F = F_{R32} \sin(\alpha - 2\varphi) / \cos\varphi \qquad\qquad (a)$$

$$G = F_{R23} \cos(\alpha - 2\varphi) / \cos\varphi \qquad\qquad (b)$$

又因 $F_{R32} = F_{R23}$ ，故可得 $F = G\tan(\alpha - 2\varphi)$ ，令 $F \leqslant 0$ ，得

$$\tan(\alpha - 2\varphi) \leqslant 0$$

即

$$\alpha \leqslant 2\varphi$$

此即为斜面压榨机反行程(G 为驱动力时)的自锁条件。

例 12 - 3　在如图 12 - 19 所示的偏心夹具中，1 为夹具体，2 为工件，3 为偏心圆盘。当用力 F 压下手柄时，即能将工件夹紧，以便对工件加工。为了当作用在手柄上的力 F 去掉后，夹具不致自动松开，则需要该夹具具有自锁性。图中，A 为偏心圆盘的几何中心，偏心盘的外径为 D ，偏心距为 e ，偏心盘轴颈的摩擦圆半径为 ρ 。试求该夹具体的自锁条件。

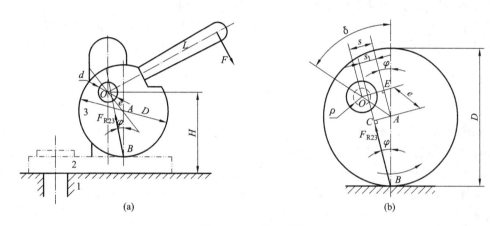

图 12 - 19　偏心夹具

解：　为使图形清晰，将偏心盘放大画于图 12 - 19(b)中，图中虚线小圆为轴颈的摩擦圆。当作用在手柄上的力去掉后，偏心盘有沿逆时针方向转动放松的趋势，由此可定出总反力 F_{R23} 的方位，如图所示。分别过点 O 、A 作 F_{R23} 的平行线。要偏心夹具反行程自锁，总反力 F_{R23} 应穿过摩擦圆，即应满足

$$s - s_1 \leqslant \rho \qquad\qquad (a)$$

由直角三角形 $\triangle ABC$ 及 $\triangle OAE$ 可求得

$$s_1 = \overline{AC} = (D\sin\varphi)/2 \qquad\qquad (b)$$

$$s = \overline{OE} = e\sin(\delta - \varphi) \qquad\qquad (c)$$

式中，δ 为楔紧角，将式(b)、(c)代入式(a)，可得

$$e\sin(\delta - \varphi) - (D\sin\varphi)/2 \leqslant \rho \qquad\qquad (12 - 7)$$

这就是偏心夹具的自锁条件。

例 12 - 4　如图 12 - 15 所示螺旋千斤顶在物体 4 的重力作用下，应具有自锁性，试求其自锁条件。

解：　螺旋千斤顶在物体 4 的重力作用下运动时的阻抗力矩 M' 可按例 12 - 1 计算，即

$$M' = \frac{Gd_2 \tan(\alpha - \varphi)}{2}$$

令 $M' \leq 0$(驱动力 G 为任意值),求得

$$\tan(\alpha - \varphi_v) \leq 0 \quad \text{即} \quad \alpha \leq \varphi_v$$

此即螺旋千斤顶在物体 4 的重力作用下的自锁条件。

（4）自锁在其他方面的应用

自锁现象在其他方面也有广泛应用,如图 12 - 20 所示
杂技演员爬杆为了防止下滑,即需要满足自锁条件 $l < 2fL$,
为此杂技演员的手脚应放得很近以使 l 减小,而身体重心尽
量外移,以增大 L,从而避免下滑。

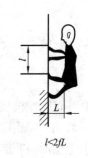

图 12 - 20　杂技演员爬杆示意图

必须注意,机械是否自锁,需要通过求解自锁条件来判
断。一个自锁机构,只是对于满足自锁条件的驱动力在一
定运动方向上的自锁;而对于其他外力,或在其他运动方向
上则不一定自锁。因此,谈到自锁时,一定要说明是对哪个力,在哪个方向上自锁。

在设计机械时,由于未能很好地考虑到机械的自锁问题而导致失败的事例时有发生。

思考题与练习题

1. 机械正反行程的效率是否相同?其自锁条件是否相同?原因何在?

2. 当作用在转动副中轴颈上的外力为一单力,并分别作用在其摩擦圆之内、之外或相切
时,轴颈将作何种运动?当作用在转动副中轴颈上的外力为一力偶矩时,也会发生自锁吗?

3. 眼镜用小螺钉(M1×0.25)与其他尺寸螺钉(M1×1.25)相比,为什么更容易发生自动
松脱现象(螺纹中径 = 螺纹大径 - 0.65×螺距)?

4. 通过对串联机组及并联机组的效率计算,对设计机械传动系统有何启示?

5. 对于题图 12 - 1 所示四杆机构,设 P 为主动力,Q 为工作阻力,各移动副处的摩擦角
为 φ,各活动构件的质量忽略不计。

（1）试建立 P 与 Q 之间的关系;

（2）求正、反行程的效率;

（3）正行程不自锁而反行程自锁时 α、β 的取值范围;

（4）如果 $\alpha < 2\beta$ 且 $\beta > 90° - 2\varphi$,则正行程是否自锁?为什么?

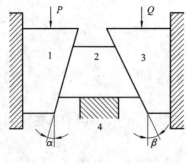

题图 12 - 1

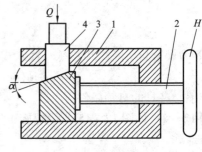

题图 12 - 2

244

6. 如题图 12-2 所示螺旋顶升机构中,转动手轮 H,通过方牙螺杆 2 使楔块 3 向左移动,提升滑块 4 上的重物 Q。已知: $Q = 20$ kN,楔块倾角 $\alpha = 15°$,各接触面间的摩擦系数 $f = 0.15$,方牙螺杆 2 的螺距为 6 mm,是双头螺杆,螺纹中径 $d_2 = 25$ mm,不计凸缘处(螺杆 2 与楔块 3 之间)摩擦,求提升重物 Q 时,需要加在手轮上的力矩和该机构的效率。

7. 如题图 12-3 所示为带式输送机,由电动机 1 经平带传动及一个两级齿轮减速器带动输送带 8。设已知输送带 8 所需的曳引力 F 为 5500N,运送速度 v 为 1.2m/s。平带传动(包括轴承)的效率 $\eta_1 = 0.95$,每对齿轮(包括其轴承)的效率 $\eta_2 = 0.97$,输送带 8 的效率 $\eta_3 = 0.92$(包括其支承和联轴器)。试求该机组总效率和所需电动机功率。

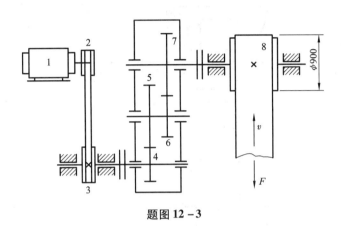

题图 12-3

8. 如题图 12-4 所示,电动机通过带传动及圆锥、圆柱齿轮传动带动工作机 A 和 B。设每对齿轮的效率 $\eta_1 = 0.97$(包括轴承的效率在内),带传动的效率 $\eta_2 = 0.92$,工作机 A、B 的功率分别为 $P_A = 5$ kW、$P_B = 1$ kW,效率分别为 $\eta_A = 0.8$、$\eta_B = 0.5$,试求电动机所需的功率。

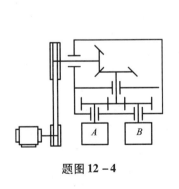

题图 12-4

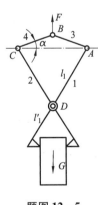

题图 12-5

9. 如题图 12-5 所示为一钢链抓取器,求其能抓取钢锭的自锁条件。设抓取器与钢锭之间的摩擦系数为 f,忽略各转动副之间的摩擦及抓取器各构件的自重。

10. 如题图 12-6 所示的矩形螺纹千斤顶,已知螺纹的大径 $d = 24$ mm,小径 $d_1 = 20$ mm,导程 $l = 4$ mm;顶头环形摩擦面的外径 $D = 50$ mm,内径 $D_1 = 42$ mm,手柄长度 $L = 300$ mm,

所有摩擦面的摩擦系数均为 $f = 0.1$。试求：

(1) 该千斤顶的效率；

(2) 若作用在手柄上的驱动力 $F_d = 100$ N，求千斤顶所能举起的重量 Q。

11. 如题图 12 – 7 所示的偏心夹具中，设已知夹具中心高 $H = 100$ mm，偏心盘外径 $D = 120$ mm，偏心距 $e = 15$ mm，轴颈摩擦圆半径 $\rho = 5$ mm，摩擦系数 $f = 0.15$。求所能夹持的工件的最大、最小厚度 h_{max} 和 h_{min}。

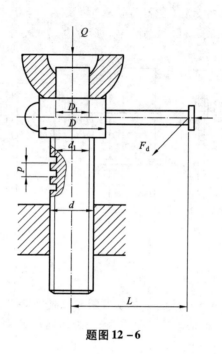

题图 12 – 6

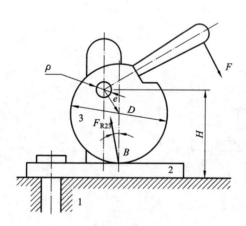

题图 12 – 7

246

第 13 章
机械的平衡

【概述】

◎本章主要介绍了机械平衡的目的及内容，重点是刚性转子静、动平衡的原理和计算方法。

◎学习本章的主要目的是使学生了解机械运转时构件惯性力造成的危害，以及消除减小这种危害的措施和方法。掌握刚性转子静平衡、动平衡的原理和计算方法。

13.1　机械平衡的目的及内容

13.1.1　机械平衡的目的

机械中绕某一固定轴线回转的构件称为转子。当转子质心与回转轴的距离为 e 时，离心惯性力为 $F = me\omega^2$。

如图 13 - 1 所示一转子，已知重量为 $G = 10$ N，重心与回转轴线的距离为 $e = 1$ mm，转速为 $n = 3000$ r/min，可求出离心惯性力 $F = ma = Ge\omega^2/g = 10 \times 10^{-3} (2\pi \times 3000/60)^2/9.8 = 100$ N，为自重的 10 倍。转子支承处的动反力也是静止状态时的 10 倍。而若转速增加一倍，离心力和动反力都增大到 4 倍。由此可知，

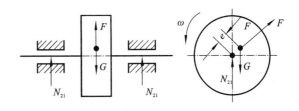

图 13 - 1　不平衡转子的离心惯性力

不平衡所产生的惯性力对机械运转有很大的影响，尤其在高速机械及精密机械中，必须高度重视。

机械在工作过程中，由于这些运动构件的惯性力大小和方向都是变化的，必将对运动副产生动载荷，从而引起一系列不良后果：①增加运动副的摩擦，降低机械的使用寿命；②产生有害的振动，使机械的工作性能恶化；③降低机械效率和使用寿命。

为了完全地或部分地消除惯性力的不良影响，就必须研究机械中惯性力的

不平衡应用案例

变化规律，设法将构件的不平衡惯性力加以消除或减小，这就是机械平衡的目的。我们通常在机构的运动设计完成之后进行平衡这种动力学设计。

需要指出的是，有一些机械却是利用构件产生的不平衡惯性力所引起的振动来工作的，如按摩机、振实机、振动打桩机、蛙式打夯机等。对于这类机械，则是如何合理利用不平衡惯性力的问题。

13.1.2 机械平衡的内容

在机械中，由于各构件的结构及运动形式的不同，其所产生的惯性力和平衡方法也不同。据此，机械的平衡问题可分为以下两类。

1. 转子的平衡

当转子的质量分布不均匀，或由于制造误差而造成质心与回转轴线不重合时，在转动过程中，将产生离心惯性力。这类构件的惯性力可以用在构件上增加或除去部分质量的方法得以平衡。这类转子又分为刚性转子和挠性转子两种情况。

(1)刚性转子的平衡

在机械中，当转子的转速较低(低于一阶临界转速)、共振转速较高而且其刚性较好，运转过程中轴线产生弹性变形很小可忽略不计时，这类转子称为刚性转子。刚性转子的平衡原理是基于理论力学中的力系平衡理论。如果只要求其惯性力达到平衡，则称之为转子的静平衡；如果不仅要求其惯性力达到平衡，而且还要求惯性力引起的力矩也达到平衡，则称之为转子的动平衡。刚性转子的平衡原理和方法是本章要介绍的主要内容。

(2)挠性转子的平衡

在机械中还有一类转子，如航空涡轮发动机、汽轮机、发电机等中的大型转子，它们工作转速很高(高于一阶临界转速)、质量和跨度很大、径向尺寸较小，运转过程中，在离心惯性力的作用下轴线产生明显的弯曲变形，被称为挠性转子。由于挠性转子在运转过程中会产生较大的弯曲变形，且由此所产生的离心惯性力也随之明显增大，所以挠性转子平衡问题的难度将会大大增加。关于挠性转子的平衡，已属于专门学科研究的问题，故本章不再涉及。

2. 机构的平衡

机构中作往复移动或平面复合运动的构件，其所产生的惯性力无法通过调整其构件质量的大小或改变构件质量分布状态的方法在该构件上平衡，而必须就整个机构加以研究。设法使各运动构件惯性力的合力和合力偶得到完全地或部分地平衡，以消除或降低其不良影响。由于惯性力的合力和合力偶最终均由机械的基础所承受，故又称这类平衡问题为机构在机架上的平衡。

13.2 刚性转子的平衡设计

在转子的设计过程中，尤其是在对于高速转子或精密转子进行结构设计时，必须对其进行平衡计算，以检查其惯性力和惯性力矩是否平衡。若不平衡，则需要在结构上采取措施消除或减少不平衡惯性力的影响，这一过程称为转子的平衡设计。

13.2.1　刚性转子的静平衡设计

对于径宽比 $D/b \geqslant 5$ 的转子，如齿轮、盘形凸轮、砂轮、带轮、链轮及叶轮等构件，可近似地认为其不平衡质量分布在同一回转平面内。在此情况下，若其质心不在回转轴线上，则当其转动时，其偏心质量就会产生离心惯性力，从而在转动副中引起附加动压力。所谓刚性转子的静平衡，就是利用在刚性转子上加减平衡质量的方法，使其质心移到回转轴线上，从而使转子的惯性力得以平衡（即惯性力之和为零）的一种平衡措施。

为了消除惯性力的不利影响，设计时需先根据转子结构定出偏心质量的大小和方位，然后计算出平衡偏心质量所需添加的平衡质量的大小及方位，最后在转子设计图上加上该平衡质量，以便使设计出来的转子从理论上达到静平衡，这一过程称为转子的静平衡设计。下面介绍静平衡设计的方法。

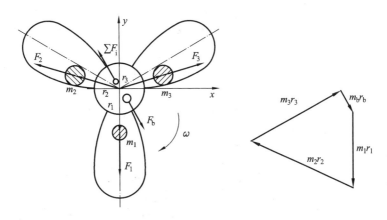

图 13-2　静平衡设计

刚性转子案例

设有一风扇扇叶，在同一回转平面内具有偏心质量 m_1、m_2、m_3，从转动中心到各偏心质量中心的向径分别为 r_1、r_2、r_3，如图 13-2 所示。当此扇叶以等角速度回转时，各偏心质量所产生的离心惯性力分别为：

$$\begin{cases} F_1 = m_1\omega^2 r_1 \\ F_2 = m_2\omega^2 r_2 \\ F_3 = m_3\omega^2 r_3 \end{cases} \qquad (13-1)$$

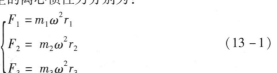

不平衡案例

为平衡这些离心惯性力，可在此平面内加上平衡质量 m_b，使它所产生的离心惯性力 F_b 与 F_1、F_2、F_3 相平衡，即

$$F_b + F_1 + F_2 + F_3 = 0 \qquad (13-2)$$
$$F_b = m_b\omega^2 r_b$$

式中 r_b 为从转动中心到平衡质量的向径，故得：

$$m_b\omega^2 r_b + m_1\omega^2 r_1 + m_2\omega^2 r_2 + m_3\omega^2 r_3 = 0$$

消去 ω^2 后得

$$m_b r_b + m_1 r_1 + m_2 r_2 + m_3 r_3 = 0 \qquad (13-3)$$

如果有若干个偏心质量 m_i，从转动中心到偏心质量中心的向径为 r_i，则

$$m_b r_b + \sum m_i r_i = 0 \qquad (13-4)$$

式中 $m_i r_i$ 称为质径积（$i = 1, 2, 3, \cdots$），即转子上各个离心惯性力的相对大小和方位。式(13-4)说明，刚性转子静平衡条件为各不平衡质量质径积的矢量和等于零。而且，不论它有多少个偏心质量，只需要适当地加上一个平衡质量即可获得平衡。至于质径积 $m_b r_b$ 的大小和方位，既可用图解法的矢量多边形（图 13-2）来求得，也可用解析法求解。具体方法如下：

将式(13-4)向 x, y 轴投影可得

$$\begin{cases} m_b r_b \cos\theta + \sum m_i r_i \cos\theta_i = 0 \\ m_b r_b \sin\theta + \sum m_i r_i \sin\theta_i = 0 \end{cases} \qquad (13-5)$$

则所加平衡质量的质径积大小为：

$$m_b r_b = \sqrt{\left(\sum m_i r_i \cos\theta\right)^2 + \left(\sum m_i r_i \sin\theta_i\right)^2} \qquad (13-6)$$

式中 θ 为各偏心质量与 x 轴的夹角。

当转子结构确定后，取合适的 r_b，则平衡质量 m_b 的大小也就能计算出来了。

而安装方向即相位角为

$$\theta_b = \arctan\left[\frac{\sum(-m_i r_i \sin\theta_i)}{\sum(-m_i r_i \cos\theta)}\right] \qquad (13-7)$$

需要注意的是，θ_b 所在象限由上式中分子、分母的正、负号来确定。

曲轴

在实际工作中，为了使设计出来的转子质量不至过大，应尽量将 r_b 选大些，则 m_b 小些。另外，若转子的结构不允许在向径 r_b 的方向上加平衡质量，也可在向径 r_b 的相反方向上去掉一些质量来平衡。

从理论上讲，对于偏心质量分布在多个运动平面内的转子，对每一个平面按静平衡的方法来处理（加减质量），就可以达到平衡。但问题是有时实际结构不允许在偏心质量所在平面内安装平衡配重，也不允许去掉不平衡重量（如凸轮轴、曲轴、电机转子等）。解决问题的唯一办法就是将平衡配重分配到另外两个平面内。对此，运用理论力学中将一个力分解为两个平行力的原理，是十分简便的。

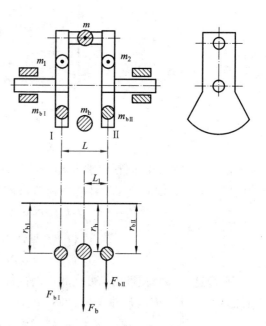

图 13-3　曲轴惯性力的分解

设有一曲轴（图 13-3），连杆颈的偏心质量为 m，引起的惯性力为 F_b，需通过增加配重 m_b 来进行平衡，但零件结构上不允许在同一径向平面内添加质量，所以只将 m_b 分解到平面 I、II 内为 m_{b1}、m_{b2}，产生离心惯性力 F_{b1} 和 F_{b2} 来与 F_b 平衡。

由理论力学基本原理可知

250

$$\begin{cases} F_{bI} + F_{bII} = F_b \\ F_{bI} \cdot L = F_b \cdot l_1 \end{cases}$$

$$F_{bI} = \frac{l_1}{L} F_b \quad F_{bII} = \frac{L - l_1}{L} F_b \tag{13-8}$$

可得

$$\begin{cases} m_{bI} r_{bI} = \dfrac{l_1}{L} m_b r_b \\ m_{bII} r_{bII} = \dfrac{L - l_1}{L} m_b r_b \end{cases}$$

若取：$r_{bI} = r_{bII} = r_b$，则有：

$$\begin{cases} m_{bI} = \dfrac{l_1}{L} m_b \\ m_{bII} = \dfrac{L - l_1}{L} m_b \end{cases}$$

由此可知，某一回转平面内的不平衡质量，可以在两个任选的回转平面内进行平衡。

13.2.2　刚性转子的动平衡设计

对于径宽比 $D/b < 5$ 的转子，如曲轴、汽轮机转子等构件，由于其轴向宽度较大，其质量沿轴线分布在若干个互相平行的回转平面内。在这种情况下，即使转子的质心 S 在回转轴线上（图 13-4），但由于各偏心质量所产生的离心惯性力不在同一回转平面内，离心惯性力将形成一个不汇交空间力系，故不能按静平衡处理。这种不平衡，只有在转子运动的情况下才能显示出来，故称为动不平衡。而刚性转子的动平衡，就是要平衡各偏心质量产生的惯性力和由惯性力产生的惯性力矩。

为了消除转子动不平衡现象，在设计时应先根据其结构确定出在各个不同的回转平面内的偏心质量的大小和位置，然后再计算出为使该转子

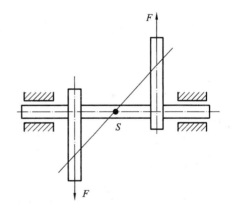

图 13-4　静平衡但动不平衡的转子

达到动平衡在平衡平面上所应加的平衡质量的数量、大小及方位，并将这些平衡质量加于该转子上，以便使设计的转子在理论上达到动平衡。其具体计算方法如下。

如图 13-5(a) 所示的长转子，其偏心质量 m_1、m_2 及 m_3 分别位于平面 1、2 及 3 内，各质心的向径为 r_1、r_2 及 r_3，方位如图所示。当转子以等角速度 ω 回转时，它们产生的惯性力 F_1、F_2 及 F_3 将形成一空间力系。

由理论力学可知，一个力可以分解为两个与它相平行的分力。因此，可根据该转子的结构，选定两个垂直于转子轴线的平衡平面（或校正平面）Ⅰ、Ⅱ 作为安装平衡质量的平面，并将上述的各个离心惯性力 F 分解到平面 Ⅰ 及 Ⅱ 内，即将 F_1、F_2 及 F_3 分解为 F'_1、F'_2、F'_3（在平面 Ⅰ 内）和 F''_1、F''_2、F''_3（在平面 Ⅱ 内）。这样，就把空间力系的平衡问题转化为两个平面上

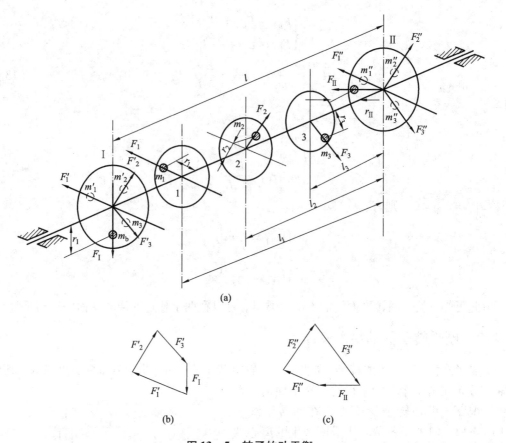

(a)

(b)   (c)

图 13 - 5　转子的动平衡

的汇交力系的平衡问题。显然，只要在平面 Ⅰ 及 Ⅱ 内适当地各加一个平衡质量，使两平衡平面内的惯性力之和都为零，这个构件也就完全平衡了。

　　两个平衡平面 Ⅰ 及 Ⅱ 内的平衡质量 $m_Ⅰ$ 及 $m_Ⅱ$ 的大小及方位的确定，与前述静平衡计算方法完全相同。例如，就平衡平面 Ⅰ 而言，平衡条件是：

$$F'_1 + F'_2 + F'_3 + F_Ⅰ = 0 \qquad (13-9)$$

式中 $F_Ⅰ$ 为平衡质量 $m_Ⅰ$ 产生的离心惯性力，而各力的大小根据式(13-8)可知为：

$$\begin{cases} F'_1 = F_1 \dfrac{l_1}{l} = m_1 r_1 \omega^2 \dfrac{l_1}{l} \\[2mm] F'_2 = F_2 \dfrac{l_2}{l} = m_2 r_2 \omega^2 \dfrac{l_2}{l} \\[2mm] F'_3 = F_3 \dfrac{l_3}{l} = m_3 r_3 \omega^2 \dfrac{l_3}{l} \\[2mm] F_Ⅰ = m_Ⅰ \omega^2 r_Ⅰ \end{cases} \qquad (13-10)$$

　　选定比例尺 μ，按向径 r_1、r_2、r_3 的方向作平衡平面 Ⅰ 的离心惯性力封闭矢量图［图 13-5(b)］，可求得平衡质量 $m_Ⅰ$ 产生的离心惯性力 $F_Ⅰ$ 大小。适当选定 $r_Ⅰ$ 后，即可由式(13-10)求出不平衡质量 $m_Ⅰ$ 大小。而平衡质量的方位，则在该向径 $r_Ⅰ$ 的方向上。同理，在平衡平面 Ⅱ 内也可以求出平衡质量 $m_Ⅱ$ 的大小和方位［图 13-5(c)］。

252

由以上分析的结果可知，动平衡的条件：当转子转动时，转子上分布在不同平面内的各个质量所产生的空间离心惯性力系的合力及合力矩均为零。而且，对于任何动不平衡的刚性转子，无论其不平衡质量分布在几个不同的回转平面内，只需要在任选的两个平衡平面内分别加上平衡质量或除去相应的不平衡质量，即可得到完全平衡。另外，由于动平衡同时满足静平衡条件，所以经过动平衡的转子一定静平衡；反之，经过静平衡的转子则不一定是动平衡的。

13.3　刚性转子的平衡试验

静平衡实验原理

虽然经过平衡设计的刚性转子从理论上说是完全平衡的，但是实际在运转时转子还是会出现不平衡现象。这是由于材质不均匀、加工制造或装配误差，以及工作时磨损变形等原因造成的，这种不平衡现象在设计阶段是无法确定和消除的，只有通过试验的方法来对刚性转子做测定及校正。

13.3.1　刚性转子的静平衡试验

对于径宽比 $D/b \geqslant 5$ 的刚性转子，可进行静平衡试验。静平衡试验设备比较简单，一般采用带有两根平行导轨的静平衡架，为减少轴颈与导轨之间的摩擦，导轨的端口形状常作成刀刃状和圆弧状。图 13 – 6 为静平衡试验设备示意图。

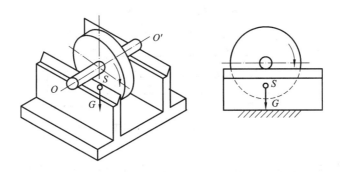

图 13 – 6　导轨式静平衡架

试验时先调整好两导轨的水平状态，然后把转子放到轨道上让其轻轻转动。如果转子不平衡，则偏心引起的重力矩将使转子在轨道上滚动。当转子停止时，转子质心 S 必处于轴心正下方。这时，在轴心的正上方任意半径处加一平衡质量，再轻轻拨动转子。反复试验，不断调整平衡质量，直到转子能在任何位置保持静止，说明转子的重心与其回转轴线趋于重合，即完成转子静平衡试验。

13.3.2　刚性转子的动平衡试验

对于径宽比 $D/b < 5$ 的刚性转子，需进行动平衡试验，即通过测量回转件旋转时自身或支承的振动来测定回转件的不平衡程度并进行校正。和动平衡设计相同，动平衡试验也需两个平衡平面。

动平衡试验要在专门的动平衡机上进行。动平衡机的用途是确定加在两个平衡平面上平衡质量的大小及方位。根据动平衡机中回转件支承刚性的大小，可将动平衡机分为软支承和硬支承动平衡机两类。当平衡时回转件的回转角速度 ω 高于回转件及其支承系统的固有频率 ω_c（通常设计成 $\omega > 2\omega_c$）时，称为软支承（或弹性支承）动平衡机。当平衡时回转件的回转角速度 ω 低于回转件及其支承系统的固有频率 ω_c（通常设计成 $\omega < 0.3\omega_c$）时，称为硬支承（或刚性支承）动平衡机。

具体动平衡机的类型和规格很多。早期的产品结构、原理较简单，灵敏度和精度较低，现在主要作为高校的试验设备使用。现代工业生产使用的动平衡机灵敏度、平衡精度以及自动化程度均较高，通常包括驱动系统、支承系统和测量系统三大部分。它的工作原理是通过测振传感器将转子转动所产生惯性力所引起的振动信号转化为电信号，再通过电子线路处理和放大，最后用电子仪器显示出被试转子的不平衡质径积的大小和方位。如图 13 – 7 所示为一种动平衡机的工作示意图。

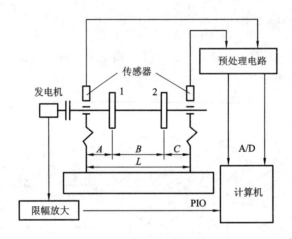

图 13 – 7   动平衡机的工作原理示意图

它通过平衡机主轴箱端部的小发电机信号作为转速信号和相位基准信号，经处理成方波或脉冲信号，来使计算机的 PIO 口触发中断，使计算机开始和终止计数，可测出转子旋转周期。由测振传感器拾取的振动信号经过滤波和放大，输入 A/D 转换器，再输入计算机，由信号处理软件进行数据采集和解算，可得出两个平衡平面上所需添加平衡质量的大小和相位。

13.4   转子的许用不平衡量

13.4.1   转子不平衡量的表示方法

转子不平衡量有两种表示法：一是用转子不平衡质径积 $m_j r_j$（单位为 g·mm）表示，另一是用转子不平衡偏心距 e（单位为 μm）表示。对于质量为 m 的转子，两者的关系为：

$$e = \frac{m_j r_j}{m} \tag{13 – 11}$$

对于相同质量的转子，质径积的大小直接反映不平衡量的大小。但是，若质径积相同而

254

质量不同,则转子的不平衡程度也不相同。故可用转子的偏心距表示单位质量的不平衡量。

13.4.2　转子的许用不平衡量和平衡品质

转子要完全平衡是不可能的,实际上,也不必过高要求转子的平衡精度,只要满足实际工作要求即可。为此,对不同工作条件下的转子规定了不同的许用不平衡质径积 $[mr]$ 或许用偏心距 $[e]$。

转子平衡状态的优良程度称为平衡品质。转子运转时,其由于不平衡所产生的惯性力与转速有关,故工程上常用 $e\omega$ 来表示转子的平衡品质,国际标准化组织以 $A = \dfrac{[e]\omega}{1000}$(单位为 mm/s)作为判定平衡品质的等级标准,$\omega$ 为转子的工作转速(单位为 rad/s)。表 13 - 1 列出了各种典型刚性转子的平衡品质等级,设计时供参考使用。

表 13 - 1　各种典型刚性转子的平衡品质等级

品质等级	$A = \dfrac{e\omega}{1000}/(\mathrm{mm \cdot s^{-1}})$	回转件类型示例
G4000	4000	刚性安装的具有奇数气缸的低速[1]船用柴油机曲轴部件[2]
G1600	1600	刚性安装的大型两冲程发动机曲轴部件
G630	630	刚性安装的大型四冲程发动机曲轴部件;弹性安装的船用柴油机曲轴部件
G250	250	刚性安装的高速[1]四缸柴油机曲轴部件
G100	100	六缸和六缸以上高速柴油机曲轴部件;汽车、机车用发动机整机
G40	40	汽车轮、轮缘、轮组、传动轴;弹性安装的六缸和六缸以上高速四冲程发动机曲轴部件;汽车、机车用发动机曲轴部件
G16	16	特殊要求的传动轴(螺旋桨轴、万向节轴);破碎机械和农业机械的零部件;汽车和机车用发动机特殊部件;特殊要求的六缸和六缸以上发动机的曲轴部件
G6.3	6.3	作业机械的回转零件,船用主汽轮机的齿轮;风扇;航空燃气轮机转子部件;泵的叶轮;离心机的鼓轮,机床及一般机械的回转零、部件;普通电机转子;特殊要求的发动机回转零、部件
G2.5	2.5	燃气轮机和汽轮机的转子部件;刚性汽轮发电机转子;透干压缩机转子;机床主轴和驱动部件;特殊要求的大型和中型电机转子;小型电机转子;透平驱动泵
G1.0	1.0	磁带记录仪及录音机驱动部件;磨床驱动部件;特殊要求的微型电机转子
G0.4	0.4	精密磨床的主轴、砂轮盘及电机转子;陀螺仪

注:①国际标准,低速柴油机的活塞速度小于 9m/s,高速柴油机的活塞速度大于 9m/s。
②曲轴部件是指包括曲轴、飞轮、离合器、带轮等的组合件。

在采用表 13 - 1 的推荐数值时,应注意下列不同的情况:

（1）对于质量为 m 的静不平衡转子，许用不平衡量取用表中计算出的值，为 $[mr] = m[e] = 1000\ Am/\omega$。

（2）对于动不平衡的转子，由表中求出许用偏心距 $[e]$，并根据式 $[e] = \dfrac{[mr]}{m}$ 求出许用不平衡质径积 $[mr] = [e]m$ 后，应将其分配到两个平衡平面上。如图 13−8 所示，两平衡平面的许用不平衡质径积可按下式求得

$$[mr]_{\mathrm{I}} = \frac{[mr]b}{a+b} \tag{13−12}$$

$$[mr]_{\mathrm{II}} = \frac{[mr]a}{a+b} \tag{13−13}$$

式中：a 和 b 分别为平衡平面 I 及 II 至转子质心的距离。

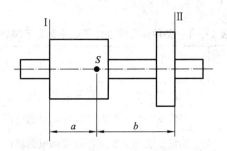

图 13−8　许用不平衡质径积的分配

13.5　平面机构的平衡设计

在一般的平面机构中总是存在着作往复运动或平面复合运动的构件，这些构件的总惯性力和总惯性力矩并不能像刚性转子那样由构件本身来平衡，而必须对整个机构进行平衡。

13.5.1　平面机构惯性力的平衡条件

设机构中活动构件的质量为 m，机构质心 S 的加速度为 a_{s}，则机构作用于机架上的总惯性力 $F = -ma_{\mathrm{s}}$，由于 m 不可能为零，所以欲使总惯性力平衡即 $F = 0$，必须使 $a_{\mathrm{s}} = 0$，也就是说机构的质心 S 应作等速直线运动或静止不动。然而，由于机构的运动是周期性的，其质心不可能总是作等速直线运动，因此欲使 $a_{\mathrm{s}} = 0$，唯一可能的方法是使机构的质心静止不动。根据这个推断，在对机构进行平衡时，可通过对构件进行合理布置、增加平衡质量或加平衡机构等方法使机构的质心 S 落在或尽量靠近机架并且固定不动。

13.5.2　机构惯性力的完全平衡

1. 加平衡质量法

如图 13−9 所示的铰链四杆机构中，设活动构件 1、2、3 的质量分别为 m_1、m_2、m_3，质心分别位于 S_1、S_2、S_3。

为了进行完全平衡,对构件 2 的质量 m_2 按照质量替代原理用分别集中于 B、C 两点的两个质量 m_{2B} 及 m_{2C} 代换,得到:

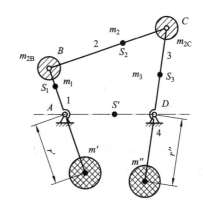

$$m_{2B} = \frac{l_{CS_2}}{l_{BC}} m_2 \qquad (13-14)$$

$$m_{2C} = m_2 \frac{l_{BS_2}}{l_{BC}} \qquad (13-15)$$

而对构件 1,在其延长线上加一平衡质量 m' 来平衡其上的集中质量 m_{2B} 和 m_1,使构件 1 的质心移到固定轴 A 处。因为欲使构件 1 的质心移到 A,就必须使

图 13-9　铰链四杆机构惯性力的完全平衡

$$m_{2B} l_{AB} + m_1 l_{AS_1} = m' r' \qquad (13-16)$$

由此可得:

$$m' = \frac{m_{2B} l_{AB} + m_1 l_{AS_1}}{r'} \qquad (13-17)$$

同理,可在构件 3 的延长线上加一平衡质量 m'',使其质心移到固定轴 D 处,而平衡质量 m'' 为

$$m'' = \frac{m_{2C} l_{CD} + m_3 l_{DS_3}}{r''} \qquad (13-18)$$

在加上平衡质量 m' 和 m'' 以后,则可认为整个机构的质量可用位于 A、D 两点的两个质量替代:

$$m_a = m_{2B} + m_1 + m' \qquad (13-19)$$

$$m_D = m_{2C} + m_3 + m'' \qquad (13-20)$$

因而机构的总质心 S' 位于 AD 线上一固定点不动,其加速度 $a_{s'} = 0$,所以机构的惯性力得到了平衡。

运用同样的方法,可以对图 13-10 所示的曲柄滑块机构进行平衡,即增加平衡质量 m'、m'' 后,使机构的总质心移到固定轴 A 处。而平衡质量 m' 及 m'' 可由下式求得:

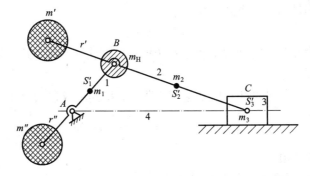

图 13-10　曲柄滑块机构惯性力的完全平衡

$$m' = \frac{m_2 l_{BS_2'} + m_3 l_{BS_3'}}{r'}$$

$$m'' = \frac{(m' + m_2 + m_3) l_{AB} + m_1 l_{AS_1'}}{r''} \qquad (13-21)$$

2. 对称布置法

如图 13 – 11 所示的机构，由于机构左右两部分相对于 A 点完全对称，故在运动过程中其总质心将保持不动，从而惯性力在轴承 A 处所引起的动压力完全得到平衡。可见，利用对称机构可得到很好的平衡效果，但这会使机构的体积大为增加，且结构更加复杂化。

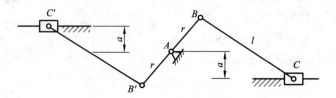

图 13 – 11　完全对称布置机构

13.5.3　机构惯性力的部分平衡

上面所讨论的机构平衡方法，从理论上说，机构的总惯性力得到了完全平衡，但主要缺点是机构的质量将大大增加，尤其是把平衡质量装在连杆上极为不便。因此，实际工作中往往不采用这些方法，而采用部分平衡的方法。

部分平衡是指只平衡掉机构总惯性力中的一部分。常用方法有以下几种。

1. 附加平衡质量法

如图 13 – 12 所示的曲柄滑块机构进行部分平衡时，先运用质量替代原理，将连杆的质量 m_2 分别用集中于点 B、C 两点的质量 m_{2B} 和 m_{2C} 所代换；将曲柄 1 的质量 m_1 用分别集中于点 B、A 两点的质量 m_{1B} 和 m_{1A} 所代换；滑块 3 的质量集中在 C 点。显然，机构产生的惯性力只有两部分，即集中在点 B 的质量 $(m_b = m_{2B} + m_{1B})$ 所产生的离心惯性力 F_B 和集中于点 C 的质量 $(m_C = m_{2C} + m_3)$ 所产生的往复惯性力 F_C。对于曲柄上的惯性力 F_B，只要在其延长线上加一平衡质量 m'，即满足以下关系式就可以。

$$m'r = m_B l_{AB} \qquad (13-22)$$

而对于往复惯性力 F_C，因其大小随曲柄转角 φ 的变化而不同，其平衡问题就不像平衡离心惯性力 F_B 那么简单了。

由机构的运动分析得到的点 C 的加速度方程式，将其用级数法展开，并取前两项得：

$$a_C \approx -\omega^2 l_{AB}\cos\varphi - \frac{\omega^2 l_{AB}^2}{l_{BC}}\cos 2\varphi \qquad (13-23)$$

式中 φ 为原动件 1 的转角。

所以集中质量 m_C 所产生的往复惯性力为：

$$F_C = -m_C a_C \approx m_C \omega^2 l_{AB}\cos\varphi + m_C \omega^2 \frac{l_{AB}^2}{l_{BC}}\cos 2\varphi \qquad (13-24)$$

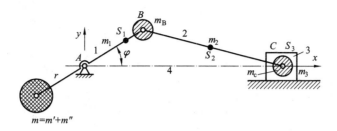

图 13 - 12　曲柄滑块机构惯性力部分平衡

由此式可见，F_C 有两部分，即第一级惯性力 $m_C\omega^2 l_{AB}\cos\varphi$ 和第二级惯性力 $m_C\omega^2\dfrac{l_{AB}^2}{l_{BC}}$ $\cos2\varphi$。在舍去的部分中，还有更高级的惯性力。但是，由于第二级和第二级以上的各级惯性力，均较第一级惯性力小得多，所以通常只考虑第一级惯性力，即取：

$$F_C \approx m_C\omega^2 l_{AB}\cos\varphi \qquad (13-25)$$

为了平衡惯性力 F_C，可以在曲柄的延长线上（相当于 E 处）再加上一平衡质量 m''，且使：

$$m''r = m_C l_{AB} \qquad (13-26)$$

此平衡质量 m'' 所产生的离心惯性力在 x、y 方向的分力分别为：

$$\begin{cases} F_x = -m''\omega^2 r\cos\varphi \\ F_y = -m''\omega^2 r\sin\varphi \end{cases} \qquad (13-27)$$

由于 $m''r = m_C l_{AB}$，故知 $F_x = -F_C$，即 F_x 可将 m_C 所产生的一阶往复惯性力平衡。但又多出一个新的不平衡惯性力 F_y，它对机构的工作也很不利。为此取：

$$F_x = -\left(\frac{1}{3} \sim \frac{1}{2}\right)F_C \qquad (13-28)$$

即

$$m''r = \left(\frac{1}{3} \sim \frac{1}{2}\right)m_C l_{AB} \qquad (13-29)$$

即只平衡往复惯性力 F_C 的一部分。这样，既可以减少往复惯性力 F_C，又使垂直方向产生的新的不平衡惯性力 F_y 不至于太大。一般来说，这对机械的工作较为有利，且结构设计上也较为简便。在一些农业机械的设计中，就常采用这种近似的平衡方法。

综上所述，要用附加平衡质量法来部分平衡曲柄滑块机构的惯性力，只要在曲柄延长线

上加平衡质量 $m = m' + m'' = \dfrac{m_B l_{AB} + \left(\frac{1}{3} \sim \frac{1}{2}\right)m_C l_{AB}}{r}$ 即可。

2. 近似对称布置法

如图 13 - 13 所示机构中，当曲柄 AB 转动时，滑块 C 和 C' 的加速度方向相反，它们的惯性力方向也相反，故可以相互抵消。但由于运动规律不完全相同，所以只能部分平衡。

如图 13 - 14 所示的机构中，当曲柄 AB 转动时，两连杆 BC、$B'C'$ 和摇杆 CD、$C'D$ 的惯性力也可以部分抵消。

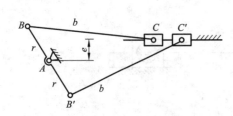

图 13-13 曲柄滑块机构近似对称布置法

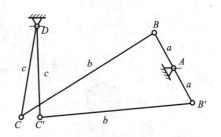

图 13-14 曲柄摇杆机构近似对称布置法

3. 利用弹簧平衡

如图 13-15 所示，通过合理选择弹簧的刚度系数 k 和弹簧的安装位置，可以使连杆 BC 的惯性力得到部分平衡。

以上我们介绍了平衡机构惯性力的各种方法。需要注意的是，除了惯性力以外，惯性力矩的周期性变化也会引起机构相对机架的振动。由于在惯性力的平衡过程中没有考虑惯性力矩的影响，所以也可能出现此情况，即经过惯性力平衡后，附加了平衡质量，惯性力矩反而更大。

在进行机构形式设计时，一定要分析具体机构的受力情况，根据不同的机构类型选择适当的平衡方式。在尽量消除或减少机构的总惯性力和惯性力矩的同时，还应使机构的结构简单紧凑、尺寸较小，从而使整个机械具有良好的动力学特性。

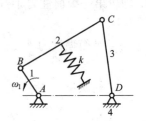

图 13-15 利用弹簧
进行机构平衡

思考题与练习题

1. 造成机械不平衡的原因有哪些？机械平衡的目的是什么？
2. 机械平衡分哪几类？刚性转子与挠性转子如何定义？
3. 机械平衡的方法有哪些？它们的目的分别是什么？
4. 刚性转子的平衡设计有几种？它们各需要满足的条件是什么？
5. 为什么要规定许用不平衡量？许用不平衡量的表示方法有哪些？
6. 什么是平面机构的完全平衡法？它的优、缺点各是什么？
7. 什么是机构的部分平衡法？
8. 在题图 13-1 所示的盘形转子中，在同一回转平面内有四个偏心质量，其大小及回转半径分别为 $m_1 = 8$ kg，$r_1 = 100$ mm；$m_2 = 5$ kg，$r_2 = 100$ mm；$m_3 = 8$ kg，$r_3 = 150$ mm；$m_4 = 3$ kg，$r_4 = 200$ mm；方位如图所示；又设平衡质量 m_b 的回转半径 $r_b = 200$ mm。试求平衡质量 m_b 的大小及方位。

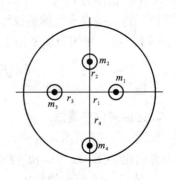

题图 13-1

9. 如题图 13 – 2 所示的转子中，各不平衡质量的大小与方位分别为：$m_1 = 3$ kg，$r_1 = 80$ mm，$\theta_1 = 30°$；$m_2 = 2$ kg，$r_2 = 80$ mm，$\theta_1 = 120°$；$m_3 = 2$ kg，$r_3 = 60$ mm，$\theta_3 = 225°$。求在 $r = 50$ mm 处应加的配重质量和方位。

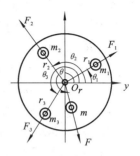

题图 13 – 2

10. 有一转子如题图 13 – 3 所示，已知各偏心质量 $m_1 = 1$ kg，$m_2 = 0.5$ kg，$m_3 = 1.8$ kg，$m_4 = 1.5$ kg；它们的回转半径分别为 $r_1 = 400$ mm，$r_2 = r_4 = 300$ mm，$r_3 = 200$ mm；又知各偏心质量所在的回转平面间的距离为 $l_{12} = l_{23} = l_{24} = 200$ mm；各偏心质量间的方位角为 $\alpha_{12} = 120°$，$\alpha_{23} = 60°$，$\alpha_{34} = 90°$，$\alpha_1 = 30°$。若置于平衡平面 I 及 II 中的平衡质量 m'_b 及 m''_b 的回转半径为 400 mm，试求 m'_b 及 m''_b 的大小和方位。

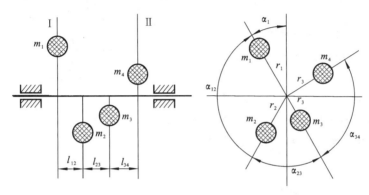

题图 13 – 3

11. 如题图 13 – 4 所示为一滚筒，在轴上装有带轮。现已测知带轮有一偏心质量 $m_1 = 1$ kg；另外，根据该滚筒的结构，已知其具有两个偏心质量 $m_2 = 3$ kg，$m_3 = 4$ kg，各偏心质量的位置如图(mm)。若将平衡基面选在滚筒的两端面，两平衡基面中平衡质量的回转直径为 400 mm，试求两平衡质量的大小和方向。

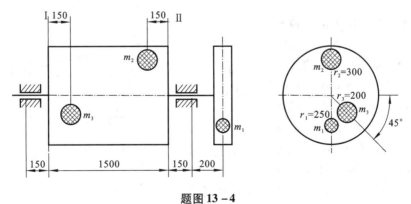

题图 13 – 4

12. 如题图 13 – 5 所示的 3 根曲轴结构中，已知：$m_1 = m_2 = m_3 = m_4 = m$，$r_1 = r_2 = r_3 = r_4 = r$，$l_{12} = l_{23} = l_{34} = l$，且曲柄位于过回转曲线的同一平面中，试判断哪根曲轴已达到静平衡设计的

要求,哪根曲轴已达到动平衡设计的要求。

13. 四杆机构(题图 13-6)中 $AB =$ 100 mm, $BC = 400$ mm, $CD = 300$ mm, $AD = 500$ mm, $AS_1 = 40$mm, $BS_2 = 200$ mm, $CS_3 = 100$ mm, $m_1 = 1$ kg, $m_2 = 2$ kg, $m_3 = 1.8$ kg, 试在 AB、CD 杆上加平衡质量来实现机构惯性力的完全平衡。

14. 如题图 13-7 所示曲柄滑块机构中各构件尺寸为 $l_{AB} = 500$ mm, $l_{BC} = 200$ mm, 滑块 C 的质量为 20~1000 kg, 且忽略曲柄 AB 及连杆 BC 的质量。试问:

(1)如曲柄 AB 处于低转速状态下工作, 且 C 处质量较小时, 应如何考虑平衡措施?

(2)如曲柄 AB 处于较高转速状态下工作, 且 C 处质量较大时, 又应如何考虑平衡措施?

(3)有没有办法使此机构达到完全平衡?

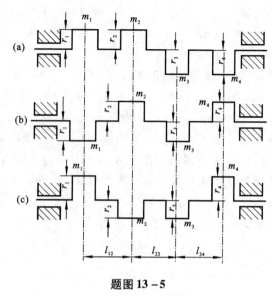

题图 13-5

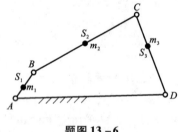

题图 13-6

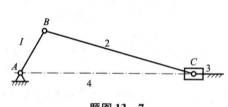

题图 13-7

15. 在题图 13-8 所示的曲柄滑块机构中, S_1、S_2 和 S_3 为曲柄、连杆和滑块的质心。已知各构件的尺寸和质量如下: $l_{AB} = 100$ mm, $l_{BC} = 500$ mm, $l_{AS_1} = 70$ mm, $l_{BS_2} = 200$ mm, $m_1 = 10$ kg, $m_2 = 50$ kg, $m_3 = 120$ kg, 欲在曲柄 AB 上加一平衡质量 m 来平衡该机构的惯性力, 问:

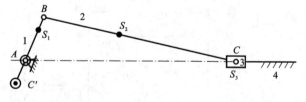

题图 13-8

(1)m 应加于曲柄 AB 的什么方向上?

(2)将 m 加于 C' 处, 且 $l_{AC'} = 100$ mm, m 为多少?

(3)此时可否全部平衡掉机构的惯性力?

第14章
机械的运转及其速度波动的调节

【概述】

◎本章主要介绍机械系统真实运动规律的求解方法，基于等效力学模型的单自由度机械系统动力学分析；机械运转过程中速度波动产生的原因及相应的调节方法；并重点介绍飞轮转动惯量的计算方法以及飞轮的设计。

◎通过本章学习，要求了解机械系统运动规律的求解方法，机械系统等效力学模型的动力学分析，机械运转过程中速度波动产生的原因及调节方法，掌握飞轮的设计及计算。

14.1　概述

机械系统一般主要由原动机、传动机构和执行机构组成。在对机构进行运动或力分析研究时，一般假定原动件的运动规律为已知，且作等速运动。然而，机械在实际工作中，机械原动件的运动规律是由作用在机械上外力、各构件质量及其转动惯量、原动件位置等因素所决定的。因而在一般情况下，原动件的速度并不恒定。只有确定了原动件的真实运动规律后，才能应用前述的分析方法求解出机构中其他构件的运动规律与受力状况。研究机械系统的真实运动规律，对于设计机械，特别是高速、重载、高精度以及高自动化的机械具有十分重要的意义。所以，分析在外力作用下机械的运转过程及特征，建立机械系统的等效动力学模型和机械运动方程并求解，得出机械原动件的真实运动规律，是本章研究的主要内容之一。

机械运转过程中，外力的变化会引起机械速度的波动，速度波动会导致运动副中产生附加的动压力，并导致机械振动和噪声，从而降低机械的使用寿命、效率与工作质量。另外，外力的突然减小或增大时，可能发生飞车或停车事故。所以，研究速度波动产生的原因，掌握通过合理设计来调节速度波动的方法，以便设法将机械运转速度的波动程度限制在许可的范围之内，是本章又一主要内容。

14.2　机械的运转过程及作用力

14.2.1　机械运转过程的三个阶段

由能量守恒定律可知，当机械运动时，在任一时间间隔内，外力所做的功应等于机械系

统的动能增量，即

$$W_d - W_r - W_f = E_2 - E_1 = \Delta E \qquad (14-1)$$

式中 W_d、W_r、W_f 分别为驱动功（输入功）、输出功和损耗功；ΔE 为该时间间隔内的功能增量。

机械从开始运转到结束运转整个过程，通常包含三个阶段（图14-1），即启动阶段、稳定运转阶段和停车阶段。

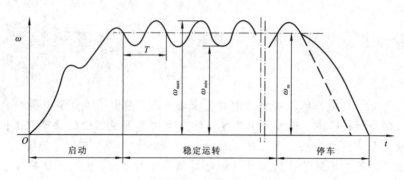

图14-1　机械运转过程的三个阶段

（1）启动阶段（starting period of machinery）

机械原动件的速度从零逐渐上升到开始稳定的过程称为启动阶段。该阶段的特点为机械的驱动功 W_d 大于输出功 W_r 与损耗功 W_f 之和，出现盈功，机械的动能增加，即

$$W_d - W_r - W_f = \Delta E > 0$$

（2）稳定运转阶段（steady motion period of machinery）

机械原动件的速度保持匀速或在正常工作速度的平均值上、下作周期性速度波动。在该阶段的任一运动循环周期 T 内有：

$$W_d - W_r - W_f = \Delta E = 0$$

机械在稳定运转时期的特点为：

①匀速稳定运转：$\omega = $ 常数。只有在特殊情况下，原动件才作等角速度运动，如图14-2所示。

②周期变速稳定运转：$\omega(t) = \omega(t + T_p)$，原动件将围绕某一平均角速度 ω_m 作周期性波动，即如图14-1所示。

③非周期变速稳定运转，如图14-3所示。非周期速度波动大多是由于外力发生突变造成的。

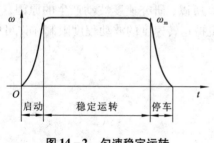

图14-2　匀速稳定运转

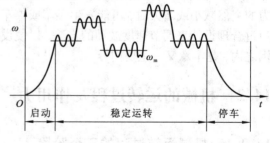

图14-3　非周期变速稳定运转

264

（3）停车阶段

原动件速度从正常工作速度值下降到零的阶段。该阶段的特点为 $W_d = 0$，$\Delta E = 0 - W_r -$ $W_f < 0$，出现亏功，机械的动能减小。在一般情况下，停车阶段的工作阻力也不再做功。为缩短停车时间，可设置制动器，如图 14 - 1 中的虚线所示。

14.2.2　作用在机械上的力

机械总是在外力的作用下进行工作的。如若不考虑内力，即各构件的重力、惯性力与运动副中的摩擦力，则作用在机械上的力可分为驱动力和生产阻力。

（1）驱动力

驱动力是指驱动原动件运动的力，其变化规律决定于原动机的机械特性。如蒸汽机、内燃机等原动机输出的驱动力是活塞位置的函数；电动机输出的驱动力矩是转子角速度的函数。

力（或力矩）与运动参数（位移、速度、时间等）之间的关系称为机械特性（mechanical behavior）。如图 14 - 4 所示为交流异步电动机的机械特性曲线。

当用解析法研究机械在外力作用下的运动时，原动机发出的驱动力必须以解析式表示。为此，可以将原动机的机械特性曲线作如下线性处理。例如图 14 - 4 中的 BC 曲线部分，可以近似地以通过 N 点和 C 点的直线代替。N 点的

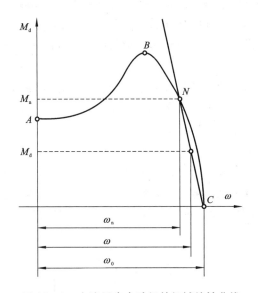

图 14 - 4　交流异步电动机的机械特性曲线

转矩 M_n 为电动机的额定转矩，它所对应的角速度 ω_n 为电动机的额定角速度。C 点对应的角速度 ω_0 为同步角速度，这时电动机的转矩为 0。此直线上任意一点所确定的驱动力矩 M_d 可由下式表示。即

$$M_d = \frac{M_n(\omega_0 - \omega)}{\omega_0 - \omega_n} \qquad (14 - 2)$$

式中，M_n，ω_n，ω_0 可从电机产品目录中查出。

（2）工作阻力

工作阻力是指机械工作时需克服的工作负荷，它由机械的工作特点决定。机械的工作阻力可能是常数（如车床）、可能是执行机构位置的函数（如曲柄压力机）、可能是机构速度的函数（如鼓风机）、或者可能是时间的函数（如球磨机）。

驱动力和生产阻力的确定，涉及许多专门知识。本章在讨论机械在外力作用下的运动问题时，假定外力为已知的。

14.3 机械系统等效动力学模型

14.3.1 等效动力学模型的建立

研究机械系统的真实运动规律,必须首先建立外力与运动参数(位移、速度、时间等)之间的函数关系式,这种函数关系式称为机械系统的动力学方程。机械是由机构组成的多构件复杂系统,自由度越多,其动力学方程式越复杂,一般难以用解析法求得显式解,常需采用数值法近似求解。但是,对于单自由度的机械系统,描述其运动仅需一个独立参数(即一个广义坐标),无论其组成如何复杂,均可将单自由度机械简化为一个等效构件的运动来处理。建立最简单的等效动力学模型(equivalent dynamic models),将使研究机械真实运动的问题大为简化。

为了使等效构件的运动与机械中该构件的真实运动一致,根据质点动能定理,将作用于机械系统上的所有外力和外力矩、所有构件的转动惯量和质量,都向等效构件转化。转化原理是使该系统转化前后的动力学效果保持不变,即等效构件的质量或转动惯量所具有的动能,应等于整个系统的总动能;等效构件上的等效力、等效力矩所做的功或所产生功率,应等于整个系统的所有力和力矩所做功或所产生功率之和。满足这两个条件,就可以将等效构件作为该系统的等效动力模型。图 14-5 分别为转动构件和移动构件为等效构件的等效动力学模型,图中 J_e、m_e 分别表示等效转动惯量和等效质量,M_e、F_e 分别表示等效力矩和等效力。

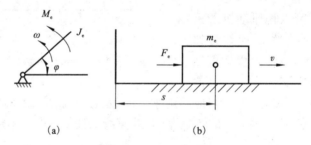

（a）　　　　　　　　　　　（b）

图 14-5　等效动力模型

14.3.2 等效量的计算

1. 等效质量和等效转动惯量

设机械系统中各运动构件的质量为 $m_i(i=1, 2, \cdots, n)$,其质心 S_i 的速度为 v_{si};各运动构件对其质心轴线的转动惯量为 $J_j(j=1, 2, \cdots, m)$,角速度为 ω_j,根据能量守恒并按等效质量和等效转动惯量的等效条件,有:

等效构件为移动构件　　$\dfrac{1}{2}m_e v^2 = \dfrac{1}{2}\sum_{i=1}^{n}m_i v^2_{si} + \dfrac{1}{2}\sum_{j=1}^{m}J_{sj}\omega^2_j$

或　　等效构件为转动构件　　$\dfrac{1}{2}J_e \omega^2 = \dfrac{1}{2}\sum_{i=0}^{n}m_i v^2_{si} + \dfrac{1}{2}\sum_{j=1}^{m}J_{sj}\omega^2_j$

则
$$m_e = \sum_{i=1}^{m} m_i \left(\frac{v_{si}}{v} \right)^2 + \sum_{j=1}^{m} J_{sj} \left(\frac{\omega_j}{v} \right)^2$$

$$J_e = \sum_{i=1}^{n} m_i \left(\frac{v_{si}}{\omega} \right)^2 + \sum_{j=1}^{m} J_{sj} \left(\frac{\omega_j}{\omega} \right)^2 \qquad (14-3)$$

因此,等效质量与等效转动惯量不仅与机械系统中各活动构件的质量、转动惯量有关,而且与等效构件的速比有关,但与系统的真实运动无关。因此,可在机械真实运动未知情况下求得其等效质量和等效转动惯量。

2. 等效力和等效力矩

设作用在机械上的外力为 $F_i(i=1,2,\cdots,n)$, F_i 作用点的速度为 v_i, F_i 的方向和 v_i 的方向间夹角为 θ_i, 作用在机械中的外力矩为 $M_j(j=1,2,\cdots,m)$, 受力矩 M_j 作用的构件 j 的角速度为 ω_j。根据等效力或力矩所产生的功率等于作用在机械上所有力或力矩所产生的功率,有

等效构件为移动构件 $\quad F_e v = \sum_{i=1}^{n} F_i v_i \cos\theta_i + \sum_{j=1}^{m} \pm M_j \omega_j$

或　等效构件为转动构件 $\quad M_e \omega = \sum_{i=1}^{n} F_i v_i \cos\theta_i + \sum_{j=1}^{m} \pm M_j \omega_j$

则
$$\left. \begin{array}{l} M_e = \sum\limits_{i=1}^{n} F_i \dfrac{v_i \cos\theta_i}{\omega} + \sum\limits_{j=1}^{m} \pm M_j \dfrac{\omega_j}{\omega} \\[4mm] F_e = \sum\limits_{i=1}^{n} F_i \dfrac{v_i \cos\theta_i}{v} + \sum\limits_{j=1}^{m} \pm M_j \dfrac{\omega_j}{v} \end{array} \right\} \qquad (14-4)$$

式中“±”号的选取决定于作用在构件 j 上的力矩 M_j 与该构件的角速度 ω_j 转向是否相同,相同时取“+”号,相反时取“−”号。

由上式可知,影响等效力和等效力矩的因素较多,除了等效构件的位置之外,尚有外力 F_i 和外力矩 M_j,它们在机械系统中可能是等效构件的运动参数 φ、ω 及时间 t 的函数,即

$$F = F(\varphi, \omega, t)$$
$$M = M(\varphi, \omega, t)$$

图 14-6　曲柄滑块机构

曲柄滑块机构

【例 14-1】　如图 14-6 所示曲柄滑块机构中,设已知各构件角速度(ω_1、ω_2)、质量(m_2,m_3)、质心位置(s_2)、质心速度(v_3)、转动惯量(J_1、J_{s2})、驱动力矩 M_1,阻力 F_3。试建立该机构的等效力学模型,并计算等效量。

解: 外力对系统所做的功为:
$$dW = Ndt = (M_1\omega_1 - F_3 v_3)dt$$
该系统在外力作用下的动能增量为:
$$dE = d\left(\frac{1}{2}J_1\omega_1^2 + \frac{1}{2}J_{s2}\omega_2^2 + \frac{1}{2}m_2 v_{s2}^2 + \frac{1}{2}m_3 v_3^2 \right)$$
由于: $dE = dW$,则有:
$$d\left(\frac{1}{2}J_1\omega_1^2 + \frac{1}{2}J_{s2}\omega_2^2 + \frac{1}{2}m_2 v_{s2}^2 + \frac{1}{2}m_3 v_3^2 \right) = (M_1\omega_1 - F_3 v_3)dt \qquad (1)$$

若以转动件 1 为等效构件，并将式（1）改写为：

$$\mathrm{d}\left\{\frac{\omega_1^2}{2}\Big[J_1 + J_{s2}\Big(\frac{\omega_2}{\omega_1}\Big)^2 + m_2\Big(\frac{v_{s2}}{\omega_1}\Big)^2 + m_3\Big(\frac{v_3}{\omega_1}\Big)^2\Big]\right\} = \Big[M_1 - F_3\Big(\frac{v_3}{\omega_1}\Big)\Big]\omega_1\mathrm{d}t$$

则该系统的等效力学模型，如图 14-7 所示。其中：

等效转动惯量为：

$$J_e(\varphi_1) = J_1 + J_{s2}(\omega_2/\omega_1)^2 + m_2(v_{s2}/\omega_1)^2 + m_3(v_3/\omega_1)^2$$

等效力矩为：

$$M_e(\varphi_1,\ \omega_1,\ t) = M_1 = F_3(v_3/\omega_1)$$

系统的动力学方程式为：

$$\mathrm{d}[J_e(\varphi_1)\omega_1^2/2] = M_e(\varphi_1,\ \omega_1,\ t)\omega_1\mathrm{d}t$$

若以移动构件 3 为等效构件，并将式（1）改写为：

$$\mathrm{d}\left\{\frac{v_3^2}{2}\Big[J_1\Big(\frac{\omega_1}{v_3}\Big)^2 + J_{s2}\Big(\frac{\omega_2}{v_3}\Big)^2 + m_2\Big(\frac{v_{s2}}{v_3}\Big)^2 + m_3\Big]\right\} = \Big(M_1\frac{\omega_1}{v_3} - F_3\Big)v_3\mathrm{d}t$$

则该系统的等效力学模型，如图 14-18 所示。其中：

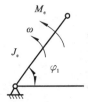

图 14-7　转动件为等效构件

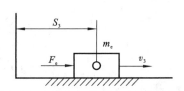

图 14-8　移动件为等效构件

等效质量为：$m_e(s_3) = J_1(\omega_1/v_3)^2 + J_{s2}(\omega_2/v_3)^2 + m_2(v_{s2}/v_3)^2 + m_3$

等效力为：$F_3(s_3,v_3,t) = M_1(\omega_1/v_3) - F_3$

系统的动力学方程式为：$\mathrm{d}[m_e(s_3)v_3^2/2] = F_e(s_3,\ v_3,\ t)v_3\mathrm{d}t$

下一节将以等效力或力矩是机构位置的函数，即 $F = F(\varphi)$，$M = M(\varphi)$ 的情况，介绍机械系统真实运动的求解方法。

14.4　机械运动方程式的建立及求解

14.4.1　机械运动方程式的建立

机械的真实运动可通过建立等效构件的运动方程式求解，常用机械系统运动方程式有以下两种形式。

1. 能量形式的运动方程式

根据动能定量，在一定的时间间隔内，机械系统所有驱动力和阻力所做功的总和 ΔW 应等于系统具有的动能的增量 ΔE，即：$\Delta W = \Delta E$。

设等效构件为转动构件，若等效构件由位置 1 运动到位置 2（其转角由 φ_1 到 φ_2）时，其角速度由 ω_1 变为 ω_2，则上式可写为

$$\int_{\varphi_1}^{\varphi_2} M_e \mathrm{d}\varphi = \frac{1}{2} J_{e2} \omega_2^2 - \frac{1}{2} J_{e1} \omega_1^2 \tag{14-5}$$

式(14-5)中：J_{e1}、J_{e2} 分别为相应于位置 1 和位置 2 的等效转动惯量。

同理，若等效构件为移动构件，可得

$$\int_{s_1}^{s_2} F_e \mathrm{d}s = \frac{1}{2} m_{e2} v_2^2 - \frac{1}{2} m_{e1} v_1^2 \tag{14-6}$$

式(14-6)中，s_1、s_2 与 m_{e1}、m_{e2} 分别表示位置 1 与位置 2 的等效构件的位移和等效质量。

上面两式为能量积分形式的等效构件运动方程式。

2. 力矩形式的运动方程式

将式(14-4)写成微分形式，即

$$\mathrm{d}W = \mathrm{d}E$$

式中

$$\mathrm{d}W = M_e \mathrm{d}\varphi, \mathrm{d}E = \mathrm{d}(\frac{1}{2} J_e \omega^2)$$

故

$$M_e \mathrm{d}\varphi = \frac{1}{2} \mathrm{d}(J_e \omega^2)$$

或

因

$$\omega \frac{\mathrm{d}\omega}{\mathrm{d}\varphi} = \frac{\mathrm{d}\varphi}{\mathrm{d}t} \frac{\mathrm{d}\omega}{\mathrm{d}\varphi} = \frac{\mathrm{d}\omega}{\mathrm{d}t}$$

故

$$M_e = \frac{\omega^2}{2} \frac{\mathrm{d}J_e}{\mathrm{d}\varphi} + J_e \frac{\mathrm{d}\omega}{\mathrm{d}t} \tag{14-7}$$

同理，若等效构件为移动构件，则可得

$$F_e = \frac{v^2}{2} \frac{\mathrm{d}m_e}{\mathrm{d}s} + m_e \frac{\mathrm{d}v}{\mathrm{d}t} \tag{14-8}$$

机械运动方程式建立后，便可求解外力作用下机械系统的真实运动规律，即可求出等效构件的运动参数 ω 或 v 的运动规律。由于不同的机械系统是由不同的原动机与执行机构组合而成的，因此等效量可能是位置、速度或时间的函数。此外，等效力矩可以用函数形式表示，也可以用曲线或数值表格表示。因此，运动方程式的求解方法也不尽相同，一般有解析法、数值计算法等。

14.4.2　机械运动方程式的求解

现以绕定轴转动的等效构件为研究对象，讨论等效力矩为等效构件位置函数的情况时机械运动方程的求解。

1. 等效构件角速度的确定

按等效力矩 $M(\varphi)$ 求等效构件角位移自 φ_0 至 φ 的所做的功 W（称其为盈亏功，$W>0$ 称为盈功，$W<0$ 称为亏功），其值为：

$$W = \int_{\varphi_0}^{\varphi} M(\varphi) \mathrm{d}\varphi$$

等效构件角速度 ω 由式(14-5)求得

$$\omega = \sqrt{\frac{J_0 \omega_0^2}{J(\varphi)} + \frac{2W}{J(\varphi)}} \tag{14-9}$$

269

从机械运动时算起，$\varphi_0 = 0$，$\omega_0 = 0$，则得

$$\omega = \sqrt{\frac{2W}{J(\varphi)}} \qquad (14-10)$$

式中，$J_0 = J(\varphi_0)$。

2. 等效构件角加速度的确定

等效构件的角加速度为

$$\varepsilon = \frac{\mathrm{d}\omega}{\mathrm{d}t} = \frac{\mathrm{d}\omega}{\mathrm{d}\varphi}\frac{\mathrm{d}\varphi}{\mathrm{d}t} = \omega\frac{\mathrm{d}\omega}{\mathrm{d}\varphi} \qquad (14-11)$$

式中，$\mathrm{d}\omega/\mathrm{d}\varphi$ 由式(14-9)对 φ 求导确定。

3. 机械运动时间的确定

由 $\omega = \dfrac{\mathrm{d}\varphi}{\mathrm{d}t}$，得

$$\int_{t_0}^{t}\mathrm{d}t = \int_{\varphi_0}^{\varphi}\frac{1}{\omega(\varphi)}\mathrm{d}\varphi$$

则

$$t = t_0 + \int_{\varphi_0}^{\varphi}\frac{1}{\omega(\varphi)}\mathrm{d}\varphi$$

如从机械启动时算起，$t_0 = 0$，则

$$t = \int_{\varphi_0}^{\varphi}\frac{1}{\omega(\varphi)}\mathrm{d}\varphi \qquad (14-12)$$

以上介绍的方法仅限于可以用积分函数形式写出解析式的情况，对于等效力矩不能用简单、易于积分的函数形式写出的情况，则需用数值解法求解。

动画

【**例 14-2**】 如图 14-9 所示，某机器由电机 A 驱动，经一级带传动和两级齿轮传动，传动主轴 O_4。在轴 O_2 处安装制动器 B。已知 $n_1 = 1000\ \mathrm{r/min}$，$D_1 = 100\ \mathrm{mm}$，$D_2 = 200\ \mathrm{mm}$，$z_2 = 25$，$z_3 = 50$，$z_3' = 25$，$z_4 = 50$；各轴系的转动惯量为 $J_1 = 0.12\ \mathrm{kg \cdot m^2}$，$J_2 = 0.52\ \mathrm{kg \cdot m^2}$，$J_3 = 0.36\ \mathrm{kg \cdot m^2}$，$J_4 = 0.3\ \mathrm{kg \cdot m^2}$。要求切断电源后 2 s 时，利用制动器 B 将该传动系统刹住，求加于轴 O_2 上的制动力矩 M_r。

解：(1)因制动器 B 装于 O_2 上，故选该轴系为等效构件，其角速度 ω_2 为

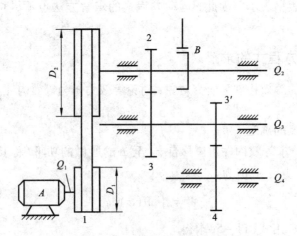

图 14-9　变速箱齿轮传动机构

270

$$\omega_2 = \frac{\pi n_1 D_1}{30 D_2} = \frac{\pi \times 1000 \times 100}{30 \times 20} = 52.36 \ \text{rad/s}$$

（2）求等效转动惯量 J_e

$$J_e = J_1\left(\frac{\omega_1}{\omega_2}\right)^2 + J_2 + J_3\left(\frac{\omega_3}{\omega_2}\right)^2 + J_4\left(\frac{\omega_4}{\omega_2}\right)^2 = J_1\left(\frac{D_2}{D_1}\right)^2 + J_2 + J_3\left(\frac{z_2}{z_3}\right)^2 + J_4\left(\frac{z_2 z_3{}'}{z_3 z_4}\right)^2$$

$$= 0.12\left(\frac{200}{100}\right) + 0.52 + 0.36 \times \left(\frac{25}{50}\right)^2 + 0.3 \times \left(\frac{25 \times 25}{50 \times 50}\right)^2 = 1.089 \ \text{kg} \cdot \text{m}^2$$

（3）求制动力矩：等效构件的角加速度为

$$\varepsilon_2 = 0 - \frac{\omega_2}{t} = -\frac{52.36}{2} = -26.18 \ \text{rad/s}^2$$

则制动力矩

$$M_r = J_e |\varepsilon_2| = 1.089 \times 26.18 = 28.51 \ \text{N} \cdot \text{m}$$

14.5　机械周期性速度波动及其调节方法

1. 产生周期性波动的原因

在稳定运转状态下，若机械系统的运转速度呈现周期性的波动，则其等效转动惯量与等效力矩均应为等效构件角位移 φ 的周期性函数，即为 $J_e(\varphi)$ 与 $M_{ed}(\varphi)$、$M_{er}(\varphi)$。

如图 14-10(a) 所示为某一机械在稳定运转过程中，其等效构件在一个周期 φ_T 中所受等效驱动力矩 $M_{ed}(\varphi)$ 与等效阻抗力矩 $M_{er}(\varphi)$ 的变化曲线。在等效构件从起始位置 φ_a 转过角 φ 时，等效驱动力矩与等效阻抗力矩所做功之差为：

$$\Delta W = \int_{\varphi_a}^{\varphi} (M_{ed} - M_{er}) \mathrm{d}\varphi \tag{14-13}$$

式中，ΔW 为盈亏功。$\Delta W > 0$ 时，为盈功，用"＋"号表示；$\Delta W < 0$ 时，为亏功，用"－"表示。

机械系统动能的增量 ΔE 与 ΔW 相等，即

$$\Delta E = \Delta W = J(\varphi)\omega^2/2 - J_a \omega_a^2/2 \tag{14-14}$$

由上式得出机械系统动能变化曲线如图 14-10(b) 所示。

如果在等效力矩和等效转动惯量变化的公共周期内，即图 14-10 中对应于等效构件转角由 φ_a 到 $\varphi_{a'}$ 的一段，驱动功等于阻抗功，即"＋"号面积之和与"－"号面积之和相等，则机械系统动能的增量等于零。因而等效构件的角速度也将恢复到起始位置的数值，等效构件的角速度在稳定运转过程中将呈现周期性的波动。

2. 速度波动的衡量指标——速度不均匀系数

设一个周期 φ_T 内，等效构件角速度的变化如图 14-11 所示，则其平均角速度 ω_m 为：

$$\omega_m = \frac{1}{\varphi_T} \int_0^{\varphi_T} \omega(\varphi) \mathrm{d}\varphi \tag{14-15}$$

通常 $\omega(\varphi)$ 很难用解析式表示，若 ω 变化不大，常以最大角速度 ω_{max}、最小角速度 ω_{min} 的算术平均值计算平均角速度，即

$$\omega = \frac{1}{2}(\omega_{max} + \omega_{min}) \tag{14-16}$$

机械的速度波动程度可用角速度的变化量与平均角速度的比值来反映，该比值称为速度

不均匀系数，通常以 δ 表示，即：

$$\delta = \frac{\omega_{max} - \omega_{min}}{\omega_m} \qquad (14-17)$$

由上两式得

$$\omega_{max}^2 - \omega_{min}^2 = 2\omega_m^2\delta \qquad (14-18)$$

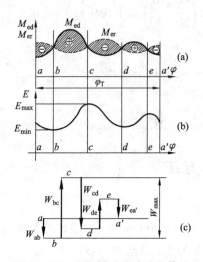

图 14 – 10　周期性速度波动的等效
力矩与功能增量

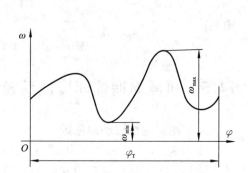

图 14 – 11　等效构件角速度变化曲线

不同类型的机械，对速度不均匀系数 δ 大小的要求是不同的。表 14 – 1 中列出了一些常用机械速度不均匀系数的许用值 $[\delta]$，供设计时参考。因此，当设计机械时，其速度不均匀系数应不超过许用值，即

$$\delta \leqslant [\delta] \qquad (14-19)$$

表 14 – 1　速度不均匀系数的许用值 $[\delta]$

机械的名称	$[\delta]$	机械的名称	$[\delta]$
碎石机	1/5 ~ 1/20	水泵、鼓风机	1/30 ~ 1/50
冲床、剪床	1/7 ~ 1/10	造纸机、织布机	1/40 ~ 1/50
轧压机	1/10 ~ 1/25	纺纱机	1/60 ~ 1/100
汽车、拖拉机	1/20 ~ 1/60	直流发电机	1/100 ~ 1/200
金属切削机床	1/30 ~ 1/40	交流发电机	1/200 ~ 1/300

3. 周期性速度波动的调节

机械运转周期性速度波动的调节，其目的是减小速度波动的幅度，控制速度不均匀系数不超过许用值 $[\delta]$。调节的方法是在机器中安装一个具有很大转动惯量的回转件，称其为飞轮。因飞轮的转动惯量很大，故其动能为机械动能的主要部分，为简化计算，设忽略机械中

除飞轮以外其他构件的功能，则有：

$$\Delta W_{\max} = \Delta E_{\max} = \frac{1}{2} J_F \left(\omega_{\max}^2 - \omega_{\min}^2 \right) \tag{14-20}$$

将式（14-18）代入上式（14-20），考虑式（14-19），得

$$J_F = \frac{\Delta W_{\max}}{[\delta] \omega_m^2} = \frac{900 \Delta W_{\max}}{[\delta] n_m^2 \pi^2} \tag{14-21}$$

式中：J_F——飞轮转动惯量；

$\quad$ $[\delta]$——速度不均匀系数的许用值（表14-1）；

$\quad$ n_m——安装飞轮轴的平均速度，r/min；

$\quad$ $\Delta W_{\max}$——在最大角速度与最小角速度之间的盈亏功，即最大盈亏功。

计算飞轮的转动惯量必须确定最大盈亏功 $\Delta W_{\max}$。现以图14-10为例介绍利用能量指示图确定最大盈亏功 $\Delta W_{\max}$ 的方法。如图14-10(c)所示，取任意点 a 作起点，按一定的比例用向量线段依次表示相应位置 M_{ed} 与 M_{er} 之间所包围的面积 W_{ab}、W_{bc}、W_{cd}、W_{de} 和 $W_{ea'}$ 的大小和正负。盈功为正，其箭头向上；亏功为负，其箭头向下。由于一个运动循环的起始位置与终止位置的动能相等，所以能量指示图的首尾应在同一水平线上，即形成封闭的台阶形折线。由图中可看出位置点 b 处动能最小，位置点 c 处动能最大，而图中折线的最高点与最低点的距离就代表了最大盈亏功 $\Delta W_{\max}$ 的大小。

由式（14-21）知，J_F 与 ω_m^2 成反比，这表明飞轮宜安装在角速度较高的轴上，这样可减少飞轮转动惯量，缩小体积，减轻质量降低材料成本。

飞轮之所以能调速，是利用了它的储能作用。由于飞轮具有很大的转动惯量，因而要使其转速发生变化，就需要较大的能量，当机械出现盈功时，飞轮轴的角速度只作微小的上升，即可将多余的能量吸收储存起来；当机械出现亏功时，机械运转速度减慢，飞轮又可将储存的能量释放，以弥补能量的不足，而其角速度只作小幅度的下降。另外，一些机械（如锻压机）在一个工作周期中，工作时间很短，而峰值载荷很大，可以利用飞轮在非工作时间所储存的动能来帮助克服尖峰载荷，从而可以选用较小功率的原动机来拖动，进而达到减少投资及降低能耗的目的。

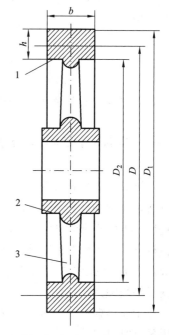

图 14-12　飞轮几何尺寸设计

4. 飞轮设计

飞轮按构造可分为轮形或盘形两种，工程上以轮形用得最多。轮形飞轮具有轮缘1、轮辐3和轮毂2三部分，如图14-12所示。由于轮辐和轮毂的转动惯量比轮缘小得多，故通常不予考虑。设 m_1 为飞轮轮缘的质量，D_1 和 D_2 分别为轮缘的外径和内径，则飞轮的转动惯量近似为

$$J_F = \frac{m_1}{2} \left(\frac{D_1^2 + D_2^2}{4} \right) \tag{14-22}$$

又因轮缘厚度 h 与平均直径 D 相比其值一般很小，故可近似认为轮缘的质量集中在某平

均直径 D 上，由此得

$$J_F = \frac{m_1 D^2}{4}$$

或

$$m_1 D^2 = 4 J_F \qquad (14-23)$$

式中 $m_1 D^2$ 称为飞轮矩或飞轮特性，单位为 $kg \cdot m^2$。对于不同结构的飞轮，其飞轮矩可从机械设计手册中查到。在选定飞轮轮缘的平均直径 D 后，即可求得飞轮轮缘的质量 m_1。平均直径 D 的选择，一方面考虑飞轮在机器中的容许安装位置，另一方面必须限制其离心惯性力小于工程上规定的安全值（铸铁 36 m/s，铸钢 50 m/s），以免飞轮因圆周速度过大而破裂。

设轮缘的厚度和宽度分别为 h 和 b，其材料单位体积的质量 ρ（kg/m^3），则

$$m_1 = \pi D h b \rho$$

或

$$hb = \frac{m_1}{\pi D \rho} \qquad (14-24)$$

在飞轮材料和比值 h/b 选定后，飞轮轮缘剖面尺寸即可由上式求得。对于较小的飞轮，通常取 $h/b \approx 2$；对于较大的飞轮，取 $h/b \approx 1.5$。

盘形飞轮为一带轴的实心圆盘。设 m、D 和 b 分别为其质量、外径和宽度，则该飞轮的转动惯量为

$$J_F = \frac{1}{2} m \left(\frac{D}{2} \right)^2 = \frac{mD^2}{8} \qquad (14-25)$$

则

$$mD^2 = 8 J_F$$

在选定 D 和算出 m 后，便可按飞轮材料计算宽度 b。

14.6 机械的非周期性速度波动及其调节

如果机械在运转过程中，等效力矩 $M_e = M_{ed} - M_{er}$ 的变化是非周期性的，则机械运转的速度将出现非周期性的波动，从而破坏机械的稳定运转状态。若长时间内 $M_{ed} > M_{er}$，则机械越转越快，甚至可能会出现"飞车"现象，从而使机械遭到破坏；反之，若 $M_{ed} < M_{er}$，则机械又会越转越慢，最后将停止不动。为了避免以上两种情况的发生，必须对这种非周期性的速度波动进行调节，以使机械重新恢复稳定运转。为此就需要设法使等效驱动力矩与等效工作阻力矩恢复平衡关系。

对于非周期性速度波动，安装飞轮并不能达到调节非周期速度波动的目的，因为飞轮的作用只是"吸收"和"释放"能量，而不能创造能量，也不能消耗能量。非周期速度波动的调节问题可分为以下两种情况。

若等效驱动力矩 M_{ed} 是等效构件角速度 ω 的函数，且随着 ω 的增大而减小，则该机械系统具有自动调节非周期速度波动的能力。以电动机为原动件的机械，一般都具有较好的自调性。

对于没有自调性或自调性较差的机械系统（如以蒸汽机、内燃机或汽轮机为原动机的机械系统），则必须安装调速器以调节可能出现的非周期速度波动。

机械式离心调速器的工作原理，如图 14-13 所示。当工作负荷减小时，机械系统的主轴

ω_1 转速升高，调速器中心轴的转速 ω_2 也将随之升高。此时，由于离心力的作用，两重球将随之飞起，带动滑块及滚子上升，并通过连杆机构关小节流阀，以减小进入原动机的工作介质(燃气、燃油等)。其调节结果是令系统的输入功与输出功相等，从而使机械在略高的转速下重新达到稳态。反之，机械可在略低的转速下重新达到稳定运动。因此，从本质上讲，调速器是一种反馈控制机构。

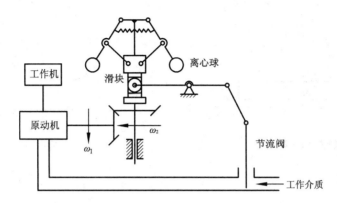

图 14-13　机械式离心调速器工作原理图

思考题与练习题

1. 说明机械的运转过程以及运转过程中的力学特性。

2. 等效转动惯量和等效力矩各自的等效条件是什么？

3. 在什么情况下机械才会做周期性速度波动？速度波动有何危害？如何调节？

4. 试说明飞轮在调速的同时还能起到节约能源的作用。

5. 说明离心调速器的工作原理。

6. 如题图 14-1 所示的行星轮系中，已知各轮的齿数 $z_1 = z_{2'} = 20$，$z_2 = z_3 = 40$；各构件的质心均在其几何轴线上，且 $J_1 = 0.01$ kg·m²，$J_2 = 0.04$ kg·m²，$J_2' = 0.01$ kg·m²，$J_H = 0.18$ kg·m²；行星轮的质量 $m_2 = 2$ kg，$m_{2'} = 4$ kg，模数均为 $m = 10$ mm，作用在行星架 H 上的力矩 $M_H = 60$ N·m。求在等效构件 1 上的等效力矩 M_e 和等效转动惯量 J_e。

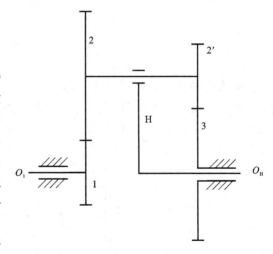

题图 14-1

7. 已知某机械一个稳定运动循环内的等效阻力矩 M_r 如题图 14-2 所示，等效驱动力矩 M_d 为常数，等效构件的最大及最小角速度分别为：$\omega_{\max} = 200$ rad/s，$\omega_{\min} = 180$ rad/s。

试求：(1)等效驱动力矩 M_d 的大小；

(2)运转的速度不均匀系数 δ；

(3)当要求 δ 在 0.05 范围内,并不计其余构件的转动惯量时,应装在等效构件上的飞轮的转动惯量 J_F。

8. 如题图 14-3 所示发动机机构中,以曲柄为等效构件。作用在滑块上的驱动力 $F_3 = 1000\ \text{N}$,作用在曲柄上的工作阻力矩 $M_1 = 900\ \text{N·M}$。曲柄 AB 长为 $l_1 = 0.1\ \text{m}$,$\varphi_1 = 90°$,滑块质量为 $m_3 = 10\ \text{kg}$,其余构件质量或转动惯量忽略不计。试求曲柄开始回转时的角加速度。

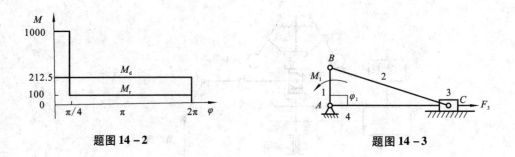

题图 14-2　　　　　　　　　题图 14-3

9. 某机器主轴上的等效力矩和等效转动惯量的变化规律如题图 14-4 所示,试求:

(1)判断该机器能否作周期性的变速稳定运转,并说明理由;

(2)在运动周期的初始位置时,$\varphi_0 = 0$,$\varphi_0 = 100\ \text{rad/s}$,求角速度 ω_{max}、ω_{min} 及其对应的转角位置。

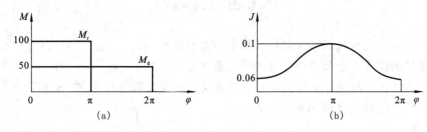

(a)　　　　　　　　　(b)

题图 14-4

10. 在电动机驱动的剪床中,已知作用在剪床主轴上的阻力矩 M_r 的变化规律如题图 14-5 所示。设驱动力矩 M_d 等于常数,剪床主轴转速为 60 r/min,机械运转不均匀系数 $\delta = 0.15$。求:(1)驱动力矩 M_d 的数值;(2)安装在主轴上的飞轮转动惯量。

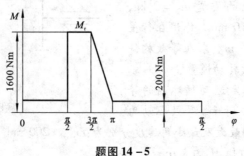

题图 14-5

第 15 章
机械系统的方案设计

【概述】

　◎本章主要介绍机械系统方案设计的基本内容，包括机械执行系统、传动系统的方案设计及原动机的选择，机构组合协调运动设计，常用机构的类型、特点及选用等。

　◎通过本章学习，要求：了解机械系统设计的整个过程，明确机械系统总体方案设计阶段的设计目的及工作内容，了解机械系统总体方案设计中应具有的现代设计观念以及机械现代设计和创新设计的特点，逐步学会在机械执行系统、传动系统的方案设计和原动机选择过程中，正确灵活运用这些设计思想；了解机械执行系统方案设计的过程和具体设计内容，学会根据机械预期实现的功能要求，进行功能原理设计的创新构思，学会根据工作原理提出的工艺动作要求，创造性地构思出合适的运动规律；了解执行系统协调设计的目的和原则，掌握机械运动循环图的绘制方法。

15.1　机械系统方案设计的一般流程

15.1.1　机械产品设计的一般过程

　　机械系统主要是由原动机、执行系统、传动系统和控制系统所组成。

　　机械产品设计是一个通过分析、综合与创新获得满足某些特定要求和功能的机械系统的过程。大致要经过表 15-1 所示的几个阶段。

表 15-1　机械产品设计的一般过程

阶　段	内　容	应完成的工作
初期规划设计阶段	①选题 ②调研和预测 ③可行性论证 ④确定设计任务	①调研报告 ②产品开发可行性论证报告 ③设计任务书

阶　段	内　容	应完成的工作
总体方案设计阶段	①功能原理构思 ②方案拟定 ③方案评价 ④方案决案	①机械系统运动简介 ②方案设计说明书
结构技术设计阶段	①结构方案设计 ②造型设计 ③结构设计 ④材料选用 ⑤设计图绘制	①设计图纸 ②设计计算说明书
生产施工设计阶段	①工艺设计 ②工装设计 ③施工设计	①工艺流程图 ②工装设计图 ③基础安装图 ④使用说明书

15.1.2　机械系统方案设计的一般步骤

在本章中，我们主要讨论机械系统的总体方案设计，它是机械设计极其重要的环节，设计正确和合理与否，对提高机械的性能和质量，降低制造成本与维护费用等影响很大，应认真对待，机械系统的方案设计是一项极富创造性的活动，要求设计者善于运用已有知识和实践经验，认真总结过去的有关工作，广泛收集、了解国内外有关信息，充分发挥创造性思维和想象能力，充分应用各种知识和技巧，以设计出新颖，灵巧高效的机械系统。

机械系统方案设计一般按下述步骤进行。

（1）拟定机械系统的功能原理

根据机械系统的总功能要求，运用物理学、化学、生物学等方面知识，光、机、电、液相结合拟定出满足机械系统总功能的工作原理和技术手段，确定出机械所要实现的工艺动作。

（2）确定传动系统的传动方案

传动系统是把原动机的动力和运动传递给执行系统的中间装置，它的主要功能是变速、改变运动形式，传递动力。

（3）确定执行系统的工作方案

执行系统包括机械的执行机构和执行构件，这是利用机械来改变作业对象性质，状态，形状和位置，或对作业对象进行检测、度量等，以进行生产或达到其他预定的要求，执行系统位于机械系统的末端，直接与作业对象接触，是机械系统的输出部分。

（4）机构的选型、组合和变异

根据传动系统，执行系统运动和动力学功能要求，选择能实现这些功能的机构类型，必要时应对已有机构进行变异，创造出新型机构，并对所选机构进行组合，形成满足运动和功能要求的机械系统方案，绘制系统的传动示意图。

（5）系统中机构和构件运动协调性设计

根据执行构件和原动机的运动参数，以及各执行构件运动的协调性要求，确定出构件的运动尺寸，绘制机械系统的运动简图。

（6）方案分析和评审

机械系统设计，同一功能要求，可以采用不同的工作原理，实现同一工作原理，可以选择不同的运动规律，同一种运动规律可以选择不同形式的机构。因此在机械系统设计时，应拟定多种不同方案，全面考察各方案是否满足机械的运动和动力要求，是否具有良好的工作性、动力性、结构紧凑性。

15.2　机械执行系统的功能原理设计

执行系统是机械系统中的重要组成部分，是直接完成机械系统预期工作任务的部分。

执行系统由一个或多个执行机构组成。执行构件是执行机构的输出构件，其数量及运动形式、运动规律和传动特性等要求，决定了整个执行系统的结构方案。

机械执行系统的功能原理设计就是根据机械系统预期实现的功能，考虑选择何种工作原理来实现。采用不同的工作原理设计出的机械，其性能、结构、工作品质、适用场合等都会有很大的差异，因此必须根据机械的具体工作要求，如强度、精度、寿命、效率、产量、成本、环保等诸多因素综合考虑确定。同时在满足要求的前提下尽可能多采用几个方案。

在进行机械系统的功能原理设计时首先应明确机器的总功能，然后进行功能分解，使其成为一系列独立的工艺动作。为了使设计对象达到总功能需要，可运用各种科学原理，如物理学的、化学的、生物学的成就，创造出新的机械产品。不要把思路局限在某一领域内，要拓宽到光、机、电、液各相关领域，例如要实现"洁衣"的功能，可采用化学的溶剂吸收污物的"干洗"办法，也可采用水洗衣（机械搅拌方法、超声波振荡），采用机械搅拌还可分为波轮式（旋涡式）搅拌式、摆动式和滚筒式拍洗等方式。

一台新机器，功能原理设计方案拟定从质的方面决定了机器的技术水平，工作质量，结构形式和成本。在设计过程中要多借助于技术手段创造新的机械产品来，例如自动麻将机的设计，最难解决的问题是保证砌墩时每块牌正面朝下，但采用铁磁吸铁的原理，就很好地解决了这个问题，而且非常可靠。

在拟定机械系统的功能原理方案时，思路要开阔，考虑各种完成机械功能的可能性，能用最简单的方法实现同一功能的方案才是最佳方案。如某按摩椅为实现按摩动作，采用图 15 - 1 所示的原理方案，在一回转轴上倾斜安装两个偏心轮就完成了按摩的主要动作，其构思非常巧妙的，因其质量中心和回转中心不重合，有振动按摩作用，因为采用两倾斜安装偏心轮，故有向人体推压，向下推拉及横向扩展的按摩作用。至于按摩部位和按摩轻重则被按摩人自动控制。如此设计结构简单合理，造价低廉也才能为一般消费者所接受。

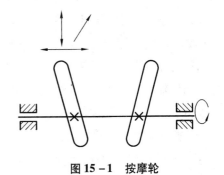

图 15 - 1　按摩轮

机械执行系统的功能原理设计是把机械的功能目标转为工艺动作的过程,是在功能分析的基础上创新构思,优化筛选工艺动作的过程。对于复杂的运动可采取先分解再合成的方法。机械最容易实现的运动形式是转动和直线移动,因此,对于复杂的运动形式不要一味强行思索,要考虑机械的运动特性,通常采用的办法就是把复杂的运动先进行分解,然后再合成。

插齿机工作时,插刀的基本动作有切削、展成、让刀。可以看出插刀的运动方式是比较复杂的。若一味强行思索,很难构思出一个单一机构完成这样一个复杂的工艺动作,但若将复杂的动作进行分解。切削由移动来实现、展成由转动来实现、让刀由间歇运动来实现。然后再将各动作进行协调配合,如转动和移动的同时实现可以利用插刀轴的导向滑键,即插刀轴可以沿轴孔相对移动,同时又因键的联结随蜗轮一起转动;关于让刀的间歇运动,可以设计成刀与刀架一起动作的结构。但必须注意切削与让刀的动作在时间上的协调,否则会产生干涉(图15 - 2)。

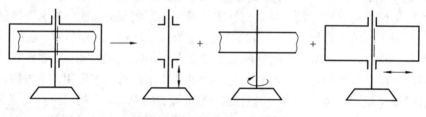

图15 - 2 插刀复合运动的分解

在进行功能原理设计时,除了认真分析机械的功能目标,详细了解各种技术原理与操作方法之外,还需要在思维方法上进行各种努力,要放开思路、大胆设想,尽可能多提出一些原理方案,然后再去粗取精。

(1)定向思维或逻辑思维

这种思维主要体现在其规律性,可搜索性。例如在确定工作原理时就可根据机械产品具体功能目标的特点进行定向思维,如果功能目标是改变物料的形状,则可采用机械加工成形,如切削、冲压、钻磨等;也可采用无切削成形,如铸造、挤压、粉末冶金等。而切削又有车、铣、刨等;挤压又分螺旋挤压、合模挤压等。

例如,功能目标提出了要加工一个齿轮,并规定了齿轮的材料、规格以及精度要求等。经分析明确了这是属于改变物料形状中制品成形的问题,若沿着机械加工的思路构思,就可以拟定出铣制的工作原理;若沿着无切削的思路构思,则可拟定出粉末冶金、铸造等工作原理。而铣制的工作原理又有滚铣和插铣等。

(2)多向思维或灵感思维

这种思维具有突发性、偶然性、独创性、模糊性,它可从不同方向、不同角度,依据所具备的知识、经验和方法,通过丰富的想象和直觉,甚至突发灵感而产生的新设想、新概念、新方案。这种思维方法可先不要考虑到机械的效益,也不要顾虑各方面的压力,可以异想天开。

例如，螺旋机构可作为螺旋压力机或螺旋千斤顶，利用它的自锁性，还可以用于连接；由于既旋转又移动，以及螺旋面间有空隙的特点，还可以用于物料的推进和挤压，因此就有了各种螺旋挤出机与螺杆泵；由于旋向和转向对其移动方向的影响，还可作为螺旋差动机构和微动机构。

（3）联想思维或形象思维

这种思维方法具有形象性、运动性、概括性、创造性。在创新设计中的运用主要体现在观察和联想，与人的感观对外界的体验和反应密切相关。

通过已有的机械产品的启发、类比、联想、综合或改进而拟定一个新的工作原理；还可以通过对日常生活中各种现象的观察以及受自然界中各种动作的启发产生联想，进而创新。例如，观察水烧开时的蒸汽顶开水壶盖而展开联想，发明了蒸汽机；观察蓬草由风吹而转动，联想到轮，再由轮联想到车轮；利用血液的流动机理设计了液态物质输送的引导机构；通过螺旋传动的微动原理的联想而设计了千分尺；用于传动的齿轮也已经用在联轴器和齿轮泵上了。

15.3　常用机构的类型、特点及选用

组成机器的基本单元是机构，简单的机器至少会有一个机构，而较复杂机器可能包含有几个机构，同一用途的机器可以由不同的机构来实现。

15.3.1　机构的基本功能

机械的功能是指机械实现运动变换和完成某种功用的能力，机械的基本功能是：

（1）实现运动形式变换

①实现转动⟷转动，如齿轮机构、带机构、双曲柄机构。

②实现转动⟷摆动，如曲柄摇杆机构、摆动导杆机构，摆动从动件凸轮机构。

③实现转动⟷移动，如曲柄滑块机构、齿轮齿条机构、螺旋机构、移动从动件凸轮机构。

④实现转动⟷单向间歇运动，如槽轮机构，不完全齿轮机构，凸轮间歇运动机构。

⑤实现摆动⟷单向间歇运动，如齿式棘轮机构、摩擦式棘轮机械。

（2）实现运动速度的变换

如齿轮机构的增速和减速。

（3）实现运动方向的变换

如齿轮机构、蜗杆传动、圆锥齿轮传动的轴线可以分别为平行、相错、相交，故能变换运动方向。

（4）进行运动合成和分解

如差动轮系和各种自由度机构，可实现运动的合成和分解。

（5）实现某些特殊功能

如增力、扩大行程、微动、急回特性、定位等某些特殊功能。

15.3.2 常用机构的类型、特点

表 15 - 2 常用机构的运动及动力特性

机构类型	运动及动力特性
连杆机构	可以输出转动、移动、摆动可以实现一定轨迹和位置要求;经机构串接还可以实现停歇、逆转和变速功能;利用死点可用于夹紧、自锁装置;由于运动副为面接触,故承载能力大;但平衡困难,不宜用于高速
凸轮机构	可以输出任意运动规律的移动、摆动但动程不大;若凸轮固定,从动件作复合运动,则从动件可以实现任意运动轨迹;由于运动副为高副(滚滑副),又靠力或形封闭运动副,故不适用于重载
齿轮机构	圆形齿轮实现定传动比传动,非圆形齿轮实现变传动比传动;功率和转速范围都很大;传动比准确可靠
螺旋机构	输出移动或转动,还可以实现微动、增力、定位等功能;工作平稳,精度高,但效率低,易磨损
棘轮机构	输出间歇运动,并且动程可调;但工作时冲击、噪声较大,只适用于低速轻载
槽轮机构	输出间歇运动,转位平稳;有柔性冲击,不适用于高速
柔性件机构	常见的柔性件有带、链、绳;通常柔性件机构传递均速转动;当轮为非圆形时,可实现非均速运动,还可实现多轴同步运动;利用柔性件可以实现大距离往复运动、实现运动轨迹等。柔性件具有吸振特点、无噪声、传动平稳、过载打滑,但传动比不可靠
电气机构	用于传动和控制,电、磁元件在机构中,作为中间媒介,可使机构快速启动和停止,实现驱动、传动、测量、控制、记录等功能
液、气动机构	常用于驱动机构、压力机构、阻尼机构、阀等;利用流体流量的变化可改变速度,利用流体的压缩性可吸振、缓冲、阻尼,利用承压面的大小可改变力的大小

在进行机构选型时要注意下列问题:

(1) 按已拟定的工作原理进行机构选型时,应尽量满足或接近功能目标。满足动作要求实现某种运动形式的机构类型很多,可多选几个,再进行比较,保留性能好的,淘汰不理想的。

例如,若要求执行构件完成精确而连续的位移规律,可选用的机构类型很多,有连杆机构、凸轮机构、气动机构等。但经比较分析后,最理想的还是凸轮机构,因它可以确保准确的位移规律,并且结构简单。采用连杆机构则结构稍复杂,若采用液压或气动机构来完成精确的位移规律不太妥当,因为液体或气体的泄漏,以及环境温度的变化均影响其运动的准确性。液压、气动机构最适合用于始、末位置要求准确,而中间其他位置不需要准确定位的情况下。

（2）机构选型时应力求其结构简单。机构结构简单主要体现在运动链要短，构件和运动副数目要少，机构尺寸要适度，布局要紧凑。坚持这个原则，可使材料耗费少，成本低；运动副数目少，运动链短，机构在传递运动时累积的误差也少，有利于提高机构的运动精度和机械的效率。

（3）机构选型要注意选择那些加工制造简单、容易保证较高的配合精度。在平面机构中，低副机构比高副机构容易制造；在低副机构中，转动副比移动副容易保证配合精度。

（4）优先选用基本机构

基本机构结构简单，设计方案技术成熟，故在满足功能要求的条件下，应优先选用基本机构。

（5）机构选型时要能保证机构高速运转时动力特性良好。动力特性良好主要体现在要保证机械运转时的动平衡，使机械系统的振动降低到最低水平。因此对高速运转机构尽量不采用杆式机构，若功能要求必须采用则应采用多套机构合理布置的平衡方法来达到平衡。

若采用凸轮机构，为改善其动力特性，在选择从动件运动规律时，其加速度、速度曲线尽量连续、尽量避免刚性和柔性冲击、尽量减小加速度的最大值，以降低惯性力。应尽量增大从动件固定导路的长度，缩短从动件在固定导路外伸出的长度。

（6）机构的选型也须注意机械效益和机械效率问题。机械效益是衡量机构省力程度的一个重要标志，机构的传动角越大，压力角越小，机械效益越高，选型时可采用最大传动角的机构以减小输入轴上的扭矩。

机械效率取决于组成机械各个机械的效率，在机械中包含有效率较低的机械时，就会使机械的总效率降低。系统中各个运动链传递的功率往往相差很大，有些运动链的功率占系统总功率的很大部分，而有些辅助运动链传递功率很小，在选择传动方式时，对于传递功率大的运动链，则应对传动方式的效率予以足够重视，对传递功率很小的运动链在选择传动方式时，可主要着眼于其这方面的要求，而将传动效率的高低放在比较次要的地位。

机构选型也要考虑动力源的形式。若有气、液源时可利用气动、液压机构，以简化机构结构，也便于调节速度；若采用电动机，则要考虑机构的原动件应为连续转动的构件。

15.4　机械执行系统的运动规律设计

执行系统是机械系统的重要组成部分，是直接完成机械系统预期工作任务的部分。

执行系统由一个或多个执行机构组成。执行构件是执行机构的输出构件，其数量及运动形式、运动规律和传动特性等要求，决定了整个执行系统的结构方案。

机械执行系统的方案设计是机械系统总体方案设计的核心，是整个机械设计工作的基础。

15.4.1　运动方案设计的主要内容和过程

执行系统运动方案设计，是在产品规划明确拟定了其功能目标后进行的。其过程如图 15 - 3 所示。

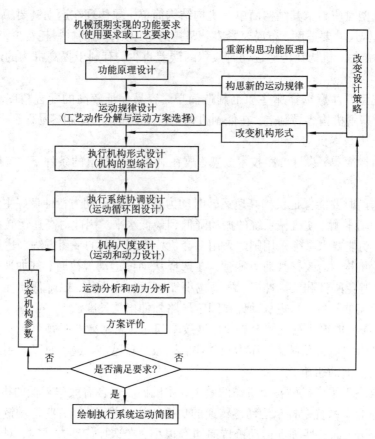

图 15 - 3 机械执行系统设计程序

15.4.2 执行构件的运动形式

(1) 旋转运动
- 连续旋转运动
  - 车床主轴
  - 铣床主轴
  - 缝纫机轴
- 间歇旋转运动
  - 自动机床工作台的转位
  - 步进滚轮的步进运动
- 往复摆动
  - 颚式碎石机动颚板的打击运动
  - 电风扇的摆头

(2) 直线运动
- 往复移动
  - 压缩机活塞的往复运动
  - 冲床冲头的冲压运动
- 间歇往复移动
  - 自动机床刀架的进退刀运动
  - 供料机构的间歇供运动
- 单向间歇直线移动——刨床工作台的进给运动

284

（3）曲线运动 $\left\{\begin{array}{l}\text{执行构件上某点特}\\\text{定的曲线轨迹运动}\end{array}\right.$ $\left\{\begin{array}{l}\text{缝纫机的送布牙运动}\\\text{电影放映机抓片机构中的抓片运动}\end{array}\right.$

（4）刚体导引运动 $\left\{\begin{array}{l}\text{非连架杆执行构件}\\\text{实现若干位置的运动}\end{array}\right.$ $\left\{\begin{array}{l}\text{造型机工作台的翻转运动}\\\text{热处理炉的炉门启闭运动}\\\text{折叠椅的折叠运动}\end{array}\right.$

15.4.3　实现执行构件各种运动形式的常用机构

（1）实现连续旋转运动的机构 $\left\{\begin{array}{l}\text{摩擦传动机构}\left\{\begin{array}{l}\text{带传动}\\\text{摩擦轮传动（图 15 - 4）}\end{array}\right.\\[2ex]\text{啮合传动机构}\left\{\begin{array}{l}\text{齿轮传动}\\\text{蜗杆传动}\\\text{链传动}\end{array}\right.\\[3ex]\text{连杆机构}\left\{\begin{array}{l}\text{双曲柄机构}\\\text{平行四边形机构}\end{array}\right.\end{array}\right.$

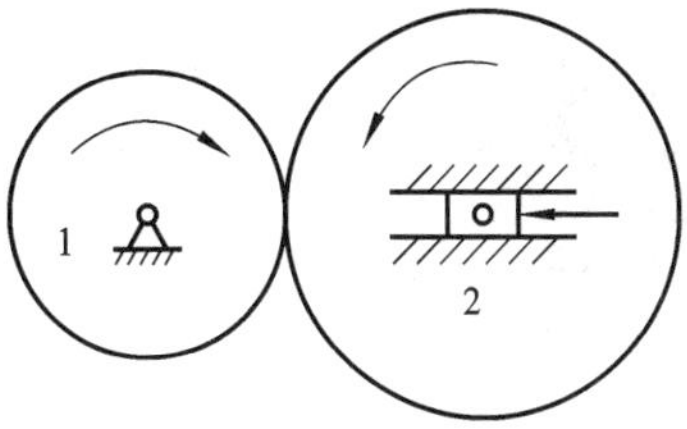

图 15 - 4　摩擦轮传动

（2）实现间歇旋转运动的机构 $\left\{\begin{array}{l}\text{槽轮机构——适用于转角固定的转位运动}\\\text{棘轮机构——每次转角小，或转角大小可调的低速场合}\\\text{不完全齿轮机构——大转角而速度不高的场合}\\\text{凸轮式间歇运动机构——运动平稳、分度、定位准确，但制造困}\\\qquad\qquad\qquad\qquad\qquad\qquad\text{难、高精度定位、高速场合}\\\text{齿轮 - 连杆机构——特殊要求的输送机构}\end{array}\right.$

（3）实现往复移动、往复摆动运动的机构 $\left\{\begin{array}{l}\text{连杆机构}\left\{\begin{array}{l}\text{曲柄滑块机构}\\\text{正弦机构}\\\text{正切机构}\\\text{六连杆机构}\end{array}\right.\\[4ex]\text{凸轮机构}\\\text{螺旋机构}\\\text{齿轮齿条机构}\\\text{组合机构}\\\text{液压缸、气缸}\end{array}\right.$

（4）再现轨迹的机构 $\left\{\begin{array}{l}\text{连杆机构（图 15 - 5）}\\\text{凸轮 - 连杆组合机构（图 15 - 6）}\\\text{齿轮 - 连杆组合机构（图 15 - 7）}\\\text{联动凸轮机构（图 15 - 8）}\end{array}\right.$

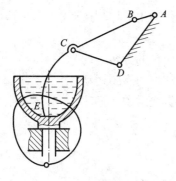

图 15 – 5　搅拌机构

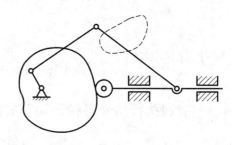

图 15 – 6　凸轮 – 连杆组合

组合机构

图 15 – 7　齿轮 – 连杆组合机构

图 15 – 8　联动凸轮机

一般而言,除了凸轮机构能实现精确的曲线轨迹之外,其他机构都只能近似实现预定的曲线轨迹。

15.5　机构组合协调运动设计

单一的基本机构往往由于其本身所固有的局限性而无法满足多方面的要求。为了满足新的更高的要求,人们尝试将各种基本机构进行适当的组合,使各基本机构既能发挥其特长,又能避免其本身固有的局限性,从而形成结构简单、设计方便、性能优良的机构系统,以满足生产中所提出的多种要求和提高生产自动化的程度。

15.5.1　执行机构的运动协调设计

为了使各执行机构的执行动作按工艺动作过程要求进行有序的、相互协调配合的动作,执行机构的运动协调设计应满足以下要求。

①执行机构中的执行构件的动作必须满足工艺要求。

②执行机构中的执行构件的动作保证空间同步。

③为提高机器生产率应使各执行机构的动作周期尽量重合。

286

④一个执行机构动作结束到另一个执行机构动作起始点之间应有适当间隔，避免发生干涉。

执行机构的运动协调设计可以从以下几个方面来阐述。

（1）各执行机构的动作在时间上协调配合

如图 15 - 9 所示的粉料压片机。根据生产工艺路线方案，此粉料压片机必须要实现以下5 个动作：

①移动料斗至模具的型腔上方准备将粉料装入型腔，同时将已经成形的药片推出。

②料斗振动，将料斗内粉料筛入型腔。

③下冲头下沉至一定深度。

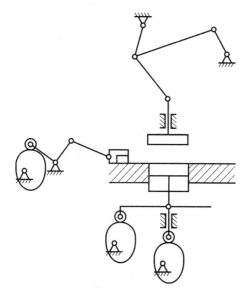

图 15 - 9　粉料压片机的组合方式

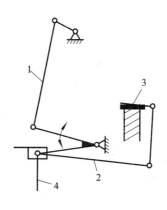

图 15 - 10　纸钣冲孔机机构系统
1—曲柄摇杆机构；2—滑块机构；
3—电磁；4—冲针

④上冲头向下，下冲头向上，将粉料加压并保压一段时间，使药片成形较好，以防止上冲头向下压制时将型腔内粉料扑出。

⑤上冲头快速退出，下冲头随着将已经成型的工件—— 药片推出型腔，完成压片工艺过程。

（2）各执行机构的动作在空间上协调配合

（3）各执行机构运动速度的协调配合

有些机械要求执行构件运动之间必须保持严格的速比关系，例如滚齿或插齿机按范成法加工齿轮时，刀具和齿坯的范成运动必须保持某一预定的转速比。

（4）多个执行机构完成一个执行动作时，其执行机构运动的协调配合

如图 15 - 10 所示的纸钣冲孔机机构，它在完成冲孔这一工艺动作时，要求有两个执行机构的组合运动来实现。一是曲柄摇杆机构中摇杆（打击钣）的上下摆动，带动安装在它上面的滑块（冲头）也做上下摆动。二是电磁铁动作，装有衔铁的曲柄在电磁吸力的作用下做往复摆动，带动滑块（冲头）沿打击钣上的导路作往复移动。显然这两个机构的运动必须精确协调

287

配合。

15.5.2　机械运动循环图设计

用于描述各执行构件运动间相互协调配合的图称为机械运动循环图，由于机械在主轴或分配轴转动一周或若干周内完成一个运动循环，故运动循环图以主轴或分配轴的转角为坐标来编制。

机械运动循环图的功能是保证各执行构件的动作相互协调，紧密配合使机械顺利实现预期的工艺动作；为进一步设计各执行机构的运动尺寸提供重要依据，为机械系统的调试提供依据。

(1)机器运动循环图的类型

机器运动循环图又称机器工作循环图，分为三种形式。

①直线式运动循环图(即矩形运动循环图)，如表1－1，表1－2以及图15－11所示。

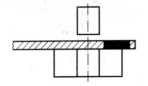

冲头	冲		退	
送料器	停			进给
曲柄转角φ°	90°	180°	270°	360°

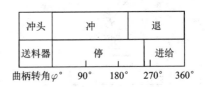

图15－11　直线式运动循环图

②圆周式工作循环图(图15－12)，为单缸四冲程内燃机的工作循环图。它以曲轴作为定标件，曲轴每转两周为一个工作循环。

③直角坐标式运动循环图，如图15－13所示。饼干包装机工作循环图中，横轴表示定标件的转角，纵轴表示执行构件的转角。

(2)机器运动循环图的设计要点

①以工艺过程开始点作为机器工作循环的起始点，并确定开始工作的那个执行机构在工作循环图上的机构运动循环图，其他执行机构则按工艺动作顺序先后列出。

②不在分配轴上的控制构件(一般是凸轮)，应将其动作所对应的中心角，换算成分配轴相应的转角。

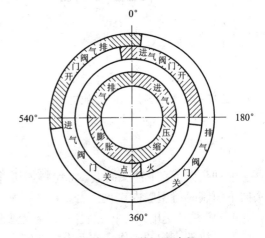

**图15－12　单缸四冲程
内燃机的工作循环图**

③尽量使各执行机构的动作重合，以便缩短机器工作循环的周期，提高生产率。

④按顺序先后进行工作的执行构件，要求它们前一执行构件的工作行程结束之时，与后一执行构件的工作行程开始之时，应有一定的时间间隔和空间裕量，以防止两机构在动作衔接处发生干涉。

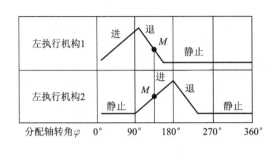 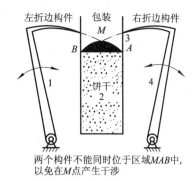

图 15 - 13　直角坐标式运动循环图

⑤在不影响工艺动作要求和生产率的条件下,应尽可能使各执行机构工作行程所对应的中心角增大些,以便减小速度和冲击等。

（3）机器运动循环图的设计步骤与方法

① 确定执行机构的运动循环时间 T_p。

② 确定组成执行构件运动循环的各个区段。

③ 初步绘制执行机构的执行构件的运动循环图。

④ 在完成执行机构的设计后对初步绘制的运动循环图进行修改。

⑤ 进行各执行机构的协调设计。

15.6　机械传动系统方案设计和原动机选择

15.6.1　传动系统的作用及其设计过程

传动系统位于原动机和执行系统之间,将原动机的运动和动力传递给执行系统,进行功率传递,使执行机构能克服阻力做功:实现增速、减速或变速传动;变换运动形式;进行运动的合成和分解;实现分路传动和较远距离传动;实现某些操纵控制功能(如启动、离合、制动、换向……)等。

传动系统方案设计时首先应完成执行系统的方案设计和原动机的选型,即根据执行机构所需要的运动和动力条件及原动机的类型和性能参数进行传动系统的方案设计。

传动系统设计过程:

（1）确定传动系统的总传动比。

（2）选择传动类型。即根据设计任务书中所规定的功能要求,执行系统对动力、传动比或速度变化的要求以及原动机的工作特性,选择合适的传动装置类型。

（3）拟定传动链的布置方案。即根据空间位置、运动和动力传递路线及所选传动装置的传动特点和适用条件,合理拟定传动路线,安排各传动机构的先后顺序,以完成从原动机到各执行机构之间的传动系统的总体布置方案。

（4）分配传动比。即根据传动系统的组成方案,将总传动比合理分配至各级传动机构,

表15-3所列为各种传动机构合理传动比。

表15-3 几种传动机构常用圆周速比、单级传动比和传递的最大功率的概值

传动机构种类	平带	V带	同步带	摩擦轮	齿轮	螺杆	链
圆周速度/($m \cdot s^{-1}$)	5~25(30)	5~30	≤50	≤15~25	≤15~120	≤15~35	≤15~40
传动比	≤5	≤8~15	≤10	≤7~10	≤4~8(20)	≤80	≤6~10
最大功率/kW	2000	750~1200	500	150~250	50000	550	3750

(5)确定各级传动机构的基本参数和主要几何尺寸,计算传动系统的各项运动学和动力学参数,为各级传动机构的结构设计、强度计算和传动系统方案评价提供依据和指标。

(6)绘制传动系统运动简图。

15.6.2 传动类型的选择

1.传动的类型和特点

(1)机械传动。利用机构所实现的传动称为机械传动。其优点是工作稳定、可靠,对环境的干扰不敏感;缺点是响应速度较慢、控制欠灵活。

(2)液压、液力传动。利用液压泵、阀、执行器等液压元器件实现的传动称为液压传动;液力传动则是利用叶轮通过液体的动能变化来传递能量的。

液压、液力传动的主要优点是速度、扭矩和功率均可连续调节;调速范围大,能迅速换向和变速;传递功率大;结构简单,易实现系列化、标准化,使用寿命长;易实现远距离控制、动作快速;能实现过载保护。缺点主要是传动效率低,不如机械传动精确;制造、安装精度要求高;对油液质量和密封性要求高。

(3)气压传动。以压缩空气为工作介质的传动称为气压传动。

气压传动的优点是易快速实现往复移动、摆动和高速转动,调速方便;气压元件结构简单、适合标准化、系列化,易制造、易操纵、可直接用气压信号实现系统控制,完成复杂动作;管路压力损失小,适于远距离输送;与液压传动相比,经济且不易污染环境、安全、能适应恶劣的工作环境。缺点是传动效率低;因压力不能太高,故不能传递大功率,因空气的可压缩性,故载荷变化时,传递运动不太平稳,排气噪音大。

2.根据传动比的变化分

(1)定传动比传动。输入与输出转速对应,适用于执行机构的工况固定、或其工况与原动机对应变化的场合。

(2)变传动比有级变速传动。一个输入转速可对应于若干个输出转速,适用于原动机工况固定,而执行机构有若干种工况的场合,或用于扩大原动机的调速范围。

(3)变传动比无级变速传动。一个输入转速对应于某一范围内无限多个输出转速,适用于执行机构工况很多或最佳工况不明确的情况。

(4)变传动比周期性变速传动。输出角速度是输入角速度的周期性函数,以实现函数传动或改善动力特性。

290

15.6.3　原动机的类型和特点

1. 动力电动机

不同类型的电动机具有不同的结构形式和特性,可满足不同的工作环境和机械不同的负载特性要求,分为交流电动机和直流电动机两大类。

主要优点:驱动效率高、有良好的调速性能、可远距离控制,启动、制动、反向调速都易控制,与传动系统或工作机械连接方便,作为一般传动,电动机的功率范围很广。

主要缺点:必须有电源。

原动机

2. 控制电动机(伺服电动机)

伺服电动机是指能精密控制系统位置和角度的一类电动机。它体积小、重量轻;具有宽广而平滑的调速范围和快速响应能力,其理想的机械特性和调节特性均为直线。伺服电动机广泛应用于工业控制、军事、航空航天等领域,如数控机床、工业机器人、火炮随动系统中。

3. 内燃机

(1)分类

按燃料种类分:柴油机、汽油机和煤油机。

按工作循环中的冲程数分:四冲程和二冲程内燃机。

按气缸数目分:单缸和多缸内燃机。

按主要机构的运动形式分:往复活塞式和旋转活塞式。

(2)优缺点

优点:功率范围宽、操作简便、启动迅速;适用于工作环境无电源的场合,多用于工程机械、农业机械、船舶、车辆等。

缺点:对燃油的要求高,排气污染环境、噪声大、结构复杂。

4. 液压马达

液压马达又称为油马达,它是把液压能转变为机械能的动力装置。

5. 气动马达

气动马达是以压缩空气为动力,将气压能转变为机械能的动力装置。工作介质为空气,故容易获取且成本低廉;易远距离输送,排入大气也无污染;能适应恶劣环境;动作迅速、反应快。工作稳定性差、噪声大,输出转矩不大,只适用于小型轻载的工作机械。

15.6.4　原动机的选择

1. 选择原则

(1)考虑工作机械的负载特性、工作制度、启动和制动的频繁程度。

(2)考虑原动机本身的机械特性能否与工作机械的负载特性(包括功率、转矩、转速等)相匹配,能否与工作机械的调速范围、工作的平稳性等相适应。

(3)考虑机械系统整体结构布置的需要。

(4)考虑经济性,包括原动机的原始购置费用、运行费用和维修费用等。

2. 原动机类型的选择

若工作机械要求有较高的驱动效率和较高的运动精度,应选用电动机。电动机的类型和型号较多，并具有各种特性，可满足不同类型工作机械的要求。

在相同功率下，要求外形尺寸尽可能小、重量尽可能轻时，宜选用液压马达。

要求易控制、响应快、灵敏度高时，宜采用液压马达或气动马达。

要求在易燃、易爆、多尘、振动大等恶劣环境中工作时，宜采用气动马达。

要求对工作环境不造成污染，宜选用电动机或气动马达。

要求启动迅速、便于移动或在野外作业场地工作时，宜选用内燃机。

要求负载转矩大，转速低的工作机械或要求简化传动系统的减速装置，需要原动机与执行机构直接连接时，宜选用低速液压马达。

3. 原动机转速的选择

原动机的额定转速一般是直接根据工作机械的要求而选择的。但需考虑：

(1)原动机本身的综合因素。例如，对于电动机来说，在额定功率相同的情况下，额定转速越高的电动机尺寸越小，重量和价格也低，即高速电动机反而经济。

(2)若原动机的转速选得过高，势必增加传动系统的传动比，从而导致传动系统的结构复杂。

思考题与练习题

1. 机械系统有何特性？试述机械系统的设计过程。

2. 机械系统由几个子系统组成？它们之间有何关系？

3. 机械系统运动方案设计一般需经过哪些主要步骤？方案设计中是否机构愈复杂，构件数目愈多愈好？机电一体化系统由哪几部分组成？各部分有何作用？

4. 机构组合的目的是什么？有哪几种组合方式？机构运动循环图是根据什么原则制定的？

5. 齿轮传动比的分配应注意什么？变位齿轮设计有哪些主要步骤？什么条件下才采用变位齿轮？变位系数是如何选取的？齿轮机构是高副接触，为什么可以传递较大的动力？

6. 请构思出能自动摘棉花的机器、能收割甘蔗的机器(含去叶)以及水果自动削皮机的运动方案。

附　录

附录1：世界机械发展史年鉴

年　代	标志性成果
公元前 7000 年	巴勒斯坦地区犹太人建立杰里科城，城市文明首次出现在地球上，最早的车轮或许是此时诞生的。杰里科是世界第一城，也被称为世界文明的摇篮。
公元前 4700 年	埃及巴达里文化进入青铜器时代，搬运重物的工具有滚子、撬棒和滑橇等，如埃及建造金字塔时就已使用这类工具。
公元前 3500 年	古巴比伦的苏美尔诞生了带轮的车，是在橇板下面装上轮子而成。
公元前 3000 年	美索不达米亚人和埃及人开始普及青铜器，青铜农具及用来修造金字塔的青铜工具(比如凿子)在此时已广泛使用。
公元前 2800 年	中国中原地区出现原始耕地工具——耒耜(木制)。
公元前 2800 年	青铜器制作技术传入我国周边，西域的游牧民族(现中国甘肃东乡马家窑文化遗址)出现锡青铜铸成的铜刀。
公元前 2686 年	开始出现牛拉的原始木犁和金属镰刀。铜制工具的制造多用锻打法。
公元前 2500 年	欧亚地区就曾使用两轮和四轮的木质马车。埃及古代墓葬中曾发现公元前1500 年前后的两轮战车。伊拉克和埃及用失蜡法铸造青铜金属饰物。
公元前 2400 年	埃及出现腕尺、青铜手术刀、滑轮等机械设备。
公元前 2000 年	中国甘肃武威皇娘娘台齐家文化遗址留存经过冷锻的铜制刀、凿。埃及等地出现切割树木的车床。中国中原地区开始制造以圆木板为行走部件的车辆(轮子)。
公元前 1700 年	西亚巴格达附近，欧贝德文明进入铁器时代。
公元前 1600 年	青铜器正式传入中原，中国开始用天然磨料磨制铜器和玉器。
公元前 1400 年	中国河北藁城和北京平谷县留存经过热锻的铁刃铜钺。中国河南安阳殷墟留存商代晚期最重的青铜器司母戊方鼎。中国河南安阳殷墟留存经过再结晶退火的金箔。中国出现象牙尺。甲骨文出现，中国进入有文字时代。小亚细亚的古国赫梯王国开始使用铁器。
公元前 1300 年	中国始用铜犁。中国用研磨方法加工铜镜。
公元前 1200 年	叙利亚出现磨谷子用的手磨。两河流域文明在建筑和装运物料过程中，已使用了杠杆、绳索、滚棒和水平槽等简单工具。滑轮技术流传到亚述，亚述人用作城堡上的放箭机构。埃及出现绞盘，最初用在矿井中提取矿砂和从水井中提水。埃及初步出现了水钟、虹吸管、鼓风箱和活塞式唧筒等流体机械。
公元前 1000 年	铁器制作技术自印度传入中原邻近的少数民族，中国西部国家(南越，楚国)出现带铁犁铧的犁。中国发明冶铸青铜用的鼓风机。

年　代	标志性成果
公元前 770 年	中国开始使用失蜡铸造方法铸造青铜器。中原出现可锻铸铁和铸钢。中国已普遍采用漏壶计时(西元纪年法(阳历))。中国湖北铜绿山春秋战国古铜矿遗址留存木制辘轳轴。中国出现制造战船的工场。
公元前 700 年	中国出现滑轮。
公元前 600 年	古希腊和古罗马进入古典文化时期,这一时期在古希腊诞生了一些著名的哲学家和科学家,他们对古代机械的发展作出了杰出的贡献。如学者希罗著书阐明关于五种简单机械(杠杆、尖劈、滑轮、轮与轴、螺纹)推动重物的理论,这是已知的最早的机械理论书籍。
公元前 513 年	中国的《左传》记载中国最早的铸铁件——晋国铸刑鼎。希腊罗马地区木工工具有了很大改进,除木工常用的成套工具如斧、弓形锯、弓形钻、铲和凿外,还发展了球形钻、能拔铁钉的羊角锤、伐木用的双人锯等。此时,长轴车床和脚踏车床已开始广泛使用,用来制造家具和车轮辐条。脚踏车床一直延用到中世纪,为近代车床的发展奠定了基础。
公元前 500 年	中国湖北随县曾侯乙墓留存春秋战国时期最复杂、最精美的青铜器——曾侯乙尊盘和曾侯乙编钟,编钟由 8 组 65 枚组成,采用浑铸法铸造。中国春秋末期的齐国编成手工艺专著《考工记》。世界上第一枚冲制法制成的钱币在罗马诞生,这是金属加工方面的一大成就,是现代成批生产技术的萌芽。
公元前 476 年	中国出现用天然磁铁制成的指南针——司南。中国开始用叠铸法铸造青铜刀币。中国河北易县燕下都遗址留存的钢剑中有淬火组织,矛、箭铤中有正火组织。中国河南洛阳留存经脱碳退火的白口铸铸,表面已脱碳成钢。中国河南信阳留存汞齐鎏金器物。中国山西永济县薛家崖留存青铜棘齿轮(直径 25 毫米,40 齿),中国河北武安午汲古城遗址留存铁制棘齿轮。
公元前 400 年	中国的公输班发明石磨。
公元前 220 年	希腊的阿基米德发明螺旋提水工具,提出物体浮动理论——阿基米德原理。古希腊人在手磨的基础上制成了轮磨。中国西安兵马俑出土的青铜秦剑大约诞生于此时期。
公元前 206 年	中国西汉出现青铜铸件透光镜。齿轮在欧洲出现,最早的应用是装在战车用来记录行车里程的里程计上。中国四川成都市站东乡留存滑车。罗马在单轮滑车的基础上发明复式滑车。它最早应用是在建筑上起吊重物。
公元前 113 年	中国河北满城西汉中山靖王刘胜墓留存经过渗碳处理的佩剑。
公元前 110 年	罗马桔槔式提水工具和吊桶式水车使用范围扩大,涡形轮和诺斯水磨等新的流体机械出现,前者靠转动螺杆,将水由低处提到高处,主要用于罗马城市的供水。后者用来磨谷物,靠水流推动方形叶轮而转动,其功率不到半马力。
公元前 100 年	罗马出现功率较大的维特鲁维亚水磨,水轮靠下冲的水流推动,通过适当选择大小齿轮的齿数,就可调整水磨的转速,其功率约 3 马力,后来提高到 50 马力,成为当时功率最大的原动机。
公元 1 世纪	亚历山大的西罗著有《气动力学》,其中记载利用蒸汽作用旋转的气转球(反动式汽轮机雏形)。同时,西罗发明的汽转球(又叫风神轮)出现。汽转球作为第一个把蒸汽压力转化为机械动力的装置,也是最早应用喷气反作用原理的装置。

年 代	标志性成果
公元 9 年	中国制出新莽卡尺。
25—221 年	中国的毕岚发明翻车(龙骨水车)。中国的杜诗发明冶铸鼓风用水排。中国出现水轮车(水轮机雏形)。
78—139 年	中国的张衡发明浑天仪(水运浑象),由漏水驱动,能指示星辰出没时间。
2 世纪	中国用花纹钢制造宝刀、宝剑。
220—230 年	中国出现记里鼓车。
235 年	中国的马钧发明由齿轮传动的指南车。
265—420 年	中国的杜预发明由水轮驱动的连机碓和水转连磨。
4 世纪	地中海沿岸国家在酿酒压力机上应用螺栓和螺母。西方机械技术的发展因古希腊和罗马的古典文化处于消沉而陷于长期停顿。黑死病等瘟疫的蔓延,使西方世界陷入长达 400 年的黑暗。
5—6 世纪	中国发明磨车。
420—589 年	中国出现车船。
550—580 年	中国的綦母怀文发明灌钢技术。
618—907 年	中国西安沙坡村留存银质暖被用香炉,结构精巧。
700 年	波斯开始使用风车。
953 年	中国铸造大型铸铁件——沧州铁狮子(重 5000 千克以上)。
1041—1048 年	中国的毕昇发明活字印刷术。
1088 年	中国的苏颂、韩公廉制成带有擒纵机构的水运仪象台。
1097 年	中国在山西太原晋祠铸有四个大铁人——宋代铁人。
1127—1279 年	中国发明水转大纺车。
1131—1162 年	中国记载走马灯(燃气轮机雏形)。
1263 年	中国的薛景石完成木制机具专著《梓人遗制》。
1330 年	中国的陈椿在《敖波图》中记载化铁炉(掺炉)。
1332 年	中国用铜制造大炮。文艺复兴时代开始,意、法,英等国相继兴办大学,发展自然科学和人文科学,培养人才,西方机械技术开始恢复和发展。
1350 年	意大利的丹蒂制成机械钟,以重锤下落为动力,用齿轮传动。
1395 年	德国出现杆棒车床。
1439 年	德国谷腾堡发明金属活字凸版印刷机。
1608 年	荷兰的李普希发明望远镜。
1629 年	意大利的布兰卡设计出靠蒸汽冲击旋转的转轮(冲动式汽轮机的雏形)。
1637 年	中国刊印了宋应星的科学技术著作《天工开物》,书中对中国古代生产器具和技术有详细记载。
1643 年	意大利的托里拆利通过实验测定标准大气压值为 760 毫米汞柱高,奠定了流体静力学和液柱式压力测量仪表的基础。

年 代	标志性成果
1660 年	法国的帕斯卡提出静止液体中压力传递的基本定律，奠定了流体静力学和液压传动的基础。
1650—1654 年	德国的盖利克发明真空泵，1664 年他在马德堡演示了著名的马德堡半球实验，首次显示了大气压的威力。
1656—1657 年	荷兰的惠更斯发明单摆机械钟。
1665 年	荷兰的列文胡克和英国的胡克发明显微镜。
1698 年	英国的萨弗里制成第一台实用的用于矿井抽水的蒸汽机——"矿工之友"。它开创了用蒸汽做功的先河。
1701 年	英国的牛顿提出对流换热的牛顿冷却定律。
1705 年	英国的纽科门发明大气活塞式蒸汽机，取代了萨弗里的蒸汽机，功率可达 6 马力。
1709—1714 年	德国的华佗海特先后发明酒精温度计和水银温度计，并创立以水的冰点为 32℉、沸点为 212℉、中间分为 180℉ 的华氏温标。
1712 年	英国工程师纽科门发明了世界上第一台蒸汽机，功率达到 5.5 马力。
1713—1735 年	英国的达比发明用焦炭炼铁的方法。达比之子将焦炭炼铁技术用于生产。
1733 年	法国的卡米提出齿轮啮合基本定律。
1738 年	瑞士的丹尼尔·贝努利建立无黏性流体的能量方程——贝努利方程。
1742—1745 年	瑞典的摄尔西乌斯创立以水的冰点为 100 度、沸点为 0 度的温标。1745 年，瑞典的林奈将两个固定点颠倒过来，即成为摄氏温标。
1750 年	法国的拉瓦锡和俄国的罗蒙诺索夫提出燃烧是物质氧化的理论。
1755 年	瑞士的欧拉建立黏性流体的运动方程——欧拉方程。
1764 年	英国的哈格里夫斯发明竖式、多锭、手工操作的珍妮纺纱机。
1769 年	英国的瓦特陆续取得分离式凝汽器等四项蒸汽机部件的专利，对纽科门蒸汽机进行了特大改革，形成了举世闻名的瓦特蒸汽机，于 1776 年投入运行，热效率达 2% ~4%。法国的居诺制成三轮蒸汽汽车，这是第一辆能真正行驶的汽车。
1772—1794 年	英国的瓦洛和沃恩先后发明滚动球轴承。
1774 年	英国的威尔金森发明较精密的炮筒镗床，这是第一台真正的机床——加工机器的机器。它成功地用于加工气缸体，使瓦特蒸汽机得以投入运行。
1785 年	法国的库仑用机械啮合概念解释干摩擦，首次提出摩擦理论。英国的卡特赖特发明动力织布机，完成了手工业和工场手工业向机器大工业的过渡。
1786 年	英国的西兹发明割穗机。
1787 年	英国的威尔金森建成第一艘铁船。
1789 年	法国首次提出"米制"概念。1799 年制成阿希夫米尺（档案米尺）。
1790 年	英国的圣托马斯发明缝制靴鞋用的链式单线迹手摇缝纫机，这是世界上第一台缝纫机。

年 代	标志性成果
1791 年	英国的边沁先后发明平刨床、单轴木工铣床、镂铣机和木工钻床。
1792 年	英国的莫兹利发明加工螺纹的丝锥和板牙。
1794 年	英国的威尔金森建成冲天炉。
1795 年	英国的布拉默发明水压机。
1797 年	英国的莫兹利发明带有丝杠、光杠、进给刀架和导轨的车床,可车削不同螺距的螺纹。
1799 年	法国的蒙日发表《画法几何》一书,使画法几何成为机械制图的投影理论基础。
19 世纪初	英国的扬提出弹性模量概念,揭示了应变与应力间的关系。
1803 年	英国的唐金制成长网造纸机。英国的特里维希克制成第一辆利用轨道的蒸汽机车。
1804 年	法国的毕奥提出热传导规律,并由法国的傅里叶最早应用,因而称傅里叶定律。
1807 年	英国的布律内尔发明木工圆锯机。英国的富尔顿建成第一艘采用明轮推进的蒸汽机船"克莱蒙脱"号。
1809 年	英国的迪金森制成圆网造纸机。
1812 年	德国的柯尼希发明圆压型平凸版印刷机。
1814 年	英国的斯蒂芬森制成铁路蒸汽机车"皮靴"号。1829 年,斯蒂芬森父子的"火箭"号蒸汽机车在机车比赛中以速度 58 公里/小时、载重 3137 吨安全运行 112.6 公里的成绩获奖。
1816 年	苏格兰的斯特林发明热气机。
1817 年	英国的罗伯茨发明龙门刨床。
1818 年	美国的惠特尼发明卧式铣床。德国的德赖斯发明木制、带有车把、依靠双脚蹬地行驶的两轮自行车。
1820 年	英国的怀特发明第一台既能加工圆柱齿轮,又能加工圆锥齿轮的机床。
1822 年	法国的涅普斯进行照相制版实验,并制成世界上第一张照片。1826 年,他又用暗箱拍摄出一张照片。
1827—1845 年	法国的纳维和英国的斯托克斯建立黏性不可压缩流体的运动方程——纳维 - 斯托克斯方程。
1830 年	法国出现火管锅炉。
1833—1836 年	美国的奥蒂斯设计制造单斗挖掘机械。
1834 年	美国的佩奇和费伊分别发明榫槽机和开榫机。
1834—1844 年	美国的帕金斯和戈里分别制成以乙醚为工质的和以空气为工质的制冷机。
1835 年	英国的惠特沃斯发明滚齿机。
1836 年	美国的麦考密克发明马拉联合收割机(康拜因)。

年 代	标志性成果
1837 年	俄国的雅可比发明电铸方法。
1838 年	俄国的雅可比用蓄电池给直流电动机供电以驱动快艇,这是首次使用电力传动装置。美国的布鲁斯首次用压力铸造法生产铅字。
1839 年	法国的达盖尔制成第一台实用的银版照相机,用它能拍出清晰的照片。苏格兰的庞顿在其报告中阐明了现代照相制版方法。英国的史密斯建成螺旋桨推进的蒸汽机船——"阿基米德"号。美国的巴比特发明锡基轴承合金(巴氏合金)。
1840—1850 年	英国的焦耳发现电热当量,并用各种方式实测热功当量。他的实验结果导致科学界抛弃"热质说"而公认热力学第一定律。
1841 年	英国的惠特沃斯设计英制标准螺纹系统。法国的蒂莫尼埃设计和制造实用的双线链式线迹缝纫机。
1842 年	英国的内史密斯发明蒸汽锤。
1848 年	中国的丁拱辰著《演炮图说辑要》,其中的西洋火轮车、火轮船图说是中国第一部关于蒸汽机、火车和轮船的论述。
1845 年	美国的菲奇发明转塔车床(六角车床)。英国的汤姆森取得充气轮胎专利。1888 年以后分别由英国的邓洛普和法国米西兰橡胶公司用于自行车和汽车车胎。英国的柯拜在广州黄埔设立柯拜船舶厂,这是中国最早的外资机械厂。
1846—1851 年	美国的豪取得曲线锁式线迹缝纫机专利;美国的森嘉设计制造了这种缝纫机,从此缝纫机被大量生产。
1847 年	世界上最早的机械工程学术团体——英国工程师学会成立。法国的波登制成波登管压力表。美国的霍伊发明轮转(圆压圆凸版)印刷机。
1848 年	英国的开尔文(即汤姆森)创立热力学温标。法国的帕尔默发明外径千分尺。德国发明万能式轧机。
1849 年	美国的弗朗西斯发明混流式水轮机。
1850—1851 年	德国的克劳修斯和英国的开尔文分别提出热力学第二定律。
1850—1880 年	英国发明各种气体保护无氧化加热方法。
1856 年	德国工程师协会成立。英国的贝塞麦发明转炉炼钢。
1856—1864 年	英国的西门子和法国的马丁发明平炉炼钢。
1857 年	英国的贝塞麦发明连续铸造方法。
1858 年	美国的布莱克发明颚式破碎机。
1860 年	法国的勒努瓦制成第一台实用的煤气机(也是第一台内燃机)。德国的基尔霍夫通过人造空间模拟绝对黑体,建立基尔霍夫定律。
1861 年	中国的曾国藩创办安庆军械所,这是中国人自办的第一家机械厂。
1862—1865 年	中国先后造出第一台蒸汽机和第一艘木质蒸汽机船——"黄鹄"号。
1862 年	德国的吉拉尔发明液体静压轴承。

续表

年　代	标志性成果
1863 年	英国的索比用显微镜观察到钢铁的金相组织，并于 1864 年展出钢的金相显微照片。
1864 年	法国的若塞尔最早研究刀具几何参数对切削力的影响。
1865 年	中国的曾国藩、李鸿章等创办江南制造总局，这是中国近代机械工业的开端（1953 年更名为江南造船厂）。
1867 年	德国的沃勒在巴黎博览会上展出车轴疲劳试验结果，提出疲劳极限概念，奠定了疲劳强度设计的基础。
1868 年	美国的希鲁斯发明打字机。英国的穆舍特制成含钨的合金工具钢。
1868—1887 年	英国和美国先后出现带式输送机和螺旋输送机。
1870 年	俄国的季梅最早解释切屑的形成过程。
1872—1874 年	美国的贝尔和德国的林德分别制成氨蒸汽压缩式制冷机。
1873 年	美国的斯潘塞制成单轴自动车床，不久又制成多轴自动车床。
1874 年	英国的瑞利发现莫尔条纹现象。英国的劳森制成链条传动、后轮驱动的现代型自行车。
1875 年	德国的勒洛建立构件、运动副、运动链和机构运动简图等概念，奠定了机构学的基础。
1876 年	德国的奥托发明往复活塞式、单缸、四冲程内燃机。美国发明万能外圆磨床，首次具有现代磨床的基本特征。
1877 年	法国的凯泰和瑞士的皮克特首先获得雾状液态氧。1892 年，英国的杜瓦制成液化气体容器。
1878—1884 年	奥地利的斯忒芬和玻耳兹曼建立辐射换热的斯忒芬 - 玻耳兹曼定律。
1879 年	德国的西门子制造的电力机车试车成功。世界上第一艘钢船问世。瑞典的拉瓦尔发明离心分离机。
1880 年	美国工程师学会成立。
1881 年	法国出现蓄电池电力汽车。中国胥各庄修车厂制出中国第一台蒸汽机车——"中国火箭"号。美国人邦萨克发明了第一台生产能力达 250 支/分的连续成型卷烟机。
1882 年	瑞典的拉瓦尔制成第一台单级冲动式汽轮机。
1883 年	德国的戴姆勒制成第一台立式汽油机，1885 年取得专利。英国的雷诺发现流体的两种流动状态——层流和湍流，并建立湍流的基本方程——雷诺方程。
1884 年	英国的帕森斯制成多级反式汽轮机。
1885 年	德国的本茨发明三轮汽油机汽车，1886 年取得世界上第一个汽车专利。德国的戴姆勒发明汽油机摩托车。
1885—1887 年	俄国的别那尔多斯和美国的汤普森分别发明电弧焊和电阻焊。

年 代	标志性成果
1886 年	德国的戴姆勒发明四轮汽油机汽车。美国的赫谢尔用文丘里管制成测量水流的装置,这是最早的流量测量仪器。英国的雷诺建立流体动压润滑理论。
1888 年	德国的奥斯蒙德提出钢、铁与生铁的金相转变理论,后由英国的奥斯汀制成铁碳相图。
1889 年	第一届国际计量大会首次正式定义"米"为:在零摄氏度,保存在国际计量局的铂铱米尺的两中间刻线间的距离。美国的佩尔顿发明水斗式水轮机。
1890 年	美国的艾姆斯制成百分表和千分表。
1891 年	美国的艾奇逊制成最早的人造磨料——碳化硅。
1892 年	美国的弗罗希利奇发明农用拖拉机。
1893 年	美国研制成功世界第一台万吨水压机。
1895 年	德国的伦琴发现 X 射线。
1896 年	瑞典的约翰森发明成套量块。
1897 年	德国的狄塞尔发明柴油机。美国的费洛斯发明插齿机。英国的帕森斯建成第一艘汽轮机船"透平尼亚"号。日本机械工程师学会成立。
1898 年	美国的拉普安特发明卧式内拉床。美国的泰勒和怀特发明高速钢。
1899 年	法国的埃鲁发明电弧炉炼钢法。
20 世纪初	美国的柯蒂斯发明速度级汽轮机。英国的科克尔和法国梅斯纳热首次对车轮、齿轮、轴承等进行实验应力分析。
1901 年	法国发明气焊。
1903 年	美国的莱特兄弟制成世界上第一架真正的飞机并试飞成功。美国的福特建立福特汽车公司,开始大量生产汽车。1908 年,福特研制的 T 型汽车投入市场。第一艘柴油机船"万达尔"号下水。
1904 年	德国的普朗特建立边界层理论。美国的鲁贝尔发明胶版印刷机。
1906 年	法国的勒梅尔和阿芒戈制成第一台能输出功率的燃气轮机。
1906—1914 年	瑞士的比希试制复合式发动机。
1906 年	德国的能斯脱发现"热定理",1912 年,经德国的普朗克和西蒙修改为热力学第三定律。
1907 年	美国的泰勒研究切削速度对刀具寿命的影响,提出著名的泰勒公式。
1908 年	中国广州均和安机器厂制出中国第一台内燃机(单缸卧式 8 马力柴油机)
1911 年	美国的格林里公司发明组合机床。
1912 年	英国的布里尔利和德国的施特劳斯等分别制成铬不锈钢和铬镍不锈钢。中国的詹天佑发起成立中华工程学会,后成为中国工程师学会。
1913 年	瑞典制成第一辆电力传动的柴油机车。美国福特汽车公司建成最早的汽车装配流水线。

年　代	标志性成果
1915 年	中国第一家钟厂——中宝时钟厂在烟台创办。上海荣昌泰机器厂造出中国第一台机床(4 英尺脚踏车床)。
1919 年	中国最早的缝纫机厂——协昌、润昌缝纫机行在上海创办。
1920 年	德国的霍尔茨瓦特制出第一台实用的燃气轮机(按等容加热循环工作)。奥地利的卡普兰发明轴流转桨式水轮机。捷克斯洛伐克的恰佩克在其科幻剧作《罗素姆万能机器人》中首次使用"机器人"(robot)一词。英国的格里菲思进行断裂力学分析。
1923 年	德国的施勒特尔发明硬质合金。
1923—1927 年	德国的柯斯特尔设计制造柯式干涉仪。
1926 年	美国建成第一条自动生产线(加工汽车底盘)。
1927 年	美国的伍德和卢米斯进行超声加工试验。1951 年,美国的科恩制成第一台超声加工机。
1931 年	辽宁民生工厂生产出中国第一辆汽车。
1934 年	德国的克诺尔和鲁斯卡制成透射电子显微镜。
1934 年	中美合资的杭州中央飞机制造厂成立,曾制造出全金属轰炸机。
1935—1936 年	中国的刘仙洲等发起成立中国机械工程学会。
1938 年	美国的卡尔森首创静电复印技术。德国的德古萨公司发明陶瓷刀具。
1938—1940 年	美国的厄恩斯特和麦钱特用高速摄影机拍摄切屑的形成过程,并解释了切屑的形成机理。
1939 年	瑞士制成发电用燃气轮机(按等压加热循环工作)。
1941 年	瑞士制成第一辆燃气轮机机车。美国的伦里考夫提出了有限元法。
1942 年	美国的费米等建成第一座可控的链式核裂变原子反应堆。
1943 年	苏联的拉扎连科夫妇发明电火花加工。苏联发明阳极机械切割。
1947 年	第一艘燃气轮机船"加特利克"号问世。英国的莫罗和威廉斯制得球墨铸铁。
1948 年	英国的泰勒森设计出多面棱体。
1950 年	德国的施泰格瓦尔特发明电子束加工。诺曼·弗兰茨发明了水射流切割方法。
1952 年	美国帕森斯公司制成第一台数字控制机床。美国利普公司制成电子手表。
1953 年	美国发明电解磨削加工法,使硬质金属材料磨削效率提高几倍。
1954 年	美国建成第一艘核动力船——"鹦鹉螺"号核潜艇。中国第一台航空发动机试制成功。
1955 年	美国研究成功等离子弧加工(切割)方法。

年 代	标志性成果
1956 年	中国第一汽车制造厂（长春）建成投产。中国建立机床研究所。中国成立工具科学研究院，1957 年改组为工具研究所。
1957 年	德国的汪克尔研制成旋转活塞式发动机。苏联成功发射第一颗人造卫星"伴侣－1"。
1958 年	美国的卡尼－特雷克公司研制成第一台加工中心。美国研制成工业机器人。美国的舒罗耶发明实型铸造。世界工程组织联合会（WFEO）成立。美国的汤斯和肖洛发表形成激光的论文。中国最大的轴承厂——洛阳轴承厂建成投产。中国最大的手表厂——上海手表厂建成投产。北京机床厂研制成中国第一台数控机床。
1959 年	中国第一拖拉机厂（洛阳）建成投产。美国的马瑟取得谐波传动专利。
20 世纪 50 年代	美国发明电解磨削方法。苏联和美国在生产中应用电解加工方法。液体喷射加工方法开始在生产中应用。美国用有限元法进行应力分析。
1960 年	美国的梅曼研制成红宝石激光器。第十一届国际计量大会第二次定义"米"为：Kr 原子在 2P10 和 5d5 能级之间跃迁时，其辐射光在真空中波长的 1650763. 73 倍。中国最大的重型机器厂第一重型机器厂（齐齐哈尔）建成投产。
1961 年	中国第一台 12000 吨水压机由江南造船厂研制成功。
1962 年	美国本迪克斯公司首次在数控铣床上实现最佳适应控制。
1963 年	美国的格罗弗发明热管。
1967 年	美国的福克斯首次提出机构最优化概念。英国莫林斯公司根据威廉森提出的柔性制造系统的基本概念研制出"系统 24"。
1969 年	中国第二汽车制造厂（湖北十堰）开始大规模动工建设。1975 年建成 2.5 吨越野汽车生产基地。
1972 年	美国通用电器公司生产聚晶人造金刚石和聚晶立方氮化鹏刀片。
1976 年	日本发那科公司首次展出由 4 台加工中心和 1 台工业机器人组成的柔性制造单元。
1979 年	美国的徐南朴等指出摩擦系数等于机械啮合摩擦系数、黏着摩擦系数、犁削摩擦系数之和。
1983 年	第 17 届国际计量大会第 3 次定义"米"为："光在真空中 1/299792458 s 的时间间隔内所行进的路程长度"。
2006 年	世界首台 36000 吨垂直挤压机在中国诞生。
2007 年	中国国防科技大学研制成功国内第一台磁流变抛光机床，第一台离子束抛光机床，从而实现了大型光学镜面的数字化自动抛光。
2009 年	德国机械制造设备联合会报告在汉诺威工业博览会宣布中国成为世界第一机械制造大国。

附录2：重要名词术语中英文对照表

abnormal load　不规则负荷

absolute acceleration　绝对加速度

absolute instantaneous（instant）center　绝对瞬心

absolute motion　绝对运动

absolute velocity　绝对速度

acceleration　加速度

acceleration diagram　加速度图

acceleration image　加速度影像

acceleration pole　加速度极点

acceleration polygon　加速度多边形

accuracy of balance　平衡精度

action Engagement　啮合

active force　有效力

active power　有效功率

actual displacement　位移

actuating travel　推程

addendum circle　齿顶圆

addendum line　齿顶线

addendum（复数 addenda）　齿顶高

adjacent member　相邻构件

amount of unbalance　不平衡量

analytical method　解析法

angle of action　啮合角

angle of oscillation　摆动角

angular acceleration　角加速度

angular displacement　角位移

angular velocity ratio　角速度比

annular gear, ring gear　内齿轮

anti-clockwise, counter-clockwise　逆时针方向

antiparallel crank linkage　反平行双曲柄机构

aperiodic motion　非周期性运动

aperiodic speed fluctuation　非周期性速度波动

applied force　作用力

approach contact　啮入

arbitrary angle　任意角度

arbitrary axis　任意轴线

arbitrary point　任意点

arc-length　弧长

Archimedes worm　阿基米德蜗杆

area contact　面接触

assembly　装配,组合

automatic machine　自动机械

automation design　自动设计

automatization　自动化

auxiliary point　辅助点

available energy　有效能量

average acceleration　平均加速度

average velocity　平均速度

axial force　轴向力

axial pressure angle　轴面压力角

balance, equilibrium　平衡

balance mass　平衡质量

balancing test　平衡试验

balancing weight　平衡重量

ball-and-socket joint　球形接头

barrel cam　圆柱凸轮

base circle　基圆

base cone　基圆锥

base cylinder　基圆柱

bearing force　轴承反力

bell cam, end cam　端面凸轮

bending moment　弯矩

bilateral member　两副构件

box cam　定宽凸轮

break-in period　开车阶段

break-in　试车,跑合

break-off period　停车阶段

buttress thread　锯齿形螺纹

cam　凸轮

cam contour, cam profile　凸轮轮廓

camshaft　凸轮轴

cardan shaft　万向联轴节轴

central gear　中心轮

central（radial）slider-crank mechanism　对心曲柄滑块机构

centre angle　圆心角

centre distance modification coefficient　中心距变动系数

centre distance　中心距

centre line　中心线,连心线

centre of circle　圆心

centre of curvature　曲率中心

centre of form　形心

centre of gravity　重心

centre of gyration　回转中心

centre of mass　质心

303

centre of rotation　转动中心

centre point　中心点

centrifugal force　离心力

centrifugal governor　离心调速器

centrifugal inertia force　离心惯性力

centripetal acceleration　向心加速度

centripetal force　向心力

centrode　瞬心线

centrode normal　瞬心线的法线

centrode tangent　瞬心线的切线

circle of curvature　曲率圆

circular arc　圆弧

circular thickness　齿厚

circulation of motion　运动循环

circulation　循环

clockwise　顺时针方向

closed chain　闭式链

coefficient of addendum　齿顶高系数

coefficient of friction　摩擦系数

coefficient of nonuniformity　不均匀系数

coefficient of rolling friction　滚动摩擦系数

coefficient of sliding friction　滑动摩擦系数

coefficient of top clearance　顶隙系数

colinear force　共线力

combination of mechanisms　机构组合

combined force　合成力

compelling force　外加力

compensation　校正,补偿

compensation balance　补偿平衡

component of force　分力

compound connection of machines　混合组联式机组

compound epicyclic gear train　混合轮系

computer-aided design(CAD)　计算机辅助设计

conceptual design　草图设计

concurrent force　汇交力

conditions of crank existence　曲柄存在条件

cone angle　锥角

cone distance　锥距

conjugate surfaces　共轭齿廓

connection　联结,接合

connection of machines　机械的组联型式

conrod, coupler　连杆

conservation of energy　能量守恒

constrained force　约束力

constraint　约束

contact point　接触点

contact ratio, engagement factor　重叠系数

continuous motion　连续运动

coplanar force　共平面力

copying cutter　仿形刀具

copying method　仿形法

coriolis acceleration　哥氏加速度

cosine acceleration curve　余弦加速度曲线

coulomb friction　库仑摩擦

counter balance　配重,平衡重量

counter weight　配重,平衡重量

coupler curve　连杆曲线

crank-and-rocker mechanism　曲柄摇杆机构

crank-swing block　曲柄摇块机构

crank-and-rotating guidebar mechanism　曲柄转动导杆机构

cross point　交叉点

crossed helical gear　交错轴斜齿轮

crossed-slider mechanism　十字滑块机构

crossover point　相交点

crown gear　冠轮(分度圆锥角为90°的圆锥齿轮)

curtate epicycloid　短幅外摆线

curved teeth bevel gear　弧齿圆锥齿轮

curvilinear motion　曲线运动

cycloidal gear　摆线齿轮

cylindrical groove cam　圆柱形沟槽凸轮

cylindrical pair　圆柱副

D-H symbolic notations　D-H 机构符号表示法

dead point　死点

dedendum (复数 dedenda)　齿根高

dedendum circle　齿根圆

definite relative motion　确定的相对运动

degrees of freedom(DOF)　自由度数

detrimental resistance　有害阻力

diametral quotient　蜗杆特性系数

differential gear train　差动轮系

dimensional synthesis size synthesis　尺度综合

disk cam,plate cam　盘形凸轮

disk milling-cutter　盘铣刀

displacement diagram　位移曲线图

distortion of motion　运动失真

double helical gear　人字齿轮

double pin joints　铰链接头

double universal joint　双万向联轴节

double-crank mechanism　双曲柄机构

double-slider mechanism　双滑块机构

driven gear　从动齿轮

driven link　从动件

driven memer　从动构件

driven shaft　从动轴

driving gear　主动齿轮

driving link　主动杆

driving member　主动构件

driving pawl　驱动爪

driving shaft　主动轴

dry friction　干摩擦

dwell mechanism　间歇运动机构

dwell, repose　停歇,休止

dynamics　动力学

dynamic analysis　动力分析

dynamic balance　动平衡

dynamic balancing machine　动平衡机

dynamic behavior　动力学特性

dynamic equilibrium　动力平衡

dynamic load　动载荷

dynamic substitution　动代换

dynamically equivalent masses　动力学等效质量

elliptical gear　椭圆齿轮

eccentric mechanism　偏心轮机构

eccentric slider-crank mechanism　偏置曲柄滑块机构

effective length of line of action　实际啮合线段长度

effective resistance　有效阻力

element of kinematic pair, pairing element　运动副元素

energy consumption　能量消耗

energy indicator card　能量指示图

envelope curve　包络线

epicyclic gear train　行星轮系

epicyclic gear, equation of engagement with zero backlash　无齿侧间隙啮合方程式

equidistant curve　等距曲线

equilibrant　平衡力

equilibrium diagram, equilibrium polygon　力平衡图

equilibrium of forces　力系平衡

equivalent cylinder gear　当量圆柱齿轮

equivalent friction angle　当量摩擦角

equivalent linkage　等效机构

equivalent mass　等效质量

equivalent moment of inertia　等效转动惯量

equivalent number of teeth　当量齿数

equivalent torque　等效力矩

evolution of linkage　连杆机构的演化

external gear　外齿轮

external geneva drive　外槽轮机构

extreme point　端点,极限点

face-groove cam　平面沟槽凸轮

factored mass　代换质量

female screw, Internal thread　内螺纹

final contact point　终止啮合点

finger milling-cutter　指形铣刀

finite displacement　有限位移

fixed centrode　定瞬心线

fixed member　固定构件

fixed pivot　固定铰链

flat pair, planar pair　平面副

flat-faced follower　平底从动件

flexible rotor　柔性转子

fluctuation　波动

fluid friction　液体摩擦

flywheel　飞轮

focal point　焦点

follower　从动件

force polygon　力多边形图

force transmission　力的传递

forced closure　力封闭(锁合)

form milling-cutter　仿形铣刀

formal constraint　虚约束

four-bar linkage　铰链四杆机构

frame　机架

freedom　自由度

friction angle　摩擦角

friction circle　摩擦圆

friction cone　摩擦锥

friction couple　摩擦力偶

friction drive　摩擦传动

friction effect　摩擦效应

friction factor　摩擦系数

friction force　摩擦力

friction gearing　摩擦传动

friction loss　摩擦损耗

friction power　摩擦功

friction ratchet mechanism　摩擦棘轮机构

fundamental law of gear-tooth action　齿廓啮合基本定律

gear-form generating cutter　齿轮形插刀

geared linkage mechanism　齿轮连杆机构

gear　齿轮

generalized equation of motion　等效运动方程式

generalized force　等效力

generalized link　等效构件

generalized mass　等效质量

generalized moment of inertia　等效转动惯量

generalized torque　等效力矩

generating method　范成法

305

geneva mechanism　马耳他十字轮机构(槽轮机构)

geneva wheel, geneva gear　槽轮

geometric centre　几何中心

geometrical synthesis　几何法综合

geometry of motion, kinematic geometry　运动几何学

gleason spiral bevel gear　格里孙制螺旋圆锥齿轮(又称弧齿圆锥齿轮)

globular(global) pair, spheric pair　球面副

governor　调速器

graphic method　图解法

gravitational acceleration　重力加速度

gravity　重力

guide screw　导向丝杆

guide-way　导路

helical gear with circular-arc tooth profile　圆弧齿轮

helical gear　斜齿轮

helical pair, screw pair　螺旋副

helix　螺旋线

helix angle　螺旋角

higher pair　高副

higher-pair connector　高副联结

higher-pair mechanism　高副机构

hob　滚刀

hobbing machine　滚齿机

horizontal axis　横坐标轴

horizontal force　水平力

horizontal plane　水平面

hydraulic cylinder　液压缸

idle gear　惰轮

idle motion, race rotation　空转

IFTOMM (International Federation for Theory of Machines and Mechanisms)　国际机械学与机构学联合会

image construction　影像法

image pole　影像极点

imaginary axis　虚数轴

in-line follower　对心从动件

independent variable　自变量,独立变量

inertia couple　惯性力偶

inertia force　惯性力

inertia torque　惯性力矩

initial contact point　起始啮合点

initial point　起始点

inner force　内力

inner friction　内摩擦

input link　输入杆

input member　输入构件

input shaft　输入轴

input variable　输入变量

instantaneous (instant) center of acceleration　加速度瞬心

instantaneous (instant) center of velocity (ICV)　速度瞬心

instantaneous acceleration　瞬时加速度

instantaneous angular velocity　瞬时角速度

instantaneous coincident points　瞬时重合点

instantaneous pole　速度瞬心

instantaneous velocity　瞬时速度

interaction　相互作用

intermittent gear　不完全齿轮

intermittent mechanism　间歇运动机构

intermittent motion　间歇运动

internal friction　内摩擦

internal geneva drive　内槽轮机构

internal-combustion engine　内燃机

interrupted movement　间歇运动

intersecting axes　相交轴

inversion　转化

inversion force　转化力

inversion mass　转化质量

inversion member　转化构件

inversion point　转化点

inversion torque　转化力矩

involute　渐开线

involute function(Inv)　渐开线函数

involute gear　渐开线齿轮

involute helicoid　渐开螺旋面

involute polar angle　渐开线的展角

inversion mement of inertia　转化转动惯量

journal　轴颈

kinematic chain　运动链

kinematic determination　运动确定性

kinematic model　运动学模型

kinematic pair　运动副

kinematic scheme　机构运动简图

kinematic synthesis　运动综合

kinematics　运动学

kinematics analysis　运动分析

kinetic energy equation of machinery　机器的动能方程式

kinetic energy　动能

kinetic equilibrium　动态力平衡

kinetic friction factor　动摩擦系数

kinetically equivalent masses　动力学等效质量

knife-edge follower, tip follower　尖顶从动件

law of constant acceleration and deceleration motion　等加速 – 等减速运动规律

law of constant velocity motion　等速运动规律

law of motion　运动规律

lead of screw　导程

left-handed worm　左旋蜗杆

length of common normal　公法线长度

limit of action　极限啮合点

line contact　线接触

line of action　啮合线

linear acceleration　直线加速度

linear displacement　直线位移

linear motion　直线运动

linear velocity　线速度

linkage　连杆机构

links combination　杆件组合

load capacity　承载能力

load rating　额定负荷

locking pawl　止回爪

loss of energy　能量损失

lower pair　低副

lower-pair connector　低副联结

lower-pair mechanism　低副机构

lubrication　润滑

lumped-mass　集中质量

machine　机械

machine tool　机床

machinery　机器

male screw, external thread　外螺纹

maltese cross, manipulator　机械手, 操作器

mass　质量

mass balance　质量平衡

mass distribution　质量分布

mass point　质心点

mass substitution　质量代换

mass-distance product　质径积

mathematical model　数学模型

mathematical synthesis　数学解析法综合

mechanical advantage　机械效益

mechanical component　机械零件

mechanical design　机械设计

mechanical efficiency　机械效率

mechanical engineering　机械工程

mechanical equipment　机械设备

mechanical power　机械功

mechanical transmission　机械传动

mechanism　机构

mechanism design　机构设计

mechanisms　机械学

method of gear hobbing　滚齿方法

method of half angle rotation　半角转动法

method of kinematic inversion　反转法

modification coefficient　变位系数

modification of gear　齿轮变位

modified gear　变位齿轮

module　模数

member, link　构件

moment　力矩, 瞬间

moment arm　力臂

moment of couple　力偶矩

moment of flywheel　飞轮矩

moment of force　力矩

moment of gyration　回转力矩

moment of inertia　转动惯量

moment of torsion　扭转力矩

motion of rotation　转动

motion of translation　平动

motion transformation　运动转换

motive member　原动构件

movable connector　可动联结

moving centrode　动瞬心线

moving pivot　运动铰链

multi-variable　多变量

multiple pin joints　复合铰链

negative modified gearing　负变位齿轮传动

Newton's principle　牛顿定理

nominal load　额定载荷

non-circular gear　非圆齿轮

non-uniform acceleration　变加速度

noncolinear force　不共线力

nonuniform motion　非匀速运动

normal acceleration　法向加速度

normal constrained reactive force　法向约束反力

normal force　法向力

normal module　法面模数

normal plane　法面

normal pressure angle　法面压力角

number of threads　蜗杆的头数

numerical method　数值方法

oerlikon spiral bevel gear　奥里康制螺旋圆锥齿轮（又称摆线圆锥齿轮）

off balance, unbalance　不平衡

offset circle　偏距圆

307

offset distance　偏距

offset follower　偏置从动件

open chain　开式链

ordinary gear　定轴轮系

origin of force　力的作用点

oscillating follower　摆动从动件

oscillating guide-bar mechanism　摆动导杆机构

output link　输出杆

output member　输出构件

output shaft　输出轴

output variable　输出变量

over load　超载

planet carrier,planet cage　行星架

pair variable　运动副变量

parallel axes　平行轴

parallel connection of machines　并联式机组

parallel plane　平行平面

parallelogram linkage　平行四边形机构

partial freedom　局部自由度

pawl　棘爪

periodic motion　周期性运动

periodic speed fluctuation　周期性速度波动

perpendicular axes　垂直轴

physical model　物理模型

pin connection,pivot　铰销连接

pin joint,hinge　铰链

pitch　齿距,周节

pitch circle　节圆

pitch of screw　螺距

planar gear pair　平面齿轮副

planar linkage　平面连杆机构

planar mechanism　平面机构

planar motion　平面运动

plane of action, meshing plane　啮合平面

plane of compensation　校正面

planet gear　行星轮

pneumatic cylinder　气动缸

point contact　点接触

point of action　啮合点

point of connection　连接点

polynomial motion　多项式运动规律

positive modified gearing　正变位齿轮传动

potential energy　位能,势能

power loss due to friction　摩擦损耗功率

power transmission　动力传递

predetermined motion　预定的运动

preload　预加载荷

pressure angle of cutter　刀具压力角

pressure angle　压力角

principal axis of inertia　主惯性轴

principal shaft, main shaft　主轴

principle of gear generating　齿轮范成原理

principle of similitude　相似原理

production resistance　生产阻力

profile closure　形封闭(锁合)

profile layout　轮廓绘制

pure rolling　纯滚动

quadrilateral member　四副构件

quick-return characteristic　急回特性

quick-return motion　急回运动

rack　齿条

rack-form cutter　齿条形插刀

radial accceleration　径向加速度

radial force　径向力

radius angle　圆心角

radius of curvature　曲率半径

radius of gyration　回转半径

ratchet　棘轮

ratchet gearing　棘轮机构

ratchet wheel　棘轮

rate of curve　曲线斜率

reactive force　反作用力

real axis　实数轴

recess contact　啮出

reciprocating swing　往复摆动

reciprocating translation　往复移动

rectangular axes　直角坐标轴

rectilinear translation　直线移动

reduced force　简化力

redundant structure　超静定结构

reference cone　分度圆锥

reference cylinder　分度圆

reference plane　参考平面

reference point　参考点

relative acceleration　相对加速度

relative instantaneous (instant) center　相对瞬心

relative motion　相对运动

relative sliding　相对滑动

relative velocity　相对速度

resistance　阻力

resultant force　合力

resultant inertia force　合成惯性力

return travel　回程

right angle　直角

right-handed worm　右旋蜗杆

rigid impulse,rigid shock　刚性冲击

rigid rotor　刚性转子

rigid structure　刚体结构

rise-dwell-return motion　升-停-回运动

robot　机器人

roller follower　滚子从动件

rolling friction　滚动摩擦

rolling pair　滚动副

rolling-slipping pair　滚滑副

rolling-slipping　滚动兼滑动

rotating pair, revolute pair, turning pair　转动副

rotation angle　转角

rotation axis　旋转轴线

safety load　容许负荷

scale-down　按比例缩小

scale-up　按比例放大

schematic representation　简图表示法

screw,thread　螺旋,螺纹

self locking　自锁

semi-automatic machine　半自动机械

separable character of centre distance　中心距可分性

series connection of machines　串联式机组

shaking force　振动力

shear force　剪切力

side link　连架杆

silent ratchet mechanism　无声棘轮机构

sine acceleration curve　正弦加速度曲线

sine mechanism　正弦机构

single universal joint　单万向联轴节

single-cylinder piston engine　单气缸活塞式发动机

single-degree of freedom　单自由度

single-variable　单个变量

sketch　草图,简图

skew axes　交错轴

slider-crank mechanism　曲柄滑块机构

sliding friction　滑动摩擦

sliding pair　移动副

slotting machine　插床

soft impulse,soft shock　柔性冲击

space width　齿槽宽

spatial gear pair　空间齿轮副

spatial linkage　空间连杆机构

spatial mechanism　空间机构

spatial motion　空间运动

spatial pair　空间运动副

specific gravity　比重

specific point　特殊点

specified motion　给定的运动

speed fluctuation　速度波动

spherical involute helicoid　球面渐开螺旋面

spin angle　旋动角,自转角

spin axis　自转轴

spur gear　直齿轮

square thread　方牙螺纹

standard gear　标准齿轮

starting period　启动阶段

static balance　静平衡

static behavior　静态特性

static equilibrium　静态力平衡

static force　静力

static friction factor　静摩擦系数

static substitution　静代换

statically determinate structure　静定结构

statically indeterminate structure　静不定结构

steady load　稳定载荷

steady rotation　稳定旋转

steady-state operation　稳定运转

structural classification　结构分类

structure analysis　结构分析

substitution　代换

substitution linkage　代换的低副结构

supporting force　支承力

swing angle　摆动角

synthesis of mechanism　机构综合

system of forces　力系

tangent mechanism　正切机构

tangential acceleration　切向加速度

tangential component force　切向分力

tangential plane　切面

theorem of three centers, Kennedy's theorem, Kennedy-aronhold theorem　三心定理,肯尼迪定理,肯尼迪-阿诺德定理

theoretical cam profile　凸轮理论廓线

theoretical contact line　理论啮合线

three-dimensional cam　空间凸轮

torque of friction　摩擦力矩

total depth,whole depth　全齿高

total reaction force　全反力

train of gears　齿轮系

translating cam　移动凸轮

translating follower　直动从动件

translation　移动

transmission　传动

transmission angle　传动角

transmission of motion　运动传递

transmission ratio　传动比

transport acceleration　牵连加速度

transport velocity　牵连速度

transverse force　横向力

transverse module　端面模数

transverse pressure angle　端面压力角

trapezoidal thread　梯形螺纹

travel（stoke）　行程

trial-and-error method　试凑法

triangular thread　三角形螺纹

trilateral member　三副构件

trimming moment　平衡力矩

twist moment　扭矩

type synthesis　型综合

unbalanced mass　不平衡质量

uniform acceleration　等加速度

uniform motion　匀速运动

uniform translation　等速移动

universal joint　万向联轴节

unknown variable　未知变量

velocity diagram　速度曲线图

velocity image　速度影像

velocity pole　速度极点

velocity polygon　速度多边形

vertical axis　纵坐标轴

vertical force　垂直力

vertical plane　垂直面

weight-radius product　重径积

working stroke　工作行程

worm, worm screw　蜗杆

worm wheel　蜗轮

参考文献

[1] 孙桓,陈作模. 机械原理[M]. 7 版. 北京：高等教育出版社,2006.
[2] 黄纯颖, 高志. 机械创新设计[M]. 北京：高等教育出版社,2000.
[3] 杨家军,机械系统创新设计[M]. 武汉:华中科技大学出版社,2000.
[4] 杨建华. 产品技术创新[M]. 长沙：中南大学出版社,2005.
[5] 张春林, 曲继方, 张美麟. 机械创新设计[M]. 北京：机械工业出版社,2005.
[6] 邹慧君. 机构系统设计[M]. 上海：上海科学技术出版社,1995.
[7] 傅祥志. 机械原理[M]. 武汉：华中理工大学出版社,1998.
[8] 孟宪源. 现代机构手册[M]. 北京：机械工业出版社,1994.
[9] 潘兆庆,周济. 现代设计方法概论[M]. 北京：机械工业出版社,1991.
[10] 廖林清, 王化培. 机械设计方法学[M]. 重庆：重庆大学出版社,1996.
[11] 朱龙根,黄雨华. 机械系统设计[M]. 北京：机械工业出版社,1992.
[12] 魏兵. 机械原理[M]. 武汉：华中科技大学出版社,2007.
[13] 杨家军. 机械原理(基础篇)[M]. 武汉：华中科技大学出版社,2005.
[14] 沈世德. 机械原理[M]. 北京：机械工业出版社,2002.
[15] 杨元山. 机械原理[M]. 武汉：华中理工大学出版社,1989.
[16] 胡秉辰. 机械原理[M]. 北京：北京理工大学出版社,1992.
[17] 安子军. 机械原理[M]. 北京：国防工业出版社,1998.
[18] 王春燕. 机械原理[M]. 北京：机械工业出版社,2001.
[19] 申永胜. 机械原理教程[M]. 北京：清华大学出版社,1999.
[20] 郑文纬, 吴克坚. 机械原理[M]. 7 版. 北京：高等教育出版社,1997.
[21] 王知行, 刘延荣. 机械原理[M]. 北京：高等教育出版社,2000.
[22] 朱理. 机械原理[M]. 北京：高等教育出版社,2004.
[23] 张策. 机械原理与机械设计：上册[M]. 北京：机械工业出版社,2004.
[24] 刘政昆. 间歇运动机构[M]. 大连：大连理工大学出版社,1991.
[25] 殷鸿梁, 朱邦贤. 间歇运动机构设计[M]. 上海：上海科学技术出版社,1996.
[26] 黄锡铠, 郑文纬. 机械原理[M]. 5 版. 北京：高等教育出版社,1981.
[27] 朱友民, 江裕金. 机械原理[M]. 重庆：重庆大学出版社,1986.
[28] 邹慧君, 傅志祥, 张春林, 等.机械原理[M]. 北京：高等教育出版社,1999.
[29] 黄纯颖, 唐进元, 于晓红等. 机械创新设计[M]. 北京：高等教育出版社,2000.
[30] 吕庸厚. 组合机构设计与应用创新[M]. 北京：机械工业出版社,2008.
[31] 陈作模. 机械原理学习指南[M]. 5 版. 北京：高等教育出版社,2006.
[32] 陆品. 机械原理导教导学导考[M]. 6 版. 西安：西北工业大学出版社,2004.
[33] 王知行. 机械原理[M]. 北京：高等教育出版社,1999.
[34] 师忠秀. 机械原理课程设计[M]. 2 版. 北京：高等教育出版社,2009.
[35] 邹慧君. 机械原理课程设计手册[M]. 北京：高等教育出版社,2009.
[36] 裘建新. 机械原理课程设计指导书[M]. 北京：高等教育出版社,2008.

[37] 王三民，诸文俊.机械原理与设计[M].北京：机械工业出版社，2007.

[38] 黄锡恺，郑文纬.机械原理[M].上海：人民教育出版社，1981.

[39] 张春林.机械原理[M].北京：高等教育出版社，2006.

[40] 金圣才.考研专业课全国名校真题题库——机械原理与机械设计[M].北京：中国石化出版社，2006.

[41] 杨昂岳.机械原理典型题解析与实战模拟[M].长沙：国防科技大学出版社，2002.

[42] 邹慧君，郭为忠.机械原理学习指导与习题选解[M].北京：高等教育出版社，2007.

[43] 温诗铸.摩擦学原理[M].北京：清华大学出版社，1990.

[44] 申永胜.机械原理教程[M].2版.北京：清华大学出版社，2003.

[45] 邹慧君，沈乃勋.机械原理学习与考研指导[M].北京：科学出版社，2004.

[46] 刘会英，杨志强.机械原理[M].北京：机械工业出版社，2003.

[47] 张伟社.机械原理教程[M].西安：西北工业大学出版社，2001.

[48] Norton R L. Design of Machinery an Introduction to the Synthesis and Analysis of Mechanisms and Machines
[M]. China Machine Press, 2004.

[49] 冯鑫，何俊，雷志翔.机械原理[M].成都：西南交通大学出版社，2008.

[50] 杨可桢，程光蕴.机械设计基础[M].5版.北京：高等教育出版社，2006.

[51] 常治斌，张京辉.机械原理[M].北京：北京大学出版社，2005.

[52] 王知行，刘延荣.机械原理[M].北京：高等教育出版社，2000.

[53] 郑文纬，吴克坚.机械原理[M].7版.北京：高等教育出版社，1997.

[54] 钟毅芳，杨家军，程德云，等.机械设计原理与方法：下册[M].武汉：华中科技大学出版社，2004.

[55] 魏文军，高英武，张云文.机械原理[M].北京：中国农业大学出版社，2005.

[56] 潘存云，温熙森.渐开线环形齿球齿轮传动原理与运动分析[J].机械工程学报，2005,41(5).

[57] 潘存云，尚建忠，杨昂岳.球齿轮机构及其应用[J].机械科学与技术，1997,26(1).

[58] 王延忠，熊巍，张俐.面齿轮齿面方程及其轮齿接触分析[J].机床与液压，2007,35(12).

[59] 姬存强，魏冰阳，邓效忠，等.正交面齿轮的设计与插齿加工试验[J].机械传动，2010,34(2).

[60] 王建,罗善明,诸世敏.计及装配误差的余弦齿轮传动啮合特性分析[J].机械科学与技术，2009,28(50).

[61] 余以道，王建，罗善明，等.新型余弦齿轮传动的重合度分析[J].湖南科技大学学报，2007,22(1).